国家“十二·五”规划重点图书

中国地质调查局

青藏高原1∶25万区域地质调查成果系列

中华人民共和国

区域地质调查报告

比例尺1∶250 000

日干配错幅

（I45C004002）

项目名称：西藏1∶25万日干配错幅区域地质调查

项目编号：200313000017

项目负责：曾庆高

图幅负责：曾庆高

报告编写：曾庆高　毛国政　王保弟　尼玛次仁
格桑索朗　尹显科　徐涛

编写单位：西藏自治区地质调查院一分院

单位负责：苑举斌

中国地质大学出版社
ZHONGGUO DIZHI DAXUE CHUBANSHE

内 容 提 要

本书是中国地质调查局下达的国土资源大调查项目任务，按基础地质调查与科研相结合开展工作，测区位于西藏北部，属藏北高原湖盆区，为东经85°30′00″～87°00′00″、北纬32°00′00″～33°00′00″。完成填图面积15 650km²，测制剖面185.55km，地质路线4 400km，采集各类样品3 000余件。报告分正文、附件、附图三大部分。查明了测区地质构造格架及主要构造形迹的基本特征，合理划分了测区构造单元，对测区内不同构造层次的构造变形样式作了较系统研究。查明了班公错-怒江结合带和拉果错-阿索带的空间展布和几何结构。

地层研究方面取得了新进展，在羌塘地区新发现了重要的早古生代地层，重新拟定了羌南侏罗系地层，解体了原日干配错群，将其划分为日干配错组和色哇组；结合带内恢复巫嘎组地层单位等。蛇绿岩方面：识别出洞错蛇绿岩和拉果错蛇绿岩，新发现了堆晶岩、斜长花岗岩、辉长辉绿岩墙群等蛇绿岩单元。从北向南分别划分了3个岩浆带，新获得岩体同位素年龄数据10多个，较系统地研究了侵入岩的岩石类型、矿物学、岩石化学和地球化学特征。分析了浅层地壳结构的变形特征，对测区羌塘造山带事件谱系结构与构造系统以及班公错结合带的时空结构的构造属性进行了系统探讨。

本项目的设计、野外地质资料由中国地质调查局成都地质矿产研究所评审、验收，都被评为“优秀”级。报告初审由西藏自治区地质调查院评审，被评为“优秀”级。终审由中国地质调查局成都地调中心评审，被评为“优秀”级。报告最终由中国地质调查局成都地调中心审查认定。

图书在版编目(CIP)数据

中华人民共和国区域地质调查报告. 日干配错幅(I45C004002)：比例尺1：250 000/曾庆高，毛国政，王保弟等著. —武汉：中国地质大学出版社，2011.10

ISBN 978-7-5625-2498-4

Ⅰ. ①中…

Ⅱ. ①曾…②毛…③王…

Ⅲ. ①区域地质-地质调查-调查报告-中国②盆地-地质调查-调查报告-西藏

Ⅳ. ①P562

中国版本图书馆CIP数据核字(2010)第111898号

中华人民共和国区域地质调查报告
日干配错幅(I45C004002)：比例尺1：250 000　　**曾庆高　毛国政　王保弟　等著**

责任编辑：段连秀　　责任校对：戴莹

出版发行：中国地质大学出版社(武汉市洪山区鲁磨路388号)　　邮编：430074
电　话：(027)67883511　　传真：(027)67883580　　E-mail：cbb@cug.edu.cn
经　销：全国新华书店　　http://www.cugp.cug.edu.cn

开本：880毫米×1 230毫米 1/16　　字数：440千字　印张：13.25　图版：2　附图1
版次：2011年10月第1版　　印次：2011年10月第1次印刷
印刷：武汉中远印务有限公司　　印数：1—1 500册

ISBN 978-7-5625-2498-4　　定价：218.00元

前　言

青藏高原包括西藏自治区、新疆及青海省南部、四川省西部和云南省西北部，面积达 $2.6\times10^6km^2$，是我国藏民族聚居地区，平均海拔 4 500m 以上，被誉为“地球第三极”。青藏高原是全球最年轻的高原，记录着地球演化最新的历史，是研究岩石圈形成演化过程和动力学的理想区域，是“打开地球动力学大门的金钥匙”。

青藏高原蕴藏着丰富的矿产资源，是我国重要的资源后备基地；青藏高原是地球表面的一道天然屏障，影响着中国乃至全球的气候变化；青藏高原也是我国主要大江大河和一些重要国际河流的发源地，孕育着中华民族的繁生和发展。开展青藏高原地质调查与研究，对于推动地球科学研究、保障我国资源战略储备、促进边疆经济发展、维护民族团结、巩固国防建设具有非常重要的现实意义和深远的历史意义。

1999 年，国家启动了“新一轮国土资源大调查”专项，按照温家宝总理“新一轮国土资源大调查要围绕填补和更新一批基础地质图件”的指示精神，中国地质调查局组织开展了青藏高原空白区 1∶25 万区域地质调查攻坚战，历时 6 年多，投入 3 亿多元，调集 24 个来自全国省（自治区）地质调查院、研究所、大专院校等单位组成的精干区域地质调查队伍。每年近千名地质工作者奋战在“世界屋脊”，徒步遍及雪域高原，完成了全部空白区 $1.58\times10^6km^2$ 共 112 个图幅的区域地质调查工作，实现了我国陆域中比例尺区域地质调查的全面覆盖，在中国地质工作史上树立了新的丰碑。

西藏 1∶25 万 I45C004002（日干配错幅）区域地质调查项目，由西藏地质调查院承担，工作区位于西藏自治区中西部。目的是通过对调查区进行全面的区域地质调查，对测区中生代盆地、班公错-怒江结合带进行详细的调查研究，以综合地层学理论、板块构造理论及活动论为指导，恢复测区不同时期的沉积环境，重塑测区的构造面貌及构造演化史，为矿产普查、环境地质、科学研究、地学教学和推动国际地学前沿学科的发展提供基础地质资料，为国土资源规划、管理、保护及合理利用提供基础性地质资料和依据，同时为社会提供公益性、综合性地质信息。

I45C004002（日干配错幅）地质调查工作时间为 2003 年 1 月—2005 年 12 月，累计完成地质填图面积为 15 650km^2，实测剖面 185.55km，地质路线 4 400km，采集种类样品 3 000 件，全面完成了设计工作量。主要成果有：①对班公错-怒江带的时空结构与构造属性进行了系统分析，拟定出三个层次的时空格架，即基本时空格架（T_3—J_2）、改造时空格架（AnT_3）和被改造时空格架（J_3—K_1）。②在羌南新发现了奥陶纪地层，采集了大量角石类化石，引用“塔石山组”。③建立羌塘南部在侏罗纪时的被动大陆边缘沉积体系，由下至上分别称：日干配错组、色哇组、莎巧木组和捷布曲组。④清理班公错-怒江带内部物质组成及其相关意义：木嘎岗日岩组，一套浊积岩，代表大洋盆地沉积物；洞错蛇绿混杂岩组，是大洋形成产物；仲岗洋岛岩组，由洋岛玄武岩及其上灰岩组成海山；去申拉组，是一套钙碱性火山岩，具洋内弧性质；巫嘎组，为浊积建隆，是移置地体。

2005 年 4 月，中国地质调查局组织专家对项目进行最终成果验收，评审认为，成果报告资料齐全，工作量达到（或超过）设计规定，技术手段、方法、测试样品质量符合有关规范、规定。报告章节齐备，论述有据，在地层、古生物、岩石和构造等方面取得了较突出的进展和重要成果，反映了测区地质构造特征和现有研究程度，经评审委员会认真评议，一致建议项目报告通过评审，日干配错幅成果报告被评为优秀级。

参加报告编写的技术人员有曾庆高、毛国政、王保弟、尼玛次仁、格桑索朗、尹显科、徐涛，最后由曾庆高统编定稿。主要填图人员有曾庆高、毛国政、王保弟、尼玛次仁、格桑索朗、陈国荣、刘保民、赵守仁、普布次仁、张相国、大普穷、达娃。参加项目工作的其他人员有刘保国、李虎、易建洲等。地质图编图：曾庆高、毛国政。计算机制图：秦丽、贺丽、黄凤、小其米央金等。

项目实施过程中自始至终得到西南项目办和西藏地质调查院领导的关心和支持，在此对他们表示诚挚的谢意。同时感谢成都地质矿产研究所潘桂棠研究员和雍永源研究员、西藏地质矿产局夏代祥教授级高工、周洋教授级高工、中国地质大学莫宣学院士、吉林大学李才教授等一大批老专家对项目工作的技术指导和无私帮助。

为了充分发挥青藏高原1∶25万区域地质调查成果的作用，全面向社会提供使用，中国地质调查局组织开展了青藏高原1∶25万地质图的公开出版工作，由中国地质调查局成都地调中心与项目完成单位共同组织实施。出版编辑工作得到了国家测绘局孔金辉、翟义青及陈克强、王保良等一批专家的指导和帮助，在此表示诚挚的谢意。

鉴于本次区调成果出版工作时间紧，参加单位较多，项目组织协调任务重以及工作经验和水平有限，成果出版中可能存在不足与疏漏之处，敬请读者批评指正。

“青藏高原1∶25万区调成果总结”项目组

2010年9月

目　录

第一章 绪 论

“西藏1∶25万日干配错幅(I45C004002)区域地质调查”项目是中国地质调查局于2003年3月以基[2003]002-15号文下达到西藏地质调查院，并明确说明四川地质调查院参与该项目的遥感解译工作。项目编号200313000017，起止时间为2003年3月—2005年12月。项目设计审查时间为2003年12月，项目原始资料及野外验收时间为2005年6月29日—7月17日。经评审委员会同意后，转入室内报告编写阶段。

第一节 项目目标任务

一、项目总体目标

立足于当今地学前缘，应用先进的技术方法，按照《1∶25万区域地质调查技术要求(暂行)》和《青藏高原艰险地区1∶25万区域地质调查要求(暂行)》及其他相关的规范、指南，参照造山带填图新方法，填制出高质量1∶25万区域地质图，力争在班公错-怒江结合带、狮泉河-拉果错-永珠蛇绿混杂岩带两个重要构造带取得实质性进展。同时，合理划分测区地层系统和构造单元，通过对沉积建造、变质变形、岩浆作用的综合分析，反演地质演化史。

二、项目工作内容和任务

(1)以区域构造调查为先导，合理划分测区构造单元，对测区不同地质单元、不同构造-地层单元采用不同的填图方法，进行全面的区域地质调查。

(2)建立不同构造地层区(带)地层系统和地质体的时空格架。

(3)加强测区三叠系日干配错群和巫嘎组等地层研究，提供班公错-怒江结合带形成的背景资料。

(4)对班公错-怒江带、狮泉河-拉果错-永珠蛇绿混杂岩带两个重要构造单元进行深入研究，重点阐明其组成、结构特征、形成时代及演化体系。特设“西藏改则地区班公错-怒江带时空结构研究”专题。

(5)调查、收集区内生态环境和资源信息。

第二节 测区位置与自然地理条件

测区处于青藏高原腹地，羌塘盆地南缘，西藏自治区的西北部，隶属西藏阿里地区改则县、那曲地区尼玛县管辖。地理坐标为：东经85°30′00″～87°00′00″，北纬32°00′00″～33°00′00″。

测区交通条件总体较差，距拉萨市约1 100km，有南线拉萨—日喀则—措勤—改则公路，北线那曲—狮泉河公路紧邻图区南侧经过(图1-1)。测区内为季节性乡间小路，给野外工作带来了方便。测区为藏北高原湖盆区，地势相对起伏不大，以高原丘陵平地为主，最高海拔为查乌6 138m，最低海拔为洞错4 403m，平均海拔4 900m以上。山体走向以近东西向展布为主，其次为北东向。湖泊众多，主要有日干配错、纳丁错、加青错、孜如错、甲若错、莫错、依布茶卡等，均为咸水湖；区内河流为内流型，主要河流多以湖泊为中心的单独闭塞向心水系，河流短小，大多为间歇性河流。

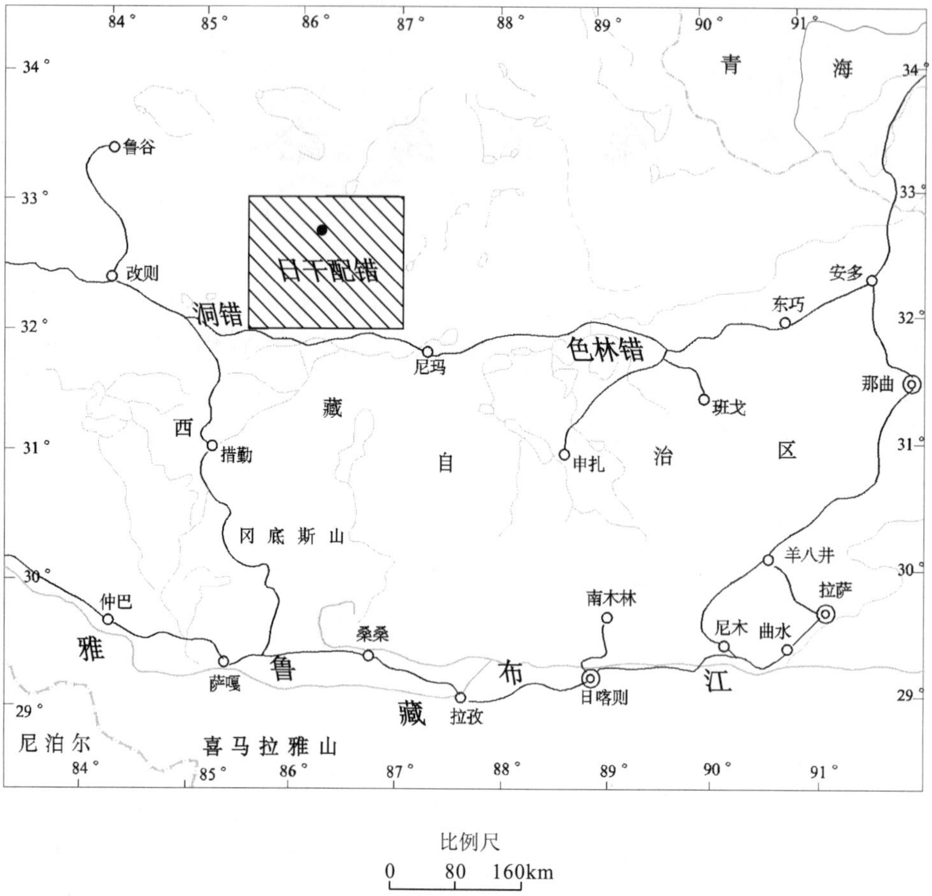

图 1-1　测区交通位置图

测区属高原亚寒带干旱季风气候，以低温干燥、空气稀薄、日照充足、昼夜温差大、多风雪为特点。年日照数 3 160 小时，年降水量 189.60mm，年降雪量约 60 天，四季不分明。每年 5～8 月适于野外工作，此时气候温暖，平均气温 5～8℃，降雨量集中在 7～8 月。自然灾害主要有风、雪、干旱等。

测区岩石与地层露头良好，特别是洞错、拉果错两个主要构造单元地区为基岩裸露区，部分地区为第四纪覆盖区。测区居民以藏族为主，主要从事畜牧业，饲养牦牛、绵羊、山羊、牛等，其次为手工业，以加工卡垫和金银首饰品为主。野生动物资源丰富，有野驴、藏羚羊、黄羊、黑颈鹤、黄鸭等。

随着西部大开发、内地援藏建设以及测区自身矿产资源开发，改则县、尼玛县近几年的经济发展较快，县城建设及发展规模焕然一新，尤其是尼玛县城镇建筑别具一格；藏汉中外风格几乎完美结合，再加上启航的船式造型寓意，预示尼玛县新的腾飞。遗憾的是，如果政府借着各县城的重建机遇，都像尼玛县一样，造就自己独特的建筑风格，那将是一道亮丽的高原旅游风景线。

第三节　前人研究程度

测区由于自然地理环境十分恶劣，地质研究程度较低，在区域地质调查方面只有 1∶100 万改则幅覆盖全区。20 世纪 80 年代以来，随着全球岩石圈计划的开展，特别是近年来大陆动力学的兴起，地学界对作为“全球第三极”的青藏高原极为重视，将其作为大陆动力学研究的最佳野外实验室。测区位于青藏高原中部班公错-怒江结合带到中西段，羌塘中央隆起带的南缘，因而一些重要的地学研究不同程度地涉及测区，但直接在测区进行的地质研究极少。测区的地质调查研究历史大致可划分为如下 3 个阶段。

一、20 世纪 50～70 年代以石油普查和路线地质调查为主的基础研究阶段

这个阶段的地质调查主要由中国地质工作者所完成，开展了小比例尺的地质测量及石油普查工作，主要工作是（原）地质矿产部青海石油普查大队黑河中队于 1956—1958 年开展的 1：100 万地质测量，其范围涉及日干配错幅南东部分（图 1-2），从而拉开了测区地质工作的序幕。

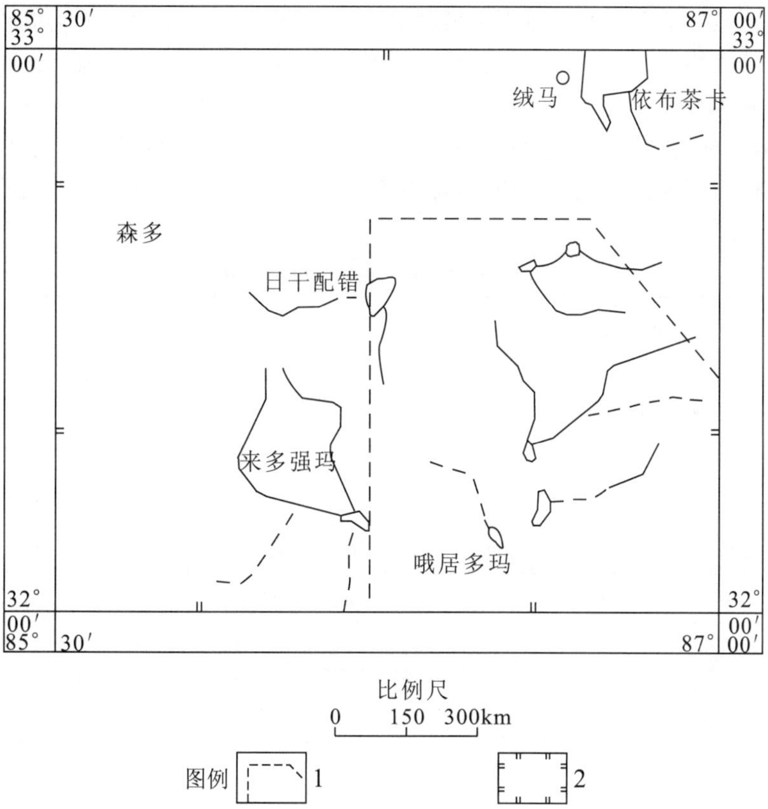

图 1-2　测区地质调查研究程度图

1. 1956—1958 年（原）地质部青海石油普查大队黑河中队 1：100 万地质测量；
2. 1979—1986 年西藏地质矿产局区域地质调查大队 1：100 万改则幅区调填图

二、20 世纪 80 年代以区域地质调查为主的基础研究阶段

这个阶段的调查由西藏地质矿产局区域地质调查大队于 1979—1986 年完成，其范围覆盖全区（图 1-2），并编写了《1：100 万改则幅区域地质调查报告》，从而系统地建立了测区的构造格架及地层系统，为以后的工作打下了良好的基础。以青藏高原岩石圈结构、构造及其动力学为主题，展开了地质综合研究，主要有 1980 年由中国科学院高原研究所主编的《1：150 万青藏高原地质图》和 1986 年由中国地质科学院成都地质矿产研究所主编的《1：150 万青藏高原及邻区地质图》，其范围均覆盖全区。1984 年西藏地质科学研究所主编的《1：150 万西藏板块构造-建造图及说明书》，对西藏地区的板块构造及建造作了详尽的研究。

三、20 世纪 90 年代以来的深入研究阶段及矿产方面的研究

20 世纪 90 年代以来，青藏高原被地学界公认为大陆动力学最理想的野外实验室，加大了综合研究力度，涉及测区的主要研究成果有：①西藏地质矿产局于 1993 年完成的《西藏自治区区域地质志》及《西藏自治区矿产总结》，对西藏地质及矿产作了系统全面的总结；②西藏地质矿产局于 1997 年完成的《西

藏自治区岩石地层》,对包括测区的西藏岩石地层作了重要总结;③"八五"期间由肖序常主持的原地矿部重大基础研究项目"青藏高原岩石圈结构、隆升机制及大陆变形效应"涉及测区,对青藏高原隆生过程这一重大科学问题作了深入的研究;④"九五"期间由李廷栋领导开展的原地矿部重大基础研究项目"青藏高原隆升的地质记录及机制";⑤1999—2000年西藏地矿厅区域地质调查大队在测区中西部开展了岩金成矿规律研究,并编写了《西藏自治区尼玛县屋素拉-热嘎巴一带岩金成矿规律研究》;⑥1993—2001年中国石油天然气总公司"九五"油气勘探科技工程项目对青藏高原石油地质进行系统研究,并编写了西藏高原石油地质学丛书(《青藏高原羌塘盆地石油地质》、《青藏高原油气生成条件》、《青藏高原中生界沉积相及油气储盖特征》、《青藏高原大地构造特征及盆地演化》和《青藏高原地层》),系统地总结了青藏高原石油地质基本特征。此外,对测区还有不同程度的地质及矿产方面的调查。

总之,前人在测区开展的地质调查研究较多(表1-1)。但多是以综合研究为主,直接在测区进行的地质调查及科学研究较少,且由于受当时客观条件所限,总体对测区的研究程度较低。

表1-1 研究程度及资料一览表

调查时间(年)	成果名称	作者单位或姓名	出版时间(年)	出版单位
1971	1∶20万石油路线地质调查	西藏地质矿产局第四普查队	1971	内部资料
1972	1∶40万石油路线地质调查	西藏地质矿产局第四普查队	1972	内部资料
1971	藏北航磁异常检查及工作总结	西藏第二地质大队	1971	内部资料
1979—1986	1∶100万改则幅区域地质矿产调查	西藏地质矿产局区域地质调查大队	1986	内部资料
1980	1∶150万青藏高原地质图	中国科学院高原地质研究所	1980	地图出版社
1981	西藏岩浆活动和变质作用	中国科学院青藏高原综合考察队	1981	科学出版社
1983	西藏第四系地质	中国科学院青藏高原综合考察队,李炳元等	1983	地质出版社
1984	1∶150万西藏板块构造-建造图及说明书	西藏地质科学研究所,周详等	1987	地质出版社
1986	1∶150万青藏高原及邻区地质图及说明书	成都地质矿产研究所	1988	地质出版社
1987	西藏蛇绿岩	中国地质科学院,王希斌等	1987	地质出版社
1987	西藏活动构造	中国地质科学院,韩同林	1987	地质出版社
1990	青藏高原新生代构造演化	潘桂棠	1990	地质出版社
1993	西藏自治区区域地质志	西藏地质矿产局	1993	地质出版社
1993	西藏自治区矿产总结	西藏地质矿产局	1993	地质出版社
1990—1995	青藏高原岩石圈结构、构造演化及隆升	中国地质科学院,肖序常、李廷栋、陈炳蔚等	1998	广东科技出版社
1994—1996	西藏蛇绿岩与古洋壳演化	夏斌、周详、曹佑功	2001	内部资料
1995—1997	西藏自治区岩石地层	西藏地质矿产局,夏代祥、刘世坤等	1997	中国地质大学出版社
1997—1998	西藏自治区1∶50万数字地质图	西藏地质矿产厅,马冠卿等	1998	地质出版社
1999—2001	西藏自治区尼玛县屋素拉-热嘎巴一带岩金成矿规律研究	西藏地勘局,曾庆高等	2001	内部资料
1994—1998	西藏羌塘盆地地质演化与油气远景评价	王成善、伊海生	2001	地质出版社
1993—2001	青藏高原石油地质学丛书	赵政章、李永铁、叶和飞、张昱文	2001	科学出版社

第四节　项目工作概况

项目组成立以来，全体成员发扬团结协作与艰苦奋斗的精神，克服高原缺氧、交通条件差、气候条件恶劣、后勤保障困难、工作条件艰苦等各种困难，按照任务书进展要求，在保证安全与工作质量的前提下，按计划圆满完成各项预定的调查研究任务，在很多方面取得重要成果，在若干方面获得突破性进展。

一、人员组成与分工

西藏地调院在接到项目任务书后，组织老中青相结合、专业结构合理的精干人员队伍组成项目组。其中高级工程师 3 人，工程师 6 人，助理工程师 3 人，副教授 1 人，含地层、岩石、构造、矿产、遥感、区调等多个学科。此外，还聘请了从事过青藏高原研究的 2 名专家为技术顾问。同时，借香港大学在区内的工作机遇，双方进行了友好合作。值得一提的是，四川省地调院遥感中心根据任务书要求，利用遥感技术所具有宏观性与岩石构造综合分析相结合，正确、合理地解释了相关地质体及地质现象，特别是与新构造运动（高原隆升）有关的地质信息的提取，提高了区域研究的深度和广度。

二、工作简述

项目实施分为区调准备、设计编写、区域地质调查、野外补课、资料综合整理和报告编写等阶段。简述如下。

（1）区调准备阶段：2003 年 3 月 25 日，落实项目人员组成与年度工作方案，收集必要的区域地质、地球物理与地球化学资料，组织项目成员进行技术方法学习，进行遥感图像处理和初步地质解释。特别邀请有关专家对测区内的关键问题进行了“会诊”。

（2）设计编写阶段：2003 年 5 月—12 月，在野外详细踏勘和路线地质调查基础上，编制了测区遥感解释图与地质草图，完成了项目设计书的编写。于 2003 年 12 月 30 日—2004 年元月 3 日通过了西南项目办在长春组织专家组对项目的设计审查（设计书评定为优秀级）。

（3）区域地质调查阶段：2003 年 5 月—9 月、2004 年 5 月—9 月、2005 年 7 月，项目组全体人员按照中国地质调查局有关规定和设计书要求，按计划、有步骤地展开测区路线地质调查、剖面测制、遥感资料野外验证、矿点检查和专题研究工作，对测区地层系统、火山岩、侵入岩、蛇绿岩、变质岩、区域构造、矿产资源和第四纪地质分别开展调查工作。

（4）野外补课阶段：2004 年 8 月、2005 年 7 月，针对资料整理过程中发现的问题与野外质量检查、资料验收期间专家提出的问题和建议，由技术负责带领，并特邀项目技术顾问周详奔赴一线，对关键性地段、地质问题进行了复查和诊断，并追加地质观测路线。

（5）资料综合整理阶段：2003 年 9 月—2004 年 5 月、2004 年 9 月—2005 年 12 月，清绘地质剖面图，整理并登记各类标本、样品、照片和素描，开展测试分析和野外记录批注工作、专题与综合研究，编制实际材料图遥感解释图和地质编稿原图。

（6）报告编写阶段：2005 年 8 月—12 月，系统整理、分析各类测试资料，编制各类图件，并分不同专业组分别编写区域地质调查报告和专题研究报告。

三、工作部署原则和采用的技术方法

在项目实施过程中，始终按照《1∶25 万区域地质调查技术要求（暂行）》和设计书要求，全面部署、合理安排、系统开展各项调查工作。

项目采用的 1∶10 万地形图是 1971 年 11 月航摄，1974 年 6 月调绘，1977 年出版的第一版。1954 年北京坐标系，1956 年黄海高程系，等高距 20m，1971 年版图式。1∶25 万地形图依据成都军区测绘大队 1987 年编绘、1988 年出版的、1954 年北京坐标系、1956 年黄海高程系、等高距 100m，1985 年出图版

式。项目使用卫片是美国陆地资源卫片 7 号星 TM 遥感数据 5 景，而且云雪、植被等干扰因素少，对第四系、线形构造与地质地貌特征解释效果良好。

对第四系地质运用“地质—地貌”双重填图方法，采用地层时代＋成因类型进行区域地质调查。对表壳岩，采用构造-岩层-事件方法进行工作，合理划分并命名（岩）群和（岩）组。对火山岩区，采用岩石地层-火山岩性（岩相）双重制图法进行填图。对侵入岩，“岩性＋时代”方法进行填绘。针对蛇绿岩带，采用混杂岩构造岩片（块）四维裂拼图复原法。对区域构造，应用构造解析方法，将深部-浅部、历史-现今、宏观-微观、形变-相变、建造-改造与几何学-动力学调查研究有机结合在一起，分析区域构造变形历史和造山作用过程。

四、完成实物工作量

三年来，项目组同志克服重重困难，圆满地完成了野外路线的观测、剖面测制和专题研究任务。实际填图面积 31 300km²，地质路线 4 400km，实测剖面 185.55km，各项实物工作量见表 1-2（两幅联测实物工作量）。

表 1-2　完成实物工作量（两幅联测）一览表

序号	项目		单位	2003 年	2004 年	2005 年	合计	设计量
1	填图面积	B_2 实测区	km^2	4 000	15 000		19 000	19 000
		B_3 实测区	km^2	4 000	8 300		12 300	12 300
2	填图调查路线		km	1 800	2 498	102	4 400	4 000
3	剖面	地层剖面	km	33.77	73.98		107.75	149.3
		蛇绿岩剖面	km		12.8	1.5	14.3	12.2
		构造剖面	km		65		65	61
4	遥感解译	可解类别Ⅲ	km^2	9 390			9 390	9 390
		可解类别Ⅱ	km^2	2 504			2 504	2 504
		可解类别Ⅰ	km^2	19 406			19 406	19 406
5	陈列样		件	1 000	1 480		2 480	3 000
6	薄片样		件	300	1 694	37	2 031	2 400
7	硅酸盐分析样		件	30	242	27	299	100
8	稀土分析样		件	30	242	27	299	100
9	光谱（微量元素）样		件	30	242	27	299	100
10	硅酸盐样		件		3		3	
11	化学分析样		件	30	12		42	50
12	粒度分析样		件	10	20		30	30
13	阴极发光样		件		10		10	10
14	电子自旋共振		件	2	7		9	10
15	试金分析样		件		9		9	
16	微古（超微）样		件	38	15		53	96
17	同位素测年	Rb-Sr 测年	件	1		2	35	42
		U-Pb 测年	件	2	5			
		K-Ar 测年	件	10	8			
		Sm-Nd 测年	件	1				
		^{14}C 测年	件	4				
		$^{40}Ar-^{39}Ar$ 测年	件		2			
18	化学样		件	50	91		141	150
19	包体测温样		件	2	1		3	5

承担项目测试分析和定量的单位分别是：成都地质矿产研究所、宜昌地质矿产研究所、广州地化所、四川省地调院测试中心、南京古生物研究所、成都理工大学沉积地质所、香港大学等。

项目实施过程中，始终将质量管理放在重要位置，建立和完善地调院-项目-小组的“三级质量管理”监控体系。

五、质量运行体系

(1)填图小组内日常检查：在组长领导下对原始资料进行自检和互检，自检和互检达 100%。

(2)阶段检查：在自检和互检的基础上，由技术负责以抽查和专门检查方式，重点检查阶段内各种原始资料的完备程度、可靠程度和工作质量，总结经验；对不足和遗留问题，及时安排野外补课。

(3)年度质量检查：在项目内检基础上，由西藏地调院进行年度质量检查，重点检查年度工作质量和重大地质问题解决程度，进行阶段性质量评级。

(4)由西南项目办组织专家对项目野外工作质量和观测进行检查、验收。

上述各个质量检查均有文字记录，形成了相关质量报告。

从质量报告来看，项目组的研究成果受到了各级主管部门和很多专家的好评。从项目设计书到年度检查再到原始资料野外验收均获得优秀级。

六、报告编写

在区域地质调查资料验收、野外补课、测试分析和综合研究基础上，2005 年 8 月—12 月进入报告编写阶段。报告按专业分工分别编写。第一、七、八、十一章由曾庆高执笔；第二、三章由毛国政执笔；第四、五章由王保弟执笔；第六章由尼玛次仁执笔；第九章由格桑索朗执笔；第十章由尹显科、徐涛执笔；全文由曾庆高、毛国政审定稿；地质图由毛国政、王保弟修编，曾庆高最终定稿；图件清绘由秦丽、黄凤、小其米、李涛、央金、贺丽完成。

七、经费使用情况

2003 年完成填图面积 800km^2，使用经费 120 万元；2004 年完成填图面积 16 000km^2，使用经费 280 万元；2005 年完成填图面积 7 300km^2，使用经费 120 万元。具体如下：地质测量 411.61 万元，遥感8.39 万元，岩矿实验 25.22 万元，其他地质工作 33.58 万元，工地建筑 41.20 万元。

八、致谢

项目实施过程中，得到各级领导、各位专家、各位同行的大力支持和帮助，他们是中国地调局基础部庄育勋研究员；区调处翟刚毅处长、于庆文研究员；西南项目办丁俊教授级高工、王大可教授级高工、王立全研究员；青藏高原地质研究中心潘桂棠研究员、王剑研究员、谭富文研究员、朱同兴研究员；贵州地调院王尚彦总工；吉林大学李才教授；江西地调院谢国刚高工。1∶25 万项目负责人刘登忠教授、牟世勇高工、魏荣殊高工、张振利高工，西藏地调院院长苑举斌、副院长刘鸿飞高工、江万副研究员、总工杜光伟高工；西藏地勘局多吉院士、副总工陆彦教授级高工、李金高博士后、地勘处程力军教授级高工、李志教授级高工、郭建慈高工、张华平高工、陈红旗高工；地调院夏代详教授级高工、蒋光武高工；区调队队长、总工夏抱本高级工程师、副队长普布次仁、姚文强高工、易建洲工程师、许孝青高级经济师、项目顾问周详教授级高工等人。项目成员每年野外工作时间 4 个月，回来后长期坚持加班加点工作，放弃了大部分节假日和周末休息机会，抢时间，赶进度，得到了家属们的理解和支持。工作期间，陈国荣(曾任副技术负责)、赵守仁、刘保民等也参加了前期的野外工作。借此机会，向关心、帮助、指导我们调查工作的各级领导、各位专家和相关单位表示衷心感谢。

第二章　地　层

测区位于藏北高原中部，大地构造位置划分上隶属于羌塘-三江复合板片、班公错-怒江结合带及冈底斯-念青唐古拉板片。所属地层划分为羌南-保山地层区的多玛地层分区、班公错-怒江地层区的蛇绿岩小区（木嘎岗日地层分区）和冈底斯-腾冲地层区的班戈-八宿分区（图 2-1，图 2-2）。

根据大地构造环境，按建造和改造统一的基本原则，以测区范围为基本尺度，根据本图幅及东邻图幅资料，以沙嘎扎-垌莫错（康托-仲岗-垌莫错）断裂带和扎嘎洞渠-巫嘎错南（改则-扎嘎洞渠-巫嘎错南）断裂带为界划分为班戈-八宿地层分区、木嘎岗日地层分区和多玛地层分区，其中木嘎岗日地层分区划分为南北两个地层小区：哦居多玛地层小区和扎西错地层小区，多玛地层分区划分为南北两个地层小区：雀岗地层小区和绒马地层小区（图 2-1）。

在本图幅范围内，地层出露有前奥陶系、奥陶系、石炭系、二叠系、三叠系、侏罗系、白垩系、古近系、新近系，分布极不均匀，相差较大。其中前奥陶系地层分布于图幅北侧，多呈残片出露，出露面积局限，仅约 52.5km²，占整个测区面积的 0.33%。奥陶系仅出露于图幅北侧清水河一带，出露面积仅 12.5km²，占整个测区面积的 0.08%。二叠系地层分布于图幅北侧，出露面积约 813.56km²，占整个测区面积的 5.19%。三叠系地层分布较广，呈大面积展布，出露面积约 2 375.81km²，占整个测区面积的 15.14%。侏罗-白垩系地层主要分布于图幅中部，出露面积约 4 587.11km²，占整个测区面积的 28.17%。古近系地层主要为火山岩地层，多成片展出，出露面积约 559.33km²，占整个测区面积的 3.56%。新近系地层主要为红层，不均匀展布于全区，总体露头不好，在图幅中占很大比重，出露面积约 1 651.1km²，占整个测区面积的8.61%。第四系展布于湖泊、沟谷和山麓地带，出露面积约 5 657.44km²，占整个测区面积的 36.05%。

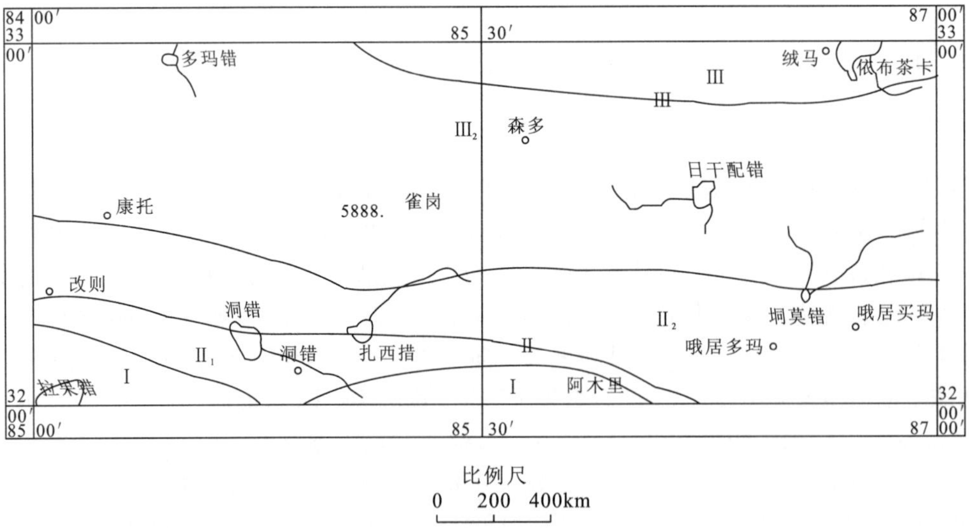

Ⅰ. 冈底斯-念青唐古拉板片　　班戈-八宿地层分区

Ⅱ. 班公错-怒江结合带　　班公错-怒江地层区 { Ⅱ₁　扎西错地层小区；Ⅱ₂　哦居多玛地层小区 }

Ⅲ. 羌塘-三江复合板片　　多玛地层分区 { Ⅲ₁　绒马地层小区；Ⅲ₂　雀岗地层小区 }

图 2-1　测区地层分区图

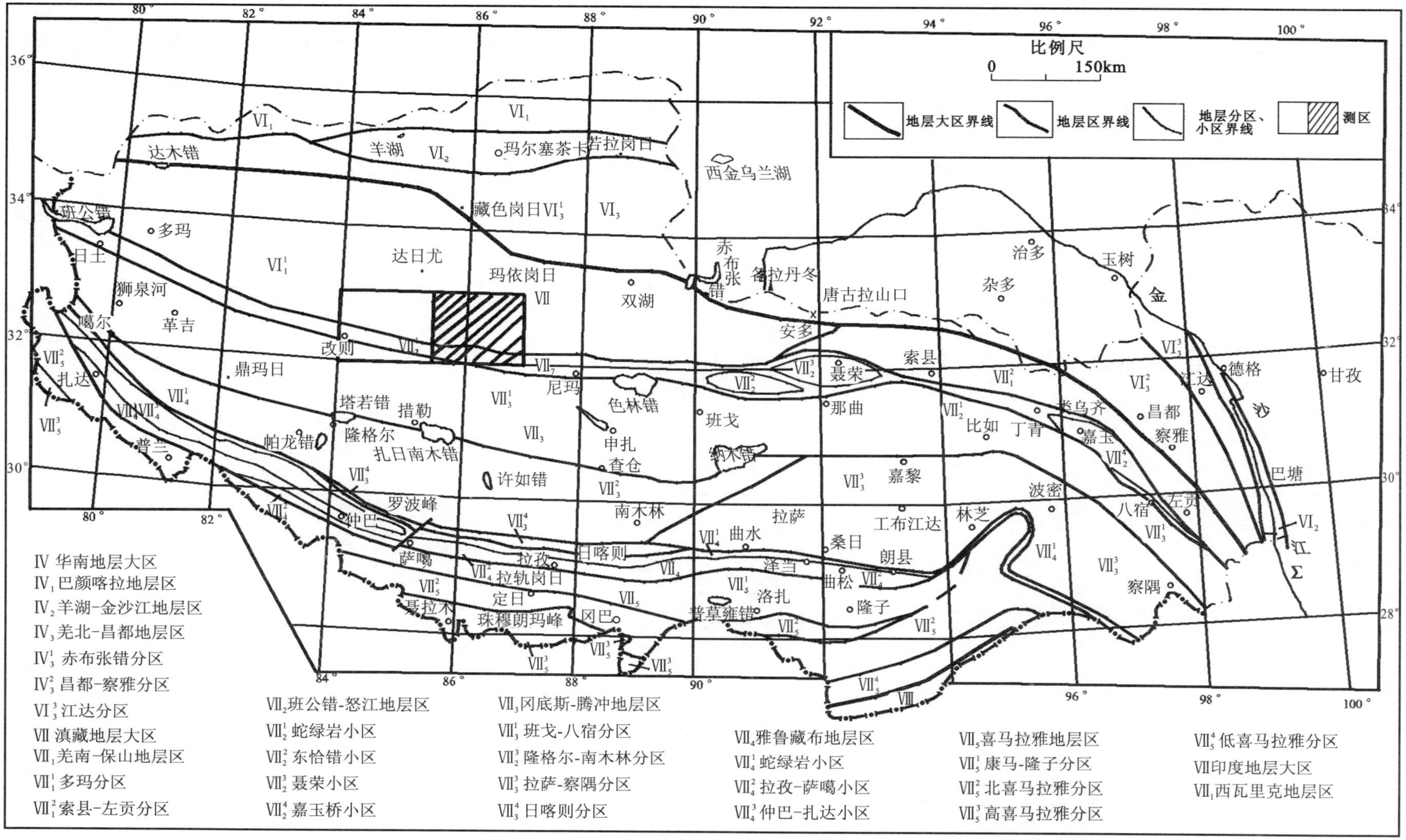

本图系西南项目办质监专家组在 1997 年《西藏岩石地层》插图基础上于 2002 年 1 月补充修改而成

图 2-2　青藏高原西藏地区综合地层区划图

按《1∶25 万区域地质调查总则》要求，以《西藏自治区岩石地层》为依据，根据地质构造发育特征和地层建造、改造特征，在前人研究基础上，结合实际新资料、新认识重新厘定了测区地层系统及地层单位时空结构表（表 2－1），并且提供了地层的由来与变更依据（表 2－2）。

表 2－1　测区地层单位时空结构表

地层分区 / 地层单位 / 年代地层		藏滇地层大区				
		冈底斯-腾冲地层区	班公错-怒江地层区		羌南-保山地层区	
		班戈-八宿地层分区	木嘎岗日地层分区		多玛地层分区	
			扎西错地层小区	哦居多玛地层小区	雀岗地层小区	绒玛地层小区
第四系	更新统(Q_h)	冲洪积 Q_h^{apl}				
		湖沼积 Q_h^{fl}				
		湖积 Q_h^{l}				
	全新统(Q_p)	湖积 Q_p^{l}				
新近系	上新统(N_2)		康托组(Nk)			
	中新统(N_1)		康托组(Nk)			
古近系	渐新统(E_3)		美苏组(Em)		纳丁错组(En)	
	始新统(E_2)		美苏组(Em)		纳丁错组(En)	
	古新统(E_1)		美苏组(Em)		纳丁错组(En)	
白垩系	上白垩统(K_2)		竞柱山组(K_2j)			
	下白垩统(K_1)	郎山组(K_1l)；古昌混杂岩群 J_3-K_1G（则弄群、拉果错蛇绿岩、拉嘎组）		去申拉组(K_1q)；改则混杂岩群；沙木罗组(J_3-K_1s)		
侏罗系	上侏罗统(J_3)	古昌混杂岩群 J_3-K_1G		沙木罗组(J_3-K_1s)；改则混杂岩群		
	中侏罗统(J_2)			改则混杂岩群：木嘎岗日岩组 Jm、洞错蛇绿岩组 Jd、仲岗洋岛岩组 Mz	捷布曲组(J_2j)；莎巧木组(J_2sq)	
	下侏罗统(J_1)			改则混杂岩群：木嘎岗日岩组 Jm、洞错蛇绿岩组 Jd、仲岗洋岛岩组 Mz	色哇组($J_{1-2}s$)	
三叠系	上三叠统(T_3)		巫嘎组(T_3w)	?	日干配错组(T_3r) ?	
	中三叠统(T_2)					
	下三叠统(T_1)					
二叠系	上二叠统(P_3)					龙格组(P_2l)
	中二叠统(P_2)					吞龙共巴组($P_{1-2}t$)
	下二叠统(P_1)	下拉组(P_1x)				吞龙共巴组($P_{1-2}t$)
石炭系	上石炭统(C_2)	拉嘎组(C_2lg)				展金组(C_2z)
	下石炭统(C_1)					?
未分						塔石山组($O_{2-3}t$)；吉塘岩群($AnOjt$)

表 2-2　地层名称和术语解释的变化表

地层名称	从前名称/其他术语	现在名称由来	变更的解释
康托组	康托组(1986、1993、1997)	西藏区调队(1986)命名	代表羌塘地区新近纪沉积的一套砂砾岩、少量杂色泥岩、粉砂岩
美苏组		江西省地质调查院(2003)命名	引用代表沿班公错-怒江结合带南缘展布的古近纪时期的一套火山岩
纳丁错组	钠丁错组(1986) 美日切错组(1993、1997)	西藏区调队(1986)命名	恢复使用代表羌南地区古近纪时期的一套火山岩,部分跨入晚白垩世
郎山组	郎山组(1978、1993、1997),门德洛子群(1955),拉果错组(1986)	西藏第四地质队(1973)创名,1978年介绍	代表班戈-八宿分区早白垩世沉积的一套灰岩、生物碎屑灰岩
竞柱山组	未分第三系(1986),竞柱山组(1993、1997)	西藏第四地质队(1973)创名,1978年介绍	代表班公错-怒江结合带晚白垩世沉积的一套红色碎屑岩
去申拉组	去申拉组(1986),郎山组(1993),则弄群(1997)	西藏区调队(1986)命名	恢复使用,代表班公错-怒江结合带闭合时期的一套火山岩地层体
沙木罗组	沙木罗组(1993、1997)	西藏区调队(1987)创名	代表班公错-怒江结合带晚侏罗-早白垩世沉积的一套含钙质较高的碎屑岩
改则岩群 木嘎岗日岩组	木嘎岗日群(1986,1993,1997)	文世宣(1979)命名	将木嘎岗日群降群为组称岩组(命名岩石组合明确,为小有序大无序地层),新建洞错蛇绿岩组和仲岗洋岛岩组,且归并为改则岩群,代表班公错-怒江结合带中复理石组合、蛇绿岩组合、洋岛组合
改则岩群 洞错蛇绿岩组	洞错蛇绿岩(1986、1993)		
捷布曲组	雁石坪群(1986)	中国地质大学(北京)(2004)命名	1∶25万改则县、日干配错幅引用,代表羌南地区中侏罗世沉积的大套灰岩
莎巧木组	雁石坪群(1986),佣钦错群(1993),莎巧木组(1997)	吴瑞忠等(1986年)创名	代表羌南地区中侏罗世沉积的以碎屑岩为主夹灰岩(局部地段增多)的地层体
色哇组	雁石坪群(1986),色哇组(1986、1993、1997)	文世宣(1979)命名	代表羌南地区早-中侏罗世沉积的以泥质岩为主的地层体
巫嘎组	巫嘎群(1983),木嘎岗日群(1986),确哈拉群(1993、1997)	西藏区调队(1983)创名巫嘎群	恢复使用,降群为组代表班公错-怒江结合带中裂谷时期的海相沉积
日干配错组	肖茶卡群(1986),西雅尔冈组(1985),吉普村组(1991),日干配错群(1993、1997)	西藏地矿局(1993)创名	降群为组,代表羌南地区晚三叠世沉积的一套碳酸盐岩
龙格组	塔什拉克湖群(1946),甘尔宝群(1957),龙格组(1982、1993、1997),民卓茶卡灰岩(1984),鲁谷组(1986)	梁定益等(1982)命名	代表羌南地区中二叠世沉积的一套碳酸盐岩
吞龙共巴组	塔什拉克湖群(1946),脱塔拉组(1983),鲁谷组(1986、1989),角木茶卡组(1983),财那哈组(1983),绒马组(1990),吞龙共巴组(1976、1993、1997)	章炳高、何国雄(1976)创名,1984年发表	代表羌南地区早-中二叠世沉积的以碎屑岩为主的地层体
塔石山组	吉塘变质岩(1999),吉塘群(1977、1986、1997),戈木日群(1986),阿木岗群(1993)	吉林大学地调院(2004)命名	代表羌南地区中晚奥陶世沉积的一套碎屑岩组合
吉塘岩群	吉塘变质岩(1999),吉塘群(1977、1986、1997),戈木日群(1986),阿木岗群(1993)	李璞等(1999)创建的"吉塘变质岩"演变而来	改称吉塘岩群,代表羌南地区的一套深变质岩

第一节　特殊群(杂岩)——吉塘岩群(AnD*jt*)

吉塘岩群分布于图幅北侧，在图幅内分布较零星，主体部分在北侧玛依岗日图幅内，前人在该带上划分的大片老变质地层，通过工作解体，其中有部分地层已解体出来，并有大量基性岩浆侵位，因此，此地层仅为残存的零星块体，出露面积约 52.5km²，约占整个测区面积的 0.33%。

李璞(1959)最早将澜沧江北段一带的变质岩分别称为“吉塘变质岩”、“泄巴变质岩”和“类乌齐变质岩”，并都归属于“前寒武纪-金沙江岩系”，西藏第一地质队(1977)，将吉塘群下部以片麻岩为主的地层称“吉塘群”，而将其上部的片岩和变质砂砾岩称“西西群”，时代置于古生代。

1986 年，陈炳尉、艾长兴在“对西藏东部嘉玉桥群及吉塘群地质时代问题的讨论”一文中正式更名为吉塘群，并经雍永源(1990)、张峰根等(1987)，以及常承法、杨暹和等人的工作和研究后，将吉塘群的含义扩大，主要指分布于丁青-类乌齐-吉塘-登巴-碧土一带的变质岩地层。1986 年，《1∶100 万改则幅区域地质调查报告》将该套地层划为戈木日群，时代为前泥盆纪。1993 年，《西藏自治区区域地质志》将该套地层划为阿木岗群(采用 1∶100 万日土幅资料)，时代为前泥盆纪，而将类乌齐-左贡一带的地层体称吉塘群，时代为前石炭纪。1997 年，《西藏自治区岩石地层》将该套地层进行区域对比，认为戈木日群、阿木岗群主体可与吉塘群对比，采用吉塘群名称，时代归属前震旦纪。本书根据区域对比、岩石地层单位命名原则，将吉塘群改为吉塘岩群，因在该带上采获奥陶纪化石，故将其时代置于前奥陶纪。

该地层因在图区出露较少，其岩石组合不全，采用岩性相对较复杂地段作路线剖面。

西藏尼玛县错俄合阿木杂各尔包吉塘群(AnO*jt*)路线剖面(图 2-3)，位于尼玛县错俄合阿木杂各尔包西南侧。

上覆地层：龙格组(P_1l)浅灰色细晶灰岩。

=============断层=============

吉塘岩群(AnO*jt*)

(3)浅灰白色破碎石英岩

(2)浅灰绿色白云母硬绿泥石石英片岩

(1)灰绿色绢云母石英片岩

未见底

其岩石组合为石英岩、石英片岩，而上岩性与剖面上基本一致，仅见其中某种岩性。

该套地层，前人根据不同证据将其置于不同时代，有前寒武纪、古生代、晚古生代、泥盆纪，获 Rb-Sr 年龄 757.1±268.4Ma，Sm-Nd 年龄 2 802±45Ma。《西藏岩石地层》综合前人资料认为主体年龄值应为元古宙，暂归于前震旦纪，由于经受多期变形、变质作用，同时也可能混入一些时代较新或较老的岩块。通过本次区调，在绒马清水河发现大量角石类化石，经吉林大学李才老师鉴定为中、晚奥陶世化石(见后文)，并命名为塔石山组，据此将该套深变质地层时代置于前奥陶纪。

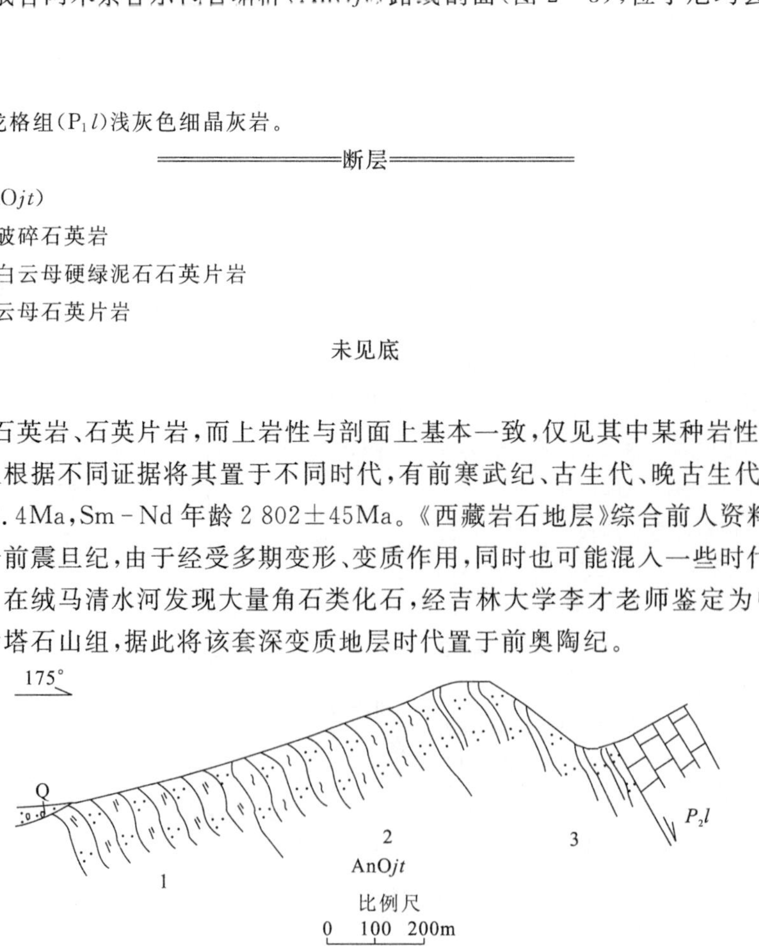

图 2-3　西藏尼玛县错俄合阿木杂各尔包吉塘群(AnO*jt*)路线剖面图

在区域上，该套深变质岩有石英岩、片岩、片麻岩、变粒岩等，该区仅见石英岩、片岩。

第二节 奥陶系——塔石山组($O_{2-3}t$)

该套地层分布局限，仅在尼玛县绒马清水河见到，出露面积约 12.5km²，约占整个测区面积的0.08%。

由吉林大学地调院(2004)命名，创名剖面位于尼玛县玛依岗日塔石山，时代为中晚奥陶世。本书引用该名称，系从前人戈木日群(吉塘群)中解体而来，时代为中晚奥陶世。

尼玛县绒马乡清水河塔石山组($O_{2-3}t$)、康托组(N*k*)实测地层剖面(RP)(图 2-4)，位于尼玛县绒马乡清水河，起点坐标：N32°57′42″，E86°35′47″，H4740m，终点坐标：N32°58′07″，E86°35′56″，H4980m。

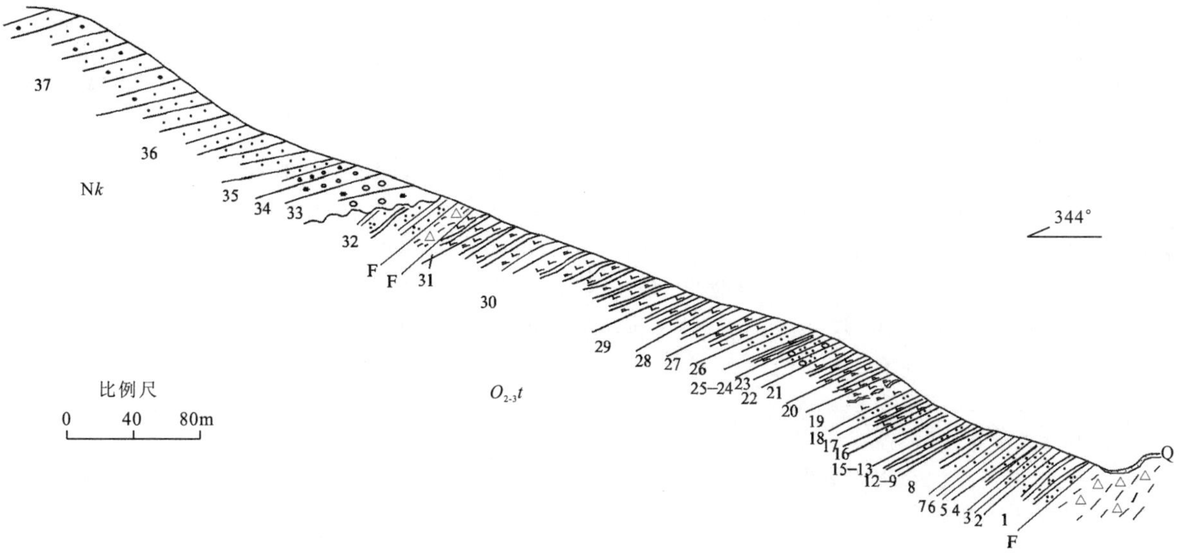

图 2-4 尼玛县绒马乡清水河塔石山组($O_{2-3}t$)、康托组(N*k*)实测地层剖面图(RP)

未见顶

康托组(N*k*)	**厚>171.01m**
(37)紫红色含砾粗砂岩	>73.09m
(36)紫红色细砂岩	60.87m
(35)紫红色细砾岩与细砂岩组合	6.09m
(34)紫红色复成分细砾岩	12.20m
(33)紫红色复成分砾岩	18.76m

~~~~~~~~角度不整合~~~~~~~~

塔石山组($O_{2-3}t$)	**厚>294.75m**
(32)灰色强片理化薄层细粒变质石英砂岩	6.52m

══════断层══════

(31)浅灰白色钙质板岩	11.78m
(30)浅灰白色含绢云钙质板岩	77.11m
(29)青灰色钙质板岩	16.61m
(28)浅灰黄色片理化钙质板岩	13.23m
(27)紫红色绢云钙质板岩，产丰富鹦鹉螺化石 *Michelinoceras huangnigangensisi* (黄泥岗米契林角石)，*Michelinoceras elongatum* (细长米契林角石)，*Columenoceras* sp.(优角石未定种)	11.91m
~~~~~~~~

(26)青灰色页片状变质粉砂岩	13.23m
(25)灰黄色钙质板岩	2.64m
(24)青灰色含绢云母钙质板岩	2.64m
(23)紫红色薄层状含细砾变质粉砂岩	6.09m
(22)紫红色含砾变质石英细砂岩,产鹦鹉螺类:*Sinoceras densum*(密壁震旦角石),*S.* sp.(震旦角石未定种),*Michelinoceras huangnigangensisi*(黄泥岗米契林角石),*Michelinoceras elongatum*(细长米契林角石),*M. zangbeiense* Cheng(藏北米契林角石),*Eosomichelinoceras* sp.(东方米契林角石未定种)等、腕足类及双壳类化石	3.65m
(21)浅灰色条带状钙质板岩	12.97m
(20)浅灰色绢云母钙质板岩	12.30m
(19)青灰色绢云母钙质板岩,夹紫红色粉砂岩透镜体	14.05m
(18)青灰色片理化变质粉砂岩夹薄层状结晶灰岩	5.27m
(17)灰色绢云母钙质板岩	8.50m
(16)灰黄色含钙质条带状变质粉砂岩	3.40m
(15)浅灰色砂质板岩	5.10m
(14)淡紫红色砂质板岩	3.39m
(13)浅青灰色含钙砂质板岩	4.83m
(12)青灰色钙质板岩,产鹦鹉螺化石及腹足类化石 *Sinoceras chinonse*(中华震旦角石),*S. rudurn*(杆状震旦角石),*S.* sp.(震旦角石未定种),*M. chaoi*(赵氏米契林角石),*M. elongatum*(细长米契林角石),*M. Paraelongatum subcentrale*(亚中央副细长米契林角石),*Columenoceras pricsum*(原始优角石),*C. remotum*(远壁优角石),*C.* sp.(优角石未定种),*Wennanoceras* sp.(汶南角石未定种),*Oentroonocera xainzaense* Cheng(申扎中蛛形角石)等及大量属种未定种	1.20m
(11)青灰色含钙条带变质粉砂岩	1.20m
(10)青灰色钙质板岩	2.40m
(9)浅灰黄色含钙条带状砂质板岩	2.40m
(8)青灰色砂质板岩	8.42m
(7)浅灰黄色变质细砂岩	2.99m
(6)灰黄-浅灰绿色强片理化变质粉砂岩	2.99m
(5)浅灰绿色含钙质条带片理化变质粉砂岩	2.99m
(4)浅灰绿色含钙砂质板岩	1.74m
(3)浅灰绿色变质粉砂岩	4.29m
(2)深灰-灰绿色钙质砂质板岩	4.29m
(1)灰绿色变质石英砂岩	>21.50m

未见底

岩石组合为变质石英砂岩、变质细砂岩、含砾变质石英细砂岩、变质粉砂岩、含细砾变质粉砂岩与钙质砂质板岩、砂质板岩、钙质板岩组合,夹少量粉砂岩透镜体,薄层状结晶灰岩,其基本层序为(图 2-5):Ⅰ.由 4m 厚(单层厚 1～1.5m)含砾变质石英细砂岩、6m 厚(单层厚 0.5～1m)含细砾变质粉砂岩与 5m 厚(单层厚 0.5～1cm)钙质板岩组成;Ⅱ.由 3m 厚(单层厚 1～1.5m)变质细砂岩与 8m 厚(单层厚 0.5～1cm)砂质板岩组成;Ⅲ.由 4m 厚(单层厚 0.5～1m)变质粉砂岩与 2m 厚(单层厚 0.5～1cm)含钙砂质板岩组成。

该套地层为解体老变质地层,根据化石而划分出来,岩性组合与北侧玛依岗日幅该组岩性组合一致,所采化石相同,区域延伸不远。采获大量鹦鹉螺、腹足类化石 *Michelinoceras huangnigangensisi*(黄泥岗米契林角石),*Michelinoceras elongatum*(细长米契林角石),*Columenoceras* sp.(优角石未定种),化石 *Sinoceras chinonse*(中华震旦角石),*S. rudurn*(杆状震旦角石),*S.* sp.(震旦角石未定种),*M. chaoi*(赵氏米契林角石),*M. elongatum*(细长米契林角石),*M. Paraelongatum subcentrale*(亚中央副细长米契林角石),*Columenoceras pricsum*(原始优角石),*C. remotum*(远壁优角石),*C.* sp.(优角石未定种),*Wennanoceras* sp.(汶南角石未定种),*Oentroonocera xainzaense* Cheng(申扎中蛛形角石),*M. zangbeiense* Cheng(藏北米契林角石),*Eosomichelinoceras* sp.(东方米契林角石未定种)等(图版Ⅰ-1、图版Ⅰ-2),时代为中晚奥陶世。

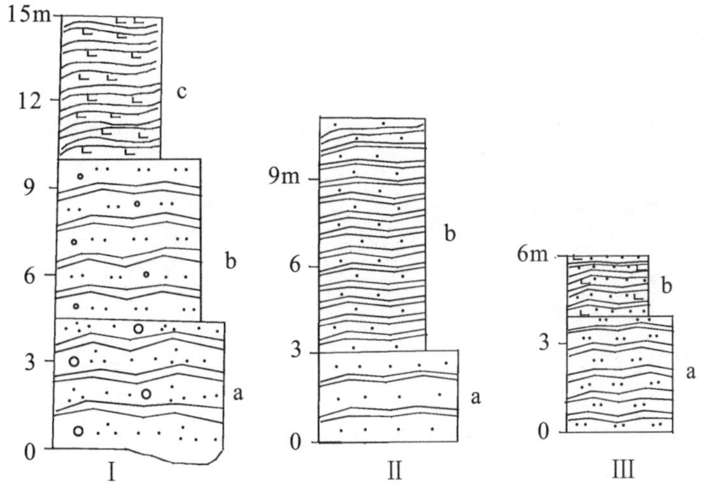

Ⅰ. a 含砾变质石英细砂岩,b 含细砾变质粉砂岩,c 钙质板岩;
Ⅱ. a 变质细砂岩,b 砂质板岩;
Ⅲ. a 变质粉砂岩,b 含钙砂质板岩

图 2-5 塔石山组基本层序组合

第三节 二叠系

测区内二叠系地层仅分布在图幅北部羌南地层区的多玛地层分区。

一、吞龙共巴组($P_{1-2}t$)

该组分布于测区北侧阿木杂各尔包-依布茶卡一带,出露面积约 101.69km²,约占整个测区面积的 0.65%。

由章炳高、何国雄(1976)创名,1984 年发表。代表剖面在日土县多玛区吞龙共巴西沟,时代为早二叠世。吴瑞忠等(1983)将双湖一带此套地层称角木茶卡组,西藏区调队在日土一带工作,又称财那哈组。1986 年,《1∶100 万改则幅区域地质调查报告》将二叠系统称鲁谷组。1989 年,成都地质矿产研究所张正贵将改则-班戈一带此段地层改称鲁谷组。1990 年,西藏区调队李才等将该组和下伏地层上部划为绒马组。1993 年,《西藏自治区区域地质志》划分为吞龙共巴组,时代为早二叠世。1997 年,《西藏自治区岩石地层》引用吞龙共巴组,时代为晚石炭-早二叠世。本书采用吞龙共巴组,其时代为早-中二叠世。

尼玛县依布茶卡扎嘎吞龙共巴组($P_{1-2}t$)地层实测剖面(P3)(图 2-6),位于尼玛县依布茶卡扎嘎,起点坐标:N32°47′29.4″,E86°28′35.1″,H4970m;终点坐标:N32°47′15.3″,E86°28′39.4″,H4950m。

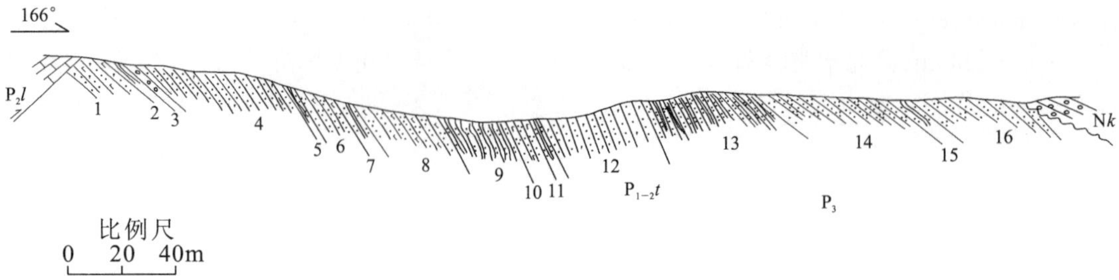

图 2-6　尼玛县依布茶卡扎嘎吞龙共巴组($P_{1-2}t$)地层实测剖面图(P3)

上覆地层:新近系康托组(N*k*)紫红色砾岩

~~~~~~~~角度不整合~~~~~~~~

吞龙共巴组($P_{1-2}t$)	**厚>215m**
(16)灰色中薄层状细石英砂岩	19.43m
(15)灰、深灰色粉砂质板岩	6.06m
(14)灰色中薄层状细石英砂岩	36.35m
(13)灰色薄层状石英粉砂岩与灰、深灰色粉砂质板岩呈韵律层组合	31.86m
(12)灰色中层状中细粒岩屑砂岩	29.60m
(11)灰、深灰色粉砂质板岩	2.29m
(10)灰色中层状钙质细粒石英砂岩	6.58m
(9)灰、深灰色粉砂质板岩	14.29m
(8)灰、深灰色中层状钙质细粒石英砂岩	12.84m
(7)灰、深灰色粉砂质板岩	3.21m
(6)灰色中薄层状含钙质细粒石英砂岩	6.42m
(5)灰、深灰色粉砂质板岩	1.61m
(4)灰色薄层状含岩屑细砂岩	31.86m
(3)杂色砾岩	2.52m
(2)灰、深灰色粉砂质板岩	5.04m
(1)灰色中薄层状含钙质中细粒岩屑砂岩	>5.04m

未见底

岩石组合为岩屑砂岩、岩屑细砂岩、钙质细粒石英砂岩、石英砂岩、石英粉砂岩、粉砂质板岩、底部夹杂色砾岩,其基本层序为(图 2-7):Ⅰ.由 3m 厚砾岩、5m 厚(单层厚 10~20m)薄层状含岩屑细砂岩与 2m 厚(单层厚 0.1~0.5cm)粉砂质板岩组成;Ⅱ.由 7m 厚(单层厚 20~50cm)中层状细粒石英砂岩与 2m 厚(单层厚 0.1~0.5cm)粉砂质板岩组成;Ⅲ.由 2~5cm 厚薄层状石英粉砂岩与 2~7cm 厚粉砂质板岩组成(图版Ⅰ-3),在面上见有硅质岩及少量灰岩。

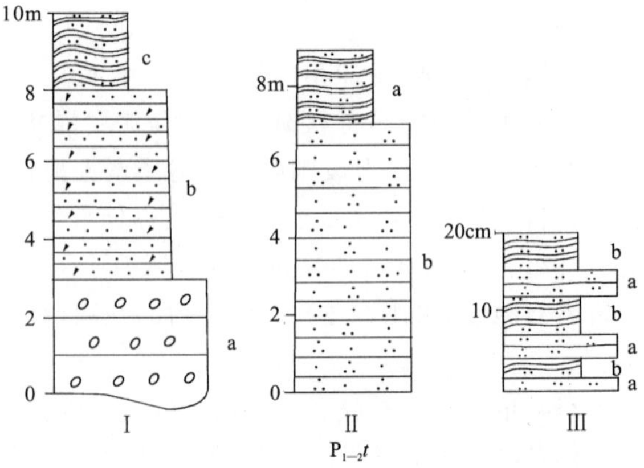

Ⅰ. 砾岩、薄层状含岩屑细砂岩、粉砂质板岩;
Ⅱ. 中层状细粒石英砂岩、粉砂质板岩;
Ⅲ. 薄层状石英粉砂岩、粉砂质板岩

图 2-7　吞龙共巴组基本层序组合

未采获化石,与上覆龙格组灰岩多为断层接触,局部地段可见为整合接触,在日土县多玛区吞龙共巴沟为一套碎屑岩夹多层灰岩或泥质
~~~~~~~~

灰岩，产䗴类、腕足类、珊瑚化石，时代为晚石炭世-早二叠世。在该图幅内主要为一套碎屑岩，夹少量灰岩、硅质岩、砾岩，其上为中二叠世灰岩，故采用早-中二叠世。

二、龙格组(P_2l)

该组分布于图幅北侧戈那尼巴拉-黑山梁-依布茶卡，呈近东西向条带状展布，出露面积约711.87km²，约占整个测区面积的4.54%。

由梁定益等1982年命名，创名剖面位于日土县欧拉。1986年，《1∶100万改则幅区域地质调查报告》将二叠系统称鲁谷组。1993年，《西藏自治区区域地质志》划分为龙格组，时代为早二叠世晚期。1997年，《西藏自治区岩石地层》采用龙格组，时代为早二叠世。本报告采用龙格组，时代为中二叠世(前人将二叠纪两分，而目前采用三分)。

西藏尼玛县依布茶卡下二叠统龙格组(P_1l)实测剖面(P7)(图2-8)，位于尼玛县依布茶卡南，起点坐标：N32°49′06.3″，E86°40′47.5″，H4790m，终点坐标：N32°48′33.6″，E86°40′58.9″，H4970m。

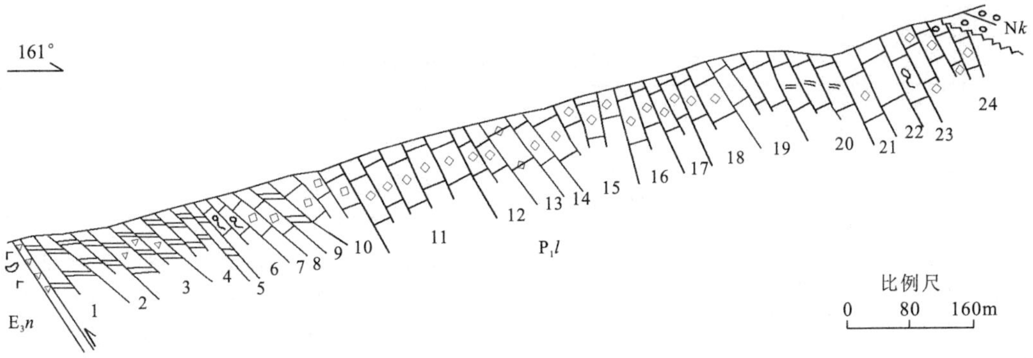

图2-8　西藏尼玛县依布茶卡下二叠统龙格组(P_1l)实测剖面图(P7)

上覆地层：新近系康托组(Nk)浅灰-灰白色块层状砾岩

~~~~~~~~~角度不整合~~~~~~~~~

龙格组(P_2l)	**厚：>1 022.94m**
(24)浅灰-深灰色中厚层状细晶灰岩	48.72m
(23)浅灰-深灰色中厚层状条带状灰岩	19.72m
(22)浅灰色厚—块层状、碎裂状灰岩	34.82m
(21)浅灰色块层状细晶灰岩	24.66m
(20)灰白色块层状白云质灰岩	69.43m
(19)浅灰色厚层状碎裂状灰岩	70.84m
(18)浅灰色厚层状细晶灰岩	43.76m
(17)浅灰色中薄层状细晶灰岩	34.10m
(16)浅灰色厚层状角砾状灰岩	34.10m
(15)浅灰色厚—块层状细晶灰岩	105.25m
(14)灰白-浅灰色厚层状角砾状灰岩	19.75m
(13)灰白色厚层状粒屑亮晶灰岩	32.46m
(12)深灰色厚层状微晶灰岩	32.46m
(11)深灰色块层状微晶灰岩	124.24m
(10)灰白色中厚层状细晶灰岩	73.49m
(9)灰白色中层状碎裂微晶白云岩	26.64m
(8)灰白色中层状角砾状灰岩	16.55m
(7)浅灰-深灰色中层状微晶灰岩	16.55m
(6)灰白色中层状、条带状灰岩	16.55m
~~~~~~~~~

(5)浅灰白色中层状中晶白云岩	16.55m
(4)灰白色中层状粗中晶白云岩	42.84m
(3)灰白色中层状砾屑白云岩	59.36m
(2)浅灰色中层状中细晶白云岩	30.05m
(1)浅灰色厚层状中晶白云岩	>30.05m

未见底

从剖面上看(图版Ⅰ-4),下部以白云岩为主,上部以灰岩为主,总体为大套碳酸盐岩组合,岩性组合有中细晶白云岩、中晶白云岩、粗中晶白云岩、砾屑白云岩、细晶灰岩、微晶灰岩、条带状灰岩、角砾状灰岩、碎裂状灰岩。

在剖面上,未采获化石,但在相应的灰岩地层中采获灰柱珊瑚 cf. *stereostylus*,窗格苔虫(未定种) *Fenestella* sp. *Indet*,曲囊苔虫(未定种) *Streblotrypa* sp. *Indet*,多孔苔虫(未定种)*Polypora* sp. *Indet*,海绵碎片,反映时代为中二叠世,前人将龙格组划分为早二叠世茅口期,当时为两分二叠纪,茅口期为早二叠世晚期,目前采用三分二叠纪,因此将其时代更正为中二叠世,区域岩石组合对比见表2-3。

表2-3 龙格组区域岩石组合对比表

日土县欧拉	改则县查尔康错那勒	改则县拉嘎那	尼玛县依布茶卡(本图幅)
为灰色厚层至块状结晶灰岩、生物礁灰岩、含砂灰岩、白云岩及蛹状灰岩等,产䗴类、珊瑚及腕足类化石,时代为早二叠世	为灰白色、浅灰白色块状结晶灰岩,中—厚层状砾屑白云岩、砂屑白云岩,厚—块状生物碎屑灰岩为主,夹灰色薄—中层状结晶白云岩、结晶灰岩、块状角砾状灰岩组成,产珊瑚、䗴化石,时代为早二叠世	为灰白色、浅灰白色块状、厚层块状粉-细晶灰岩,结晶灰岩夹浅灰色中薄层状粉晶灰岩,时代为中二叠世	下部以白云岩为主,夹灰岩,上部以细晶灰岩、角砾状灰岩、碎裂状灰岩为主。产珊瑚、窗格苔虫、曲囊苔虫、多孔苔虫、刺枝苔虫等化石,时代为中二叠世

第四节 三叠系

一、羌南地层区(多玛地层分区)——日干配错组(T_3r)

该组分布于图幅中部地区,呈东西向带状展布,见于森乌-日干配错-播央错一带,出露面积约1 707.52km²,约占整个测区面积的10.88%。

日干配错群系由西藏地质矿产局(1993)命名,命名剖面为改则县森多以东日干配错剖面。1986年,《1:100万改则幅区域地质调查报告》将羌塘地区的三叠纪地层统称肖茶卡群,时代为晚三叠世。1993年,《西藏自治区区域地质志》认为羌南、羌北地区的三叠纪地层存在明显差别,故将羌南三叠纪地层命名为日干配错群,时代为晚三叠世。1997年,《西藏自治区岩石地层》沿用日干配错群。本次区调中,对日干配错群解体,认为日干配错群应以灰岩为主,将群降组称日干配错组,时代为晚三叠世。而上部的碎屑岩不属于日干配错群之产物,故将其上的碎屑岩划分为早-中侏罗世色哇组。另在图幅西侧与1:25万物玛幅连图边界上,从原日干配错群中解体出早二叠世龙格组和晚石炭世展金组。

该图幅内未测制剖面,引用西侧改则县剖面,前人在日干配错所测的命名剖面,通过解体不能代表其日干配错组。

西藏改则县玛热玛日干配错组(T_3r)实测地层剖面(P20)(图2-9),位于西藏改则县玛热玛,起点坐标:N32°42′38.6″,E84°35′38.5″,H4930m,终点坐标:N32°41′33.3″,E84°35′07.5″,H4880m。

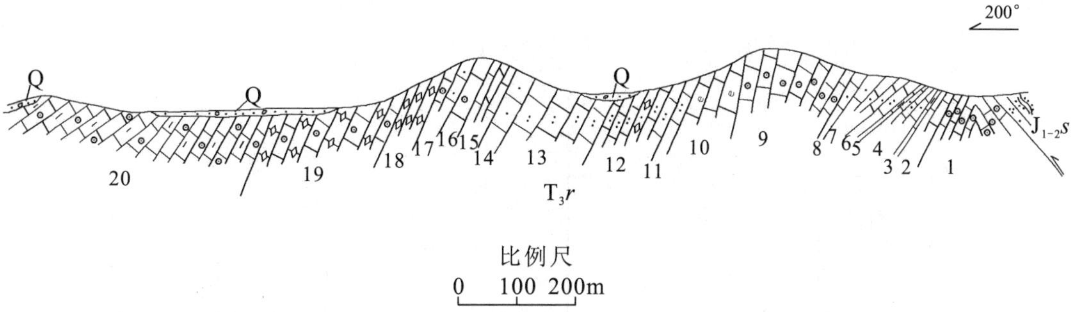

图 2-9 西藏改则县玛热玛日干配错组(T_3r)实测地层剖面图(P20)

未见顶

日干配错组(T_3r)	**厚:>1 591.49m**
(20)浅灰黑色中—薄层状鲕粒灰岩与微晶含泥灰岩互层	>357.84m
(19)浅灰黑色中—厚层状鲕粒灰岩与泥晶灰岩互层	245.10m
(18)浅黑色薄层状泥晶灰岩	56.11m
(17)浅灰白色、浅紫红色中薄层状砂屑灰岩夹含生屑鲕粒灰岩	37.08m
(16)浅灰黑色厚层块状藻灰岩	23.73m
(15)浅灰黑色中—薄层状含生屑微晶灰岩夹浅黄褐色薄层状泥灰岩	67.25m
(14)浅灰白色块层状砂屑灰岩	39.27m
(13)浅灰黑色块状粒屑灰岩	151.06m
(12)浅灰黑色中—薄层状粒屑灰岩夹亮晶介屑灰岩	119.05m
(11)浅灰色中—薄层状粒屑灰岩	18.40m
(10)浅灰黑色厚层状含生屑微晶灰岩	76.55m
(9)浅灰黑色中—厚层鲕粒灰岩	155.40m
(8)紫红色中—薄层状砂屑灰岩,产星圆茎 *Pentagonocyclicus* sp.,圆圆茎 *Cyclocyclicus* sp.化石	21.07m
(7)浅灰黑色中—厚层状砂屑灰岩	72.27m
(6)浅灰黑色中—薄层状粒屑灰岩	20.21m
(5)浅紫红色中—薄层状鲕粒灰岩	3.85m
(4)紫红色薄层状砂质灰岩	28.88m
(3)浅灰色薄层状含砂泥质灰岩	4.81m
(2)深灰色中—厚层状微晶灰岩	24.06m
(1)深灰色中—厚层状角砾状灰岩夹鲕粒灰岩,介屑灰岩	>69.5m

未见底

该地层岩石组合以微晶灰岩,鲕粒灰岩为主,其间不同程度夹有角砾状灰岩、砂屑灰岩、泥灰岩、粒屑灰岩、藻灰岩、介屑灰岩。其基本层序组合(图 2-10)为:Ⅰ.由 5m 厚(单层厚 1~2m)中厚层状角砾状灰岩、1m 厚(单层厚 10~20cm)中—薄层状鲕粒灰岩与 0.5m 厚(单层厚 10cm)薄层状介屑灰岩组成;Ⅱ.由 3m 厚(单层厚 10~20cm)中—薄层状砂质灰岩,4m 厚(单层厚 10~20cm)中—薄层状鲕粒灰岩与 3m 厚(单层厚 20~30cm)中—薄层状粒屑灰岩组成;Ⅲ.由 5m 厚块层状砂屑灰岩、4m 厚(单层厚 20~30cm)中—薄层状含生屑微晶灰岩与 1m 厚(单层厚 10cm)薄层状泥灰岩组成;Ⅳ.由单层厚 1~2m 中—厚层状微晶灰岩组成的单一韵律层;Ⅴ.由 2~3m 厚块状藻灰岩组成单一韵律层。在面上,由于露头等原因,岩性组合与剖面上相比出露不全,主要为微晶灰岩、鲕粒灰岩、生物碎屑灰岩,局部可见生物礁灰岩。

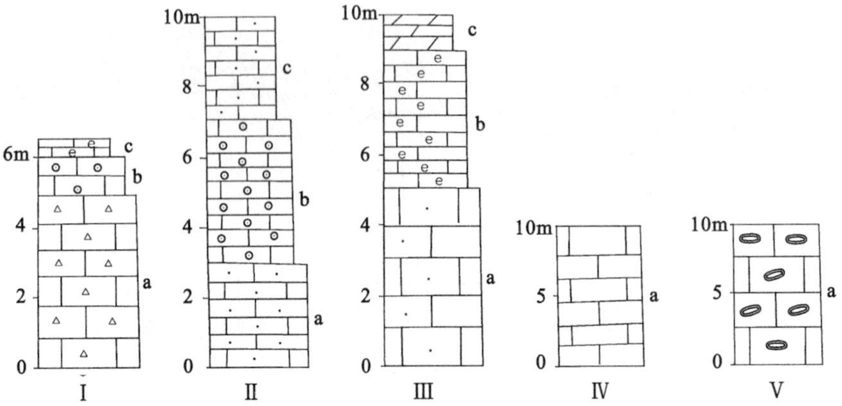

Ⅰ. a 中厚层状角砾状灰岩，b 中—薄层状鲕粒灰岩，c 薄层状介屑灰岩；

Ⅱ. a 中—厚层状砂质灰岩，b 中—薄层状鲕粒灰岩，c 中—薄层状粒屑灰岩；

Ⅲ. a 块层状砂屑灰岩，b 中—薄层状含生屑微晶灰岩，c 薄层状泥灰岩；

Ⅳ. a 中厚层状微晶灰岩；

Ⅴ. a 厚块状藻灰岩

图 2－10　日干配错组基本层序组合

在剖面上，含生物化石的岩性较多，但所采获化石多为碎片，仅鉴定有星圆茎 *Pentagonocyclicus* sp.，圆圆茎 *Cyclocyclicus* sp.，其时代跨度较大，对确定时代无意义。在面上填图工作中，该地层中采获化石也较丰富，有双壳碎片、刺毛海绵、藻和海绵类、似栉珊瑚（未定种）*Stylophyllopsis* sp.，所发现的生物礁灰岩为海绵礁和珊瑚礁。从鉴定结果看，该地层时代为晚三叠世。

该套地层在区域上以灰岩为主，《西藏岩石地层》引用的改则县日干配错剖面，存在较多的砂岩、页岩，且厚度大于 10 000m，其原因应是对该地层解体不够，对其中的构造关系不甚清楚造成。通过本次区调对该套地层解体，将其中的碎屑岩部分划归早-中侏罗世色哇组，将日干配错组确定为以碳酸盐岩为主的地层体。

二、班公错-怒江地层区——巫嘎组(T_3w)

该组位于图幅南侧尼玛县阿格曲-巫嘎错一带，出露面积约 668.29km^2，约占整个测区面积的 4.26%。

由西藏区调队(1983)创名为巫嘎群，命名剖面在申扎县尼玛区(现尼玛县)达则错东。1986 年，《1：100 万改则幅区域地质调查报告》将班-怒结合带中的碎屑岩沉积统称木嘎岗日群，在与 1：100 万日喀则幅接图过程中认为木嘎岗日群和巫嘎群在走向上相连，但存在二者时代归宿问题，提供了在班-怒带中存在三叠纪地层的依据。1993 年，《西藏自治区区域地质志》采用 1：100 万改则幅意见，也将班-怒带中碎屑岩沉积统称木嘎岗日群。1997 年，《西藏自治区岩石地层》未采用巫嘎群一名，而认为其与确哈拉群为同一套地层体，采用确哈拉群。本书通过区域对比，及岩性、化石时代对比，重新起用巫嘎群名称，并降群为组，代表班-怒带中晚三叠世的一套沉积组合。

西藏尼玛县巫嘎错上三叠统巫嘎组(T_3w)实测地层剖面(P8)(图 2－11)，位于尼玛县巫嘎错，起点坐标：N32°04′01.2″，E86°39′14.2″，H4610m，终点坐标：N32°03′25.7″，E86°38′41.3″，H4600m。

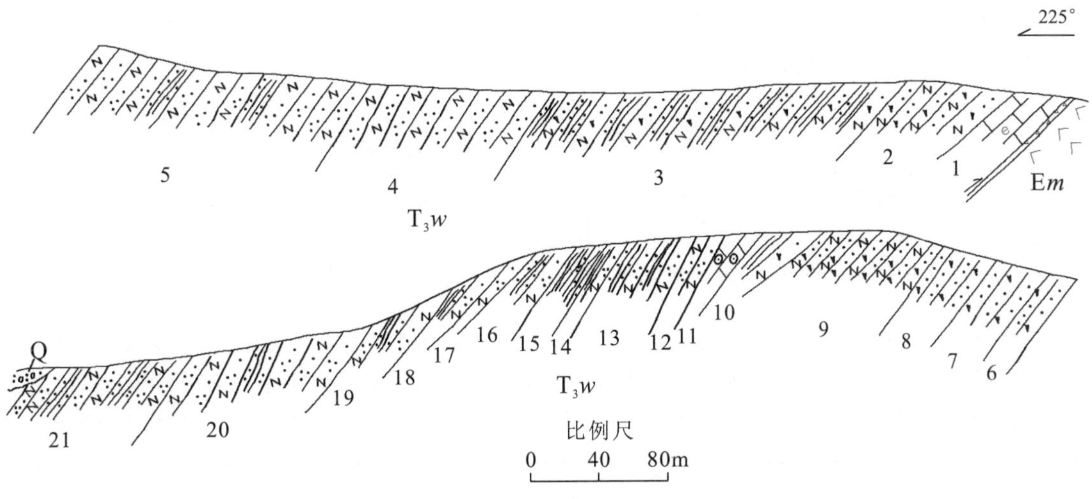

图 2－11 西藏尼玛县巫嘎错上三叠统巫嘎组(T_3w)实测地层剖面图(P8)

上覆地层:第四系冲积物(Q_4^{al})砂砾石、砂、砂土、亚砂土及少量腐殖土层

~~~~~~~~角度不整合~~~~~~~~

巫嘎组(T_3w) **厚:>821.13m**

(21)浅灰色中厚层状中细粒长石石英砂岩夹浅色砂质板岩,砂板比为:3∶1～5∶1 61.57m

(20)浅灰色中厚层状细粒长石石英砂岩偶夹浅灰色砂质板岩,砂板比为:5∶1～10∶1 70.37m

(19)浅灰色中厚层状中细粒长石石英砂岩夹浅灰色砂质板岩,砂板比为:3∶1～5∶1 20.79m

(18)浅灰色中薄层状中细粒长石石英砂岩与浅灰色砂质板岩互层 14.56m

(17)灰黄色中厚层状中粒长石石英砂岩,岩石中揉皱发育 5.09m

(16)灰黄色中薄层状细粒长石石英砂岩与浅灰色砂质板岩互层 19.52m

(15)浅灰色砂质板岩夹浅灰色薄层状中细粒长石石英砂岩,砂板比为:3∶1～5∶1 15.97m

(14)灰黄色中薄层状细粒长石石英砂岩与灰色砂质板岩韵律层组合,板岩中劈理发育 8.87m

(13)浅灰色中薄层状中细粒长石石英砂岩与浅灰色砂质板岩韵律层组合,砂岩发育平行层理 35.50m

(12)灰黄色中薄层状中粒长石石英砂岩,发育平行层理,采获槽枪箭石(未定种)*Holeobelus* sp. 和道斯顿菊石(未定种)*Dorsetensia* sp. 化石 14.65m

(11)浅灰色薄层状含砂屑亮晶鲕粒灰岩 8.68m

(10)浅灰—深灰色中薄层状中粒长石岩屑砂岩夹浅灰色极薄层状钙质板岩 23.14m

(9)深灰色薄层状长石岩屑砂岩 52.28m

(8)深灰色薄层状岩屑砂岩 22.88m

(7)深灰色中薄层状岩屑砂岩 30.74m

(6)青灰色—浅灰色中层状岩屑砂岩 13.08m

(5)浅灰色中薄层中细粒长石石英砂岩偶夹浅灰色砂质板岩 133.38m

(4)浅灰色—青灰色中薄层状中细粒长石石英砂岩 83.83m

(3)浅灰色中薄层状细粒长石岩屑砂岩与浅灰色砂质板岩韵律层组合 130.98m

(2)浅灰色细粒长石岩屑砂岩 39.00m

(1)浅灰色中厚层状含生物碎屑微晶灰岩 >16.25m

未见底

剖面上岩性组合为细粒长石岩屑砂岩、岩屑砂岩、长石石英砂岩与砂质板岩组合,夹灰岩、钙质板岩。路线上岩性与剖面上岩性一致。

剖面上采获槽枪箭石(未定种)? *Holcobelus* sp. ,道斯顿菊石(未定种)*Dorsetensia* sp. ,路线上采获纤维海绵 *Inozoan sponges*,乌兰乌拉棱蛎(未定种)*Lopha* cf. *wulanwulaensis* Sha,异齿类碎片 A
~~~~~~~~

fragment of *heterodont*，棱蛎碎片 A fragment of *genus Lopha*，中齿哈（未定种）*Amiodon*? sp.，始心蛤（未定种）*Protocardia*? sp.，以上化石部分反映为晚三叠世（图版Ⅰ-5），部分反映为侏罗纪，结合区域资料，将其时代确定为晚三叠世。区域岩石组合对比见表 2-4。

表 2-4 巫嘎组区域岩性组合对比表

改则县洞错	尼玛县巫嘎错（本图幅）	尼玛县达则错
为深灰色、浅灰黄色厚层、中厚层、中薄层、薄层状长石石英岩屑砂岩、石英岩屑砂岩、钙质岩屑砂岩、岩屑砂岩、钙质粉砂岩与深灰色粉砂绢云板岩、砂质板岩、粉砂质板岩组合，夹灰岩、硅质岩、砾岩，产始心蛤、异齿类、纤维海绵、柱珊瑚化石，时代为晚三叠世	岩性为浅灰色、灰黄色、深灰色中厚层、中薄层、薄层状长石石英砂岩、长石岩屑砂岩，岩屑砂岩夹浅灰色、灰色砂质板岩、钙质板岩、灰岩，产箭石、菊石化石，时代为晚三叠世	岩性以杂色碎屑岩、石英砂岩、粉砂岩为主夹泥灰岩、硅质灰岩，产珊瑚、双壳类化石，时代为中晚三叠世

第五节 侏罗系

一、羌南地层区——多玛地层分区

（一）色哇组（$J_{1-2}s$）

该组分布于图幅中、北部，散布于错俄合、吉拥勒、阿姆勒、播委错等地，多呈零星小片状展布，不具有横向上较大规模展布特点。出露面积约 530.27km²，约占整个测区面积的 2.17%。

由文世宣于 1979 年命名，创名地点在双湖县色哇区瓦莎巧木山北坡及加玉马头一带。

1986 年，《1∶100 万改则幅区域地质调查报告》采用色哇组，但在改则-日干配错一带将羌北的雁石坪群引用到了羌南。1993 年，《西藏自治区区域地质志》采用色哇组，在改则-日干配错一带仍用雁石坪群。1997 年，《西藏自治区岩石地层》沿用色哇组，但将其含义扩大，包括其下伏前人命名的曲色组（或则松组），将雁石坪群的分布仅限于北羌塘地区。本书通过区域对比，沿用色哇组一名，其含义同岩石地层清理，时代为早-中侏罗世。

西藏改则县拉嘎那下-中侏罗统色哇组（$J_{1-2}s$）实测地层剖面（P15）（图 2-12），位于改则县拉嘎那，起点坐标：N32°55′17.5″，E84°08′18.3″，H5000m，终点坐标：N32°54′24.2″，E84°08′03.1″，H4780m。

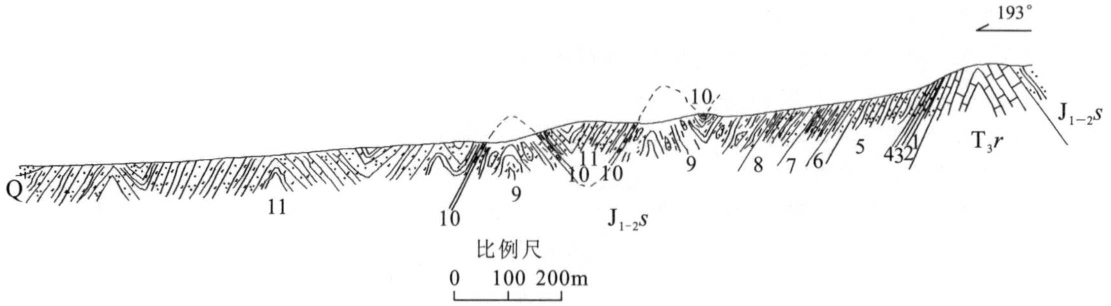

图 2-12 西藏改则县拉嘎那下-中侏罗统色哇组（$J_{1\sim2}s$）实测地层剖面图（P15）

未见顶

色哇组($J_{1-2}s$) **厚:>481.65m**

(11)深灰色钙质板岩与深灰色薄层状变石英砂岩互层	>108.56m
(10)灰色灰岩质砾岩	6.31m
(9)深灰色钙质泥质板岩夹灰色砂岩透镜体	109.31m
(8)灰色中薄层状变砂岩与深灰色钙质泥质板岩互层	58.79m
(7)深灰色钙质泥质板岩夹灰色薄层状变钙质砂岩	45.96m
(6)灰色中薄层状变粉砂岩夹深灰色粉砂质板岩	25.26m
(5)深灰色粉砂质板岩夹灰色中薄层状细粒变石英砂岩	100.76m
(4)深灰色强片理化细砾岩	2.97m
(3)灰色中薄层状细粒变石英砂岩与深灰色粉砂质板岩组合	11.87m
(2)深灰色强片理化细砾岩	2.97m
(1)灰色中薄层状细粒变石英砂岩与深灰色粉砂质板岩组合	8.91m

————整合————

下伏地层:日干配错组(T_3r)灰白色薄层状微晶灰岩,浅灰色厚层块状含粉砂细晶灰岩

剖面上岩石组合为深灰色粉砂质板岩、钙质板岩夹灰色中薄层状变石英砂岩、砂岩透镜体及深灰色强片理化细砾岩、灰色灰岩质砾岩,总体以泥质岩为主。其基本层序组合为(图 2-13):Ⅰ.由 3m 厚强片理化细砾岩、2m 厚(单层厚 10~20cm)中薄层状细粒变石英砂岩与 5m 厚(单层厚 0.5~1cm)粉砂质板岩组成;Ⅱ.由单层厚 0.5~1cm 钙质泥质板岩组成单一韵律层,其间夹薄层状钙质砂岩或砂岩透镜体;Ⅲ.由 6m 厚(单层厚>2m)灰岩质砾岩,1m 厚(单层厚 5~10cm)变石英砂岩与 4m 厚(单层厚 0.5~1cm)钙质板岩组成。在面上,岩性为深灰色粉砂质板岩,浅灰色泥岩夹浅灰色中薄层状石英砂岩、灰色灰岩透镜体,局部砂岩增多,总体以泥质岩为主。该套地层从面上看与上、下地层均为整合接触关系,但由于地层出露原因,在剖面测制中均难见到顶底。从宏观上看,该套地层中石英岩脉特别发育,岩石风化破碎后,在地表形成一片白色。

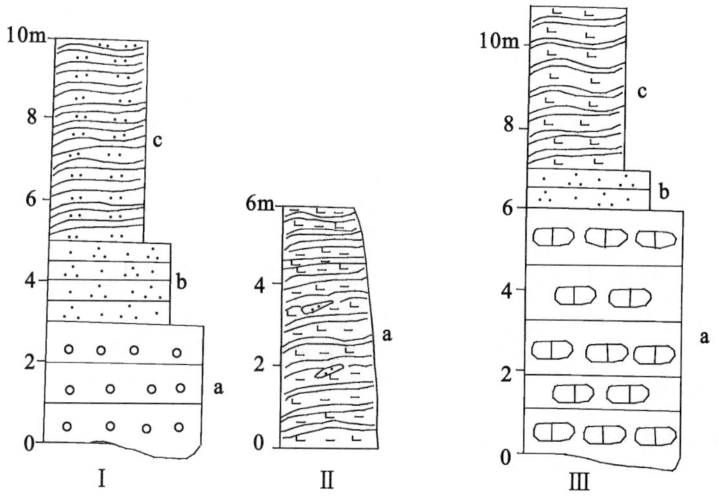

Ⅰ. a 强片理化细砾岩,b 中薄层状细粒变石英砂岩,c 粉砂质板岩;
Ⅱ. a 钙质泥质板岩夹薄层状钙质砂岩或砂岩透镜体;
Ⅲ. a 灰岩质砾岩,b 变石英砂岩,c 钙质板岩

图 2-13 色哇组基本层序组合

在本次区调工作中,在则龙查热该套地层中采获小海娥螺(未定种)*Nerinella* sp. 化石,鉴定时代为 J-K,高壁珊瑚 *Montlivaltia* 化石,时代为 J,箭石、圆圆茎化石。时代根据区域岩石组合对比及上下关系确定,其整合于下伏日干配错组之上,采用区域上色哇组时代,确定为早-中侏罗世,其区域岩性对比

见表 2 - 5。

表 2 - 5　色哇组区域岩性对比表

改则县拉嘎那-扎那热巴	尼玛县错俄合-阿姆勒(本图幅)	双湖县色哇区莎巧木山
岩性为深灰色粉砂质板岩,钙质板岩,夹灰色中薄层状变石英砂岩,砂岩透镜体及深灰色强片理化细砾岩,灰色灰岩质砾岩透镜体,总体以泥质岩为主,采获小海娥螺、高壁珊瑚化石,时代为早-中侏罗世	岩性为深灰色粉砂质板岩,浅灰色泥岩夹浅灰色中薄层状石英砂岩、灰色灰岩透镜体,局部砂岩增多,总体以泥质岩为主,产箭石、圆圆茎化石,时代为早-中侏罗世	岩性以灰—灰黑色页岩、泥岩、泥灰岩为主的地层体,产菊石化石,时代为早-中侏罗世

(二)莎巧木组(J_2sq)

该组分布于图幅中部加青错-日干配错-播央错一带,呈较稳定的东西向条带状展布,出露面积约 755.46km^2,约占整个测区面积的 4.81%。

由吴瑞忠等于 1986 年创名,创名地点在双湖县色哇区莎巧木山,1∶100 万改则幅,西藏区域地质志在改则-日干配错一带引用雁石坪群,但地质志在区域上将相应层位更名为佣钦错群。1997 年,《西藏自治区岩石地层》采用莎巧木组一名,将雁石坪群的分布仅限于北羌塘地区。本书通过区域对比,沿用莎巧木组一名。

该套地层面上与上下地层为整合接触,由于露头原因,顶底界线多不清楚,或能有顶或底处,露头均较差或岩性组合不全。因此,所测剖面未见顶或底。

加青错荣拉侏罗系莎巧木组(J_2sq)地层实测剖面(P11)(图 2 - 14),位于尼玛县加青错荣拉,起点坐标:N32°27′43.3″,E85°33′42.4″,H5030m,终点坐标:N32°26′35.8″,E85°33′33.4″,H4960m。

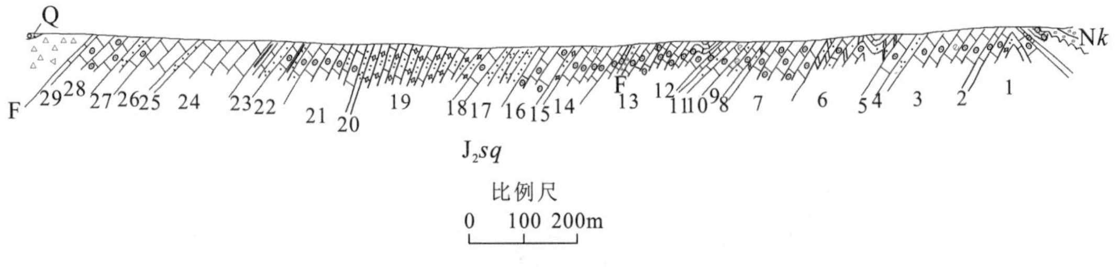

图 2 - 14　加青错荣拉侏罗系莎巧木组(J_2sq)地层实测剖面图(P11)

未见顶

莎巧木组(J_2sq)	**厚:>1 462.36m**
(29)灰色厚层状微晶灰岩	>4.81m
(28)灰色中—厚层状生屑鲕粒灰岩	48.00m
(27)灰色厚层状鲕粒灰岩,灰色生屑灰岩,灰色中—厚层状细粒石英砂岩组合	37.60m
(26)灰色厚层状微晶灰岩	69.00m
(25)灰色中层状细粒石英砂岩	3.60m
(24)灰色厚层状微晶灰岩	114.09m
(23)灰色薄层状细粒石英砂岩,灰色薄层状微晶灰岩,与深灰色粉砂质板岩呈韵律层组合	79.28m
(22)灰色中层状砂质鲕粒灰岩夹粉砂质板岩	16.42m
(21)灰色中层状鲕粒灰岩夹含粉砂微晶灰岩	94.09m
(20)灰色薄层状细粒石英砂岩	9.31m
(19)深灰色中—薄层状粉砂泥晶灰岩夹中薄层状含粉砂微晶灰岩	241.49m

(18)灰色中层状鲕粒灰岩	26.36m
(17)灰色中层状细粒石英砂岩	52.62m
(16)灰色中层状鲕粒灰岩	59.53m
(15)灰色薄层状粉砂质泥晶灰岩	7.43m
(14)灰色中薄层状鲕粒灰岩夹灰色薄层状生屑鲕粒灰岩	67.03m
(13)灰色中薄层状鲕粒灰岩	>118.51m
(12)灰色中厚层状生屑鲕粒灰岩	3.08m
(11)灰色中厚层状砂质微晶灰岩	12.31m
(10)灰色中薄层状生屑鲕粒灰岩	18.41m
(9)灰色中薄层状砂质鲕粒灰岩	23.60m
(8)灰色中薄层状砂质砂屑白云岩夹灰色薄层状砂质鲕粒灰岩	5.13m
(7)灰色中厚层状鲕粒灰岩	98.42m
(6)灰色中薄层状砂质砂屑白云岩夹灰色薄层状砂质鲕粒灰岩	>55.45m
(5)灰色中厚层状鲕粒灰岩夹灰色含介壳微晶灰岩	37.57m
(4)灰色中—薄层状钙质细石英砂岩	10.68m
(3)灰色中厚层状鲕粒灰岩夹灰色含介壳微晶灰岩，产星圆茎 *Pentagonocyclicus* sp. 化石	124.18m
(2)灰黄色中—薄层状鲕粒灰岩	6.46m
(1)灰色中—厚层状鲕粒灰岩夹灰色薄层状粉砂泥晶灰岩	>17.84m

未见底

该地层岩石组合从剖面上看，下部以碳酸盐岩为主，向上过渡为以石英砂岩、粉砂质板岩为主(图版Ⅰ-7)。为灰色中—厚层状鲕粒灰岩，厚层状微晶灰岩，夹灰色薄层状粉砂泥晶灰岩，含介壳微晶灰岩，砂质砂屑白云岩，中薄层状含粉砂微晶灰岩，下部石英砂岩较少，向上石英砂岩、粉砂质板岩增多。其基本层序组合为(图 2-15)：Ⅰ. 由 3m 厚(单层厚 0.5～2m)中—厚层鲕粒灰岩与 0.5m 厚(单层厚 10～20cm)薄层状粉砂泥晶灰岩组成；Ⅱ. 由 1m 厚(单层厚 20～30cm)中薄层状砂质砂屑白云岩与 1m 厚(单层厚 10～20cm)薄层状砂质鲕粒灰岩组成；Ⅲ. 由 40cm 厚(单层厚 10～20cm)薄层状细粒石英砂岩，20cm 厚(单层厚 5～10cm)薄层状微晶灰岩与 30cm 厚(单层厚 0.2～0.5cm)粉砂质板岩组成；Ⅳ. 由 4m 厚(单层厚 1～2m)厚层状鲕粒灰岩，1m 厚(单层厚 0.5m)中厚层状生屑灰岩与 2m 厚(单层厚 0.5～1m)中厚层状细粒石英砂岩组成。

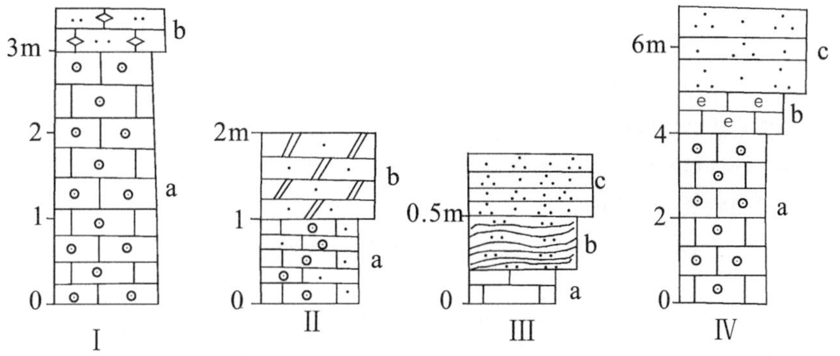

Ⅰ. a 中—厚层状鲕粒灰岩，b 薄层状粉砂泥晶灰岩；
Ⅱ. a 中薄层状砂质砂屑白云岩，b 薄层状砂质鲕粒灰岩；
Ⅲ. a 薄层状细粒石英砂岩，b 薄层状微晶灰岩，c 粉砂质板岩；
Ⅳ. a 厚层状鲕粒灰岩，b 中厚层状生屑灰岩，c 中厚层状细粒石英砂岩

图 2-15 莎巧木组基本层序组合

西藏尼玛县莎巧木组(J_2sq)、捷布曲组(J_2jb)实测地层剖面(RG)(图2-16),位于西藏尼玛县日根错,起点坐标:N32°34′19.2″,E86°20′50.2″,H4900m,终点坐标:N32°35′11″,E86°20′42″,H4800m。

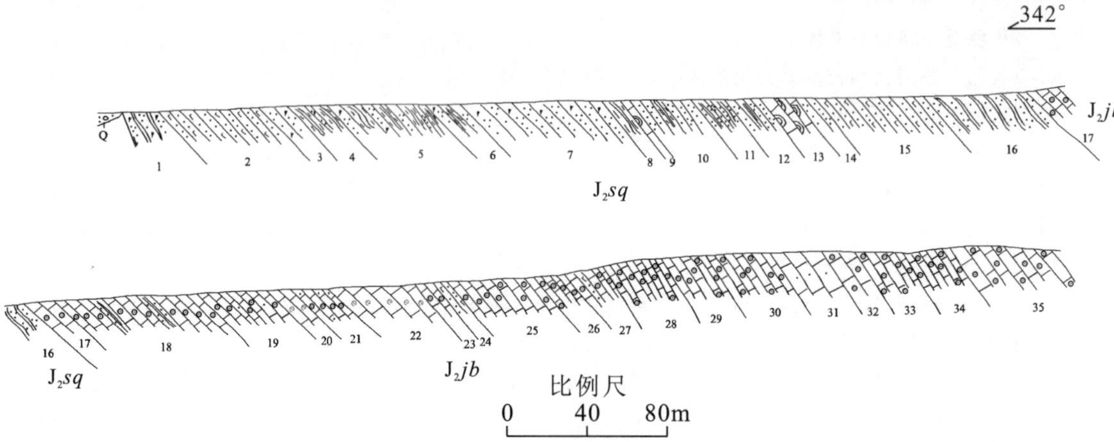

图2-16　西藏尼玛县莎巧木组(J_2sq)、捷布曲组(J_2jb)实测地层剖面图(RG)

未见顶

捷布曲组(J_2jb)	**厚:>740.80m**
(35)深灰色中厚层状鲕粒灰岩	>43.95m
(34)深灰色中薄层状鲕粒灰岩	25.04m
(33)紫红色薄层状鲕粒灰岩	34.47m
(32)紫红色碎裂块状鲕粒灰岩	26.53m
(31)深灰色中厚层状砂质粒屑灰岩,产化石碎片	43.39m
(30)紫红色中薄层状鲕粒灰岩	49.41m
(29)深灰色中薄层状鲕粒灰岩	31.66m
(28)深灰色薄层状鲕粒灰岩	43.43m
(27)浅灰色薄层状鲕粒灰岩偶夹灰色钙质细砂岩	27.28m
(26)深灰色薄层状鲕粒灰岩,产斜锉蛤 *Plagiostoma* sp. 化石	25.06m
(25)灰色中薄层状鲕粒灰岩	72.42m
(24)灰褐色薄层状钙质细砂岩	12.35m
(23)灰黑色中层状鲕粒灰岩	15.43m
(22)黑色中厚层状生物碎屑灰岩,产等称海百合 *Isocrinus* sp. 化石	69.15m
(21)黑色薄层状砂质鲕粒灰岩	27.48m
(20)灰色中薄层状生物碎屑灰岩	17.86m
(19)灰黑色中薄层状砂质鲕粒灰岩夹深灰色薄层状砂质灰岩	53.51m
(18)浅灰色薄层状砂质鲕粒灰岩,偶夹青灰色砂质板岩	105.69m
(17)青灰色中薄层状微晶鲕粒灰岩	16.69m
———— 整合接触 ————	
莎巧木组(J_2sq)	**701.57m**
(16)浅灰色薄层状中粒变石英砂岩偶夹青灰色砂质板岩	60.33m
(15)灰白色薄层状钙质细砂岩,与灰白色中薄层状钙质中粗粒砂岩韵律互层	63.28m
(14)浅灰色中薄层状细粒石英砂岩	10.47m
(13)深灰色团块状礁灰岩,产剑鞘珊瑚 *Thecosmilia*	29.51m
(12)灰黑色中薄层状中粒石英砂岩夹黑色泥质板岩,偶夹浅灰色粉砂质绢云板岩	32.62m
(11)黑色粉砂质板岩夹浅灰色石英砂岩	31.07m
(10)浅灰色中薄层状石英砂岩偶夹泥质板岩	54.37m
(9)灰黑色团块状礁灰岩	7.77m
(8)灰黑色泥质板岩	15.53m

(7)黄色中薄层状中粒含岩屑石英砂岩　131.42m
(6)灰色中薄层状粗粒含岩屑石英砂岩夹灰黑色泥质板岩　25.76m
(5)灰色中薄层状中粗粒含岩屑石英砂岩与黑色泥质板岩韵律互层　95.89m
(4)灰黑色泥质板岩夹灰色细粒石英砂岩　14.31m
(3)灰绿色中薄层状细粒岩屑石英砂岩　21.47m
(2)灰绿色中薄层状钙质细砂岩　81.58m
(1)灰白色中厚层状中细粒含岩屑变石英砂岩　>27.19m

未见底

剖面上岩性为灰色、浅灰色岩屑变石英砂岩、石英砂岩夹黑色泥质板岩、砂质板岩、礁灰岩。

该套地层中化石较丰富，但化石多呈碎片，保存不完整，保存较好的化石多为海百合茎，剖面上仅鉴定有星圆茎 *Pentagonocyclicus* sp.，剑鞘珊瑚 *Thecosmilia* 化石，时代为侏罗纪，路线上采获的化石歧心蛤 *Anisocardia* sp.，花蛤 *Astarte* sp.，假小挫蛤 *Pseudolimea* sp.，线齿蚶 *Grammatodon* sp.，区域上根据双壳、腕足、珊瑚化石将时代确定为中侏罗世。该套地层在区域上以石英砂岩为主的碎屑地层体，在本联测图幅内东侧以石英砂岩、板岩为主夹少量碳酸盐岩，向西侧碳酸盐岩增多，反映了从西向东的水体深度变化特征，区域岩石组合对比特征见表 2－6。

表 2－6　莎巧木组区域岩石组合对比表

改则县沙曲卡尔	尼玛县日根错(本图幅)	双湖县色哇区莎巧木山
岩性为灰色中—厚层状鲕粒灰岩、厚层状微晶灰岩夹灰色薄层状粉砂泥晶灰岩，含介壳微晶灰岩、砂质砂屑白云岩，中薄层状含粉砂微晶灰岩，下部石英砂岩较少，向上石英砂岩、粉砂质板岩增多，产大量生物碎片和海百合茎化石，时代为中侏罗世	岩性为灰色、浅灰色岩屑变石英砂岩、石英砂岩夹黑色泥质板岩、砂质板岩、礁灰岩。产化石剑鞘珊瑚、歧心蛤、花蛤，假小挫蛤、线齿蚶，时代为中侏罗世	岩性为灰色岩屑砂岩、石英砂岩、泥岩、泥灰岩互层。产双壳、腕足、珊瑚等化石，时代为中侏罗世

(三)捷布曲组(J_2jb)

该组分布于图幅中部加青错－日干配错－播央错一带，呈较稳定的东西向带状展布，出露面积约 835.36km^2，约占整个测区面积的 5.32%。

由中国地质大学(北京)(2004)命名，创名剖面位于安多县捷布曲，代表整合于色哇组(分为上下两段)之上的大套厚层灰岩，时代为中侏罗世。本书通过区域对比，认为安多幅所划分的色哇组两段对应区域上的色哇组和莎巧木组，因此引用捷布曲组，代表羌南地区整合于莎巧木组之上的大套厚层灰岩，时代为中侏罗世。

剖面(图 2－16)上岩石组合为灰、青灰、深灰、紫红色块状中厚层、中薄层、薄层状鲕粒灰岩，中厚层、中薄层状生物碎屑灰岩，块状礁灰岩，中厚层状砂质粒屑灰岩夹少量灰色钙质细砂岩、砂质板岩。总体以中厚层灰岩夹薄层状灰岩，夹少量碎屑岩。基本层序组合为(图 2－17)：Ⅰ.由 3m 厚(单层厚 20～30cm)中薄层状砂质鲕粒灰岩与 1m 厚(单层厚 10～20cm)薄层状砂质灰岩组成；Ⅱ.由 2m 厚(单层厚 10～20cm)薄层状鲕粒灰岩与 0.5m 厚(单层厚 10～20cm)钙质细砂岩组成；Ⅲ.由 30m 厚(单层厚 10～20cm)薄层状鲕粒灰岩、30m 厚(单层厚 30～50cm)中薄层状鲕粒灰岩与 40m 厚(单层厚 1～2cm)中厚层状鲕粒灰岩组成。在路线上岩性与剖面上基本一致。

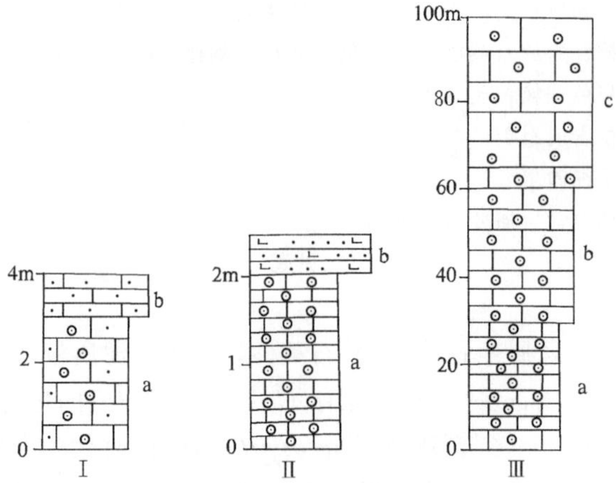

Ⅰ. a 中薄层状砂质鲕粒灰岩，b 薄层状砂质灰岩；
Ⅱ. a 薄层状鲕粒灰岩，b 钙质细砂岩；
Ⅲ. a 薄层状鲕粒灰岩，b 中薄层状鲕粒灰岩，c 中厚层状鲕粒灰岩

图 2-17　捷布曲组基本层序组合

剖面上化石丰富，但多为化石碎片，已鉴定的化石有斜锉蛤 *Plagiostoma* sp.，等称海百合 *Isocrinus* sp.，时代为中三叠-晚白垩世，根据其整合于下伏中侏罗世地层之上，采用区域上时代，确定为中侏罗世。其区域岩石组合对比见表 2-7。

表 2-7　捷布曲组区域岩石组合对比表

尼玛县曲生桑	尼玛县日根错（本图幅）	安多县捷布曲
岩性为灰色、深灰色、中厚层状砂屑灰岩、微晶灰岩，夹极少量碎屑岩，未采获化石，时代为中侏罗世	岩性为灰、青灰、深灰、紫红色块状、中厚层、中薄层、薄层鲕粒灰岩，中厚层、中薄层状生物碎屑灰岩、块状礁灰岩，中厚层状砂质粒屑灰岩夹少量灰色钙质细砂岩、砂质板岩，产大量生物碎片、斜锉蛤、海百合化石，时代为中侏罗世	岩性以灰色、深灰色生物碎屑灰岩、泥晶灰岩、泥质灰岩为主，夹灰绿色、灰色、灰黑色薄层钙质泥岩及灰绿色薄层细砂岩、粉砂岩，产大量双壳类、腕足类、腹足类化石，时代为中侏罗世

二、班公错-怒江地层区

（一）木嘎岗日岩组（J*m*）

该组分布于八乌错-垌英错一带，呈东西向面状展布，出露面积约 1 709.21km²，约占整个测区面积的 10.89%。

由文世宣于 1979 年命名为木嘎岗日群，创名地点位于尼玛县木嘎岗日主峰木格各波日东南，指沿班-怒带分布的一套深灰色、暗绿色、灰黑色泥质板岩与变质砂岩，粉砂岩夹灰岩、硅质灰岩为主的地层体。自创名以来，1∶100 万改则幅、《西藏地质志》、《西藏岩石地层》均沿用此名，但其所代表的年代地层各异，依次分别为侏罗系、中-下侏罗统、侏罗系。近年来人们认为该套地层应属于构造地层体，故改用木嘎岗日岩群。1∶25 万班戈幅将该套地层称木嘎岗日岩群，将其在图幅范围所处不同地层小区分别划分为其西弄岩组（觉翁地层小区）、拉木弄岩组（机部乡地层小区）。通过本次区调，认为该套地层体为构造混杂体，其中组成成分复杂，按照岩石地层单位划分建立原则，将班-怒带划分为扎西错地层小区

和哦居多玛地层小区。哦居多玛地层小区的碎屑岩组分根据化石时代，沿用前人命名的巫嘎组，时代为晚三叠世，其岩石组合以岩屑砂岩、泥质岩为主，夹灰岩、硅质岩。扎西错地层小区的碎屑岩组合与木嘎岗日群原始含义相同，以石英砂岩、岩屑石英砂岩、泥质岩为主夹砾岩、灰岩的地层体，其岩石组合宏观上较固定单一，内部为大无序、小有序的特点。按岩石地层单位命名原则将其降群为组，称木嘎岗日岩组；其中的灰岩岩块，本次区调采获化石为晚三叠世，按非正式地层单位外来岩块圈定；其中的晚侏罗世-早白垩世碎屑岩夹灰岩划归沙木罗组。将蛇绿岩组合命名为洞错蛇绿岩组(其特征见有关章节)。对于其中的火山岩，前人统称为去申拉组。根据本次区调，认为其中中-酸性火山岩仍沿用去申拉组，另外一部分以中-基性岩及火山角砾岩为主的玄武岩与灰岩体(多为结晶灰岩和大理岩，变质程度深，且无化石)，重新命名为仲岗洋岛岩组(其特征见有关章节)。根据组群建立原则，将木嘎岗日岩组、洞错蛇绿岩组、仲岗洋岛岩组归并为改则混杂岩群，代表班-怒带中侏罗纪沉积混杂组合，以此清理班-怒带中西段的地层系统。

该套地层为大无序、小有序的构造地层体，在该图幅内未测制剖面，未见砾岩夹层，仅见有少量呈灰岩夹层，引用西侧改则幅剖面，对于有关构造特征参见构造章节。

西藏改则县打格弄木嘎岗日岩组(Jm)路线剖面(图 2-18)，位于改则县打格弄，起点坐标：N32°23′24.3″，E84°28′11.6″，H4800m，终点坐标：N32°24′58.7″，E84°28′43.2″，H5120m。

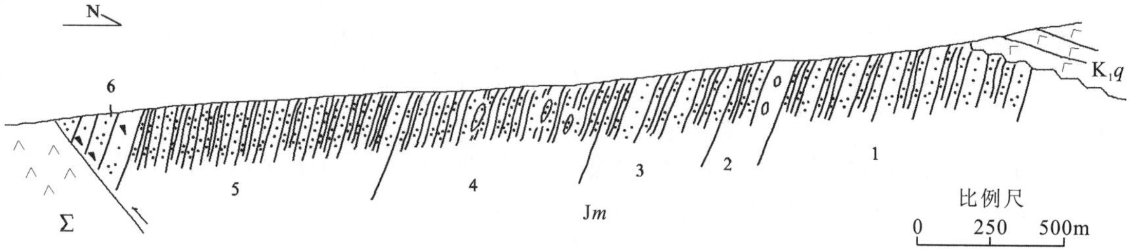

图 2-18 西藏改则县打格弄木嘎岗日岩组(Jm)路线剖面图

未见顶

木嘎岗日岩组(*Jm*)	厚：>3 100m
(6)灰色中厚层状角岩化巨粗—粗粒岩屑石英砂岩	>300m
(5)灰色中薄层状细粒石英砂岩与深灰色粉砂质板岩组合	900m
(4)深灰色粉砂质板岩夹灰色薄层状石英砂岩或透镜体	700m
(3)灰色中厚层状细粒石英砂岩与深灰色粉砂质板岩组合	400m
(2)灰色厚层状砾岩，灰色中厚层状细粒石英砂岩与深灰色粉砂质板岩组合	200m
(1)灰色中厚层状细粒石英砂岩与深灰色粉砂质板岩组合	>600m

未见底

剖面上以灰色中厚层状岩屑石英砂岩、石英砂岩与深灰色粉砂质板岩组合夹少量灰色砾岩、砂岩透镜体。砾岩成分以石英岩、砂岩砾石为主，少量硅质岩、火山岩砾石。该图幅内岩性(图版Ⅰ-6)为灰色中厚层状、中层状、中薄层状岩屑石英砂岩、石英砂岩与深灰色粉砂质板岩，夹少量灰岩层，未发现有砾岩层，未采获化石。

在该套地层中，在西侧图幅采获高壁珊瑚 *Montlivalitia* 和刺毛海绵碎片 *Chaetetid sponges*，时代为侏罗纪。区域岩石组合对比见表 2-8。

表 2-8　木嘎岗日岩组区域岩石组合对比表

改则县打格弄-坦纠奴玛	尼玛县哦居多玛(本图幅)	尼玛县木嘎岗日
岩性为灰色中厚层状、中薄层状变质岩屑石英砂岩、石英砂岩与深灰色粉砂质板岩,夹砾岩、灰质砾岩透镜体,少量灰岩,产少量珊瑚、海绵化石,时代为侏罗纪	岩性为灰色中厚层状、中层状、中薄层状岩屑石英砂岩、石英砂岩与深灰色粉砂质板岩,夹少量灰岩层,未采获化石,时代为侏罗纪	岩性为深灰色、暗绿色、灰黑色泥质板岩与变质砂岩、粉砂岩夹灰岩、硅质灰岩。产少量双壳类、腕足类化石,时代为侏罗纪

在该套地层中,不同程度存在灰岩块体,以独立块体出现于木嘎岗日岩组碎屑岩中,界线为断层接触关系,为灰色灰岩,含生屑灰岩、微晶灰岩等,变质程度均较浅,其中化石保存相对较完整,采获化石纤维海绵 *Inozoan sponges*,房室海绵 *Thalamid sponges*,刺毛海绵 *Chaetetid sponges*,石珊瑚碎片 *Scleractinian*,时代为晚三叠世。前人在灰岩外来岩块中还采获二叠纪化石,其与周围关系参见有关章节。

(二)沙木罗组(J_3-K_1s)

该套地层在图幅内分布局限,仅在尼玛县美多勒见到,分布面积约 87.17km^2,约占整个测区面积的 0.56%,该套地层为在区调工作中根据宏观特征及与东侧图幅联图从原木嘎岗日群中解体而来。

系西藏区调队(1987)创名,创名地点在革吉县盐湖区沙木罗。《西藏地质志》和《西藏岩石地层》均沿用此名,但在改则一带(包括 1∶100 万改则幅)未将此套晚侏罗世地层单独划分出来,均统称木嘎岗日群。本书根据岩石组合区域对比及其所采获的化石,将其划分出来,沿用沙木罗组,时代为晚侏罗-早白垩世。

西藏改则县普汪那义沙木罗组(J_3-K_1s)路线剖面(图 2-19),位于改则县普汪那义,起点坐标:N32°17′57.8″,E84°31′08.2″,H4500m,终点坐标:N32°20′05.3″,E84°30′45.2″,H4760m。

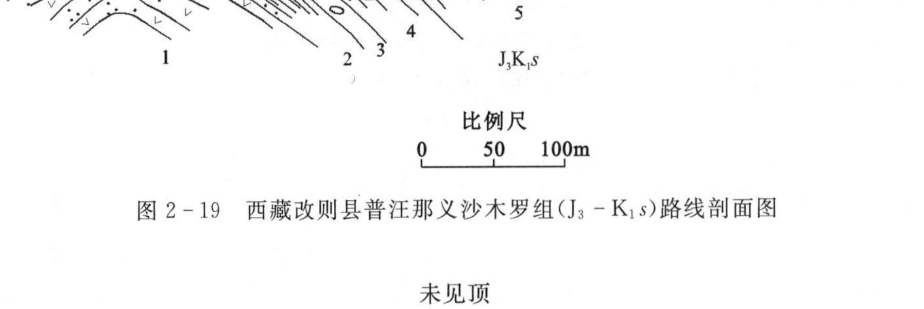

图 2-19　西藏改则县普汪那义沙木罗组(J_3-K_1s)路线剖面图

未见顶

沙木罗组(J_3-K_1s)　　**厚:>320m**

(8)灰、浅灰色中层状中细粒钙屑砂岩　　>45m

(7)灰、浅灰色中薄层状中、细粒钙质石英砂岩、含生屑铁质钙质粉砂岩,深灰色钙质板岩组合,产化石:坛螺(未定种)*Ampullina* sp.,瘤结螺(未定种)*Tylostoma* sp.,海娥螺(未定种)*Nerinea* sp.;超微化石 *Lotharingius contractus* Bown and Cooper,1989a,*Cyclagelosphaera margerelii* Noel,1965　　75m

(6)灰色中厚层状砾岩,砾石以灰岩砾石、砂岩砾石为主,少量石英岩等砾石,

分选性、磨圆度中—好　40m

(5)灰、浅灰色中薄层状中、细粒钙质石英砂岩与深灰色钙质板岩组合　40m

(4)灰、浅灰色中层状中、细粒钙质石英砂岩　40m

(3)灰色中厚层状砾岩　5m

(2)灰、浅灰色中薄层状中、细粒钙质石英砂岩与深灰色钙质板岩组合　25m

(1)灰、浅灰色中层状中、细粒钙质石英砂岩　>70m

未见底

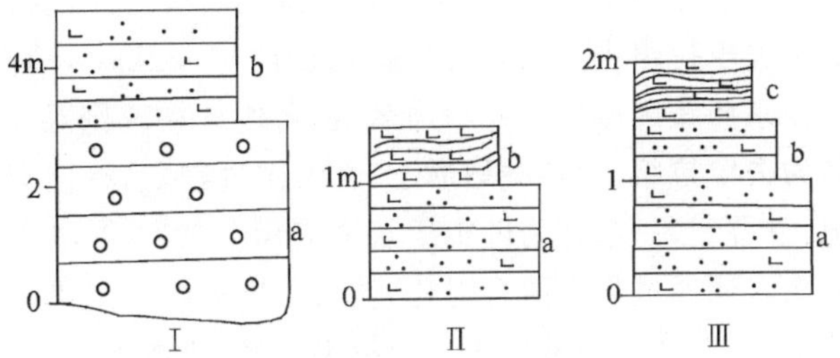

Ⅰ. a 中厚层状砾岩，b 中层状中—细粒钙质石英砂岩；
Ⅱ. a 中薄层状中—细粒钙质石英砂岩，b 钙质板岩；
Ⅲ. a 中薄层状中—细粒钙质石英砂岩，
b 薄层状含生屑铁质钙质粉砂岩，c 钙质板岩

图 2-20　沙木罗组基本层序组合

其岩石组合以灰、浅灰色中层、中薄层状钙质石英砂岩、钙屑砂岩为主，夹含生屑铁质钙质粉砂岩，深灰色钙质板岩，灰色中厚层状砾岩，其基本层序组合为(图 2-20)：Ⅰ. 由 3m 厚(单层厚 1～2m)中厚层状砾岩与 2m 厚(单层厚 0.5～1m)中层状中—细粒钙质石英砂岩组成；Ⅱ. 由 1m 厚(单层厚 10～20cm)中薄层状中—细粒钙质石英砂岩与 0.5m 厚(单层厚 0.2～0.5cm)钙质板岩组合；Ⅲ. 由 1m 厚(单层厚 10～20cm)中薄层状中—细粒钙质石英砂岩，0.5m 厚(单层厚 10cm)薄层状含生屑铁质钙质粉砂岩与 0.5m 厚(单层厚0.2～0.5cm)钙质板岩组成。该图幅岩性为灰色钙质砂岩、钙质板岩、粉砂质板岩，夹灰岩、硅质岩层，总体反映为一套含钙质成分较高的地层体。

在图幅内采获化石坛螺(未定种)*Ampullina* sp.，瘤结螺(未定种)*Tylostoma* sp.，海娥螺(未定种)*Nerinea* sp.，超微化石 *Lotharingius contractus* Bown and Cooper，1989a，*Cyclagelosphaera margerelii* Noel，1965，路线上采获珊瑚碎片 *Scleractinia*，时代反映为晚侏罗-早白垩世，根据区域资料暂将时代置于晚侏罗-早白垩世。其区域岩性组合对比见表 2-9。

表 2-9　沙木罗组区域岩性组合对比表

革吉县盐湖区沙木罗	改则县普汪那义	尼玛县美多勒(本图幅)
岩性为灰白色石英砂岩、含砾粗砂岩、粉砂岩夹钙质页岩、生物碎屑灰岩，产珊瑚、菊石、双壳类及有孔虫化石，时代为晚侏罗-早白垩世	岩性以灰、浅灰色中层、中薄层状钙质石英砂岩、钙质砂岩为主，夹含生屑铁质钙质粉砂岩，深灰色钙质板岩，灰色中厚层状砾岩、灰色灰岩，产珊瑚、腹足、超微化石，时代为晚侏罗-早白垩世	岩性为灰色钙质砂岩、钙质板岩、粉砂质板岩，夹灰岩、硅质岩层，未采获化石，时代为晚侏罗世

该套地层与木嘎岗日岩组相比，宏观上木嘎岗日岩组呈深色调，沙木罗组呈浅色调，浅黄色；木嘎岗日岩组岩石以变质变形均较深的砂板组合，沙木罗组岩石未变质，有一定变形，以含钙质较高为特征。

对其中较大块体灰岩及硅质岩，单独圈定为非正式地层单位表示于图上。

第六节　白垩系

一、班公错-怒江地层区

(一)去申拉组(K_1q)

该套地层主要沿班-怒带北界南侧断续出露，前人划分的去申拉组，有一部分根据同位素结果，已不属于去申拉组中火山岩，出露面积约 116.22km²，约占整个测区面积的 0.74%。

系西藏区调队(1986)命名，创名地点在改则县去申拉，1∶100 万改则幅在去申拉将该套火山岩命名为去申拉组。《西藏地质志》在编图过程中，将该套火山岩忽略，而将班-怒带中的外来岩块灰岩(二叠纪、三叠纪)一起作为郎山组灰岩表示。1997 年，《西藏自治区岩石地层》认为去申拉组与则弄群相当。本次区调通过岩石组合对比，认为去申拉组与则弄群虽有相似之处，但所处大地构造位置不同，且在区域上，已有多家恢复使用去申拉组一名，故本书恢复使用去申拉组名称，其含义与原始定名相同，用以代表班-怒带闭合时期的火山岩浆事件。

西藏改则县去申拉俄木拢去申拉组(K_1q)路线剖面(图 2-21)，位于改则县洞错北去申拉山脚俄木拢，起点坐标：N32°16′45.3″，E84°39′42.7″，H4500m，终点坐标：N32°15′57.3″，E84°40′49.7″，H4500m。

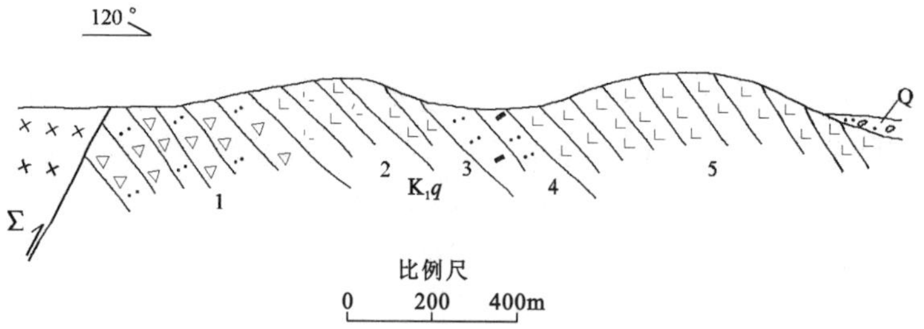

图 2-21　西藏改则县去申拉俄木拢去申拉组(K_1q)路线剖面图

未见顶

去申拉组(K_1q)	**厚：>1 600m**
(5)灰绿色全蚀变安山岩	>700m
(4)灰绿色晶屑凝灰岩	200m
(3)紫红色富铁安山岩	200m
(2)灰色强蚀变流纹英安岩	200m
(1)灰色凝灰质火山角砾岩	300m

═══断层═══

超基性岩(Σ)：灰绿色辉长岩

剖面上岩石组合为灰色凝灰质火山角砾岩，强蚀变流纹英安岩，紫红色富铁安山岩、灰绿色晶屑凝灰岩、全蚀变安山岩，以熔岩为主，反映为中酸性火山岩，路线中岩性与剖面相似。该图幅内岩性为安山质熔结凝灰岩、辉石安山岩、流纹质凝灰熔岩、蚀变安山岩。1∶100 万改则幅获 111Ma(Rb-Sr)，区域上 Rb-Sr 同位素年龄集中于 126±2Ma～115Ma，时代为早白垩世。在该图幅内，未见有沉积岩夹层，区域上见有砂岩沉积夹层。区域岩石组合对比见表 2-10。

表 2-10 去申拉组区域岩石对比表

改则县去申拉	尼玛县加青错(本图幅)	班戈县马前乡
岩性为中酸性火山角砾岩、强蚀变流纹英安岩、富铁安山岩,晶屑凝灰岩、全蚀变安山岩	岩性为安山质熔结凝灰岩、辉石安山岩、流纹质凝灰熔岩、蚀变安山岩	岩性为块状辉石安山岩,杏仁状辉石安山岩,安山质晶屑凝灰岩,中层状沉凝灰岩、凝灰质砂岩、石英砂岩

(二)竞柱山组(K_2j)

该组分布于人乌错南侧,分布于相对较高位置,出露面积约 30km^2,约占整个测区面积的 0.13%。

系西藏第四地质队(1973)创名于班戈县竞柱山,1978 年介绍。1986 年,1∶100 万改则幅将班-怒带中红色砾岩未作划分,统归于未分第三系。1993 年,《西藏地质志》沿用竞柱山组一名并厘定了含义。1997 年《西藏自治区岩石地层》沿用竞柱山组一名。本次区调在班-怒带红色砾岩中,在砾岩处于地形较高位置上发现有灰岩夹层,在盆地边部地形上较低位置的砾岩中发现有火山岩夹层(K-Ar 法年龄 29.6Ma),在附近图幅中均将该套地层划为新近系康托组。因此,本书认为在第三系以来,不存在分区问题,把班-怒带中红色砾岩层根据不同岩石组合划分为竞柱山组和康托组。

西藏改则县达查竞柱山组(K_2j)地层实测剖面(P1)(图 2-22),位于尼玛县达查,起点坐标:N32°08′48.7″,E85°12′12.6″,H4690m,终点坐标:N32°08′51.6″,E85°12′12.9″,H4740m。

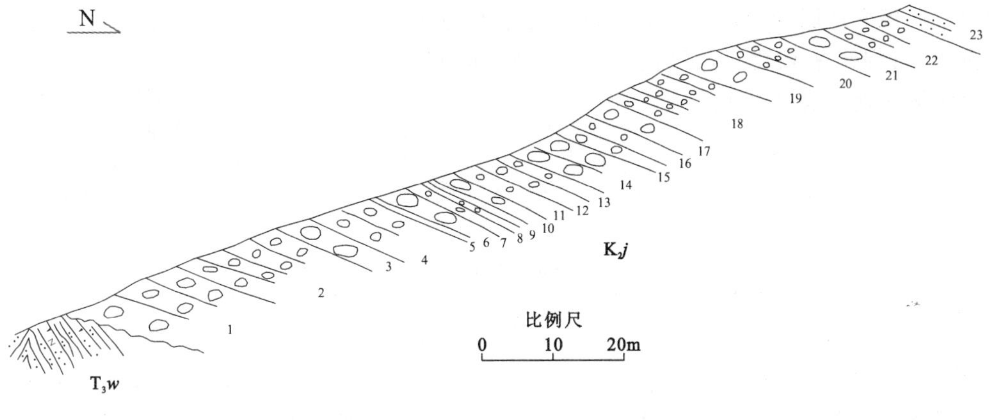

图 2-22 西藏改则县达查竞柱山组(K_2j)地层实测剖面图(P1)

未见顶

竞柱山组(K_2j)	**厚:>81.30m**
(23)紫红色薄层状中细粒岩屑石英砂岩	2.78m
(22)紫红色中薄层状细砾岩	4.56m
(21)紫红色中薄层状粗砾岩	4.56m
(20)紫红色中薄层状细砾岩	5.13m
(19)紫红色中厚层状粗砾岩	3.42m
(18)紫红色中—薄层状细砾岩	6.18m
(17)紫红色中—厚层状粗砾岩	2.67m
(16)紫红色中—薄层状细砾岩	1.33m
(15)紫红色中—厚层状粗砾岩	1.33m
(14)紫红色厚层状巨砾岩	4.67m
(13)紫红色中—薄层状细砾岩	1.33m
(12)紫红色中—厚层状粗砾岩	2.00m

(11)紫红色中—薄层状细砾岩 2.00m
(10)紫红色中—厚层状粗砾岩 2.00m
(9)紫红色薄层状中细粒岩屑石英砂岩 0.67m
(8)紫红色中—薄层状细砾岩 0.67m
(7)紫红色中—薄层状粗砾岩 1.33m
(6)紫红色厚层状巨砾岩 3.20m
(5)紫红色中—薄层状细砾岩 0.13m
(4)紫红色中—厚层状粗砾岩 6.67m
(3)紫红色厚层状巨砾岩 3.33m
(2)紫红色中—厚层状粗砾岩 10.00m
(1)紫红色厚层状巨砾岩 11.34m

~~~~~~~~角度不整合~~~~~~~~

下伏地层:巫嘎组(T_3w)灰色中—薄层状岩屑砂岩与深灰色粉砂质板岩组合

岩性为紫红色巨砾岩、粗砾岩、细砾岩、中细粒岩屑石英砂岩,其基本层序组合为(图2-23):Ⅰ.由4m厚(单层厚>1m)巨砾岩、5m厚(单层厚0.5~1m)粗砾岩与3m厚(单层厚20~30m)细砾岩组成;Ⅱ.由4m厚(单层厚>1m)巨砾岩,1.3m厚(单层厚0.5~1m)粗砾岩,0.6m厚(单层厚20~30m)细砾岩与0.6m厚(单层厚5~15cm)中细粒岩屑石英砂岩组成。该套地层的拟定是根据局部夹有紫红色中薄层状砂质灰岩,但未采获化石,其时代沿用区域上时代,其岩石组合区域对比见表2-11。

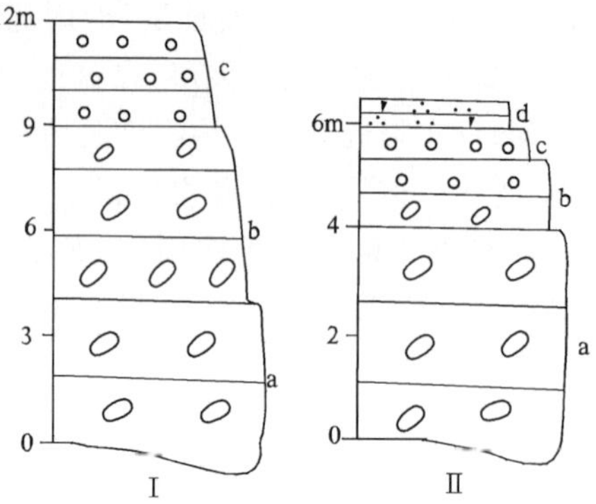

Ⅰ. a巨砾岩,b粗砾岩,c细砾岩;
Ⅱ. a巨砾岩,b粗砾岩,c细砾岩,
d中细粒岩屑石英砂岩

图2-23 竟柱山组基本层序组合

表2-11 竟柱山组区域岩石组合对比表

尼玛县达查	尼玛县八乌错(本图幅)	班戈县竟柱山
岩性为紫红色巨砾岩、粗砾岩、细砾岩、中细粒岩屑石英砂岩	岩性为紫红色砾岩、砂岩夹紫红色中薄层状砂质灰岩	岩性为红色、灰紫色砾岩、砂岩、粉砂岩、泥岩,局部夹灰岩、泥灰岩,产双壳类、圆笠虫等化石,时代为晚白垩世

二、冈底斯地层区(班戈-八宿地层区)——郎山组(K_1l)

该组分布于图幅西南角尼玛县扎嘎洞曲,出露面积约616.59km²,约占整个测区面积的3.93%。

系西藏第四地质队(1973)创名,1978年介绍,命名剖面位于班戈县郎钦山。1986年,《1:100万改则幅区域地质调查报告》根据采获的少量化石,将该套地层命名为拉果错组,时代为晚白垩世。1993年,《西藏地质志》进一步拟定其下部界线和时限,沿用郎山组一名,并将1:100万改则幅所称的拉果错组更名为郎山组。1997年,《西藏岩石地层》沿用郎山组一名,时代为早白垩世。本书沿用郎山组一名,但将其中发现的石炭-二叠系地层划分为拉嘎组和下拉组。

西藏改则县吓弄郎山组(K_1l)路线剖面(图2-24),位于改则县洞错南面吓弄,起点坐标:N32°02′00″,E84°30′52″,H5000m,终点坐标:N32°05′30″,E84°31′48.7″, H4840m。
~~~~~~~~

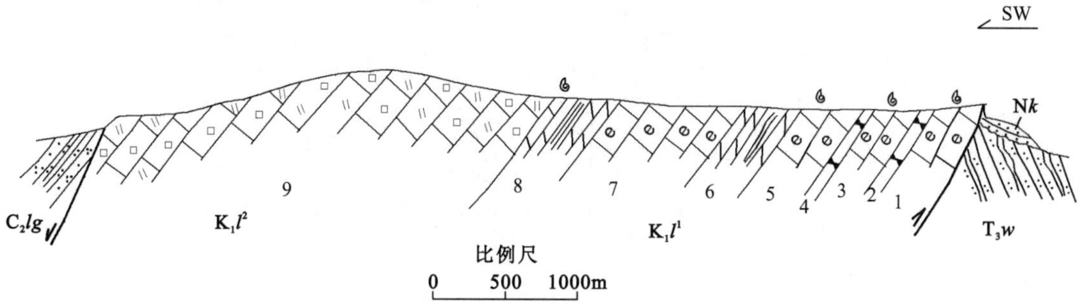

图 2-24 西藏改则县吓弄郎山组(K_1l)路线剖面图

未见顶

郎山组二段(K_1l^2) **厚:约>3 500m**

(9)灰白色块状层白云质细晶灰岩,岩性较单一,岩石成层性差,为块状层,单层厚约 10～20m,化石极少 >3 500m

—————— 整合 ——————

郎山组一段(K_1l^1) **厚:约 3 300m**

(8)深灰色薄层状泥灰岩夹深灰色钙质板岩,产固着蛤 *Rudiste*,双齿蛎 *Amphidonte* sp. 500m

(7)深灰色块状层含生屑灰岩,岩石成层性较差,单层厚 5～10m,含生物碎屑 2%±,主要为固着蛤、圆笠虫及棘屑,保存不完整 1 000m

(6)深灰色薄层状泥灰岩夹深灰色钙质页岩 400m

(5)深灰色块状层生物碎屑灰岩,生物碎屑约 20%～30%,多保存不好,个体大小不等,一般 2～20mm,个别达 20cm,产中圆笠虫 *Mesorbitolina* sp.,楔形虫 *Cuneolina* sp.,透镜古圆笠虫 *Palorbitolina lenticularis* 500m

(4)深灰色中厚层状瘤状灰岩 50m

(3)深灰色块状层生物碎屑灰岩,生物碎屑约 20%～30%,产中圆笠虫 *Mesorbitolina* sp.,楔形虫 *Cuneolina* sp.,坎氏楔形虫 *Cuneolina camposaurii* Sartoni et Crescenti 350m

(2)深灰色厚层状生物碎屑灰岩与深灰色中厚层状瘤状灰岩互层 100m

(1)深灰色块状层生物碎屑灰岩,生物碎屑约 20%～30%,化石多保存不好,个体大小不等,一般 2～20mm,个别达 20cm,产中圆笠虫 *Mesorbitolina* sp.,假砂圆虫 *Pseudocyclammina* sp.,楔形虫 *Cuneolina* sp.,达克斯虫 *Mesorbitolina* sp. 400m

══════断层══════

巫嘎组(T_3w):为灰色中薄层状砂岩与深灰色粉砂质板岩组合,界线处为康托组(Nk)紫红色中薄层状细粒岩屑砂岩

(一)郎山组一段(K_1l^1)

岩性组合为深灰色块层状、厚层状生物碎屑灰岩,中厚层状瘤状灰岩,薄层状泥灰岩,钙质页岩,其基本层序特征为(图 2-25):Ⅰ.由 5～10m 厚块层状生物碎屑灰岩组成单一韵律层;Ⅱ.由 10m 厚(单层厚 1～2m)厚层状生物碎屑灰岩与 5m 厚(单层厚 0.5～1m)中厚层状瘤状灰岩组成;Ⅲ.由 2～3m 厚(单层厚 10～20cm)薄层状泥灰岩与 0.3～0.5m(单层厚 0.2～1cm)钙质页岩组成。

(二)郎山组二段(K_1l^2)

岩性组合为灰白色块状层白云质细晶灰岩,岩性较单一,其基本层序为(图 2-25):Ⅳ.由 10～20m 厚块状层白云质细晶灰岩组成单一韵律层。

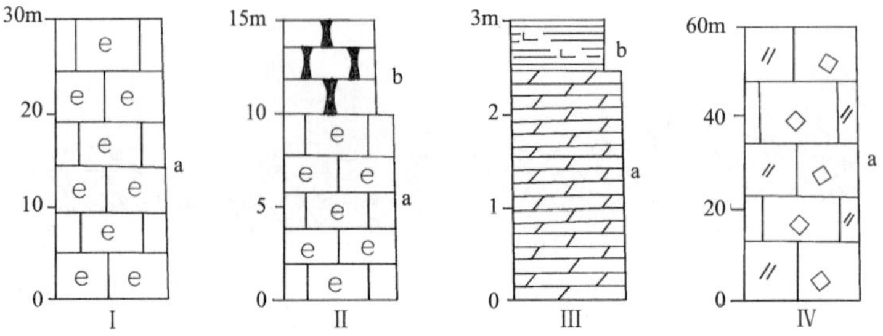

Ⅰ. a 厚块层状生物碎屑灰岩；Ⅱ. a 厚层状生物碎屑灰岩，b 中厚层状瘤状灰岩；
Ⅲ. a 薄层状泥灰岩，b 钙质页岩；Ⅳ. a 厚块层状白云质细晶灰岩

图 2-25　郎山组基本层序组合

该图幅内二段为灰白色块状层微晶灰岩，一段为深灰色块层状生物碎屑灰岩，产丰富化石，但多为碎片，西侧图幅中郎山组灰岩中普遍化石丰富，化石集中在生物碎屑灰岩中，含量可达 20%～30%。所采化石(图版Ⅰ-8)有中圆笠虫(未定种)*Mesorbitolina* sp.，假砂圆虫(未定种)*Pseudocyclammina* sp.，透镜古圆笠虫 *Palorbitolina* cf. *lenticularis* (*Blumenbach*)，楔形虫(未定种)*Cuneolina* sp.，坎氏楔形虫 *Cuneolina camposaurii Sartoni et Crescenti*，达克斯虫(未定种)*Daxia* sp.，双齿蛎 *Amphidonte* sp.，牡蛎类 *Ostreacea gen. et* sp. *indet.*，固着蛤 *Rudiste*，反映时代为早白垩世 Aptian(阿普第期)- Albian(阿尔比期)。

面上填图中，二段岩石特征明显，一段化石丰富。区域岩石组合对比见表 2-12。

表 2-12　郎山组区域岩石组合对比表

改则县吓弄	尼玛县扎嘎洞曲(本图幅)	班戈县郎钦山
二段为灰白色块状层白云质细晶灰岩；一段为深灰色块层状、厚层状生物碎屑灰岩，中厚层状瘤状灰岩，薄层状泥灰岩，钙质板岩，产丰富圆笠虫、楔形虫、达克斯虫、牡蛎类、固着蛤等化石，时代为阿普第期-阿尔比期	二段为灰白色块状层微晶灰岩；一段为深灰色块层状生物碎屑灰岩，产丰富化石，时代为阿普第期-阿尔比期	岩性以灰、深灰、灰黑色灰岩、生物灰岩和泥质灰岩为主，偶夹粉砂岩、粉砂质泥岩和细砂岩，局部夹火山岩，产圆笠虫、固着蛤、海娥螺等化石，时代为阿普第期-阿尔比期

第七节　古近系

一、纳丁错组(E*n*)

该组展布于多玛地层区，以纳丁错一带出露面积较大，其余地段均呈小片状出露，出露面积约 363.2km²，约占整个测区面积的 2.31%。

系西藏区调队(1986)命名，创名地点在改则县纳丁错，时代为老第三纪(现古近纪)。1993 年，《西藏地质志》沿用钠丁错组一名，其含义同原始名称含义。1997 年，《西藏岩石地层》认为 1∶100 万改则幅创名的纳丁错组与美日切错组相当，将纳丁错组一名舍弃，采用美日切错组一名，时代为早白垩世。本书通过区域对比，认为《西藏岩石地层》所采用的美日切错组应为羌北地区早白垩世的火山产物，而羌南地区应用钠丁错一名，根据所采同位素年龄，钠丁错组代表在羌南地区晚白垩世至古近纪时期的火山活动。

西藏尼玛县纳丁错组(E*n*)路线剖面(P10)(图2-26),位于尼玛县纳丁错,起点坐标:N32°39′05.8″,E85°36′36.8″,H5180m,终点坐标:N32°43′51.4″,E85°34′20.5″,H5120m。

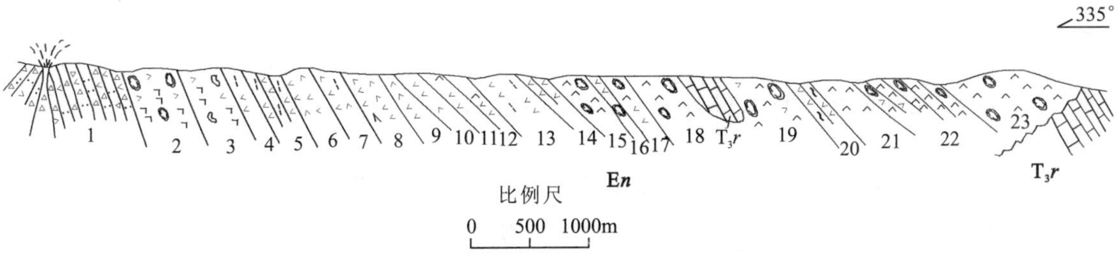

图2-26 西藏尼玛县纳丁错组(K_2-E*n*)路线剖面图(P10)

未见底

纳丁错组(E*n*)	**厚:>8 250m**
(23)灰绿色气孔状玄武岩,气孔体积约占岩石体积的50%~60%	>1 300m
(22)青灰—深灰色气孔状伊丁石化橄榄玄武岩,气孔大小0.5~2mm不等,圆形、椭圆形,并定向排列,方向为50°~230°,代表着岩浆的流动方向	800m
(21)灰色玄武岩	400m
(20)紫红色条纹状安山岩	200m
(19)深灰色气孔状伊丁石化橄榄玄武岩	600m
(18)浅灰绿色气孔状玄武岩	500m
(17)深灰色—灰紫色气孔状玄武安山岩	200m
(16)深灰色气孔状安山岩	150m
(15)紫红色气孔状玄武岩	400m
(14)浅灰色安山岩	300m
(13)浅灰色黑云母安山岩	300m
(12)深灰色条带状玄武岩安山岩	250m
(11)深灰色玄武安山岩	200m
(10)浅灰色角闪安山岩	200m
(9)深灰色辉石角闪安山岩	150m
(8)灰红色辉石角闪安山岩	350m
(7)深灰色—灰黑色辉石角闪安山岩	300m
(6)灰红色角闪安山岩	250m
(5)灰红色黑云母安山岩	350m
(4)灰白色黑云母安山岩	200m
(3)深灰色杏仁状伊丁石化橄榄玄武岩	400m
(2)浅灰色气孔状伊丁石化橄榄玄武岩	500m
(1)浅灰色含角砾安山质晶屑凝灰岩	>700m

未见底

该套地层以中基性火山岩为主,其岩性组合(图版Ⅱ-9)为含角砾安山质晶屑凝灰岩、玄武岩、安山岩,面上所见岩性与剖面上相同,出露岩性较少。其火山岩岩石学特征,岩石化学特征等见有关火山岩章节。

1∶100万改则幅在纳丁错气孔状辉石安山岩中获得K-Ar年龄为31.1Ma,本次区调在热那错获得蚀变玻基角闪安山岩K-Ar年龄为74.8Ma,橄榄玄武岩K-Ar年龄为70.4Ma,邢木国蚀变安山岩K-Ar年龄为66.9Ma,沙曲鲁玛玄武岩K-Ar年龄为35.9Ma,辉石安山岩K-Ar年龄为49Ma,雀岗角闪安山岩K-Ar年龄为23.7Ma,反映出在该带上以古近纪火山岩为主,在晚白垩世以来,持续有火山活动。该套地层不整合于下伏不同层位地层之上，顶部被康托组红层不整合覆盖。下伏层位地层为侏罗系、三叠系地层。前人将该套地层置于渐新世。本次区调综合各方面资料，将其置于晚白垩世-古近纪。该套地层命名地在图幅内，且岩性变化不大，故不作区域对比。

二、美苏组(E*m*)

该组展布于班-怒带南侧及班戈-八宿地层区北侧，沿图幅南侧断续出露，出露面积约 196.13km²，约占整个测区面积的 1.25%。

系江西省地质调查院(2003)命名，创名剖面位于尼玛县美苏，时代为古新世-始新世，该套火山岩沿班公错-怒江结合带南缘分布，为研究陆内碰撞造山作用及冈底斯火山-岩浆弧的演化提供了新资料。前人对该套地层未予划分出来，1∶100 万改则幅将其中一部分划分为去申拉组。本书通过对比及所采获的同位素资料，引用美苏组一名，代表沿班-怒带南缘分布的一套火山岩，时代为古近纪。

西藏改则县洞错乡美苏组(E*m*)实测剖面(P9)(图 2－27)，位于改则县洞错南，起点坐标：N32°01′24.3″，E84°42′36.3″，H4820m，终点坐标：N32°01′09.1″，E84°42′32.1″，H4830m。

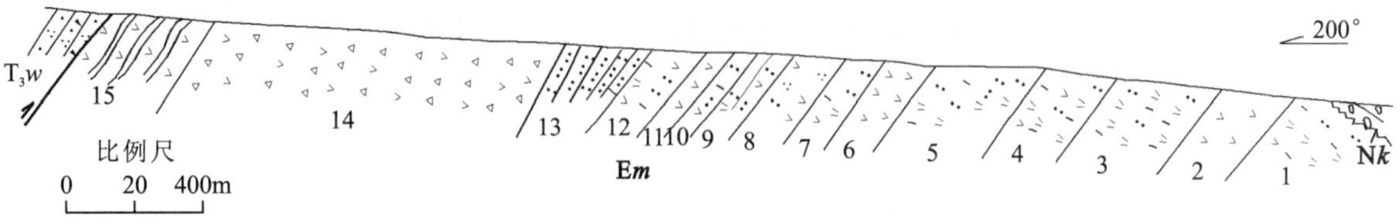

图 2－27　西藏改则县洞错乡美苏组(E*m*)实测剖面图(P9)

未见顶

美苏组(E*m*)	厚：＞**289.89m**
(15)灰绿色变安山岩	＞25.72m
(14)暗紫红色安山质火山角砾岩	86.40m
(13)灰绿色含凝灰质粉砂岩	20.23m
(12)灰绿色英安质晶屑岩屑凝灰岩	11.94m
(11)紫红色安山岩，岩石强片理化	5.57m
(10)灰绿色英安-安山质晶屑凝灰岩	6.37m
(9)灰黄色凝灰质砂岩，岩石具强片理化	7.96m
(8)暗紫色硅化石英安山岩	12.56m
(7)灰绿色安山质岩屑晶屑凝灰岩	8.37m
(6)灰红色安山岩	12.56m
(5)浅灰红—灰绿色条带状晶屑凝灰岩	25.39m
(4)浅灰绿色英安质晶屑凝灰岩	17.08m
(3)浅灰绿色流纹质晶屑岩屑凝灰岩	26.52m
(2)浅灰绿色安山岩	16.32m
(1)浅灰绿色英安质晶屑岩屑凝灰岩	＞8.16m

未见底

剖面上岩性组合为英安质(流纹质)晶屑岩屑凝灰岩、火山岩砾岩、安山岩、凝灰质砂岩，该图幅内岩性(图版Ⅱ－10)为玻基玄武岩、粒玄岩、安山岩、辉石安山岩、杏仁状富铁安山岩、火山角砾岩等，反映为中基性-酸性的火山岩组合，其岩石学、地球化学特征见火山岩有关章节。

在哦居买玛玻基玄武岩中获 K－Ar 年龄为 34.8Ma 和 34Ma，在西侧图幅洞错南玄武岩中获 K－Ar 年龄为 58.4Ma。结合区域资料，将其时代置于古近纪。区域岩石组合对比见表 2－13。

表 2-13 美苏组区域岩石组合对比表

改则县洞错	尼玛县哦居买马(本图幅)	尼玛县美苏
为中基性-酸性火山岩，英安质(流纹质)晶屑岩屑凝灰岩、火山角砾岩、英安岩、流纹岩、安山岩、辉石安山岩、玄武安山岩、玄武岩、凝灰质砂岩，获 K-Ar 年龄58.4Ma	为中基性-酸性火山岩，玻基玄武岩、粒玄岩、安山岩、辉石安山岩、杏仁状富铁安山岩、火山角砾岩等，获 K-Ar 年龄 34.8Ma，34Ma	为一套基性—中性—酸性火山岩、玄武岩、拉斑玄武岩、安山岩、辉石安山岩、英安岩、流纹岩、火山角砾岩、安山质晶屑熔结凝灰岩，英安质晶屑凝灰岩、流纹质角砾凝灰岩等，获 K-Ar 年龄69.07Ma，63.63Ma，59.90Ma，Ar-Ar 年龄39.37Ma

第八节 新近系——康托组(N*k*)

该套地层不均匀地分布于整个图幅内，出露面积约 1 651.10km²，约占整个测区面积的 8.61%，是分布较广的地层之一。

系西藏区调队(1986)命名，创名地点位于改则县北康托附近，同年，1∶100 万改则幅将班-怒带中的红层划分为未分第三系。1993 年，《西藏地质志》采用康托组一名，时代为中新世，将班-怒带中的红层划分为竞柱山组。1997 年，《西藏岩石地层》对康托组和竞柱山组两名称均已采用，康托组分布于班-怒带以北地区，对班-怒带中的红层根据不同岩性组合及时代有竞柱山组、牛堡组、丁青湖组等。本书根据岩性组合对比及所获同位素年龄，认为班-怒带中在改则-哦居多玛一带的红层与竞柱山组(含有白垩系化石灰岩夹层的地层体)相比差别较大，而与北侧康托组较相似，且在地层中的火山岩夹层采同位素年龄为古近纪晚期，故将区内的红层统称康托组，而将班-怒带南缘红层中夹灰岩层的地层体划为竞柱山组。

西藏绒马乡嘎琼新近系康托组(N*k*)实测地层剖面(GP)(图 2-28)，起点坐标：N32°51′15″，E86°26′56″，H5040m，终点坐标：N32°51′48″，E86°26′23″，H5120m。

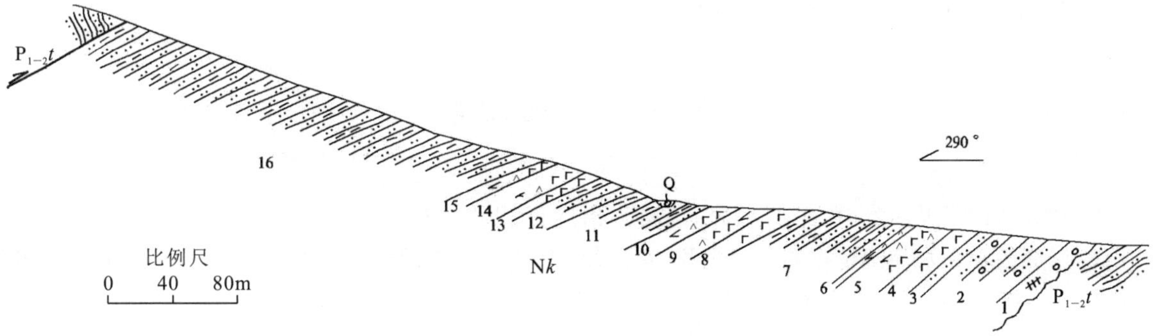

图 2-28 西藏绒马乡嘎琼新近系康托组(N*k*)实测地层剖面图(GP)

未见顶

康托组(Nk)	**厚:>386.67m**
(16)紫红色薄层状粗—细砂岩、粉砂岩和含粉砂质泥岩组合	>150.37m
(15)暗紫红色辉橄玄武岩	5.58m
(14)灰绿色辉橄玄武岩	9.89m
(13)灰绿色玄武岩	3.84m
(12)紫红色薄层状粒序层理粗砂岩,水平层理细砂岩,含粉砂质泥岩组合	8.24m
(11)紫红色薄层状细—粗砂岩,含粉砂质泥岩组合	26.99m
(10)暗紫红色辉橄玄武岩	13.38m
(9)灰绿色辉橄玄武岩	13.38m
(8)灰绿色玄武岩	13.38m
(7)紫红色粗砂岩、细砂岩,含砂质泥岩组合	48.02m
(6)暗紫红色辉橄玄武岩	0.76m
(5)灰绿色辉橄玄武岩	19.08m
(4)灰绿色玄武岩	12.21m
(3)暗紫红色薄层状粗砂岩、细砂岩,含砂质泥岩组合	6.28m
(2)紫红色含砾粗砂岩	37.16m
(1)紫红色复成分砾岩	14.14m

~~~~~~~~~~角度不整合~~~~~~~~~~

下伏地层:吞龙共巴组($P_{1-2}t$)深灰色粉砂质板岩夹薄层状变质细砂岩

在该剖面上,其岩石组合为紫红色复成分砾岩、含砾粗砂岩、粗砂岩、细砂岩、含砂质泥岩夹玄武岩(图版Ⅱ-11),在尼玛县绒马乡清水河剖面上,为紫红色复成分砾岩、细砾岩、含砾粗砂岩、细砂岩。在面上填图中岩性与剖面上一致,未见夹有火山岩。所采玄武岩经广州地化研究所作同位素年龄,未作出结果。

在西侧图幅改则县扪档勒村见有数层灰白色英安岩、黑云母英安岩夹层,火山岩夹层获 K-Ar 年龄 29.6Ma。从不同的火山岩夹层反映出在不同地段上与早期不同的火山活动有相关继承性,扪档勒村酸性火山岩与班-怒带南缘美苏组火山活动有关,嘎琼基性火山岩与南羌塘纳丁错火山活动有关。

康托组命名含义指一套以紫红色砂砾岩为主,次为杂色泥岩、粉砂岩沉积,底部夹基性火山岩的地层体。区域上局部地段夹火山岩及膏盐岩。通过本次区调,其岩石组合与原始含义一致,认为其所夹火山岩因所处地段不同而有所不同。

第九节　第四系

在图幅内,由于湖泊发育,第四系分布较广,出露面积约 5 657.44km²,约占整个测区面积的 36.05%,根据成因类型及年龄依据划分为湖积(更新统、全新统)、湖沼积、冲洪积等类型,对于残坡积和冰碛等,因较少或较难区分,故未予单独划分表示。

一、更新统湖积(Q_p^l)

该图幅内更新统湖泊,在现代湖泊周围均有展布,但因后期风化剥蚀或被其他成因第四系改造,保存均不完整,仅以依布茶卡保存较好。

西藏尼玛县绒马乡更新统湖泊剖面(P2)(图 2-29),在剖面上露头较好地段选点作垂直剖面,1 号点,N32°59′05.2″,E86°38′37.9″,H4690m;2 号点:N32°58′58.7″,E86°38′45.2″;3 号点 N32°59′10.4″,E86°39′10.8″,H4640m;4 号点:N32°59′07.8″,E86°39′23.3″,H4610m。现代湖面高度 4 520m。
~~~~~~~~~~

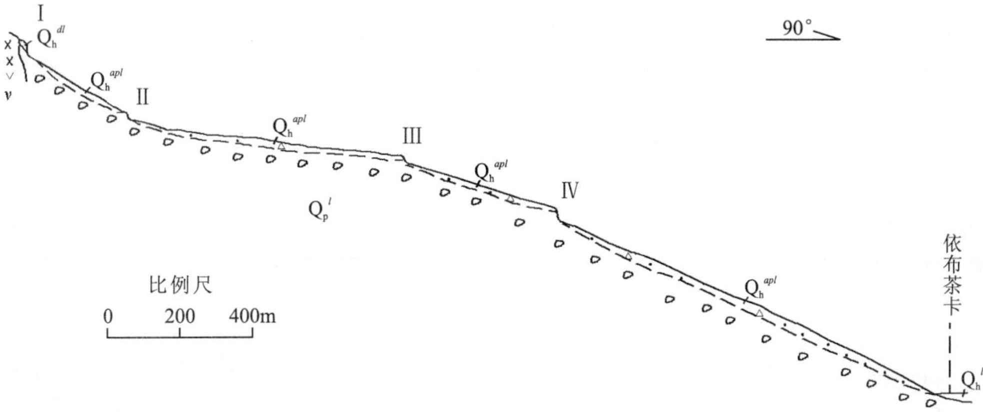

图 2－29　西藏尼玛县绒马乡更新统湖泊剖面图(P2)

1 号点垂直剖面(图 2－30)：

(9)坡积砾石层

更新统湖积(Q_p^l)　　厚：＞5m

(8)砾石层	0.2m
(7)含砾砂质层	0.4m
(6)砾石层	0.4m
(5)含砾砂质层	0.8m
(4)砾石层	0.4m
(3)砂砾层	0.3m
(2)砾石层	0.5m
(1)灰、浅灰色含砾砂土层，具有 200°∠55°的倾斜产状	＞200m

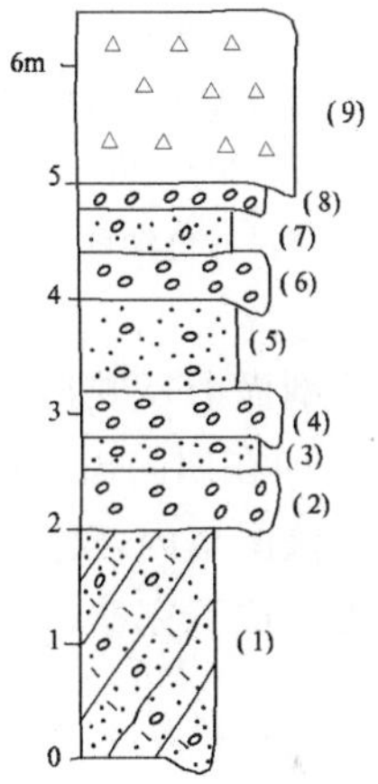

图 2－30　1 号点垂直剖面图

2 号点垂直剖面(图 2－31)：

(4)冲洪积砾石层(较第 3 层砾石小)

(3)冲洪积砾石层

更新统湖积(Q_p^l)　　厚：＞0.9m

(2)灰白色含砾砂土层	0.6m
(1)紫红色砂土层	＞0.3m

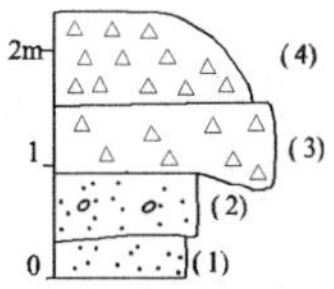

图 2－31　2 号点垂直剖面图

3 号点垂直剖面(图 2－32)：

(12)冲洪积灰红色砾石层

更新统湖积(Q_p^l)　　厚：＞3.055m

(11)灰绿色砾石层	0.4m
(10)浅灰—灰黄色含砾砂土层	0.2m
(9)浅灰绿色含砾砂土层	0.2m
(8)灰黄色含砾砂土层	0.5m
(7)浅红色细砾石层	0.02m
(6)浅灰白色含钙泥质层，获 ESR 年龄 3.5±0.4 万年	0.09m
(5)黄色细砾石层	0.04m
(4)红色泥质层，其间夹有 4 条 2～3cm 浅灰白色条带	0.9m

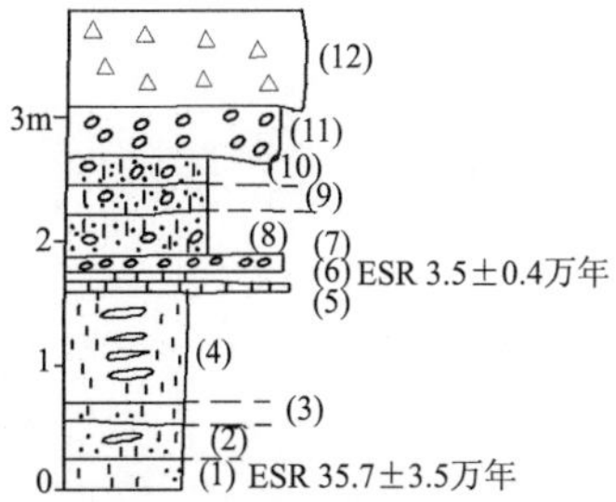

图 2－32　3 号点垂直剖面图

(3)浅灰白色含钙泥质层　0.15m

(2)红色泥质层，其间有3cm宽的透镜状浅灰白色含钙质泥质层　0.3m

(1)浅灰白色含钙泥质层，获ESR年龄35.7±3.5万年　>0.25m

4号点垂直剖面(图2-33，图版Ⅱ-12)：

(12)冲洪积灰色砾石层

更新统湖积(Q_p^l)　厚：>76.85m

(11)灰色中砾层　0.2m

(10)灰色砂土层　0.1m

(9)灰色细砾层　0.8m

(8)灰色砂土层　0.4m

(7)灰色细砾层　0.25m

(6)浅灰色含钙泥质层　0.2m

(5)灰色细砾层　0.65m

(4)浅灰色含钙泥质层　0.35m

(3)红色泥质层，横向上呈透镜状条带　0.5m

(2)浅灰色含钙泥质层，其中偶含细砾石，获ESR年龄20.1±2.0万年　0.8m

(1)灰色细砾石层　>1m

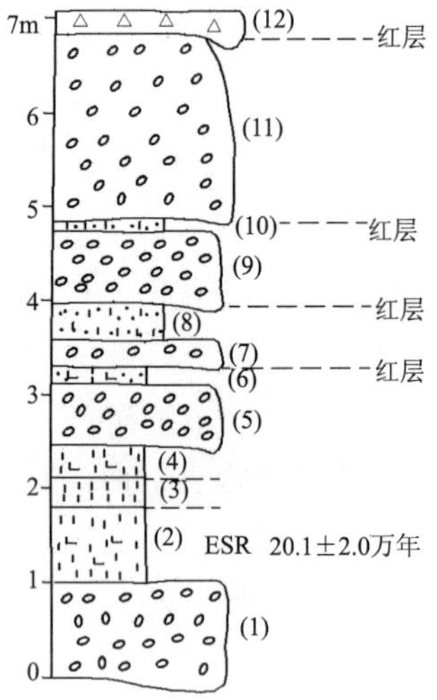

图2-33　4号点垂直剖面图

从剖面上反映出，更新统湖积最高海拔为4 695m，在4号点上发现有4条灰红色条带，带宽1～5cm，表明在期间出现过干旱现象。

在该图幅内，仅在图幅北侧更新统湖积保留较好，而日干配错、垌莫错等处均因后期冲洪积改造而保留极少或不完整。

二、全新统湖积(Q_h^l)

展布于现代湖泊区域，沉积物以砂、砾沉积为主，伴有化学沉积，局部沉积形成盐类矿床。

三、全新统湖沼积(Q_h^{fl})

展布于现代湖泊边部及残留水域周围，是湖泊退缩后形成沼泽地带的产物，沉积物有砂土、腐殖土，部分化学沉积。

四、全新统冲洪积(Q_h^{apl})

展布于沟谷中及沟口地带，开口处多形成扇形，沉积物有砾石、砂、砂土、砾石多具有一定的分选和磨圆特征。

第三章　沉积盆地分析

第一节　沉积盆地分类

沉积盆地(Sedimentary Basin)是地球表面或者岩石圈表面相对长时期沉降的区域。沉积盆地既可以接受物源区搬运的沉积物,也可充填相对近源的火山喷出物质,当然也接受原地化学、生物及机械作用形成的盆内沉积物。因此,沉积盆地既可以是大洋深海、大陆架,也可以是海岸、山前、山间地带。从构造意义上说,沉积盆地是地表的“负性区”。相反,地表除沉积盆地以外的其他的区域都为遭受侵蚀剥蚀区,即沉积物的物源区,这种剥蚀区是构造相对隆起的“正性区”。隆起的正性区遭受侵蚀剥蚀,使其剥蚀形成的物质向负性区(沉积盆地)迁移,并在盆地中堆积下来,这实际上就是一种均衡调整(补偿)作用。

盆地分析(Basin Analysis)是将沉积盆地视作一个整体进行其地球动力学的综合研究,并利用这种知识解决了人类所面临的资源短缺问题。其内容主要有:沉积组合、盆内沉积层序、岩石地球化学、岩相、物源区、火山岩夹层、盆地含矿性、沉积盆地分类及其演化等。

测区沉积地层广泛发育,分布近于整个测区。从古生界到第四系地层均有不同程度的发育,对其进行沉积盆地分析,确定沉积盆地类型,研究其沉积组合、沉积相,建立盆地沉积层序,根据测区所分布地层特点,对其作出不同的研究,分别按古生代、三叠纪、侏罗纪、侏罗-白垩纪、白垩纪、第三纪、第四纪盆地进行分析,再统一起来作盆地演化分析。对两个图幅内相同地层单位的资料共同使用,不同地层单位资料单独使用。

本书采用与板块构造相关的盆地分类方案,其分类依据为:①盆地形成时的大陆边缘性质;②盆地在板块边缘或板块内的位置;③盆地基底地壳的性质;④盆地形成时的动力学模式。同时参考孟祥化(1982)和王砚耕(1994)的盆地分类方案(表 3-1)。

表 3-1　测区沉积盆地分类表

分类原则					盆地分类	沉积地层单位及时代
构造背景	地壳类型	板块构造部位	板块边缘性质	动力学模式		
离散背景	陆壳	次活动前缘	次稳定-次活动	拉张	大陆边缘盆地	$O_{2-3}t$、T_3r、T_3w
离散背景	洋壳	大洋中脊	活动	拉张洋盆	大洋盆地	蛇绿岩组合
离散-会聚背景	洋岛	活动前缘	活动	拉张→挤压俯冲	洋岛盆地	Mz
离散-会聚背景	陆壳	被动陆块边缘 次活动前缘	次稳定-次活动	拉张→挤压俯冲	大陆边缘盆地	C_2z、C_2lg、$P_{1-2}t$、P_2l、P_1x、Jm、$J_{1-2}s$、J_2sq、J_2jb、J_3-K_1s
会聚背景	陆壳	活动前缘	活动	挤压	海洋火山弧盆地	J_3-K_1z、K_1q
会聚背景	陆壳	次活动前缘	次稳定-次活动	挤压	局限海盆	K_1l、K_2j
会聚背景	陆壳	板块碰撞边部	活动	挤压碰撞	陆内火山弧盆地	K_2-En、Em
会聚背景	陆壳	陆内碰撞带	次活动	碰撞造山	山间盆地	Nk

第二节　盆地各论

一、古生代沉积盆地

古生界沉积盆地包含的地层单位有羌南地层区(多玛地层分区)的中、晚奥陶世塔石山组,早、中二叠世吞龙共巴组和中二叠世龙格组。更老地层单位在图幅内未出露,但在图幅南北两侧均有显示。

(一)沉积组合

1. 成分特征

塔石山组为变质石英砂岩、变质细砂岩、含砾变质石英细砂岩、变质粉砂岩、含细砾变质粉砂岩与钙质砂质板岩、砂质板岩、钙质板岩组合,夹少量粉砂岩透镜体,薄层状结晶灰岩。其成分为石英、长石(以斜长石为主,钾长石较少)、岩屑(沉积岩、变质岩岩屑)、云母、钙质、黏土等,砾岩的砾石为砂岩、石英岩等砾石。

吞龙共巴组为岩屑砂岩、岩屑细砂岩、钙质细粒石英砂岩、石英砂岩、石英粉砂岩、粉砂质板岩、底部夹杂色砾岩,局部见少量硅质岩及灰岩。成分以石英、岩屑(沉积岩、变质岩岩屑)为主,少量长石。

龙格组下部以白云岩为主,上部以灰岩为主,总体为大套碳酸盐岩组合,岩性组合有中细晶白云岩、中晶白云岩、粗中晶白云岩、砾屑白云岩、细晶灰岩、微晶灰岩、条带状灰岩、角砾状灰岩、碎裂状灰岩。成分以白云石、方解石为主,少量泥质及生物碎屑。

2. 粒度特征

塔石山组为含钙质较高的碎屑岩,粒度特征具有黏土、砂及砾石级。

吞龙共巴组以石英砂岩、板岩为主夹砾岩、硅质岩、灰岩。从砂岩粒度分析可看出,其平均值为 0.031～0.707mm,属于粉砂—中砂级;标准偏差为 0.60～0.74,分选较好;偏度为 0.73～2.38,为极正偏;尖度为 3.94～15.48,为极窄型。从累积概率曲线(图 3-1)上看,跳跃总体发育,悬浮总体较发育,不发育牵引总体,表明沉积物搬运较远。

龙格组为碳酸盐岩,粒度特征为碳酸盐级。

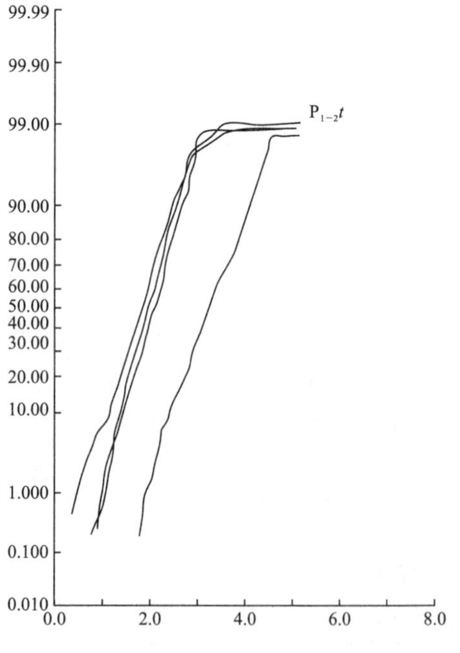

图 3-1　古生界砂岩粒度分布累积概率曲线图

3. 沉积构造

塔石山组发育砂纹层理和粒序层理;吞龙共巴组发育块状层理、粒序层理、砂纹层理;龙格组发育块状层理、水平层理。

4. 古生物特征

塔石山组采获大量鹦鹉螺、腹足类化石 *Michelinoceras huangnigangensisi*(黄泥岗米契林角石),*Michelinoceras elongatum*(细长米契林角石),*Columenoceras* sp.(优角石未定种),化石 *Sinoceras chinonse*(中华震旦角石),*S. rudurn*(杆状震旦角石),*S.* sp.(震旦角石未定种),*M. chaoi*(赵氏米契林角石),*M. elongatum*(细长米契林角石),*M. Paraelongatum subcentrale*(亚中央副细长米契林角石),*Columenoceras pricsum*(原始优角石),*C. remotum*(远壁优角石),*C.* sp.(优角石未定种),*Wennanoceras* sp.(汶南角石未定种),*Oentroonocera xainzaense* Cheng(申扎中蛛形角石),*M. zangbeiense*

Cheng(藏北米契林角石),*Eosomichelinoceras* sp.(东方米契林角石未定种)等;吞龙共巴组未采获化石;龙格组采获灰柱珊瑚 cf. *stereostylus*,窗格苔虫(未定种)*Fenestella* sp. Indet,曲囊苔虫(未定种)*Streblotrypa* sp. Indet,多孔苔虫(未定种)*Polypora* sp. Indet,海绵碎片。

(二) 化学分析

在本次工作中,沉积地层中主要采集砂岩作化学分析,龙格组为碳酸盐岩,仅采碳酸盐化学分析。

1. 微量元素

从微量元素含量表(表 3-2)中可看出,塔石山组 Cu、Pb、Zn、Ni、Li、Rb、Sr、Ba、Nb、Zr 含量均较高,其他元素约高或低于丰度值;吞龙共巴组 Cu、Zn、Ni、Li、Rb、Sr、Nb、Zr 含量均较高,其他元素约高或低于丰度值。

2. 常量元素

从常量元素分析表(表 3-3)中可看出,塔石山组的分析结果及特征参数反映出其物质来源于被动大陆边缘及大洋岛弧;吞龙共巴组其物质来源于被动大陆边缘及大陆岛弧。在化学成分构造环境判别图解(图 3-2)中,塔石山组多倾向于安第斯型大陆边缘;吞龙共巴组多集中在被动大陆边缘及其边部。

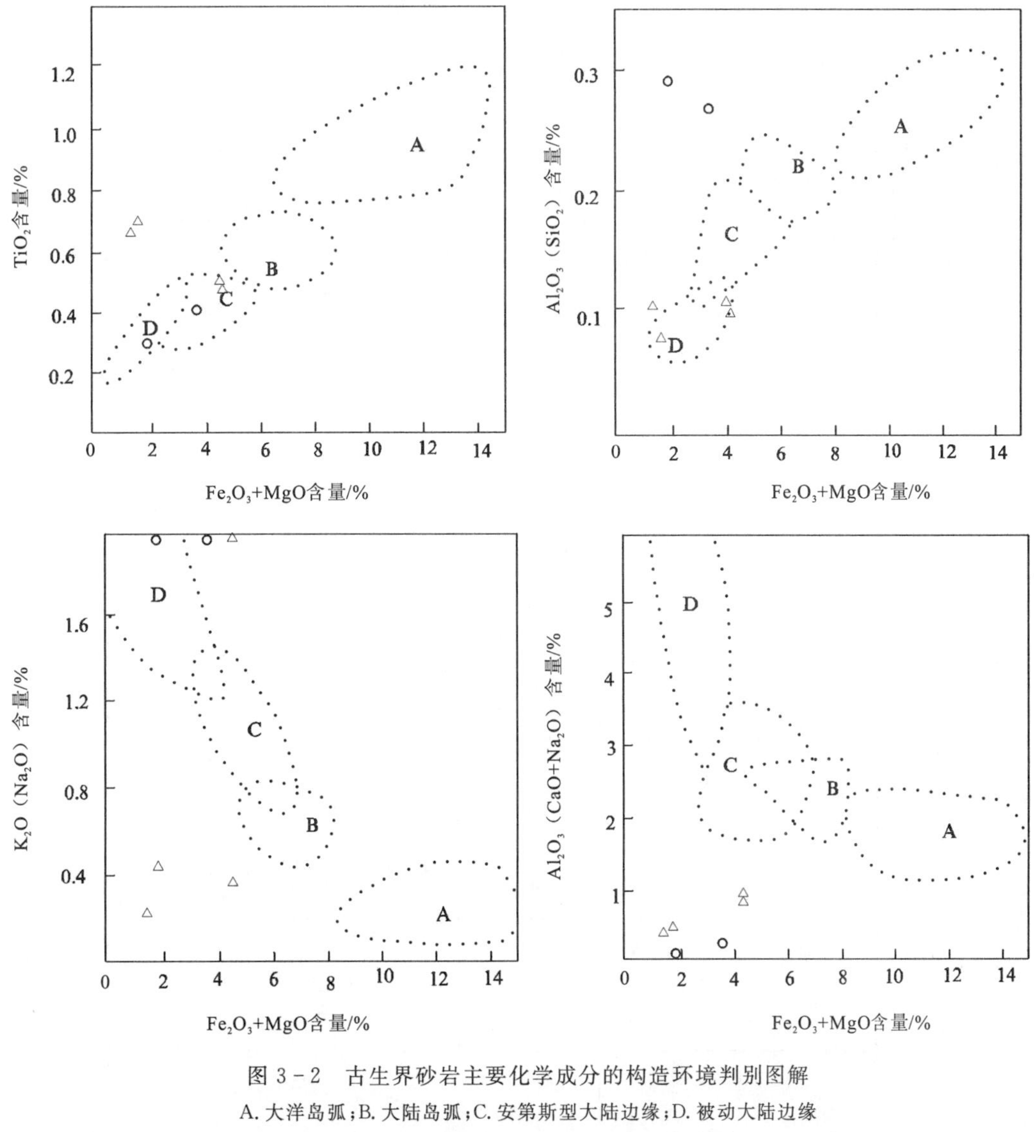

图 3-2　古生界砂岩主要化学成分的构造环境判别图解

A. 大洋岛弧;B. 大陆岛弧;C. 安第斯型大陆边缘;D. 被动大陆边缘

○塔石山组化学样品;△吞龙共巴组化学样品

表 3-2　古生界微量元素含量表

组合	样品号	岩性	微量元素含量(×10⁻⁶)																			
			Cu	Pb	Zn	Cr	Ni	Co	Li	Rb	W	Mo	Sb	Bi	Hg	Sr	Ba	Sc	Nb	Ta	Zr	Hf
塔石山组	R(26)Gs	钙质板岩	9.90	17.0	48.6	28.1	31.8	10.7	9.30	116	1.21	1.31	0.64	0.23	0.022	188	920	7.83	10.0	0.58	168	5.42
	R(27)Gs	钙质板岩	3.30	16.0	21.5	12.8	6.30	4.70	8.30	65.2	1.12	0.65	4.78	0.14	0.056	191	6 420	4.23	3.36	<0.5	46.9	1.49
吞龙共巴组	P_3Gp1	岩屑砂岩	19.9	13.0	68.2	64.1	28.2	8.90	26.6	28.3	1.27	1.76	0.46	0.14	0.069	129	143	8.25	12.7	<0.5	169	5.14
	P_3Gp3	岩屑砂岩	17.5	13.0	38.5	33.9	13.8	10.0	22.0	33.8	0.55	2.64	0.34	0.14	0.060	161	156	6.88	8.77	<0.5	90.7	2.5
	P_3Gp4	石英砂岩	16.6	8.00	45.5	33.5	24.4	12.5	42.7	36.1	0.97	2.90	0.56	0.11	0.17	75.5	137	5.60	7.68	<0.5	92.4	2.93
	P_3Gp8	石英粉砂岩	16.6	8.00	45.5	33.5	24.4	12.5	42.7	36.1	0.97	2.90	0.56	0.11	0.17	75.5	137	5.60	7.68	<0.5	92.4	2.53
涂和费(1962)		砂岩	*X*	7	15	35	0.3	60	0.*n*	1.6	1	0.*n*	20	*X*0	1	0.*n*	220	3.9	0.00*n*	0.45	1.7	0.0*n*
		页岩	45	20	95	90	19	140	5	1.8	13	1.5	300	580	13	6	160	2.8	0.00*n*	3.7	12	0.8

注：*X* 和 *n* 为 1,…,9。

表 3-3　古生界化学成分及特征参数

（单位：%）

组合	样品号	岩性	SiO_2	Al_2O_3	Fe_2O_3	FeO	CaO	MgO	K_2O	Na_2O	TiO_2	P_2O_5	MnO	Fe_2O_3+MgO	Al_2O_3/SiO_2	K_2O/Na_2O	$Al_2O_3/(Na_2O+CaO)$
塔石山组	R(26)Gs	钙质板岩	36.60	9.48	2.78	0.86	44.51	0.97	3.29	0.76	0.41	0.05	0.55	3.75	0.26	4.33	0.21
	R(27)Gs	钙质板岩	18.31	5.39	1.63	0.58	70.76	0.25	1.81	0.70	0.28	0.11	0.30	1.88	0.29	2.59	0.08
	平均值		27.46	7.44	2.21	0.72	57.64	0.61	2.55	0.73	0.35	0.08	0.43	2.82	0.28	3.46	0.15
吞龙共巴组	P_3Gs1	岩屑砂岩	76.78	5.65	0.53	1.75	10.15	1.12	0.65	1.58	0.71	0.14	0.20	1.65	0.07	0.41	0.48
	P_3Gs3	岩屑砂岩	68.44	6.60	0.70	1.00	17.94	0.83	0.69	2.33	0.64	0.15	0.23	1.53	0.10	0.30	0.33
	P_3Gs4	石英砂岩	76.10	6.41	1.67	2.96	7.71	2.55	1.16	0.27	0.50	0.18	0.20	4.22	0.08	4.30	0.80
	P_3Gs8	石英粉砂岩	73.81	7.74	1.20	3.39	6.36	3.02	0.83	2.11	0.47	0.13	0.20	4.22	0.10	0.39	0.91
	平均值		73.78	6.60	1.03	2.28	10.54	1.88	0.83	1.57	0.58	0.15	0.21	2.91	0.09	1.35	0.63
龙格组	P_7Gs13	中晶白云岩	0.11	0.30	0.10	—	62.36	36.54	0.99	0.68	0.04	0.10	0.34	36.64	2.73	1.46	0.005
	P_7Gs17	中细晶白云岩	0.57	0.48	0.08	—	62.90	33.71	0.21	0.69	0.02	0.10	0.32	33.79	0.84	0.30	0.008
	P_7Gs19	微晶灰岩	0.25	0.44	0.04	—	98.62	0.55	0.42	0.58	0.02	0.05	0.07	0.59	1.76	0.72	0.003
	平均值		0.31	0.41	0.07	—	74.96	23.60	0.47	0.65	0.03	0.08	0.24	23.67	1.78	0.83	0.005
大洋岛弧		（杂）砂岩（Bhatia，1983）	58.8	17.1	1.95	5.52	5.83	3.65	1.60	4.10	1.06	0.26	0.15	11.73	0.29	0.39	1.72
大陆岛弧			70.7	14.0	1.43	3.05	2.68	1.97	1.89	3.12	0.64	0.16	0.10	6.79	0.20	0.61	2.42
活动大陆边缘			73.9	12.9	1.30	1.58	2.48	1.23	2.90	2.77	0.46	0.09	0.10	4.63	0.18	0.99	2.56
被动大陆边缘			82.0	8.4	1.32	1.76	1.89	1.39	1.71	1.07	0.49	0.12	0.05	2.89	0.10	1.60	4.15

3. 稀土元素

在稀土元素含量及特征参数表(表 3-4、表 3-5)中,其各项样品平均值与特征参数值比较,塔石山组倾向于大陆岛弧环境,吞龙共巴组倾向于大陆岛弧。在稀土配分曲线(图 3-3)上倾向于被动大陆边缘。

表 3-4 古生界稀土元素含量及特征值

组　名	塔石山组		吞龙共巴组			
样品号	R(26)XT	R(27)XT	P3XT1	P3XT2	P3XT4	P3XT8
岩　性	钙质板岩	钙质板岩	岩屑砂岩	岩屑砂岩	石英砂岩	石英粉砂岩
原　始　数　据($\times10^{-6}$)						
La	28.6	17.8	24.2	18.2	17.5	25.9
Ce	54.3	36.0	45.5	41.7	36.5	57.5
Pr	4.96	3.55	4.23	3.62	3.69	5.01
Nd	10.1	13.4	18.4	16.1	14.7	21.3
Sm	3.98	2.86	5.66	3.62	4.02	5.68
Eu	0.58	0.51	1.05	0.74	0.66	0.87
Gd	3.80	2.51	3.77	2.76	3.24	3.85
Tb	0.60	0.40	0.59	0.48	0.45	0.63
Dy	2.72	2.55	4.22	3.05	2.91	4.04
Ho	0.44	0.48	0.70	0.55	0.45	0.71
Er	1.46	1.31	2.23	1.66	1.40	2.15
Tm	0.20	0.21	0.33	0.25	0.20	0.35
Yb	1.24	1.16	1.97	1.53	1.27	2.15
Lu	0.18	0.14	0.26	0.21	0.25	0.31
标　准　化　值($\times10^{-6}$)						
La	75.7	47.1	64.0	48.1	46.3	68.5
Ce	55.6	36.9	46.6	42.7	37.4	58.9
Pr	35.9	25.7	30.7	26.2	26.7	36.3
Nd	26.7	18.7	25.7	22.5	20.5	29.7
Sm	17.3	12.4	24.6	15.7	17.5	24.7
Eu	6.70	5.89	12.1	8.55	7.62	10.0
Gd	12.2	8.07	12.1	8.87	10.4	12.4
Tb	10.6	7.04	10.4	8.45	7.92	11.1
Dy	6.97	6.54	10.8	7.82	7.46	10.4
Ho	5.07	5.53	8.64	6.34	5.18	8.18
Er	5.73	5.14	8.75	6.51	5.49	8.43
Tm	5.01	5.26	8.27	6.27	5.01	8.77
Yb	4.98	4.66	7.91	6.14	5.10	8.63
Lu	4.65	3.62	6.72	5.43	6.46	8.01
ΣREE	122.16	82.88	113.16	97.47	87.24	130.45
La/Yb	23.06	15.34	12.28	11.90	13.78	12.05
La_N/Yb_N	15.20	10.11	8.09	7.83	9.08	7.94
LREE/HREE	4.18	3.33	2.87	3.08	3.19	3.21
Eu/Eu^*	2.88	3.62	4.04	4.31	3.40	3.31

注:(1)ΣREE 为稀土元素的原始数据总和,La/Yb 为原始数据比值,其余用标准化值。(2)ΣLREE/ΣHREE 为样品中轻稀土(La-Sm)总量与重稀土(Gd-Yb)总量之比。(3)$Eu/Eu^*=(Eu/0.073)/[(Sm/0.20+Gd/0.31)/2]$。

表 3-5　古生界不同构造背景砂岩稀土元素特征参数

构造背景	源区类型	特征参数						
		La	Ce	ΣREE	La/Yb	La_N/Yb_N	ΣLREE/ΣHREE	Eu/Eu*
大洋岛弧	未切割岩浆弧	8±1.7	19±39	58±10	4.2±1.3	2.8±0.9	3.8±0.9	1.04±0.11
大陆岛弧	切割岩浆弧	27±4.5	59±8.2	146±20	11.0±3.6	7.5±2.5	7.7±1.7	0.78±0.13
安第斯型大陆边缘	基底隆起	37	78	186	12.5	8.5	9.1	0.60
被动边缘	克拉通内构造高地	39	85	210	15.9	10.8	8.5	0.56
塔石山组(2 件)		23.2	45.19	102.52	19.20	12.67	3.76	3.29
吞龙共巴组(4 件)		21.54	45.3	107.08	12.50	8.24	3.09	3.77

注:(1)La、Ce、ΣREE 单位为 10^{-6};(2)La、Ce、ΣREE,La/Yb 用原始值计算,其余用标准化值计算;(3)特征参数引自 Bhatia(1985)。

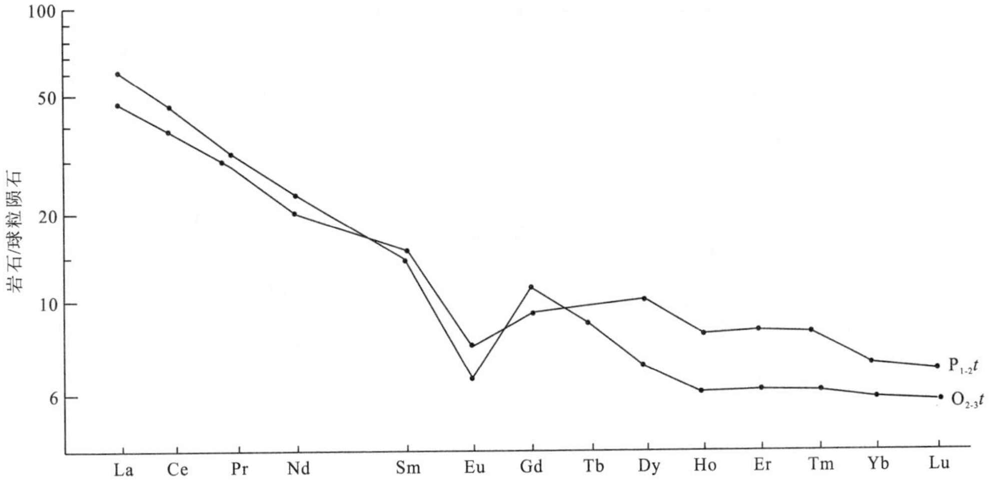

图 3-3　古生界砂岩稀土配分曲线

(三)层序分析

从剖面及基本层序组合看塔石山组为砂岩、板岩组成的退积层序;吞龙共巴组为砾岩、砂岩、板岩组成退积、加积层序;龙格组白云岩、灰岩组成进积、加积层序,三者之间有缺失、间断,界线为断层接触。

(四)(砂岩)碎屑模型分析

在(砂岩)碎屑模型分析中各种成分代号为:Q(Qt)石英颗粒总数(Qm+Qp),Qm 单晶石英,Qp 多晶石英质碎屑(包括燧石);F 单晶长石总数(P+K),P 斜长石,K 钾长石;Lt 多晶质岩屑(L+Qp),L 不稳定岩屑(Lv+Ls),Lv 火山岩屑(火山岩、变火山岩、浅成岩),Ls 沉积岩和变质岩石(燧石和硅化灰岩除外);R 云母和其他岩屑。其他(砂岩)碎屑模型分析中代号相同。

在该图幅内,古生界地层在塔石山组和吞龙共巴组中采集样品作分析,对砂岩样品作成分统计(表 3-6)投点(图 3-4),塔石山组在 Dickinson 图解中来源于再循环造山带物源区和稳定克拉通;Cook 图解中在前陆盆地和稳定陆壳区;Valloni and Maynard 图解中在稳定克拉通陆海盆地、裂谷及断阶盆地和被动边缘边部。吞龙共巴组在 Dickinson 图解中来源于再循环造山带物源区;Cook 图解中在前陆盆地和稳定陆壳区;Valloni and Maynard 图解中在稳定克拉通陆海盆地、裂谷及断阶盆地边部。

表 3-6　古生界岩石样品成分统计表

编　号	地层名称	岩石名称	Qt(Q)		F		L		Lt	颗粒	R	胶结物
			Qm	Qp	K	P	Lv	Ls	L+Qp			
R(1)B	塔石山组	变长石石英砂岩	＞75		2	10		2	2	89	3	10
R(3)b		变石英砂岩	＞80		少	8		少		88	＜1	11
R(5)b		变质粉砂岩	65			3		15	15	83	17	＞15
R(7)b		变质粉砂岩	＞50			3		35	35	88	37	10
R(9)b		变质细砂岩	＞60			5		＞25	25	90	26	9
2293b1		变石英砂岩	63			4				67	14	19
P3b1	吞龙共巴组	岩屑砂岩	60					＞25	25	85	25	＜15
P3b3		含岩屑细砂岩	＜75			少		＞10	10	85	10	＞15
P3b4		细石英砂岩	78					＜10	10	88	10	12
P3b5		细石英砂岩	80					＜5	5	85	5	15
P3b6		细石英砂岩	＜80			少		＞10	10	90	10	＞10
P3b7		岩屑砂岩	65					＞25	25	90	25	＜10
P3b8		石英粉砂岩	85					＜5	5	90	5	＜10
P3b9		细石英砂岩	80			少		＜10	10	90	10	＜10

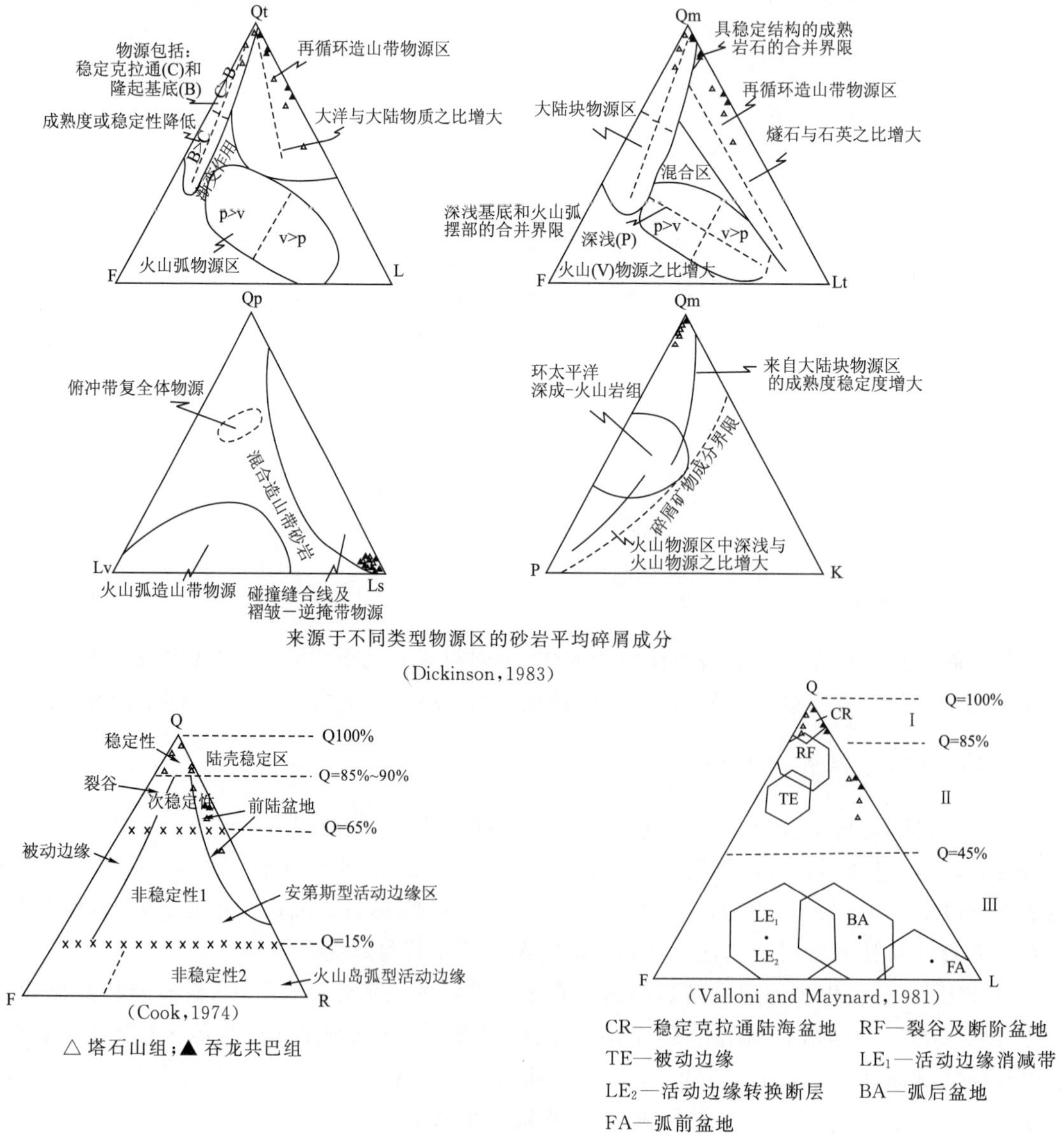

图 3-4　古生界砂岩碎屑模型分析不同三角图解

（五）沉积环境分析

通过以上综合分析，塔石山物质应来源于再循环造山带物源区和稳定克拉通陆海盆地，沉积环境应为浅海陆棚环境；吞龙共巴组物质来源于再循环造山带物源区和稳定克拉通陆海盆地，沉积环境应为浅海-近滨；龙格组为浅海碳酸盐岩台地。

二、三叠纪沉积盆地

三叠纪盆地包含的地层单位有羌南地区（多玛地层分区）的日干配错组和班公错-怒江地层区的巫嘎组。

（一）沉积组合

1. 成分特征

日干配错组以微晶灰岩、鲕粒灰岩为主，其间不同程度夹有角砾状灰岩、砂屑灰岩、泥灰岩、粒屑灰岩、藻灰岩、介屑灰岩。其成分以方解石为主，少量白云石、泥质、铁质、生物屑。

巫嘎组以砂板岩为主，夹灰岩、硅质岩、砾岩。其中砂岩有深灰色、浅灰黄色厚层、中厚层、中薄层、薄层状长石石英岩屑砂岩，石英岩屑砂岩，钙质岩屑砂岩，岩屑砂岩，钙质粉砂岩等，板岩有深灰色粉砂绢云板岩、砂质板岩，粉砂质板岩，局部变质较浅呈页岩。成分为石英、长石（钾长石较多，斜长石较少或无）、岩屑（主要为沉积岩、变质岩岩屑，部分为火山岩屑）、黏土矿物、云母矿物、钙质、硅质等。砾岩砾石主要为石英砂岩、灰岩砾石。

2. 粒度特征

日干配错组为灰岩地层体，粒度为碳酸盐粒级。

巫嘎组以砂板岩为主，夹灰岩、硅质岩、砾岩。从砂岩粒度分析可看出，其平均值为 0.063～0.290mm，属于粉砂—细砂级；标准偏差为 0.72～0.92，分选较好—中等；偏度为 1.03～1.74，为极正偏；尖度为 5.21～7.69，为极窄型。从累积概率曲线（图 3-5）上看，跳跃、悬浮总体发育，牵引总体有一定发育，表明沉积物搬运相对不远。

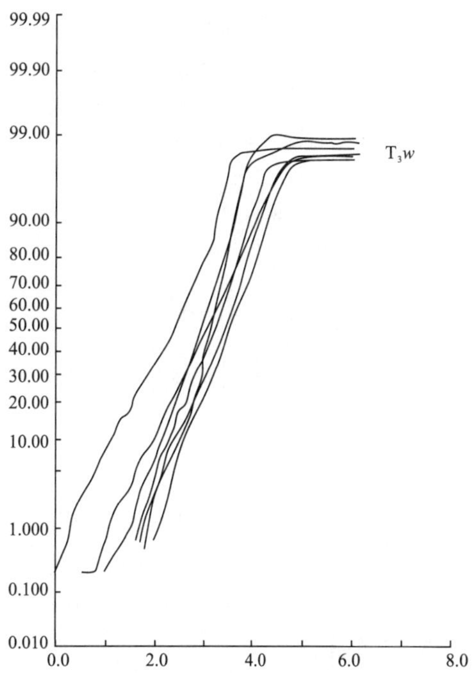

图 3-5　三叠纪砂岩粒度分布累积概率曲线图

3. 沉积构造

日干配错组主要为块状层理。

巫嘎组见有粒序层理、水平层理、砂纹层理，见有少量槽模、沟模（保存不好）。

4. 古生物特征

日干配错组含生物化石的岩性较多，但所采获化石多为碎片，鉴定意义不大，仅鉴定有星圆茎 *Pentagonocyclicus* sp.，圆圆茎 *Cyclocyclicus* sp.，鲕粒灰岩，双壳碎片，刺毛海绵，藻和海绵类，似桩珊瑚（未定种）*Stylophyllopsis* sp.，所发现的生物礁灰岩为海绵礁和珊瑚礁。

巫嘎组中采获始心蛤 *Protocardia* sp.，异齿类碎片 *Heterdont gen et* sp. *ind.*，纤维海绵 *Inozoa*，柱珊瑚 *Stylina*。

（二）化学分析

巫嘎组中未采化学分析样品，仅对巫嘎组采集砂岩作分析。

1. 微量元素

从微量元素含量表(表 3-7)中可看出 Cu、Cr、Ni、Li、Rb、Sr、Nb、Zr 含量高于地球丰度值，Pb、Mo 约高于地球丰度值，其余元素均低于地球丰度值。

2. 常量元素

从常量元素分析表(表 3-9)中可看出，其分析结果及特征参数反映出其物质来源较为分散，四种物源均有。在化学成分构造环境判别图解(图 3-6)中，投点不易判断，多介于被动大陆边缘和安第斯型大陆边缘。

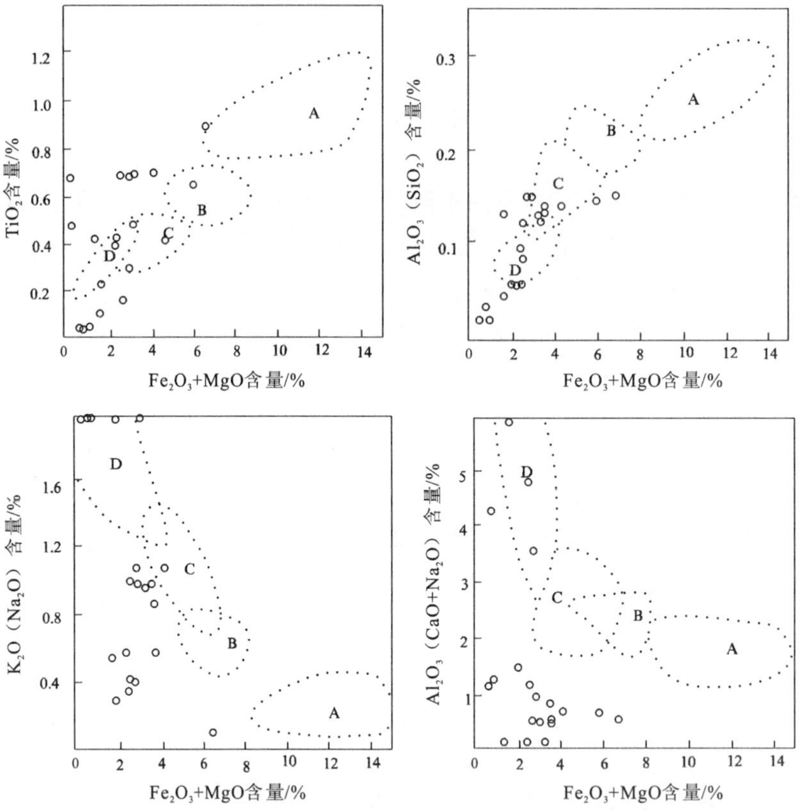

图 3-6　三叠纪砂岩主要化学成分的构造环境判别图解

A. 大洋岛弧；B. 大陆岛弧；C. 安第斯型大陆边缘；D. 被动大陆边缘；○巫嘎组化学样品

3. 稀土元素

在稀土元素含量及特征参数表(表 3-8、表 3-10)中，其各项 20 件样品平均值与特征参数值比较，倾向于大洋岛弧环境和被动边缘，在稀土配分曲线(图 3-7)上倾向于大陆岛弧。

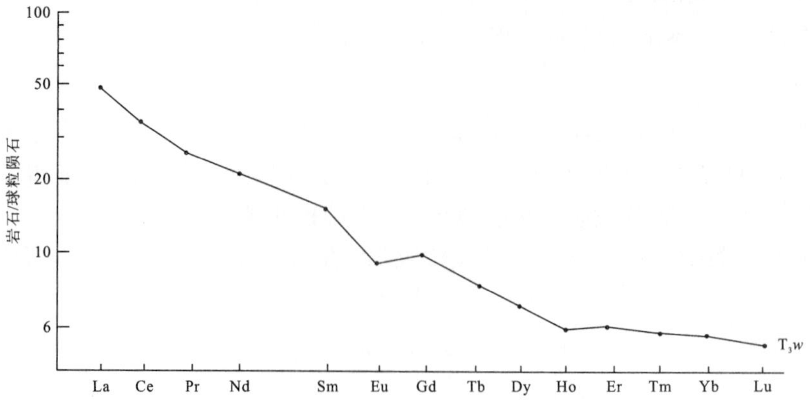

图 3-7　三叠纪岩石稀土配分曲线

表 3－7 三叠纪微量元素含量表

组名	样品号	岩 性	微 量 元 素 含 量($\times10^{-6}$)																			
			Cu	Pb	Zn	Cr	Ni	Co	Li	Rb	W	Mo	Sb	Bi	Hg	Sr	Ba	Sc	Nb	Ta	Zr	Hf
巫嘎组	P_8Gp6	长石岩屑砂岩	25.6	10.0	55.6	144	87.7	18.5	38.3	57.1	0.55	1.05	2.02	0.17	0.091	240	146	13.0	8.49	<0.5	135	4.63
	P_8Gp8	长石石英砂岩	18.6	11.0	36.2	21.7	23.5	6.6	16.6	32.1	1.42	1.81	0.27	0.11	0.10	184	134	3.98	4.71	<0.5	102	2.90
	P_8Gp9	长石石英砂岩	21.0	9.0	26.4	18.7	15.7	9.8	16.5	32.5	1.57	4.28	0.64	0.096	0.10	79.1	118	2.77	5.37	<0.5	93.7	3.25
	P_8Gp10	长石岩屑砂岩	26.1	11.0	55.6	220	168	25.0	44.8	25.5	2.22	1.27	0.14	0.15	0.092	287	134	21.6	9.24	0.56	108	3.39
	P_{13}Gp01	长石石英砂岩	13.4	8.0	31.0	50.9	16.1	6.1	42.2	60.7	1.55	2.12	0.40	0.15	0.086	50.2	256	5.15	7.62	<0.5	101	3.23
	P_{13}Gp1	硅质岩	26.2	8.0	22.4	20.7	13.8	5.4	28.2	60.4	2.64	2.72	0.24	0.18	0.012	23.0	256	4.99	4.24	<0.5	45.0	1.46
	P_{13}Gp1－1	硅质岩	45.5	13.0	42.9	26.2	23.1	7.9	29.4	56.3	2.34	3.18	0.23	0.25	0.010	30.7	270	5.56	4.30	<0.5	45.4	1.26
	P_{13}Gp2	硅质岩	19.6	18.0	13.3	10.2	7.3	5.5	4.6	19.8	3.28	3.74	0.28	0.13	0.008	22.4	126	1.85	1.47	<0.5	25.7	0.92
	P_{13}Gp3	硅质岩	17.8	2.5	18.6	24.4	8.3	9.7	23.6	22.0	3.24	3.46	0.28	0.12	0.018	17.0	106	1.98	1.62	<0.5	30.8	0.93
	P_{13}Gp4	硅质岩	6.9	3.0	14.1	10.2	10.5	9.0	6.3	3.0	2.96	2.46	0.42	0.16	0.026	72.0	133	2.94	1.67	<0.5	49.3	1.32
	P_{18}Gp1	粉砂岩	22.1	1.0	73.9	91.9	58.4	14.6	56.1	72.1	1.21	1.31	0.36	0.31	0.026	251	244	9.79	10.2	<0.5	158	5.14
	P_{18}Gp2	岩屑砂岩	20.9	13.0	52.8	148	76.4	15.3	41.4	54.7	1.46	1.85	0.29	0.19	0.016	300	167	8.84	8.94	<0.5	159	5.38
	P_{18}Gp3	岩屑砂岩	19.3	9.5	72.5	132	116	16.2	48.0	63.7	1.46	1.80	0.40	0.18	0.022	138	196	10.2	11.9	2.12	162	5.06
	P_{18}Gp4	细砂岩	20.0	10.0	53.1	128	100	17.0	30.3	62.8	1.04	2.12	0.43	0.21	0.020	261	178	8.49	7.43	<0.5	120	3.35
	P_{18}Gp5	岩屑砂岩	16.2	15.0	73.6	165	138	18.8	62.3	60.1	1.04	1.74	0.47	0.19	0.032	203	175	10.2	12.5	1.04	200	6.10
	P_{21}Gp10	岩屑砂岩	17.5	20.5	38.5	71.0	33.8	6.9	18.6	41.8	2.22	3.10	0.74	0.095	0.12	300	151	7.88	9.19	1.08	151	4.54
	P_{21}Gp11	岩屑砂岩	25.9	4.3	52.3	70.8	39.1	5.3	28.8	36.6	2.22	2.82	0.86	0.11	0.12	348	173	7.37	5.90	<0.5	133	4.38
	P_{21}Gp12	岩屑砂岩	14.9	3.2	44.9	86.9	53.2	12.0	30.1	29.3	1.95	1.56	0.92	0.11	0.086	358	307	7.41	6.16	<0.5	149	4.77
	P_{21}Gp13	岩屑砂岩	30.0	1.5	52.8	107	67.7	11.0	30.3	33.7	1.81	0.75	1.07	0.14	0.13	373	325	12.4	5.81	0.50	141	4.60
	P_{21}Gp24	岩屑砂岩	27.6	12.9	58.1	74.5	38.6	8.9	28.2	58.7	1.95	0.84	0.94	0.24	0.092	315	189	9.89	8.24	0.55	165	6.10
涂和费(1962)		砂 岩	*X*	7	15	35	0.3	60	0.*n*	1.6	1	0.*n*	20	*X*0	1	0.*n*	220	3.9	0.00*n*	0.45	1.7	0.0*n*
		页 岩	45	20	95	90	19	140	5	1.8	13	1.5	300	580	13	6	160	2.8	0.00*n*	3.7	12	0.8

注:*X* 和 *n* 为 1,2,…,9。

表 3-8 三叠纪稀土元素

组名									巫	嘎
样品号	P8 XT6	P8 XT8	P8 XT9	P8 XT10	P13 XT01	P13 XT1	P13 XT1-1	P13 XT2	P13 XT3	P13 XT4
岩性	长石岩屑砂岩	长石石英砂岩	长石石英砂岩	长石岩屑砂岩	岩屑石英砂岩	硅质岩	硅质岩	硅质岩	硅质岩	硅质岩
								原	始	数
La	20.1	14.7	17.3	17.2	22.4	12.7	12.6	7.00	7.90	10.1
Ce	36.4	28.8	34.0	31.2	47.2	25.2	24.2	13.3	15.9	21.6
Pr	4.60	3.10	3.83	3.41	4.16	2.59	2.13	1.28	1.28	2.48
Nd	17.3	13.2	14.4	16.1	18.8	10.6	10.9	5.34	5.18	12.8
Sm	2.78	2.53	3.41	3.22	4.70	2.77	2.61	1.19	1.14	3.78
Eu	0.91	0.82	0.76	0.84	0.76	0.38	0.39	0.24	0.24	0.63
Gd	3.68	3.19	2.92	3.28	2.92	1.49	1.50	0.97	0.92	2.54
Tb	0.57	0.51	0.47	0.51	0.54	0.22	0.23	0.11	0.11	0.40
Dy	3.66	3.05	2.59	3.46	3.20	1.46	1.52	0.77	0.66	2.34
Ho	0.65	0.52	0.43	0.62	0.54	0.24	0.32	0.13	0.12	0.39
Er	1.88	1.38	1.36	1.85	1.87	0.87	0.95	0.48	0.40	1.10
Tm	0.28	0.20	0.18	0.27	0.25	0.12	0.16	0.06	0.06	0.60
Yb	1.67	1.19	1.11	1.58	1.48	0.85	0.81	0.39	0.34	0.84
Lu	0.22	0.16	0.14	0.21	0.19	0.13	0.12	0.08	0.05	0.13
								标	准	化
La	53.2	38.9	45.8	45.5	59.3	33.6	33.3	18.5	20.9	26.7
Ce	37.3	25.5	34.8	32.0	48.4	25.8	24.8	13.6	16.3	22.1
Pr	33.3	22.5	27.8	24.7	30.1	18.8	15.4	9.28	9.28	18.0
Nd	24.2	18.4	20.1	22.5	26.3	14.8	15.2	7.46	7.23	17.9
Sm	12.1	11.0	14.8	14.0	20.4	12.0	11.3	5.17	4.96	16.4
Eu	10.5	9.47	8.78	9.70	8.78	4.39	4.50	2.77	2.77	7.27
Gd	11.8	10.3	9.39	10.5	9.39	4.79	4.82	3.12	2.96	8.17
Tb	10.0	8.98	8.27	8.98	9.51	3.87	4.05	1.94	1.94	7.04
Dy	9.38	7.82	6.64	8.87	8.21	3.7	3.90	1.97	1.69	6.00
Ho	7.49	5.99	4.97	7.14	6.22	2.77	3.69	1.50	1.38	4.49
Er	7.37	5.41	5.33	7.25	7.33	3.41	3.73	1.88	1.57	4.31
Tm	7.02	5.01	4.51	6.77	6.27	3.01	4.01	1.55	1.55	4.10
Yb	6.71	4.78	4.46	6.35	5.94	3.41	3.25	1.57	1.37	3.37
Lu	5.68	4.13	3.62	5.43	4.91	3.36	3.10	2.09	1.34	3.36
ΣREE	97.22	72.75	82.90	83.75	109.01	59.62	58.44	31.34	34.30	59.29
La/Yb	12.04	12.35	15.59	10.89	15.14	14.94	15.56	17.95	23.24	12.02
La_N/Yb_N	7.93	8.14	10.27	7.17	9.98	9.85	10.25	11.78	15.26	9.34
LREE/HREE	2.68	2.41	3.08	2.48	3.49	4.20	3.65	3.99	4.71	3.45
Eu/Eu^*	5.76	5.80	4.55	2.95	3.59	3.14	3.38	4.17	4.36	3.77

注：(1)ΣREE 为稀土元素的原始数据总和，La/Yb 为原始数据比值，其余用标准化值。(2)ΣLREE/ΣHREE 为样品

含量及特征值

组									
P18 XT1	P18 XT2	P18 XT3	P18 XT4	P18 XT5	P21 XT10	P21 XT11	P21 XT12	P21 XT13	P21 XT24
粉砂岩	岩屑砂岩	岩屑砂岩	细砂岩	岩屑砂岩	岩屑砂岩	岩屑砂岩	岩屑砂岩	岩屑砂岩	岩屑砂岩
据($\times10^{-6}$)									
28.9	26.0	30.6	16.9	28.9	20.3	17.4	14.2	15.2	22.5
57.8	52.2	57.5	35.7	61.6	34.2	29.5	25.4	24.7	35.8
6.23	5.26	5.32	3.38	6.01	3.45	3.16	3.02	2.99	3.85
22.5	18.2	23.2	12.5	22.7	17.0	13.5	12.0	12.6	17.6
5.44	4.76	5.78	3.21	5.30	3.30	3.11	2.71	2.91	4.51
1.13	1.06	1.14	0.61	0.95	0.74	0.68	0.68	0.79	0.93
4.57	4.04	4.86	2.70	4.13	2.96	2.93	2.65	3.24	4.04
0.68	0.57	0.78	0.41	0.69	0.47	0.45	0.40	0.62	0.58
3.99	3.44	4.48	2.38	3.94	2.94	2.41	2.33	3.17	3.58
0.78	0.61	0.78	0.52	0.76	0.49	0.43	0.43	0.62	0.55
2.04	1.71	2.45	1.34	2.14	1.54	1.30	1.20	1.60	1.76
0.32	0.24	0.35	0.20	0.32	0.23	0.18	0.16	0.22	0.28
1.94	1.51	2.08	1.22	2.04	1.48	1.17	0.98	1.36	1.59
0.27	0.19	0.30	0.16	0.26	0.19	0.14	0.13	0.19	0.20
值($\times10^{-6}$)									
76.5	68.8	81.0	44.7	76.5	53.7	46.0	37.6	40.2	59.5
59.2	53.5	58.9	36.6	63.1	35.0	30.2	26.0	25.3	36.7
45.1	38.1	38.6	24.5	43.6	25.0	22.9	21.9	21.7	27.9
31.4	25.4	32.4	17.5	31.7	23.7	18.9	16.8	17.6	24.6
23.7	20.7	25.1	14.0	23.0	14.3	13.5	11.8	12.7	19.6
13.0	12.2	13.2	7.04	11.0	8.55	7.85	7.85	9.12	10.7
14.7	13.0	15.6	8.68	13.3	9.52	9.42	8.52	10.4	13.0
12.0	10.0	13.7	7.22	12.1	8.27	7.92	7.04	10.9	10.2
10.2	8.82	11.5	6.10	10.1	7.54	6.18	5.97	8.13	9.18
8.99	7.03	8.99	5.99	8.76	5.65	4.95	4.95	7.14	6.34
8.00	6.71	9.61	5.25	8.39	6.04	5.10	4.71	6.27	6.90
8.02	6.02	8.77	5.01	8.02	5.76	4.51	4.01	5.51	7.02
7.79	6.06	8.35	4.90	8.19	5.94	4.70	3.94	5.46	6.39
6.98	4.91	7.75	4.13	6.72	4.91	3.62	3.36	4.91	5.17
136.59	119.79	139.62	83.03	139.74	86.26	76.36	66.29	70.21	97.77
14.90	17.22	14.71	13.85	14.17	13.72	14.87	14.49	11.18	14.24
7.92	9.82	11.35	9.70	9.12	9.04	9.79	9.54	7.36	9.31
2.70	3.96	3.58	3.08	3.18	3.11	3.07	2.92	2.18	2.85
3.63	4.24	4.53	4.06	3.88	4.52	4.34	4.91	5.08	4.13

中轻稀土(La－Sm)总量与重稀土(Gd－Yb)总量之比。(3)Eu/Eu* ＝(Eu/0.073)/[(Sm/0.20＋Gd/0.31)/2]。

表 3-9　三叠纪化学成分及特征参数

（单位：%）

组合	样品号	岩性	SiO_2	Al_2O_3	Fe_2O_3	FeO	CaO	MgO	K_2O	Na_2O	TiO_2	P_2O_5	MnO	Fe_2O_3+MgO	Al_2O_3/SiO_2	K_2O/Na_2O	$Al_2O_3/(Na_2O+CaO)$
巫嘎组	P_8Gs6	长石岩屑砂岩	66.92	10.22	2.17	2.59	10.88	3.55	0.72	1.78	0.68	0.08	0.08	5.72	0.15	0.40	0.81
	P_8Gs8	长石石英砂岩	85.22	5.48	2.13	0.19	3.40	0.32	0.73	1.92	0.19	0.10	0.08	2.45	0.06	0.38	1.03
	P_8Gs9	长石石英砂岩	85.67	6.31	1.74	0.16	2.47	0.25	0.66	1.83	0.21	0.12	0.10	1.99	0.07	0.36	1.47
	P_8Gs10	长石岩屑砂岩	63.18	10.22	2.04	4.20	9.03	4.56	0.59	5.46	0.93	0.02	0.10	6.60	0.16	0.11	0.71
	P_{13}Gs01	长石石英砂岩	86.12	7.31	1.99	0.14	1.12	0.65	1.02	0.96	0.41	0.09	0.07	2.64	0.08	1.06	3.51
	P_{13}Gs1	硅质岩	90.58	3.83	1.44	0.23	0.22	0.47	0.86	0.10	0.13	0.03	0.02	1.91	0.04	8.60	11.97
	P_{13}Gs1-1	硅质岩	89.33	5.27	2.09	0.24	1.00	0.32	1.13	0.12	0.24	0.04	0.03	2.41	0.06	9.42	4.71
	P_{13}Gs2	硅质岩	95.88	1.54	0.69	0.14	0.33	0.08	0.42	0.04	0.04	0.04	0.17	0.77	0.02	10.50	4.16
	P_{13}Gs3	硅质岩	94.66	1.19	0.55	0.09	0.98	0.08	0.42	0.03	0.04	0.04	0.03	0.63	0.01	5.25	1.12
	P_{13}Gs4	硅质岩	94.88	1.27	0.64	0.05	0.98	0.08	0.47	0.04	0.04	0.13	0.10	0.72	0.01	11.75	1.25
	P_{18}Gs1	粉砂岩	64.04	8.80	2.79	2.49	17.14	1.05	1.25	1.28	0.67	0.13	0.27	3.84	0.14	0.98	0.48
	P_{18}Gs2	岩屑砂岩	66.77	8.63	1.84	2.46	15.80	1.25	1.10	1.21	0.63	0.10	0.29	3.09	0.13	0.91	0.51
	P_{18}Gs3	岩屑砂岩	68.48	9.83	2.24	3.25	10.77	1.81	1.34	1.23	0.64	0.12	0.23	4.05	0.14	1.09	0.82
	P_{18}Gs4	细砂岩	68.24	8.39	1.37	2.15	15.27	1.34	1.31	1.21	0.63	0.10	0.17	2.71	0.12	1.08	0.51
	P_{18}Gs5	岩屑砂岩	67.55	11.01	1.18	3.92	10.65	1.82	1.34	1.44	0.66	0.14	0.14	3.00	0.16	0.93	0.91
	P_{21}Gs10	岩屑砂岩	63.04	6.60	2.02	0.78	23.84	0.37	1.11	1.88	0.48	0.11	0.14	2.39	0.10	0.59	0.26
	P_{21}Gs11	岩屑砂岩	58.38	7.22	2.97	0.43	27.76	0.38	1.00	1.69	0.42	0.02	0.18	3.35	0.12	0.59	0.25
	P_{21}Gs12	岩屑砂岩	54.39	7.12	1.44	2.47	30.90	0.20	0.80	1.64	0.41	0.11	0.19	1.64	0.13	0.49	0.22
	P_{21}Gs13	岩屑砂岩	48.78	7.62	1.28	2.47	34.82	1.11	0.83	2.03	0.40	0.08	0.25	2.39	0.16	0.41	0.21
	P_{21}Gs24	岩屑砂岩	62.89	9.45	1.62	2.38	17.58	1.65	1.50	1.75	0.50	0.16	0.20	3.27	0.15	0.86	0.49
	平均值		78.65	6.87	3.42	1.54	11.75	1.07	0.93	1.38	0.42	0.09	0.28	2.78	0.10	2.79	1.77

表 3-10　三叠纪不同构造背景砂岩稀土元素特征参数

构造背景	源区类型	特征参数						
		La	Ce	ΣREE	La/Yb	La_N/Yb_N	ΣLREE/ΣHREE	Eu/Eu*
大洋岛弧	未切割岩浆弧	8±1.7	19±3.9	58±10	4.2±1.3	2.8±0.9	3.8±0.9	1.04±0.11
大陆岛弧	切割岩浆弧	27±4.5	59±8.2	146±20	11.0±3.6	7.5±2.5	7.7±1.7	0.78±0.13
安第斯型大陆边缘	基底隆起	37	78	186	12.5	8.5	9.1	0.60
被动边缘	克拉通内构造高地	39	85	210	15.9	10.8	8.5	0.56
巫嘎组(20 件)		18.13	34.61	88.28	14.65	9.65	3.24	4.24

注:(1)La、Ce、ΣREE 单位为 10^{-6};(2)La、Ce、ΣREE、La/Yb 用原始值计算,其余用标准化值计算;(3)特征参数引自 Bhatia(1985)。

(三)层序分析

日干配错组下未见底,其上与色哇组呈Ⅱ型不整合界面,二者之间有沉积间断,但无重大沉积缺失。从剖面上和基本层序组合看,下部为退积、加积组合,上部为弱进积、加积组合,从下向上可分为碳酸盐岩型浊积、杂礁、台地型沉积,反映出不同沉积环境水体由深变浅。

巫嘎组从整体看为沉积-构造混杂体,不具备层序分析条件。

(四)(砂岩)碎屑模型分析

三叠纪碎屑模型分析样品来自巫嘎组,日干配错组中无砂岩。对砂岩样品作成分统计(表 3-11)投点(图 3-8),在 Dickinson 图解中,物质来源复杂,来源于再循环造山带物源区、火山弧物源区、碰撞缝合线及褶皱-逆掩带物源区,部分来源于稳定克拉通;Cook 图解中近乎包含所有物源区,主要集中于稳定陆壳区、安第斯型活动边缘区和火山岛弧活动边缘区,少数为裂谷和前陆盆地区;Valloni and Maynard 图解中集中分布于弧前盆地和稳定克拉通陆海盆地,部分落入裂谷及断阶盆地。

表 3-11　三叠纪岩石样品成分统计表

编号	地层名称	岩石名称	Qt(Q)		F		L		Lt	颗粒	R	胶结物
			Qm	Qp	K	P	Lv	Ls	L+Qp			
P8b1	巫嘎组	长石岩屑矿岩	20		30		>35	5	40	90	40	10
P8b2		岩屑砂岩	12		15		10	50	60	87	60	>13
P8b3		岩屑砂岩	<10		15		10	55	65	90	65	10
P8b4		岩屑砂岩	12		15		5	>55	60	87	60	>13
P8b5		长石岩屑砂岩	15		>15		5	50	55	85	55	15
P8b6		长石岩屑砂岩	15	少	20		5	40	45	80	45	20
P8b8		长石石英砂岩	75		15			>5	5	95	5	5
P8b9		长石石英砂岩	80		>12			>3	3	95	3	5
P8b10		长石岩屑砂岩	20	少	3	>12	5	50	55	90	55	>10
P18b1		岩屑石英砂岩	80	少	3			10	10	93	>10	7
P18b2		钙质粉砂岩	<65			少		>10	10	75	10	25
P18b3		钙质岩屑砂岩	55					35	35	90	35	>10
P18b4		细粒岩屑砂岩	<65					>25	25	90	25	10
P18b5		钙质细砂岩	65					20	20	85	20	>15

续表 3-11

编号	地层名称	岩石名称	Qt(Q)		F		L		Lt	颗粒	R	胶结物
			Qm	Qp	K	P	Lv	Ls	L+Qp			
P21b10	巫嘎组	钙质岩屑砂岩	55					35	35	90	35	10
P21b11		岩屑砂岩	>20		5			>60	60	85	60	15
P21b12		岩屑砂岩	>20		8			>65	65	93	65	7
P21b13		岩屑砂岩	18		5			>65	65	88	65	12
P21b15		岩屑砂岩	12		5			70	70	87	70	13
P21b16		岩屑砂岩	12	少	>3		少	75	75	90	75	10
P21b17		岩屑砂岩	5	少	2		少	85	85	92	85	8
P21b18		岩屑砂岩	25	少	5		少	>60	60	90	61	10
P21b20		岩屑砂岩	>10		5		少	>70	70	85	70	15
P21b21		岩屑砂岩	>25		2			>60	60	87	60	13
P21b24		岩屑砂岩	15		2			>75	75	92	75	7
2402b2		中粗粒石英砂岩	88			1		5	5	94	6	5
4039b1		钙质岩屑砂岩	60			少	少	30	30	90	30	10

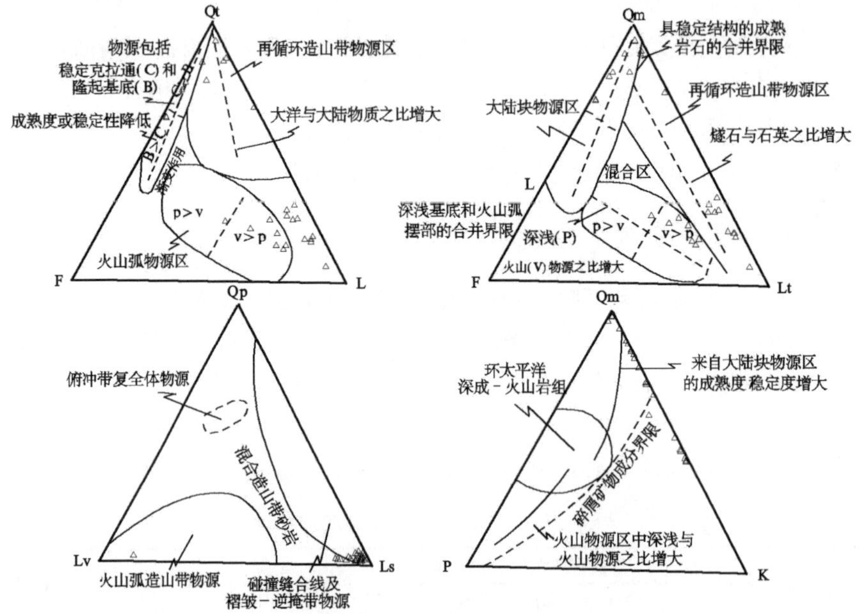

来源于不同类型物源区的砂岩平均碎屑成分

(Dickinson,1983)

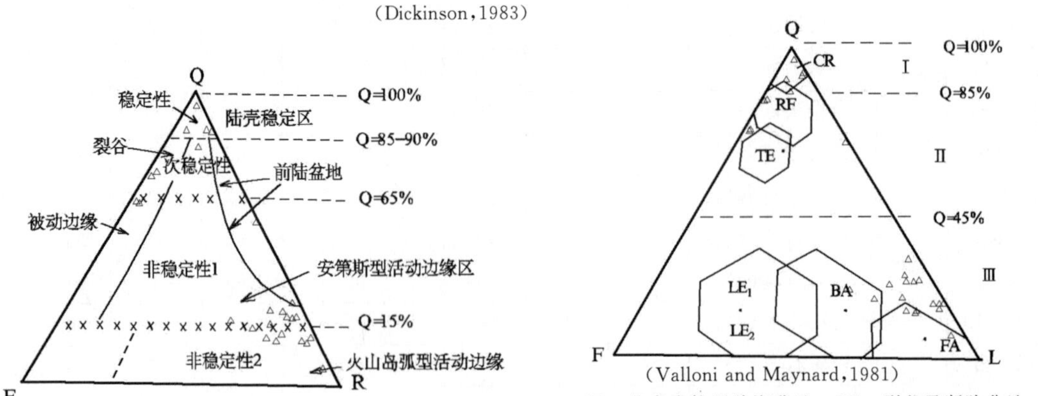

(Cook,1974)

△ 巫嘎组

(Valloni and Maynard,1981)

CR—稳定克拉通陆海盆地　RF—裂谷及断阶盆地

TE—被动边缘　TE_1—活动边缘消减带

LE_2—活动边缘转换断层　LE_2—弧后盆地

FA—弧前盆地

图 3-8　三叠纪砂岩碎屑模型分析不同三角图解

（五）沉积环境分析

通过以上综合分析，三叠纪盆地是一个活动型同沉积盆地，沉积物源来源于再循环造山带物源区和稳定克拉通陆海盆地。从岩石组合上看，其沉积环境具有从深水到浅水氧气、阳光充足再到深水相沉积环境，即从复理石浊积相-台地相-杂礁相-碳酸盐浊积相。巫嘎组以复理石浊积相为主，物质来源复杂，稳定与活动物源均有。从岩石组合看，具有来源于稳定区的石英砂，更多为来源于活动区的岩屑及钾长石，其沉积环境应为次深海前陆盆地。日干配错组表现为由稳定的台相活动型向沉积盆地转化。整个晚三叠世显示出活动—稳定—再活动的构造沉积环境。

三、侏罗纪沉积盆地

侏罗纪沉积盆地包含的地层单位有羌南地区（多玛地层分区）的色哇组、莎巧木组、捷布曲组和班公错-怒江地层区的木嘎岗日岩组。

（一）沉积组合

1. 成分特征

色哇组为深灰色粉砂质板岩，钙质板岩夹灰色中薄层状变石英砂岩，砂岩透镜体及深灰色强片理化细砾岩、灰色灰岩质砾岩，总体以泥质岩为主。成分为石英、岩屑（为沉积岩和变质岩）、云母、黏土矿物，少量长石。砾岩砾石有两种成分：一种为细小的石英岩、砂岩砾石；另一种为较大的灰岩砾石。

莎巧木组为灰色中—厚层状鲕粒灰岩、厚层状微晶灰岩夹灰色薄层状粉砂泥晶灰岩，含介壳微晶灰岩、砂质砂屑白云岩，中薄层状含粉砂微晶灰岩，下部石英砂岩较少，向上石英砂岩、粉砂质板岩增多，东侧图幅为灰色、浅灰色岩屑变石英砂岩、石英砂岩夹黑色泥质板岩、砂质板岩、礁灰岩。成分为方解石、石英、岩屑（沉积岩、变质岩岩屑，火山岩屑无或极少）、黏土矿物、白云石等。

捷布曲组为灰色、深灰色中厚层状砂屑灰岩、微晶灰岩，夹极少量碎屑岩，东侧图幅为灰、青灰、深灰、紫红色块状、中厚层、中薄层、薄层状鲕粒灰岩，中厚层、中薄层状生物碎屑灰岩、块状礁灰岩，中厚层状砂质粒屑灰岩夹少量灰色钙质细砂岩、砂质板岩。成分以方解石为主，少量石英、沉积岩岩屑、黏土矿物等。

木嘎岗日岩组为灰色中厚层状、中薄层状变质岩屑石英砂岩、石英砂岩与深灰色粉砂质板岩，夹砾岩、灰质砾岩透镜体，少量灰岩，向东基本未见砾岩层。成分为石英、岩屑（主要为沉积岩、变质岩岩屑，部分为火山岩屑）、黏土矿物、云母矿物、钙质、硅质等，长石极少或无。砾岩砾石主要为砂岩、石英岩、硅质岩、灰岩等砾石，灰岩砾石一般均较大，局部以灰岩砾石为主，形成灰质砾岩。

2. 粒度特征

色哇组以泥质岩为主，夹砂岩、砾岩。从砂岩粒度分析可看出，其平均值为0.044～0.420mm，属于粉砂—细砂级；标准偏差为0.68～1.16，分选较好—中等；偏度为－1.07～2.47，为极负偏或极正偏；尖度为2.52～11.99，为很窄—极窄型。从累积概率曲线（图3-9）上看，跳跃总体发育，悬浮、牵引总体有一定发育，表明沉积物搬运相对较远。

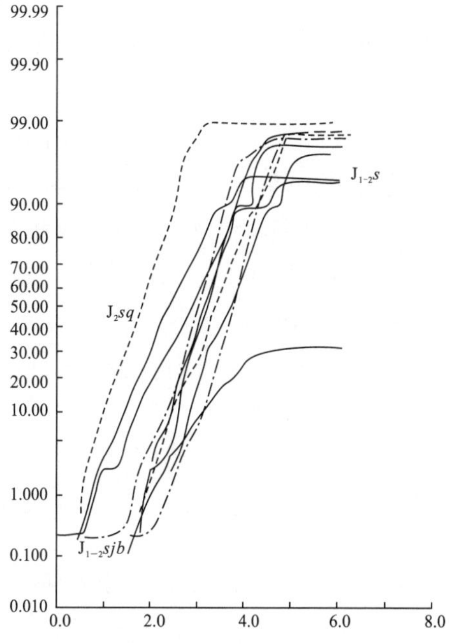

图3-9　侏罗纪砂岩粒度分布累积概率曲线图

莎巧木组为灰岩、砂岩、板岩。从砂岩粒度分析可看出，其平均值为0.053～0.595mm，属于粉砂—中砂级；标准偏差为0.59～0.70，分选较好；偏度为0.97～2.12，为极正偏；尖度为5.61～14.28，为极窄型。从累积概率曲线（图3-9）上看，跳跃、悬浮总体发育，牵引总体多不发育，表明沉积物搬运相对较远。

捷布曲组以灰岩为主，夹砂岩。从砂岩粒度分析可看出，其平均值为 0.063～0.210mm，属于粉砂—细砂级；标准偏差 0.74，分选较好；偏度 1.399，为极正偏；尖度 7.69，为极窄型。从累积概率曲线(图 3 - 9)上看，跳跃、悬浮、牵引总体均发育，表明沉积物搬运相对较近。

木嘎岗日岩组为砂岩、板岩，夹砾岩、灰岩，砂岩为粉砂—细砂级，未作砂岩粒度分析。

3. 沉积构造

色哇组见有砂纹层理、粒序层理，局部见有槽模沉积构造，但保存不好。

莎巧木组为块状层、粒序层理、砂纹层理。

捷布曲组以块状层为主。

木嘎岗日岩组见有粒序层理、水平层理、砂纹层理，叠瓦构造(测得产状为 351°∠59°、355°∠59°、35°∠50°、340°∠60°，因数据较少，未作古水流恢复)，见有少量槽模、沟模(保存不好)。

4. 古生物特征

色哇组多处未采获化石，在局部采获小海娥螺(未定种)*Nerinella* sp.，高壁珊瑚 *Montlivaltia*。莎巧木组化石较丰富，但化石多呈碎片，保存不完整，保存较好的化石多为海百合茎，鉴定意义不大，星圆茎 *Pentagonocyclicus* sp.，剑鞘珊瑚 *Thecosmilia*，歧心蛤 *Anisocardia* sp.，花蛤 *Astarte* sp.，假小挫蛤 *Pseudolimea* sp.，线齿蚶 *Grammatodon* sp.。

捷布曲组化石丰富，但多为化石碎片，难以鉴定，已鉴定的化石有斜锉蛤 *Plagiostoma* sp.，等称海百合 *Isocrinus* sp.。

木嘎岗日岩组采获高壁珊瑚 *Montlivalitia* 和刺毛海绵碎片 *Chaetetid sponges*。

(二) 化学分析

1. 微量元素

从微量元素含量表(表 3 - 12)中可看出，色哇组 Zn、Cr、Ni、Li、Rb、Mo、Sr、Sc、Nb、Zr 含量高于地球丰度值，其余元素均低于或略高于地球丰度值；莎巧木组 Li、Rb、Mo、Sr、Nb、Zr 含量高于地球丰度值，其余元素均低于或略高于地球丰度值；捷布曲组 Pb、Ni、Li、Rb、Mo、Sr、Nb、Zr 含量高于地球丰度值，其余元素均低于或略高于地球丰度值；木嘎岗日岩组 Cu、Zn、Ni、Li、Rb、Sr、Sc、Nb、Zr 含量高于地球丰度值，Pb、Mo 约高于地球丰度值，其余元素均低于地球丰度值。

2. 常量元素

从常量元素分析表(表 3 - 13)中可看出，其分析结果及特征参数反映出其物质来源较为分散，四种物源均有，均较集中于被动大陆边缘。在化学成分构造环境判别图解(图 3 - 10)中，色哇组、莎巧木组、捷布曲组投点多介于被动大陆边缘和安第斯型大陆边缘；木嘎岗日岩组投点分散，四种环境均有，较集中于被动大陆边缘。

3. 稀土元素

在稀土元素含量及特征参数表(表 3 - 14、表 3 - 15)中，其各个样品平均值与特征参数值比较，色哇组倾向于大陆岛弧环境；莎巧木组倾向于大陆岛弧；捷布曲组倾向于大洋岛弧；木嘎岗日岩组倾向于大陆岛弧。在稀土配分曲线(图 3 - 11)上倾向于被动大陆边缘和安第斯型活动边缘。

(三) 层序分析

木嘎岗日岩组为大无序、小有序的构造地层体，不作层序分析。

从岩石组合及基本层序组合看，色哇组为退积型组合，见有少量槽模沉积构造，具有深水浊积特点；莎巧木组为退积、加积型组合；捷布曲组为进积、加积组合。在区域上色哇组与其上地层为整合关系。本次区调中，因露头原因二者界线总体为整合关系，但从上下岩石组合看应为Ⅱ型不整合，即莎巧木组和捷布曲组组成一个完整的沉积序列。

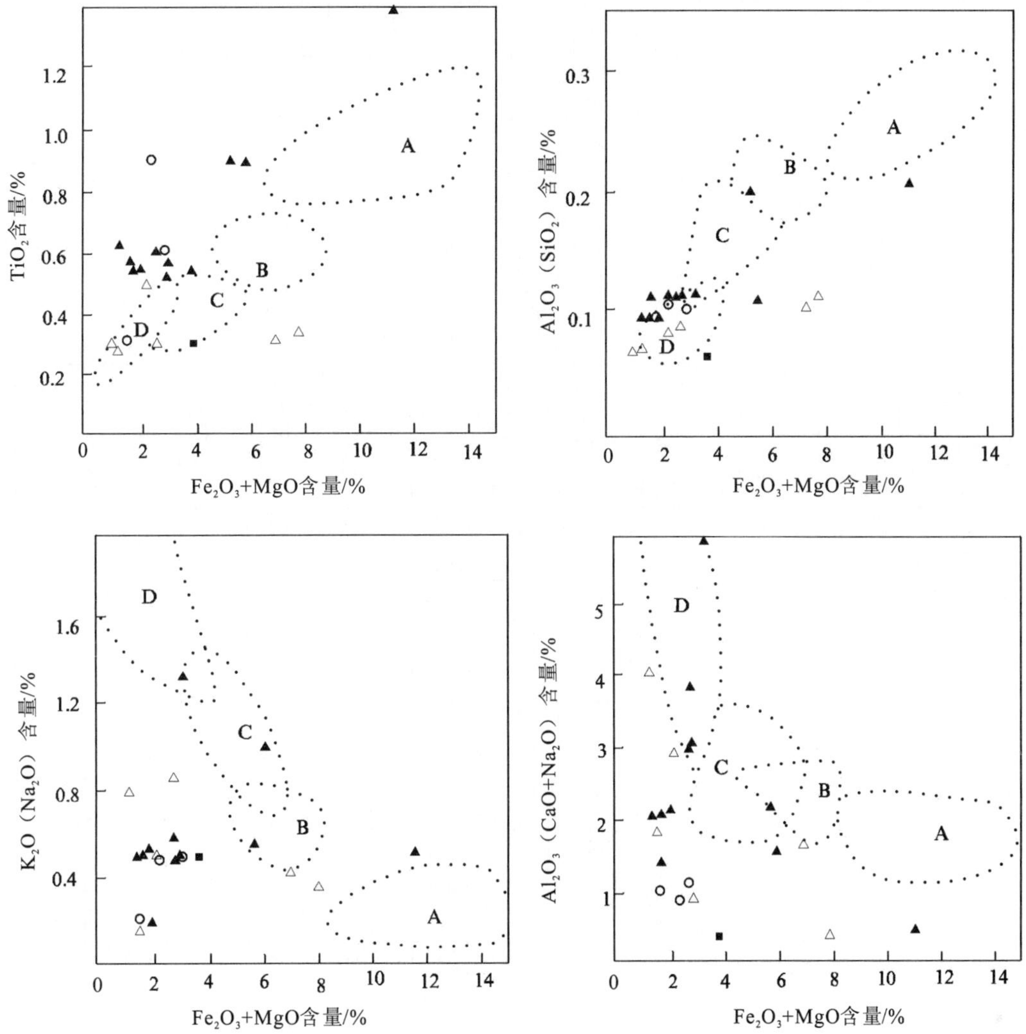

图 3-10　侏罗纪砂岩主要化学成分的构造环境判别图解

A. 大洋岛弧；B. 大陆岛弧；C. 安第斯型大陆边缘；D. 被动大陆边缘

△ 木嘎岗日岩组化学样品；○ 色哇组化学样品；△ 莎巧木组化学样品；■ 捷布曲组化学样品

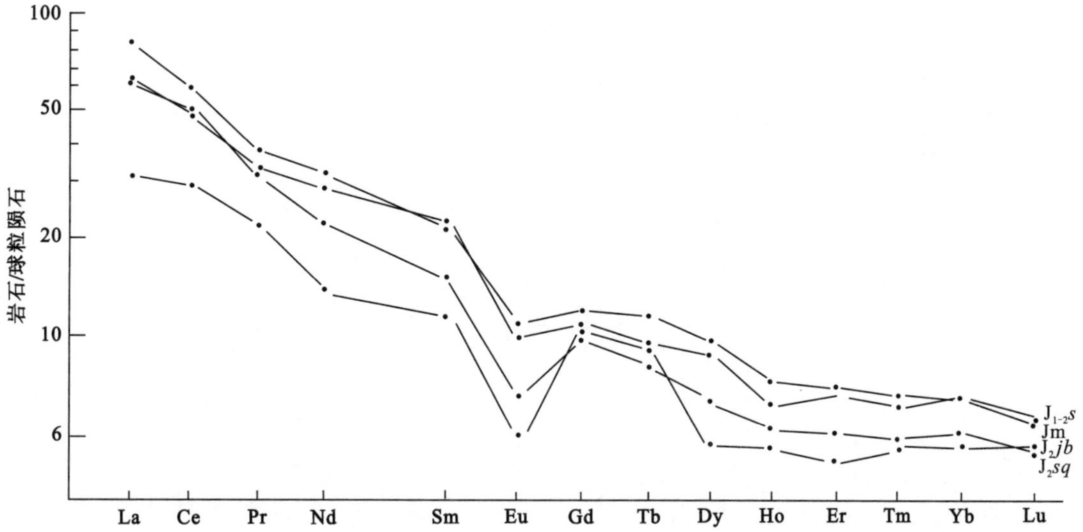

图 3-11　侏罗纪岩石稀土配分曲线

表 3-12 侏罗纪微量元素含量表

组名	样品号	岩 性	微量元素含量($\times10^{-6}$)																			
			Cu	Pb	Zn	Cr	Ni	Co	Li	Rb	W	Mo	Sb	Bi	Hg	Sr	Ba	Sc	Nb	Ta	Zr	Hf
木嘎岗日岩组	P_4Gp4	岩屑砂岩	54.6	11.6	71.4	351	290	35.7	21.1	29.2	1.88	0.60	0.66	0.083	0.065	160	172	25.0	13.2	0.95	130	4.08
	P_4Gp6	变粉砂岩	43.2	19.2	77.3	116	90.2	22.6	27.3	78.4	1.68	1.29	0.81	0.23	0.074	96.5	419	15.1	14.0	1.08	206	6.69
	P_4Gp7	石英砂岩	49.0	16.0	72.1	231	166	24.4	25.6	33.5	1.95	1.38	0.76	0.13	0.058	71.2	232	16.9	11.9	1.03	189	5.65
	P_{12}Gp3	岩屑石英砂岩	18.0	10.0	44.5	63.1	20.7	9.50	31.9	31.5	1.89	2.44	0.44	0.14	0.040	52.6	155	4.52	8.48	<0.5	181	5.49
	P_{12}Gp5	岩屑石英砂岩	11.2	11.0	43.4	73.2	24.1	8.50	24.3	51.9	1.81	2.34	1.00	0.14	0.040	61.3	236	5.40	8.97	<0.5	165	5.25
	P_{12}Gp6	岩屑石英砂岩	49.4	15.0	68.8	95.4	41.2	16.2	29.4	12.0	1.08	1.52	0.20	0.10	0.053	1540	370	13.5	11.0	1.08	116	3.78
	P_{12}Gp9	岩屑石英砂岩	12.0	22.0	65.6	44.3	28.7	14.4	35.1	25.1	2.28	1.91	0.19	0.16	0.042	130	157	5.60	7.49	0.53	117	3.84
	P_{12}Gp12	岩屑石英砂岩	14.8	14.0	48.8	53.5	17.7	10.9	29.5	77.7	2.28	2.62	0.29	0.19	0.072	72.3	371	5.60	9.43	<0.5	160	4.88
	M Gp 1	石英砂岩	19.3	9.00	51.4	56.7	20.7	9.00	7.00	20.9	1.81	1.91	0.64	0.13	0.12	54.5	284	5.97	7.23	0.78	169	5.02
	M Gp 2	石英砂岩	14.4	11.0	43.6	61.1	26.2	9.20	28.7	51.0	1.98	4.32	0.71	0.15	0.062	39.7	290	6.05	8.44	0.97	159	5.16
	M Gp 5	石英砂岩	43.3	3.00	147	9.60	23.8	29.8	30.4	19.0	0.67	1.74	0.029	0.076	0.038	130	221	19.6	52.2	2.82	377	11.0
色哇组	P_{15}Gp3	变石英砂岩	13.6	20.5	38.6	67.0	25.2	9.00	18.8	40.4	1.31	2.28	0.17	0.12	0.042	55.0	247	7.37	9.70	1.57	256	7.46
	P_{15}Gp4	变粉砂岩	15.8	13.0	38.4	62.7	26.1	11.9	16.5	48.3	0.37	3.00	0.27	0.13	0.039	331	179	7.53	10.3	<0.5	159	4.85
	P_{15}Gp8	变砂岩	13.1	10.0	42.8	35.3	22.7	9.90	23.7	39.3	1.57	1.76	0.13	0.15	0.047	33	13	4.96	7.06	<0.5	149	4.84
莎巧木组	P_{11}Gp13	砂质微晶灰岩	10.2	10.0	22.0	31.9	13.3	7.60	25.1	56.3	0.64	2.32	0.78	0.17	0.043	343	141	5.43	7.56	<0.5	136	4.03
	P_{11}Gp17	石英砂岩	7.70	<1	23.0	34.7	12.2	9.80	28.1	21.0	2.02	2.90	0.28	0.13	0.038	74.3	76.9	3.32	7.21	0.51	405	12.5
	P_{11}Gp19	石英砂岩	11.8	15.0	22.7	27.7	22.1	9.70	35.8	31.6	2.06	2.57	0.33	0.15	0.040	59.6	227	3.38	4.35	<0.5	77.2	2.10
	RG(21)Gp	细砂岩	8.10	10.0	33.4	38.2	14.4	8.35	27.0	33.5	1.38	1.91	0.27	0.12	0.054	259	204	4.72	4.50	<0.5	127	3.81
	RG(34)Gp	细砂岩	6.90	1.00	46.2	27.9	9.50	8.00	11.0	31.2	1.46	2.72	0.12	0.086	0.074	215	216	5.72	5.29	<0.5	186	5.47
	RG(35)Gsp	变石英砂岩	16.7	4.00	13.2	38.7	10.3	9.50	23.4	22.4	1.04	1.91	0.38	0.098	0.064	76.1	120	2.99	3.07	<0.5	66.8	2.21
捷布曲组	RG(12)Gp	细粒砂岩	9.50	19.0	22.2	25.7	9.70	5.00	12.1	29.2	1.46	1.74	0.31	0.13	0.024	393	123	2.61	3.44	<0.5	136	3.85
涂和费(1962)		砂 岩	*X*	7	15	35	0.3	60	0.*n*	1.6	1	0.*n*	20	*X*0	1	0.*n*	220	3.9	0.00*n*	0.45	1.7	0.0*n*
		页 岩	45	20	95	90	19	140	5	1.8	13	1.5	300	580	13	6	160	2.8	0.00*n*	3.7	12	0.8

注:*X*、*n* 为 1,2,…,9。

表 3-13 侏罗纪化学成分及特征参数 （单位：%）

组合	样品号	岩性	SiO_2	Al_2O_3	Fe_2O_3	FeO	CaO	MgO	K_2O	Na_2O	TiO_2	P_2O_5	MnO	Fe_2O_3+MgO	Al_2O_3/SiO_2	K_2O/Na_2O	Al_2O_3/(Na_2O+CaO)
木嘎岗日岩组	P_4Gs4	岩屑砂岩	52.73	10.22	2.77	5.61	13.69	8.38	0.91	1.76	1.83	0.16	0.22	11.15	0.19	0.54	0.66
	P_4Gs6	变粉砂岩	68.36	12.55	1.27	4.08	2.94	4.43	2.34	2.41	0.88	0.15	0.10	5.70	0.18	0.97	2.34
	P_4Gs7	石英砂岩	74.49	8.54	1.60	3.09	3.42	4.25	1.15	1.93	0.87	0.14	0.11	5.85	0.11	0.60	1.60
	P_{12}Gs3	岩屑石英砂岩	83.42	7.69	0.71	1.76	1.69	0.75	0.97	1.87	0.59	0.13	0.03	1.46	0.09	0.52	2.16
	P_{12}Gs5	岩屑石英砂岩	83.59	7.75	0.96	1.34	1.56	1.02	0.97	1.77	0.55	0.12	0.04	1.98	0.09	0.55	2.33
	P_{12}Gs6	岩屑石英砂岩	78.07	9.21	0.81	2.63	3.15	0.94	0.73	3.00	0.55	0.10	0.18	1.75	0.12	0.24	1.50
	P_{12}Gs9	岩屑石英砂岩	83.33	7.90	0.62	1.74	1.95	0.46	0.97	1.94	0.61	0.10	0.03	1.08	0.09	0.50	2.03
	P_{12}Gs12	岩屑石英砂岩	74.43	13.20	1.29	2.13	0.64	1.20	1.78	2.83	0.59	0.12	0.03	2.49	0.17	0.63	3.80
	MGs1	石英砂岩	83.09	9.05	2.18	0.33	0.64	1.39	1.09	0.80	0.55	0.12	0.04	3.57	0.11	1.36	6.28
	MGs2	石英砂岩	82.70	9.15	1.69	0.59	0.64	1.11	1.22	2.40	0.48	0.13	0.03	2.80	0.11	0.51	3.01
	MGs5	石英砂岩	81.96	9.40	1.69	0.68	0.77	1.02	1.22	2.58	0.56	0.13	0.03	2.71	0.11	0.47	2.81
	平均值		76.92	9.51	1.42	2.18	2.83	2.27	1.21	2.12	0.73	0.13	0.08	3.69	0.12	0.63	2.59
色哇组	P_{15}Gs3	变石英砂岩	78.77	8.06	0.77	1.80	4.32	2.29	1.03	1.93	0.61	0.14	0.08	3.06	0.10	0.53	1.29
	P_{15}Gs4	变粉砂岩	73.20	7.90	1.21	2.03	6.86	0.97	0.95	1.84	0.86	0.14	0.24	2.18	0.11	0.52	0.91
	P_{15}Gs8	变砂岩	81.74	7.18	0.54	2.06	3.51	1.06	0.55	2.23	0.34	0.19	0.10	1.60	0.09	0.25	1.25
	平均值		77.90	7.71	0.84	1.96	4.90	1.44	0.84	2.00	0.60	0.16	0.14	2.28	0.10	0.43	1.15
莎巧木组	P_{11}Gs13	砂质微晶灰岩	52.57	5.04	1.23	3.32	28.97	5.75	1.20	2.63	0.30	0.09	0.21	6.98	0.10	0.46	0.16
	P_{11}Gs17	石英砂岩	85.21	6.28	0.58	2.92	0.89	1.45	0.66	1.21	0.49	0.09	0.07	2.03	0.07	0.55	2.99
	P_{11}Gs19	石英砂岩	88.16	5.64	0.50	0.53	0.33	0.47	0.81	1.07	0.30	0.08	0.02	0.97	0.06	0.77	4.03
	RG(21)Gs	细砂岩	67.03	5.32	1.16	1.86	20.87	1.30	0.91	1.08	0.30	0.11	0.24	2.46	0.08	0.84	0.24
	RG(34)Gs	细砂岩	60.26	6.99	3.18	5.14	15.72	4.76	0.93	2.40	0.33	0.15	0.44	7.94	0.12	0.39	0.39
	RG(35)Gs	变石英砂岩	88.72	5.07	0.84	0.23	0.89	0.18	0.46	1.74	0.24	0.09	0.04	1.02	0.06	0.26	1.91
	平均值		73.66	5.73	1.25	2.33	11.28	2.32	0.83	1.69	0.33	0.10	0.17	3.57	0.08	0.55	1.62
捷布曲组	RG(12)Gs	细粒砂岩	75.39	4.81	1.59	2.01	11.26	2.25	0.79	1.58	0.28	0.91	0.15	3.84	0.06	0.50	0.37
大洋岛弧		(杂)砂岩(Bhatia 1983)	58.8	17.1	1.95	5.52	5.83	3.65	1.60	4.10	1.06	0.26	0.15	11.73	0.29	0.39	1.72
大陆岛弧			70.7	14.0	1.43	3.05	2.68	1.97	1.89	3.12	0.64	0.16	0.10	6.79	0.20	0.61	2.42
活动大陆边缘			73.9	12.9	1.30	1.58	2.48	1.23	2.90	2.77	0.46	0.09	0.10	4.63	0.18	0.99	2.56
被动大陆边缘			82.0	8.4	1.32	1.76	1.89	1.39	1.71	1.07	0.49	0.12	0.05	2.89	0.10	1.60	4.15

表 3-14 侏罗纪稀土元素

组 名	木嘎岗日岩组										
样品号	P4 XT4	P4 XT6	P4 XT7	P12 XT3	P12 XT5	P12 XT6	P12 XT9	P12 XT12	MXT1	MXT2	MXT5
岩 性	岩屑砂岩	变粉砂岩	石英砂岩	岩屑石英砂岩	岩屑石英砂岩	岩屑石英砂岩	岩屑石英砂岩	岩屑石英砂岩	石英砂岩	石英砂岩	石英砂岩
原 始 数											
La	22.6	26.1	33.4	26.0	29.1	33.6	24.4	36.0	33.9	31.0	41.0
Ce	38.4	47.6	54.1	42.5	46.8	55.8	39.8	54.8	76.2	3.6	82.0
Pr	4.25	4.59	4.66	4.78	4.21	5.68	4.85	5.11	6.30	5.90	6.95
Nd	20.4	19.8	20.3	19.3	20.4	23.8	20.2	26.1	23.6	22.8	29.7
Sm	4.10	4.07	4.04	3.73	3.77	5.08	4.66	4.72	5.28	4.65	6.75
Eu	1.28	0.86	0.99	0.70	0.71	0.93	0.90	0.80	0.87	0.85	1.08
Gd	4.08	4.01	3.94	3.42	3.38	4.42	3.97	4.23	4.03	3.85	4.99
Tb	0.66	0.66	0.62	0.57	0.57	0.72	0.61	0.73	0.68	0.57	0.85
Dy	3.89	3.76	3.04	3.63	3.47	4.43	3.63	4.31	3.18	3.47	4.35
Ho	0.69	0.60	0.57	0.62	0.63	0.86	0.63	0.87	0.53	0.72	0.87
Er	1.84	1.78	1.69	1.80	1.82	2.50	1.59	2.34	1.73	2.10	2.51
Tm	0.24	028	0.22	0.28	0.24	0.36	0.25	0.36	0.25	0.32	0.40
Yb	1.43	1.71	1.56	1.67	1.65	2.20	1.46	1.79	1.63	1.94	2.38
Lu	0.19	0.21	0.21	0.22	0.25	0.34	0.19	0.25	0.19	0.27	0.31
标 准 化											
La	59.8	69.0	88.4	68.8	77.0	88.9	64.6	95.2	89.7	82.0	108
Ce	39.3	48.8	55.4	43.5	48.0	57.2	40.8	56.1	78.1	65.2	84.0
Pr	30.8	33.3	33.8	34.6	30.5	41.2	35.1	37.0	45.7	42.8	50.4
Nd	28.5	27.7	28.4	27.0	28.5	33.2	28.2	36.5	33.0	31.8	41.5
Sm	17.8	17.7	17.6	16.2	16.4	22.1	20.3	20.5	23.0	20.2	29.3
Eu	14.8	9.93	11.4	8.08	8.20	10.7	10.4	9.24	10.0	9.82	12.5
Gd	13.1	12.9	12.7	11.0	10.9	14.2	12.8	13.6	13.0	12.4	16.0
Tb	11.6	11.6	10.9	10.0	10.0	12.7	10.7	12.9	12.0	10.0	15.0
Dy	9.97	9.64	7.79	9.31	8.90	11.4	9.31	11.1	8.15	8.90	11.2
HO	7.95	6.91	6.57	7.14	7.26	9.91	7.26	10.0	6.11	8.30	10.0
Er	7.22	6.98	6.63	7.06	7.14	9.80	6.24	9.18	6.78	8.24	9.84
Tm	6.02	7.02	5.51	7.02	6.02	9.02	6.27	9.02	6.27	8.02	10.0
Yb	5.74	6.87	6.27	6.71	6.63	8.84	5.86	7.19	6.55	7.79	9.56
Lu	4.91	5.43	5.43	5.68	6.46	8.79	4.91	6.46	4.91	6.98	8.01
ΣREE	104.05	116.03	129.34	109.22	117.00	140.52	107.14	142.41	158.37	142.04	184.14
La/Yb	15.81	15.26	21.41	15.67	17.64	15.27	16.71	20.11	20.8	15.98	17.23
La_N/Yb_N	10.42	10.04	14.10	10.25	11.61	10.06	11.02	13.24	13.69	10.53	11.30
LREE/HREE	2.54	3.17	5.01	3.26	3.53	3.22	1.41	3.36	4.58	3.80	3.84
Eu/Eu*	6.09	4.13	4.78	3.75	3.78	3.70	3.94	3.41	3.44	3.76	3.41

注：(1)ΣREE 为稀土元素的原始数据总和，La/Yb 为原始数据比值，其余用标准化值。(2)ΣLREE/ΣHREE 为样品

含量及特征值

色　哇　组			莎　巧　木　组						捷布曲组
P15 XT3	P15 XT4	P15 XT8	P11 XT13	P11 XT17	P11 XT19	RG(21) XT	RG(34) XT	RG(35) XT	RG(12) XT
变石英砂岩	变粉砂岩	变砂岩	砂质微晶灰岩	石英砂岩	石英砂岩	细砂岩	细砂岩	变石英砂岩	细粒砂岩
据($\times10^{-6}$)									
27.9	24.7	17.6	20.3	30.3	14.6	24.8	2.7	19.8	12.2
50.1	49.6	36.9	46.7	63.5	29.0	46.8	58.1	41.1	27.5
5.72	4.79	3.40	4.14	7.10	2.79	4.76	4.43	4.12	3.05
24.0	20.3	16.3	14.0	24.6	11.3	17.6	19.6	14.2	10.1
5.26	4.72	4.10	2.56	3.85	2.14	4.80	4.62	3.78	2.87
0.92	0.90	0.72	0.51	0.82	0.42	0.85	0.76	0.56	0.52
3.66	3.41	3.15	2.37	3.89	1.78	4.22	3.78	2.47	3.14
0.58	0.57	0.49	0.43	0.60	0.28	0.65	0.54	0.40	0.53
3.83	3.60	3.24	2.09	4.16	1.78	3.92	3.41	1.82	2.10
0.66	0.63	0.60	0.38	0.85	0.30	0.71	0.69	0.37	0.35
2.11	1.87	1.84	1.27	2.51	1.02	1.97	1.79	1.02	0.94
0.31	0.27	0.26	0.20	0.38	0.12	0.28	0.28	0.17	0.16
1.91	1.79	1.67	1.25	2.36	0.88	1.64	1.67	0.89	1.00
0.24	0.24	0.26	0.18	0.31	0.12	0.20	0.19	0.13	0.19
值($\times10^{-6}$)									
73.8	65.3	46.6	53.7	80.2	38.2	65.6	73.3	52.4	32.3
51.3	50.8	37.8	47.8	65.1	29.7	48.0	59.5	42.1	28.2
41.4	34.7	24.6	30.0	51.4	20.2	34.5	32.1	29.9	22.1
33.5	28.4	22.8	19.6	34.4	15.8	24.6	27.4	19.8	14.1
22.9	20.5	17.8	11.1	16.7	9.30	20.9	20.1	16.4	12.5
10.6	10.4	8.31	5.89	9.47	4.85	9.82	8.78	6.47	6.00
11.8	11.0	10.1	7.62	12.5	5.72	13.6	12.2	7.94	10.1
10.2	10.0	8.63	7.57	10.6	4.93	11.4	9.51	7.04	9.33
9.82	9.23	8.31	5.36	10.7	4.56	10.1	8.74	4.67	5.38
7.60	7.26	6.91	4.38	9.79	3.46	8.18	7.95	4.26	4.03
8.27	7.33	7.22	4.98	9.84	4.00	7.73	7.02	4.00	3.69
7.77	7.02	6.52	5.01	9.52	3.01	7.02	7.02	4.26	4.01
7.67	7.19	6.71	5.02	9.48	3.53	6.59	6.71	3.57	4.02
6.20	6.20	6.72	4.65	8.01	3.10	5.17	4.91	3.36	4.91
127.2	117.39	90.53	96.38	145.23	66.53	113.20	127.56	90.83	64.65
14.61	13.80	10.54	16.24	12.84	16.59	15.12	16.59	22.25	12.2
9.62	9.08	6.94	10.70	8.46	10.93	9.95	10.92	14.68	8.03
3.53	3.38	2.75	4.06	3.42	3.89	3.00	3.59	4.49	2.69
3.76	4.07	3.69	3.98	4.13	4.04	3.58	3.39	3.25	3.41

中轻稀土(La－Sm)总量与重稀土(Gd－Yb)总量之比。(3)$Eu/Eu^{*}=(Eu/0.073)/[(Sm/0.20+Gd/0.31)/2]$。

表 3-15　侏罗纪不同构造背景砂岩稀土元素特征参数

构造背景	源区类型	特征参数						
		La	Ce	ΣREE	La/Yb	La_N/Yb_N	ΣLREE/ΣHREE	Eu/Eu*
大洋岛弧	未切割岩浆弧	8±1.7	19±39	58±10	4.2±1.3	2.8±0.9	3.8±0.9	1.04±0.11
大陆岛弧	切割岩浆弧	27±4.5	59±8.2	146±20	11.0±3.6	7.5±2.5	7.7±1.7	0.78±0.13
安第斯型大陆边缘	基底隆起	37	78	186	12.5	8.5	9.1	0.60
被动边缘	克拉通内构造高地	39	85	210	15.9	10.8	8.5	0.56
木嘎岗日岩组(11件)		30.65	49.24	131.84	9.59	6.31	3.43	4.02
色哇组(3件)		23.4	45.53	111.71	12.98	8.55	3.22	3.84
莎巧木组(6件)		18.75	52.12	106.62	16.55	10.94	3.74	3.73
沙木罗组(1件)		12.2	27.5	64.65	12.2	8.03	2.69	3.41

注:(1)La、Ce、ΣREE 单位为 10^{-6};(2)La、Ce、ΣREE、La/Yb 用原始值计算,其余用标准化值计算;(3)特征参数引自 Bhatia(1985)。

(四)(砂岩)碎屑模型分析

通过砂岩样品作成分统计(表 3-16)投点(图 3-12)。

色哇组、莎巧木组、捷布曲组在 Dickinson 图解中物质来源于再循环造山带物源区和稳定克拉通;Cook 图解中来源于稳定陆壳区和次稳定前陆盆地区;Valloni and Maynard 图解中来源于稳定克拉通陆海盆地和裂谷及断阶盆地。

木嘎岗日岩组在 Dickinson 图解中主要来源于再循环造山带物源区,少部分来源于稳定区和火山弧造山带物源区;Cook 图解中来源于稳定陆壳区和次稳定前陆盆地区及火山岛弧型活动边缘;Valloni and Maynard 图解中来源于稳定克拉通陆海盆地和裂谷及断阶盆地和弧前盆地。

(五)沉积环境分析

通过以上综合分析,色哇组物质来源于再循环造山带物源区和稳定克拉通,其沉积环境为大陆边缘相对深水盆地;莎巧木组物质来源于再循环造山带物源区和稳定克拉通,其沉积环境为浅海近滨和碳酸盐岩台地,氧气、阳光充足环境,局部形成礁,但浪击作用较强,使得其中生物保存均较差,在横向上反映为东部水体较浅、向西变深的趋势;捷布曲组物质来源于再循环造山带物源区和稳定克拉通,其沉积环境为浅海碳酸盐岩台地,氧气、阳光充足环境,多形成生物灰岩和礁灰岩,但浪击作用较强,使得其中生物保存均较差;木嘎岗日岩组物质来源于再循环造山带物源区及火山岛弧型活动边缘,其沉积环境为次深海沉积盆地,并伴有海底深切河谷环境,具有浊积沉积特点。整个侏罗纪(木嘎岗日岩组—色哇组—萨巧木组—捷布曲组)构成一个从大洋洋底至大陆边缘的沉积体系。

四、晚侏罗世-白垩纪沉积盆地

测区的晚侏罗世-白垩纪沉积盆地仅包含班公错-怒江地层区的沙木罗组。

沙木罗组以灰、浅灰色中层、中薄层状钙质石英砂岩、钙屑砂岩为主,夹含生屑铁质钙质粉砂岩,深灰色钙质板岩,灰色中厚层状砾岩。成分以石英、岩屑(沉积岩和变质岩岩屑)、钙质、黏土质为主,少量云母。砾石以砂岩、硅质岩、灰岩砾石为主,少量板岩砾石。粒度为粉砂—细砂、砾石级。沉积构造以粒序层理、砂纹层理、块状层理为主。古生物为坛螺(未定种)*Ampullina* sp.,瘤结螺(未定种)*Tylostoma* sp.,海娥螺(未定种)*Nerinea* sp.。超微化石 *Lotharingius contractus* Bown and Cooper,1989a,*Cyclagelosphaera margerelii* Noel,1965,珊瑚碎片 *Scleractinia*。通过砂岩成分统计(表 3-17)投点(图 3-12),在 Dichinson 图解中来源于再循环造山带物源区;在 Cook 图解上来源于前陆盆地;在 Valloni And Maynard 图解上投点未落入任何区域,但靠近弧后盆地。综合来看,沙木罗组物质来源于再循环造山带物源区,沉积环境为水体较浅的残余盆地。

表 3-16　侏罗纪岩石样品成分统计表

编　号	地层名称	岩石名称	Qt(Q)		F		L		Lt	颗粒	R	胶结物
			Qm	Qp	K	P	Lv	Ls	L+Qp			
P4b4	木嘎岗日岩组	岩屑砂岩	<10	—	—	少	78	少	80	90	80	10
P4b7		细石英砂岩	85	—	—	少	2	3	5	90	5	<10
P4b11		细石英砂岩	85	—	—	少	—	<5	5	90	5	<10
P12b1		岩屑石英砂岩	75	—	少	>3	—	15	15	93	17	5～6
P12b3		岩屑石英砂岩	<75	极少	—	2～3	—	<15	15	93	19	5
P12b5		岩屑石英砂岩	75	极少	—	3	—	10	10	88	15	5～8
P12b6		岩屑石英砂岩	75	—	—	3	—	10～15	10～15	93	17	5
P12b9		岩屑石英砂岩	<75	极少	—	2	—	15	15	92	17	6～8
P12b12		岩屑石英砂岩	<75	极少	1	4	—	15	15	95	17	5～6
P12b13		含岩屑石英砂岩	>80	—	—	3	—	<5	5	88	7	5～10
Mb1		细石英砂岩	85	—	—	少	—	5	5	90	5	<10
Mb2		细石英砂岩	85	—	—	少	—	5	5	90	5	10
Mb5		细石英砂岩	80	—	—	少	—	<10	10	90	10	<10
2283b1		变石英砂岩	76	4	—	2	—	3	7	85	7	11
1450b1		岩屑石英砂岩	72	4	—	4	—	8	12	88	17	7
4242b1		变岩屑砂岩	65	—	—	少	—	25	25	90	25	10
4252b1		变砂岩	<70	—	—	少	—	5	5	75	5	25
3051b		变岩屑砂岩	<40	—	—	—	—	55	55	95	55	5
3463b		变岩屑砂岩	60	—	—	少	—	25	25	85	25	<15
P15b3	色哇组	变石英砂岩	95	—	—	少	—	—	—	95	5	—
P15b4		变粉砂岩	60	—	—	—	—	—	—	60	—	40
P15b5		变砂岩	65	—	—	—	—	—	—	65	10	25
P15b8		变石英砂岩	88	—	—	少	—	—	—	88	—	12
0808b1		细粒石英砂岩	78	6	—	3	—	4	10	91	15	4
0908b4		细粒石英砂岩	62	8	—	—	—	5	13	75	19	19
0908b7		岩屑石英粉砂岩	60	—	—	1	—	15	15	76	16	23
0908b8		岩屑石英粉砂岩	57	—	—	—	—	17	17	74	25	16
0909b1		岩屑石英砂岩	62	—	—	3	—	15	15	80	25	10
2263b		变长石石英砂岩	63	—	—	10	—	—	—	73	3	24
2023b1		变长石石英砂岩	74	—	—	8	—	5	5	87	8	10
2314b1		岩屑石英粉砂岩	58	—	—	—	—	20	20	78	35	7
4326b1		变岩屑石英砂岩	>73	—	—	—	—	>25	25	98	25	<2
3470b1		变石英砂岩	>90	—	—	—	—	<10	10	100	10	—
3473b		变岩屑砂岩	70	—	—	少	—	25	25	95	25	5
P11b7	莎巧木组	钙质细石英砂岩	75	—	—	少	—	少	—	75	—	25
P11b17		细粒石英砂岩	87	—	—	少	—	<5	5	92	5	<8
P11b19		细粒石英砂岩	80	—	—	少	—	>10	10	90	10	<10
P11b22		细石英砂岩	>80	—	—	少	—	<10	10	90	10	<10
RG(20)b		石英砂岩	85	—	—	少	—	10	10	95	10	5
RG(24)b		石英砂岩	80	—	—	少	—	<10	10	90	10	<10
RG(21)b		钙质细砂岩	70	—	—	—	—	5	5	75	5	25
RG(29)b		含岩屑石英砂岩	83	—	—	<2	少	>10	10	95	10	<5
RG(32)b		细粒石英砂岩	88	—	—	少	—	<5	5	93	5	7
RG(34)b		细石英砂岩	65	—	—	少	—	<5	5	70	5	30
RG(35)b		含岩屑石英砂岩	85	—	—	<2	—	10	10	97	10	<3
1025		变细粒石英砂岩	76	—	—	2	—	5	5	83	14	8
RG(9)b2	捷布曲组	钙质细砂岩	65	—	—	少	—	<10	10	75	10	25
RG(12)b		钙质细砂岩	75	—	—	少	—	少	—	75	—	25

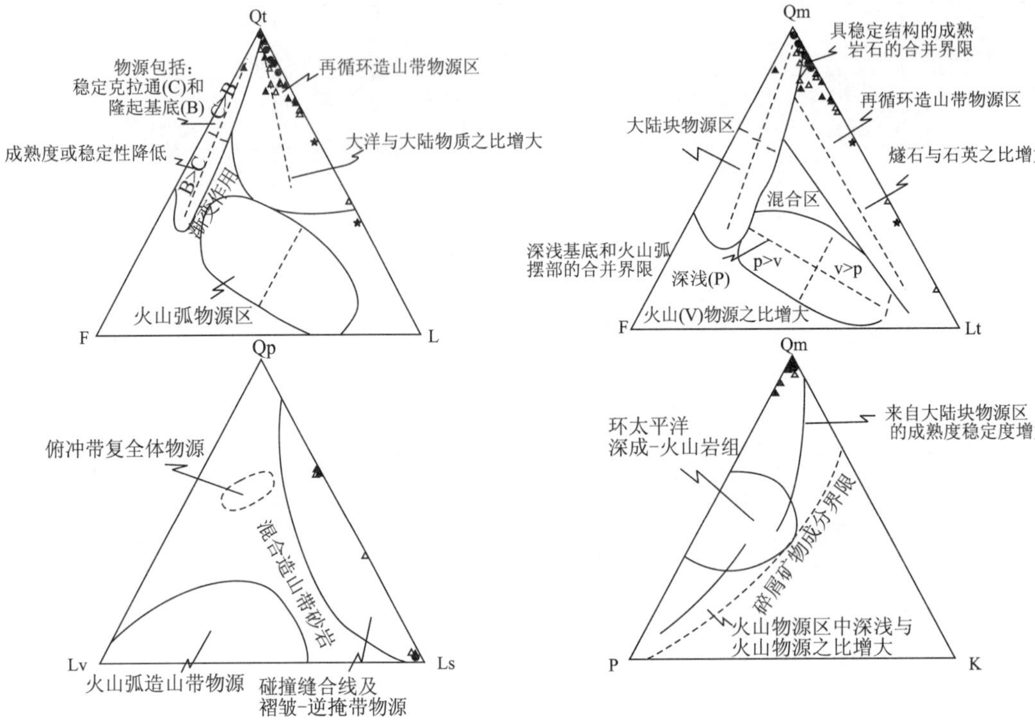

来源于不同类型物源区的砂岩平均碎屑成分

(Dickinson,1983)

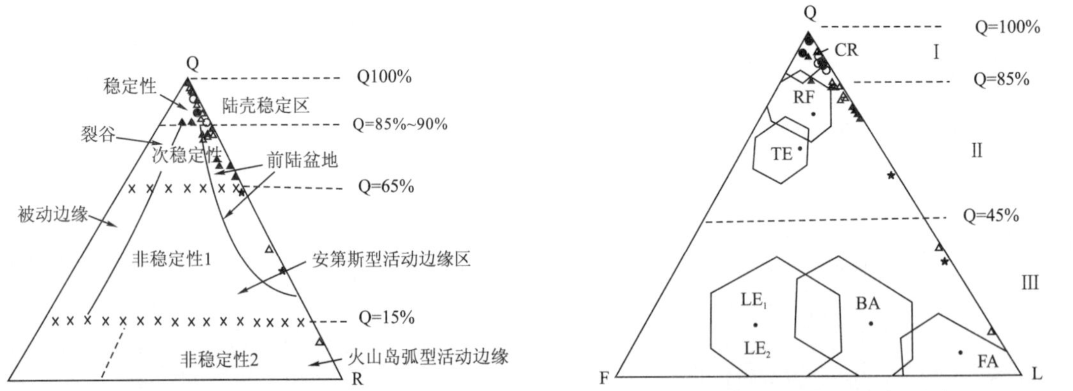

(Cook,1974)　　(Valloni and Maynard,1981)

△ 木嘎岗日岩组；▲ 色哇组；△ 莎巧木组；
● 捷布曲组；★ 沙木罗组

CR—稳定克拉通陆海盆地　RF—裂谷及断阶盆地
TE—被动边缘　TE_1—活动边缘消减带
LE_2—活动边缘转换断层　BA—弧后盆地
FA—弧前盆地

图 3-12　侏罗纪砂岩碎屑模型分析不同三角图解

表 3-17　侏罗-白垩纪岩石样品成分统计表

编号	地层名称	岩石名称	Qt(Q)		F		L		Lt	颗粒	R	胶结物
			Qm	Qp	K	P	Lv	Ls	L+Qp			
2210b	沙木罗组	钙质石英岩屑砂岩	30	2	—	—	—	55	57	87	57	12
2211b		钙质白云质石英砂岩	78	—	—	—	—	2	2	80	3	19
2213b		钙质岩屑石英砂岩	56	—	—	—	—	33	33	89	34	10

五、白垩纪沉积盆地

白垩纪沉积盆地包括班公错-怒江地层区的去申拉组、竞柱山组和班戈-八宿地层分区的郎山组。

去申拉组为灰色凝灰质火山角砾岩，强蚀变流纹英安岩，紫红色富铁安山岩、灰绿色晶屑凝灰岩、全蚀变安山岩，以熔岩为主，反映为中酸性火山岩。其环境及物质来源根据火山岩章节有关分析，其来源于洋壳俯冲消减过程中形成的岛弧。

竞柱山组为紫红色巨砾岩、粗砾岩、细砾岩、中细粒岩屑石英砂岩，局部夹紫红色中薄层状砂质灰岩，以砾岩为主，砂岩较少。砂岩成分为石英、岩屑（砂岩、板岩岩屑）等，粒级为 0.088～0.35mm，为细砂级，标准差为 0.77，分选较好，偏度为 2.24，属极正偏，尖度为 10.54，属极窄型。在累积概率曲线上（图 3－13），跳跃总体和悬浮总体发育，不发育牵引总体，反映出物质搬运较远，其中的砾石磨圆度较好。反映其物源来自稳定区，环境为海陆交互的三角洲相磨拉石建造。

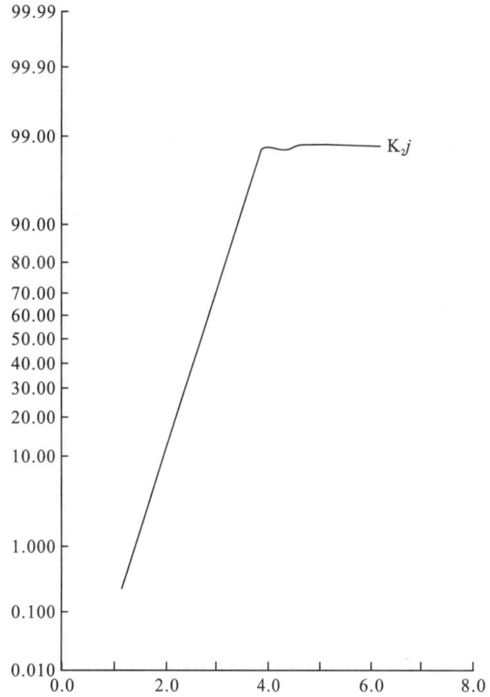

图 3－13　白垩纪砂岩粒度分布累积概率曲线图

郎山组一段为深灰色块层状、厚层状生物碎屑灰岩，中厚层状瘤状灰岩，薄层状泥灰岩，钙质页岩，二段为灰白色块状层白云质细晶灰岩，岩性较单一。成分以方解石为主，少量白云石和泥质。粒度为碳酸盐级，沉积构造以块状层为主。古生物丰富，计有中圆笠虫（未定种）*Mesorbitolina* sp.，假砂圆虫（未定种）*Pseudocyclammina* sp.，透镜古圆笠 *Palorbitolina* cf. *lenticularis* (*Blumenbach*)，楔形虫（未定种）*Cuneolina* sp.，坎氏楔形虫 *Cuneolina camposaurii Sartoni et Crescenti*，达克斯虫（未定种）*Daxia* sp.，双齿蛎 *Amphidonte* sp.，牡蛎类 *Ostreaceagen. et* sp. *indet*，固着蛤 *Rudiste*。该套地层在该区内与周围地层多为断层接触，顶部局部为新地层不整合覆盖，结合区域资料（下伏为多尼组碎屑岩）该套地层应为进积、加积型组合，为高水位体系域。根据区域资料综合分析，表现为残余海盆碳酸盐岩台地环境。

六、古近纪沉积盆地

在测区范围内古近纪沉积盆地包含纳丁错组和美苏组。

纳丁错组为杂色安山质火山角砾岩，含火山角砾安山质晶屑凝灰岩，橄榄玄武岩、玄武岩、安山岩，波基（角闪）安山岩、辉石安山岩、辉石玄武岩、玄武岩等，为一套中基性火山岩。其物质来源和环境分析参见火山岩有关章节分析，从所获同位素年龄看，反映出晚白垩世-古近系时期羌南地区一直有陆缘火山弧活动。

美苏组为英安质（流纹质）晶屑岩屑凝灰岩、火山岩砾岩、安山岩、凝灰质砂岩，面上还见有辉石安山岩、玄武安山岩、玄武岩、流纹岩、英安岩等，为一套中基性—酸性火山岩，其物质来源和环境参见火山岩有关章节分析，为陆内碰撞造山陆缘火山弧产物。

七、新近纪沉积盆地

新近纪沉积盆地沉积为康托组，为紫红色粗砾岩、中砾岩、细砾岩夹紫红色、浅灰色、灰黑色粗砂岩，含砾砂岩、细砂岩、长石石英砂岩、长石岩屑砂岩、粉砂岩、粉砂质泥岩等，局部地段夹有数层灰白色英安岩、黑云母英安岩或灰绿色玄武岩、辉橄玄武岩，暗紫红色辉橄玄武岩。其砂岩成分为石英、长石、岩屑（各种岩屑成分均有）等，砾岩砾石成分复杂，根据所处地段不同而有所不同，砾石来源于所处周围的地质体。砂岩粒级为 0.031～0.420，属粉砂—细砂级，标准差为 0.67～1.29，为分选较好—中等，偏度为

－1.01～1.40，属负偏—极正偏，尖度为2.68～5.91，属很窄—极窄型。在粒度分布累积概率曲线上（图3-14），牵引总体、跳跃总体、悬浮总体均有一定发育，反映其物质来源较近。沉积构造有斜层理、交错层理、粒序层理、块状层理等。其物质来源于板内隆起碰撞造山带，其环境为山间磨拉石建造。

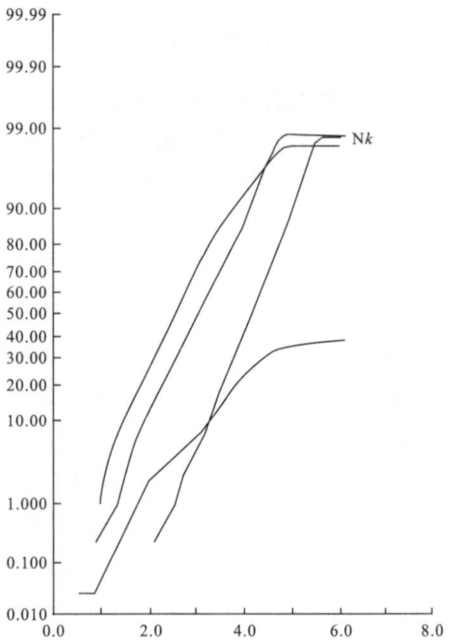

图3-14　新近纪粒度分布累积概率曲线图

八、第四纪沉积盆地

测区第四纪沉积盆地沉积有湖积、湖沼积、冲积、洪积、冲洪积、冰碛、残坡积，表现较明显的有湖积（更新统和全新统）、湖沼积和冲洪积，其他成因类型沉积有表现但不明显或较难圈定。

区内的湖泊沉积为砂、砾、砂土、化学沉积，从所获ESR测年资料反映出，在区内从43.0万年以来一直存在湖相沉积。区域上资料反映藏北湖泊曾经历过多次的干旱和潮湿，寒和暖的气候变化，区内资料反映出湖泊有升降的记录。从地形图（绘制于20世纪70年代）和卫片图（摄于20世纪90年代）上反映出在近20年时间内，区内湖泊除依布茶卡湖面扩大外，其他湖泊湖面基本无变化，该现象为因依布茶卡北侧有冰雪大量融化造成，而其他湖区周围由冰川消融补给。

湖沼积为砂、砂土、腐殖土、红土和化学沉积，为湖泊退缩后形成的沼泽地带产物。

冲洪积为砂、砾石、砂土，为沟谷中常流水和季节性洪水共同作用形成。

第三节　沉积盆地演化

测区沉积盆地演化是在泛非历史（前奥陶纪）陆壳结晶基底上发展演化而来，测区地处羌塘大陆和冈底斯大陆之间及内部，经历了不同的构造环境及沉积演化历程，沉积地层从前奥陶系—第四系均有不同的发育，其发展、发育经历了古特提斯洋到新特提斯洋再到碰撞造山及陆内发展过程，由于前奥陶纪吉塘岩群为结晶基底，非沉积基底，故沉积盆地演化分析中不涉及，盆地演化及其大地构造背景见图3-15。

一、奥陶纪（古大洋时期）

在奥陶纪初期，Rodinia超大陆解体，古大洋开始形成。该区在印度大陆基础上发生、发展，并形成活动陆缘，在此阶段沉积塔石山组以活动物源和稳定陆缘混合的地质体，并在此基础上发育志留-泥盆纪稳定大陆边缘沉积地层（测区内未见到，但在北侧已有显示），到石炭纪-早、中二叠世时期，古大洋消减转化弧后盆地发展阶段，沉积石炭、二叠纪地层及相关大洋沉积物。

二、石炭-二叠纪（广阔边缘海时期）

在石炭-二叠纪，随着大洋的消减，即北侧华夏-扬子古陆（测区外）向南侧印度-羌塘被动大陆的俯冲消减，碰撞和地幔柱的活动（全球性的），导致南侧大陆的变形与撕裂破碎，形成了南侧大陆的分离，靠近消减带（即南侧大陆北部）产生了弧后盆地，即石炭-二叠纪的类复理石-基性火山岩-碳酸盐岩组合及与之同时代的蛇绿岩组合，包括展金组、吞龙共巴组、龙格组和蛇绿岩组合。与此同时，在南侧大陆南部，则是一些被撕裂的零星台地，也是以碎屑岩-基性火山岩-碳酸盐岩为主，并构成了一个广阔的边缘海。到晚二叠世至三叠世时期，古特提斯洋（弧盆地）碰撞闭合，形成北侧蛇绿岩片及蓝片岩在碰撞带北形成火山部岩浆弧，（即开心岭-竹卡火山弧）在碰撞带南部形成晚三叠世巫嘎组前陆盆地。

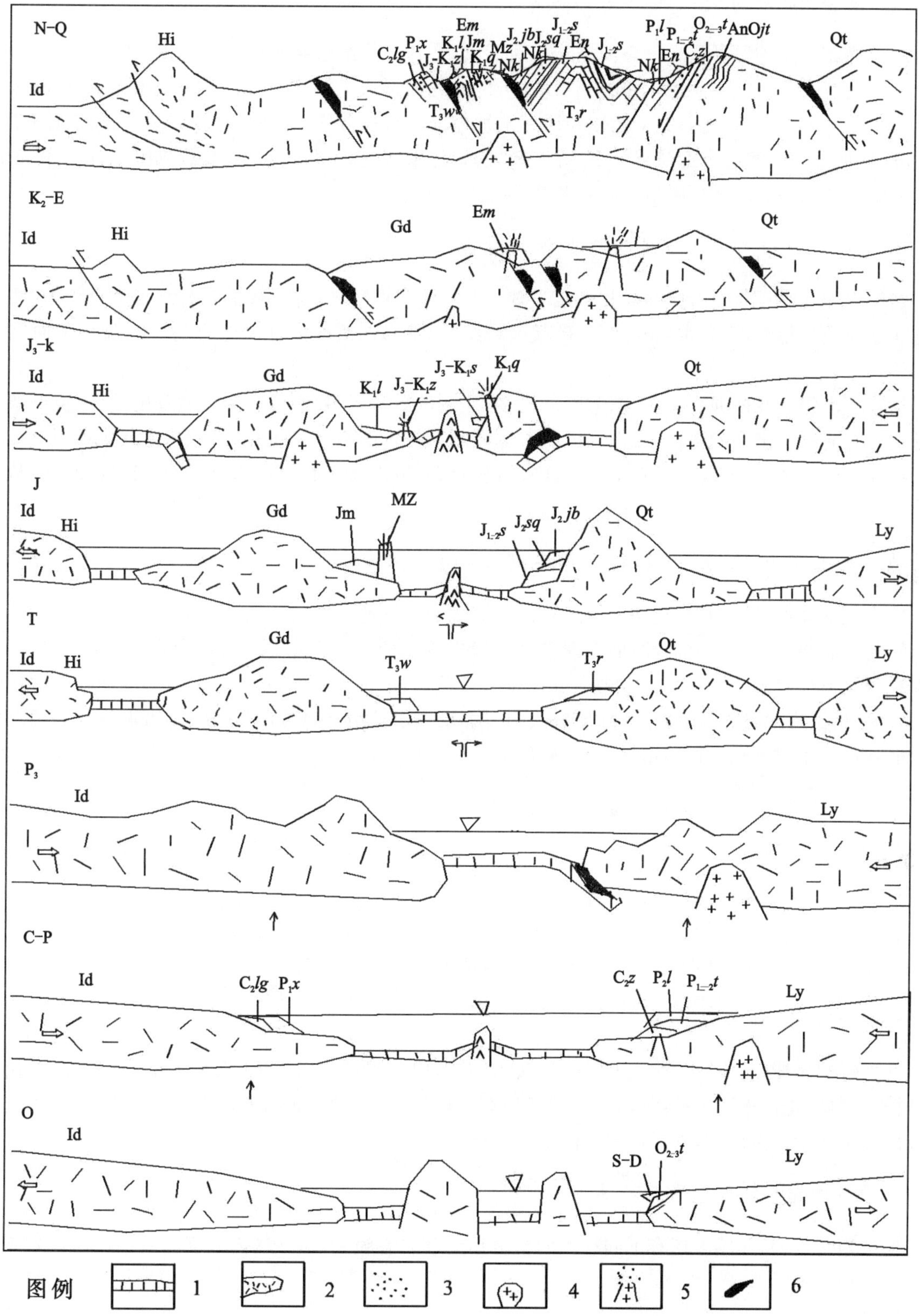

图 3-15　盆地演化及其大地构造背景示意图

1. 洋壳；2. 陆壳；3. 碎屑岩；4. 花岗岩；5. 火山喷发；6. 蛇绿岩及基性岩脉；Id. 印度大陆；Hi. 喜马拉雅；Gd. 冈底斯板片；Qt. 羌塘板片；Ly. 劳亚大陆；AnO*jt*. 吉塘岩群；$O_{2-3}t$. 塔石山组；C_2z. 展金组；C_2lg. 拉嘎组；$P_{1-2}t$. 吞龙共巴组；P_1x. 下拉组；P_2l. 龙格组；T_3r. 日干配错组；T_3w. 巫嘎组；$J_{1-2}s$. 色哇组；J_2sq. 莎巧木组；J_2jb. 捷布曲组；*Jm*. 木嘎岗日岩组；J_3-K_1s. 沙木罗组；J_3-K_1z. 则弄群；K_1q. 去申拉组；K_1l. 郎山组；K_2j. 竞柱山组；K_2-En. 纳丁错组；*Em*. 美苏组；*Nk*. 康托组；MZ. 仲岗洋岛岩片

三、三叠纪(新特提斯洋拉张形成期)

继古特提斯洋消失以及晚三叠世前陆盆地形成后,到三叠纪末期转化为新特提斯洋。在此时期,冈瓦纳大陆在该区分解出羌塘地体和冈底斯地体,两者之间形成大洋之后的沉积演化均在该两地体之间发展。在晚三叠世末期,随着羌塘地体和冈底斯地体的左行拉分伸展分离,导致了晚三叠世前陆盆地的撕裂破碎,形成了北侧日干配错组从浅水到深水的台地碳酸盐相-杂礁相-碳酸盐浊积岩组合;南侧则是物质来源复杂的前陆盆地巫嘎组的南迁和变形。

四、早-中侏罗世(新特提斯洋扩张成熟期)

到侏罗纪早、中期,新特提斯洋在该区表现为进一步扩张成熟,除形成洞错蛇绿岩组合外,在北侧沉积色哇组泥质岩组合,莎巧木组碎屑岩-碳酸盐岩组合,捷布曲组碳酸盐岩组合(其间,除海平面有相对变化外。

从莎巧木组岩性横向变化看,东侧碎屑岩多,西侧碳酸盐岩多,水体有东浅西深的趋势,也反映出海水退出时有向西退出的趋势)。在南侧沉积来源较复杂的木嘎岗日岩组碎屑岩,并伴有深切河谷沉积产物。在侏罗纪中晚期,该区还发育了一套洋岛沉积组合,以洋岛玄武岩及其裙积的碎屑岩和碳酸盐岩为主。

五、晚侏罗世-白垩纪(新特提斯洋俯冲期)

到中晚侏罗世时期,新特提斯洋早期在该区表现为羌塘地体向冈底斯地体俯冲,在羌塘一侧表现为沉积间断和蛇绿岩岩片向北仰冲,而在南侧表现形成接奴群中的火山弧。后期,新特提斯洋向北俯冲,后缘拉开并形成双峰式火山岩——则弄群及拉果错蛇绿岩,班-怒洋消减后沉积较局限的残余盆地晚侏罗-早白垩世沙木罗组碎屑岩;在北缘形成火山弧物质去申拉组;到白垩纪中期,随着区内拉果错局限洋盆的消减形成了白垩纪中期残留海盆,即碳酸盐岩台地郎山组。

六、晚白垩世-古近纪(碰撞闭合期)

继白垩纪新特提斯洋俯冲以来,区内海水几乎退出该区,最早碰撞形成前陆盆地竞柱山组。到晚白垩世晚期—古近纪,新特提斯洋碰撞闭合,在区内产生大量火山岩浆弧,在北侧形成纳丁错组以中基性为主的火山弧,并伴有小型花岗岩侵入,同时发育一些基性岩脉,在南侧形成美苏组中基性-酸性火山弧,并有花岗岩侵入和基性岩脉侵入。至此,该区碰撞闭合基本完成。

七、新近纪(碰撞造山期)

继古近纪碰撞闭合以来,区内开始碰撞造山,并形成大规模造山运动,沉积大面积的山间磨拉石建造康托组红层,受碰撞造山的影响,不同程度地有小规模火山喷发,北侧表现为基性火山活动,南侧表现为酸性火山活动。至此,基本形成现今的地质构造格局。

八、第四纪(造山后期及基本稳定期)

到第四纪以来,区域上还有不同程度的构造运动和岩浆喷发,但在区内表现为湖泊的不同发展期及河流相沉积。

第四章　蛇绿岩

蛇绿岩是一类具有特殊意义的超镁铁质岩石组合，它可以形成于洋中脊、边缘海、消减带上的岛弧、弧后盆地、弧前盆地等不同的构造环境。典型的蛇绿岩由四部分组成，即变质橄榄岩、超基性-基性堆晶岩、席状基性岩墙群（脉）和枕状熔岩。

本次研究工作中，按照地调局的有关规范要求，对测区内与蛇绿岩相关的岩石进行了系统的野外地质调查，并辅以相应的各类测试分析样品，获得了丰富的地质资料。根据蛇绿岩的地质特征、岩石学特征、岩石化学特征及地球化学特征，结合区域沉积建造、变形及变质作用特征进行综合分析，研究了测区蛇绿岩的形成时代、形成环境及就位机制，进一步反演出测区造山带的形成演化历史。

第一节　蛇绿岩的地质特征

测区位于班公错-怒江结合带中西段，蛇绿岩较为发育，主要出露在八乌错、米素、赤日、孜如错、哦居买玛一带，总体呈近东西向展布，延伸约 100km，断续出露，岩体形态呈不规则状、长条状、透镜状等。岩体侵位于侏罗纪木嘎岗日岩群中。该蛇绿岩带多被构造肢解，几乎不存在完整连续剖面，蛇绿岩套的各个组成部分也不完整，缺少堆晶岩和席状岩墙群。其北界与羌南地层区的侏罗纪地层呈断层接触，南侧与冈底斯地块的早白垩世郎山组呈断层接触。本蛇绿岩向西与洞错蛇绿岩相连构成班公错-怒江结合带中西段的蛇绿岩带。

第二节　蛇绿岩的岩石学特征

测区蛇绿岩带总体上呈断续的构造岩片产于结合带内，主要由地幔橄榄岩、均质辉长岩、枕状熔岩三个构造单元组成，多已被构造肢解，带内岩片之间以构造接触为主，多呈构造岩片产出。经过本次的详细地质调查，基本查明了其岩石特征及其分布状况。

1. 地幔橄榄岩

地幔橄榄岩为蛇绿岩中的主要构成部分，可单独产出，通常与一两个其他蛇绿岩单元共存，测区地幔橄榄岩主要以蛇纹岩和斜辉橄榄岩为主。

蛇纹岩：岩石多呈墨绿色，网状结构、假像结构，块状构造，几乎全由蛇纹石组成，原岩组构及矿物成分基本消失，原岩中的橄榄石全部被蛇纹石替代，仅有橄榄石的假像，蛇纹石多呈叶片状、纤维状，构成网状结构，据其推测原岩应为纯橄岩，在岩石中还少见有铬尖晶石，呈暗红色，半透明。

全蚀变（碳酸盐化）超基性岩：岩石具鳞片状、粒状变晶结构，已全部蚀变。蚀变矿物成分：白云石含量 60%～65%，半自形-它形粒状变晶；绢云母含量 20%～25%，呈微鳞片状，分布于白云石的粒间，总体上有一定的方向性；石英含量＜10%，呈粒状集合体状或细叶片状聚集体出现；方解石含量＜5%，呈微粒状集合体或细脉状分布于白云石中。岩石中含有金属矿物铬尖晶石，一般为半自形晶，有的为四边形、三边形，为褐红色，半透明，其边缘常具暗红色。该类岩石一般是由于气液作用，产生极强的碳酸盐化，以致碳酸盐全部替代了橄榄石或辉石，成为碳酸盐交代岩，然后由于构造作用，主要为定向碎裂，形成了许多定向的裂隙或空隙，然后再次发生硅化——微粒状的硅质沿裂隙或空隙充填，形成了定向的石英脉。

强蛇纹石化单辉橄榄岩：岩石呈灰绿色，半自形粒状结构，块状构造，岩石普遍遭受强蛇纹石化、次闪石化等。矿物成分主要以橄榄石为主，约占85%，其次为单斜辉石，约占15%，铬尖晶石少见。橄榄石为半自形粗晶状，突起高，平行消光，裂纹发育，大部分已蛇纹石化，保留有橄榄石的残晶，在辉石的粒间有未蚀变橄榄石的存在。单斜辉石为半自形状，常次闪石化，在单偏光下呈淡淡的棕色，次闪石呈纤维状占据辉石，常有辉石的残晶。蛇纹石呈叶片状、纤维状。铬尖晶石少见，为暗红色半透明。

蛇纹石化辉橄岩：岩石呈灰绿色，网状结构、假像结构，块状构造，岩石遭受强烈的蛇纹石化，致使橄榄石和辉石呈残晶出现，含量仅占5%，主要由蛇纹石和镁铁矿组成，蛇纹石呈叶片状和纤维状，集合体常呈橄榄石假像产出，析出的镁铁矿呈特征的网状分布，薄片中见有次闪石化的辉石，呈半自形晶，构成假像结构。

岩石一般在蛇纹石化后有轻微的碳酸盐化，碳酸盐岩呈短的细脉状展布。

强蛇纹石化斜辉橄榄岩：假斑结构、网格结构。岩石遭受强烈的蛇纹石化，多数斜方辉石蚀变为绢石，橄榄石全部蚀变为网格状蛇纹石。岩石主要由纤维状蛇纹石组成网格，网眼中心分布叶蛇纹石。绢石为残余斜方辉石，呈假斑，不均匀分布于岩石之中，形状多呈它形、不规则形状，粒径一般为1～5mm。铬尖晶石呈自形、半自形，粒径0.3～0.5mm，中心部位半透明，棕褐色，不均匀星散分布。

地幔橄榄岩中一些特征矿物特征如下。

橄榄石：半自形-它形粒状，粒度在1～5mm之间，含量在80%～90%之间。橄榄石多数发生了蛇纹石化，在晶体核部仍保留有残留的橄榄石，呈卵斑状产出。在橄榄石之间的空隙中，局部地方充填结晶有辉石，岩石结构类似于堆晶岩。

斜方辉石：它形粒状，淡粉色多色性，最高干涉色一级橙，平行消光，常在橄榄石粒间结晶，并发生了一定程度的绢石化，含量在5%左右。镜下可见包橄结构。

单斜辉石：它形粒状，无色，最高干涉色二级黄，斜消光，常在橄榄石粒间结晶，并发生了一定程度的绢石化，含量在5%左右。

地幔橄榄岩中还普遍发育了地幔岩特有的组构，如原粒结构、后成和晶结构，熔融残构，不一致熔融相转变结构等，这也是它们熔融残余的标志。

2. 均质辉长岩

出露范围较局限，在哦居买玛、孜如错南侧可见，规模一般都较小，多呈透镜状、团块状展布。岩石呈灰色，半自形粒状结构、辉长结构。矿物成分：基性斜长石含量约55%～60%，多为半自形晶粒状，常有卡氏双晶-卡钠双晶，还有肖钠双晶，双晶纹较宽，粒度2～4mm；单斜辉石含量约40%～45%，为半自形-他形粒状，一般与基性斜长石呈镶嵌状，有的辉石包裹有长板柱状小斜长石自形晶，在与斜长石镶嵌的同时，辉石边缘有枝叉状形态填于斜长石的粒间隙中，或有单独的枝叉状、他形状辉石填于斜长石粒间，辉石的消光角C∧Ng＜∧Ng为40°左右，许多辉石中有沿其解理析出的细条斜长石平行排列。岩石中还含有少量的磁铁矿和榍石等副矿物。

3. 枕状熔岩及基性熔岩

枕状熔岩：主要分布于尼玛县哦居买玛乡东侧图边(图版Ⅱ-13)，该枕状玄武岩呈东西向在测区延伸约8km，向东延出图外。可见厚度约300～500m。由多个岩流单元组成，每一个岩流底部枕状体少，但枕体较大，多呈长椭圆形，长轴一般20～30cm，大者达0.5～0.8m，枕状体之间角砾岩不甚发育，岩石总体结晶较差；中部多为块状玄武岩，岩石结晶程度较好；顶部枕状玄武岩枕状体发育，但枕体较小，多呈近圆形，直径一般为10～30cm，枕状体之间角砾岩十分发育。枕状熔岩呈灰绿色，少斑结构，斑晶为自形-半自形板状斜长石，均已钠黝帘石化，呈假像产出，含量1%～2%；基质结构在岩流单元，甚至在枕状体的不同部位差异较大，枕状体边缘主要为隐晶质，间隐结构，枕体中心和岩流单元中部为似间粒和微晶结构，主要由斜长石和辉石组成。斜长石呈自形-半自形细小长板条状，均已钠黝帘石化，含量约45%～50%；辉石均呈假像产出，被次闪石、绿泥石交代，多呈纤维状分布，含量40%～45%；副矿物为镁铁矿和磷灰石。岩石已蚀变成细碧岩。角砾岩分布于枕状体之间，角砾呈近等轴棱角状，含量60%～70%，由水化学沉淀物硅质和少量钙质胶结。

基性熔岩：主要见有玄武岩和杏仁状玄武岩。

玄武岩：斑状结构，基质羽毛状结构，束状结构。斑晶成分主要为暗色矿物，含量约5%±，粒径0.3～1mm，自形，大部分蚀变为方解石、白云石，根据假像推测，可能为橄榄石。基质成分：纳长石纤维含量约47%±，方解石、白云石3%±、雏晶辉石40%、绿泥石5%±。基质大多呈毛状、束状。岩石中有后期方解石、绿泥石细脉穿插分布，脉宽0.1～0.2mm。

杏仁状玄武岩：间隐-间粒结构，杏仁状构造。矿物成分：基性斜长石含量70%～75%，呈细长条状，长宽比为6∶1～10∶1，晶体常见有卡氏双晶，而钠长石双晶不明显，细长条斜长石杂乱分布，形成格架状，在其空隙中或粒间空隙有玻璃质和细粒状磁铁矿充填；玻璃质含量<20%，充填在斜长石空隙或间隙中，已蚀变为绿泥石和绿帘石。磁铁矿含量<5%。

岩石中具较多杏仁体，约占10%，杏仁体形态为次圆状、哑铃状、葫芦状、不规则状，大小一般为1～1.5mm，小的<1mm，充填物主要为碳酸盐和绿泥石，个别为石英充填。

第三节　蛇绿岩岩石化学及地球化学特征

测区蛇绿岩经历了多次构造事件，遭受了不同程度的蚀变和变质，尤其是超基性岩多被蛇纹石化。因而尽量选择蚀变弱、变质程度较低的样品进行测试。

1. 岩石化学特征

测区蛇绿岩岩石化学分析结果见表4-1。其CIPW标准矿物计算结果及特征参数见表4-2。

(1)地幔橄榄岩。SiO_2含量变化于39.16%～41.72%之间，平均为40.43%；MgO含量变化于35.57%～39.09%，平均为37.12%；TiO_2含量在0.03%～0.08%之间，平均为0.06%；Al_2O_3含量较低，变化于0.65%～1.89%，平均为1.15%；K_2O含量较低，变化于0.12%～0.18%，平均为0.14%。与世界其他地区的地幔橄榄岩相比，总体上以贫K_2O、TiO_2，富MgO为特征。$Mg^{\#}$变化于91.58～92.42，平均为92.58，数值较高，为镁质橄榄岩，反映了源区为幔源物质。CIPW标准矿物无Q和C，表明SiO_2、Al_2O_3为不饱和状态，出现大量的橄榄石分子Ol，其标准矿物组合为An+Ab+Or+Ol+Di+Hy。与阿尔卑斯型地幔橄榄岩相似。本书认为地幔橄榄岩代表了具有较高熔融程度的地幔熔融残余物质。

(2)均质辉长岩。均质辉长岩石类地球化学特征，SiO_2含量为47.28%，属基性岩范畴；MgO含量为5.00%；CaO含量为10.51%；TiO_2为2.8%，K_2O为1.54%。总体上看，岩石具高CaO，中等MgO、TiO_2、K_2O的特点。辉长岩CIPW标准矿物全部样品没有出现石英，说明SiO_2处于饱和状态，辉长岩中所有样品都没有出现石英Q和刚玉分子C，说明SiO_2、Al_2O_3不饱和。岩石所有样品都出现了橄榄岩(Ol)、透辉石(Di)、霞石(Ne)，从中可以看出辉长岩的CIPW标准矿物组合为An+Ab+Or+Ol+Di+Ne。辉长岩$Mg^{\#}$为52.4，表明分异程度中等。固结指数SI平均为25.7，一般来看，基性岩中的固结指数要高于40，本区样品特征数值与典型样品相比要偏低。过铝指数A/CNK为0.56，值较低，也暗示了物质来源是幔源的。里特曼指数δ为3.84，属于碱性岩系列。

(3)玄武岩。从表4-3可以看出，测区蛇绿岩中的玄武岩SiO_2含量变化于46.54%～49.44%，平均为47.43%；Al_2O_3含量变化于14.27%～16.85%，平均为15.57%；CaO含量变化于3.49%～12.54%，平均为8.30%，含量变化较大；MgO平均为6.39%；TiO_2平均为1.99%；全碱含量变化于2.00%～6.66%，平均为3.99%；K_2O/Na_2O比值变化于0.06～0.38，说明岩石钾质含量低。总体上看，玄武岩具有中等Al_2O_3。高钛、镁、钙，低钾的特点，具有与洋中脊玄武岩相类似的地球化学特征。

CIPW标准矿物，绝大多数样品均未出现刚玉分子C，出现了橄榄石Ol，大部分样品还出现了霞石分子Ne，表明为不饱和状态。CIPW标准矿物组合为An+Ab+Or+Ol。

表 4-1 测区蛇绿岩岩石化学分析结果表

序号	样品编号	岩石名称	采样位置	氧化物含量(%)												
				SiO_2	Al_2O_3	Fe_2O_3	FeO	CaO	MgO	K_2O	Na_2O	TiO_2	P_2O_5	MnO	Loss	Total
1	XT3461-10	纯橄榄岩	八乌错	39.16	1.89	4.63	2.4	0.89	36.66	0.12	0.13	0.03	0.05	0.12	13.87	99.95
2	4261XT2	单辉橄榄岩	夺廊错果	40.4	0.91	3.32	3.73	1.2	39.09	0.18	0.13	0.08	0.04	0.14	10.26	99.48
3	3052XT	超基性岩	哦居多玛	41.72	0.65	3.37	3.83	1.2	35.57	0.12	0.08	0.08	0.02	0.09	13.07	99.8
平　均				40.427	1.15	3.773 3	3.32	1.096 7	37.107	0.14	0.113 3	0.063 3	0.036 7	0.116 7	12.4	99.743
4	XT3430	辉长岩	哦居买玛	47.28	14.73	0.93	8.7	10.51	5	1.54	3.27	2.8	0.23	0.23	3.85	99.07
5	XT4472	糜棱岩化基性岩	八乌错	48.56	14.27	5.82	5.76	9.16	7.68	0.12	1.89	1.35	0.05	0.25	4.98	99.89
6	XT3438	玄武岩	哦居买玛	44.82	15.53	2.89	5.32	10.25	8.64	0.18	1.82	1.83	0.17	0.18	7.73	99.36
7	4257XT1	玄武岩	哦居多玛	49.44	16.8	1.63	7.42	3.49	6.97	0.52	4.82	2.15	0.18	0.29	6.01	99.72
8	XT4425-1	杏仁状玄武岩	哦居多玛	46.54	14.4	4.96	5.76	12.54	5.48	0.46	3.37	2.65	0.16	0.2	3.24	99.76
9	XT3427-2	杏仁状橄榄玄武岩	夺廊错果	47.78	16.85	9.29	2.08	6.08	3.18	1.84	4.82	1.95	0.24	0.12	5.23	99.46
平　均				47.43	15.57	4.918	5.268	8.304	6.39	0.624	3.344	1.986	0.16	0.208	5.438	99.64

表 4-2 测区蛇绿岩 CIPW 标准矿物及特征参数表

序号	样品编号	标准矿物含量(%)												特征参数				
		Q	An	Ab	Or	Ne	C	Di	Hy	Ol	Il	Mt	Ap	DI	A/CNK	SI	AR	σ43
1	XT3461-10	0	4.77	1.28	0.83	0	0.06	0	27.73	62.4	0.07	2.73	0.14	6.88	0.963	84.01	1.2	0.03
2	4261XT2	0	1.54	1.24	1.19	0	0	3.81	22.74	66.45	0.17	2.76	0.1	3.96	0.351	84.45	1.34	0.05
3	3052XT	0	1.22	0.78	0.82	0	0	4.32	40.96	48.72	0.18	2.94	0.05	2.83	0.266	83.09	1.24	0.01
4	XT3430	0	22.02	23.25	9.56	3.15	0	25.68	0	8.8	5.58	1.42	0.56	57.97	0.563	25.72	1.47	3.84
5	XT4472	5.39	31.79	16.89	0.75	0	0	12.84	23.99	0	2.71	5.53	0.12	54.82	0.717	36.49	1.19	0.54
6	XT3438	0.04	36.77	16.81	1.16	0	0	13.99	23.1	0	3.79	3.91	0.43	54.78	0.712	45.94	1.17	0.8
7	4257XT1	0	17.22	43.52	3.28	0	2.55	0	19.98	6.12	4.36	2.52	0.45	64.02	1.132	32.63	1.71	3.33
8	XT4425-1	0	23.66	24.02	2.82	3.01	0	32.05	0	3.26	5.22	5.57	0.38	53.51	0.499	27.53	1.33	2.99
9	XT3427-2	0	20.17	38.64	11.6	2.64	0	8.42	0	6.97	3.95	7.03	0.59	73.04	0.803	15.34	1.82	6.34

表 4-3 测区蛇绿岩稀土元素分析结果及特征参数表

序号	样品编号	岩石名称	稀土元素（$\times10^{-6}$）															特征参数		
			La	Ce	Pr	Nd	Sm	Eu	Gd	Tb	Dy	Ho	Er	Tm	Yb	Lu	Y	ΣREE	LREE/HREE	δEu
1	XT3461-10	纯橄榄岩	0.82	1.29	0.14	0.41	0.11	0.049	0.24	0.030	0.20	0.035	0.096	0.012	0.056	0.010	0.60	4.10	2.20	0.90
2	4261XT2	单辉橄榄岩	1.47	2.24	0.21	0.71	0.21	0.038	0.13	0.023	0.11	0.026	0.077	0.012	0.064	0.019	0.61	5.95	4.55	0.65
3	3052XT	超基性岩	1.35	1.54	0.18	0.78	0.18	0.028	0.16	0.028	0.16	0.035	0.12	0.016	0.050	0.010	0.22	4.86	5.08	0.49
平均			1.213	1.69	0.177	0.633	0.167	0.038	0.177	0.027	0.157	0.032	0.098	0.013	0.057	0.013	0.477	4.97	3.95	0.68
4	XT3430	辉长岩	28.3	53.2	6.60	25.4	6.85	1.49	5.49	0.91	5.29	1.08	3.15	0.46	3.17	0.45	23.4	165.24	2.81	0.72
5	XT4472	糜棱岩化基性岩	4.30	10.5	1.74	9.16	3.40	1.24	4.80	0.85	6.72	1.29	3.88	0.60	3.58	0.52	34.9	87.48	0.53	0.94
6	XT3438	玄武岩	15.1	25.1	3.25	12.4	2.54	1.03	3.51	0.57	3.68	0.73	1.91	0.30	1.80	0.28	17.2	89.40	1.98	1.05
7	4257XT1	玄武岩	30.4	53.3	5.26	24.6	6.38	1.67	6.56	1.08	5.98	1.07	3.29	0.53	3.23	0.50	29.8	173.65	2.34	0.78
8	XT4425-1	杏仁状玄武岩	28.1	49.8	5.73	27.3	6.05	2.06	6.16	0.92	5.95	1.01	2.91	0.40	2.25	0.35	23.4	162.39	2.75	1.02
9	XT3427-2	杏仁状橄榄玄武岩	14.6	27.1	3.81	13.2	4.70	1.50	5.42	0.92	6.34	1.23	3.74	0.55	3.28	0.47	30.6	117.46	1.24	
平均			18.5	33.2	3.96	17.3	4.61	1.5	5.29	0.87	5.73	1.07	3.15	0.48	2.83	0.42	27.2	126.08	1.77	0.76

分异指数 DI 变化于 53.51～73.04 之间，平均 61.25，分异程度比一般的基性岩要高。SI 变化于 15.34～45.94，平均为 31.31。碱度率(AR)变化于 1.17～1.82 之间，平均为 1.4。

过铝指数 A/CNK 平均为 0.73，暗示了岩浆源区为幔源的特点。$Mg^{\#}$ 变化于 38.98～69.58，平均为 58.03，数值比通常的基性岩要高。

在 TAS 图解中(图 4－1)，绝大部分样品落入玄武岩区，同时也落到 R 区，属碱性岩系列，这些与上述地球化学特征也是一致的。

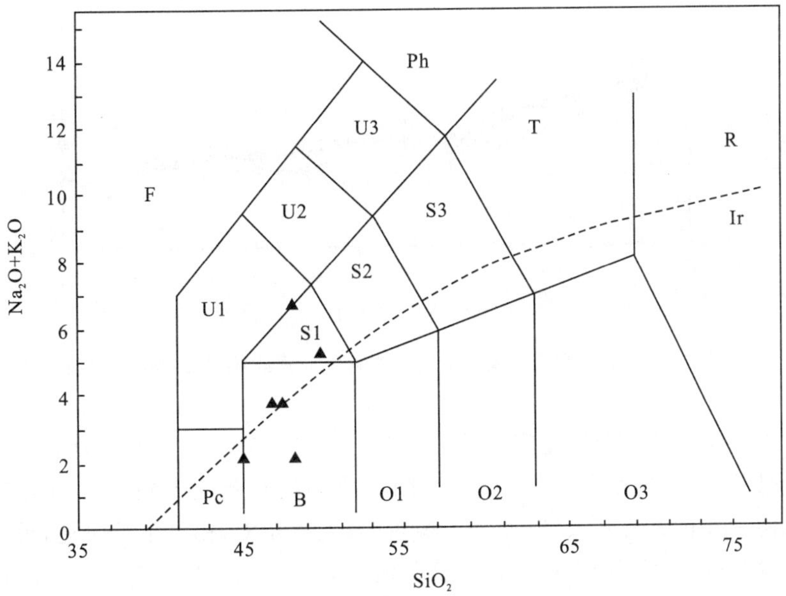

图 4－1　测区蛇绿岩中玄武岩 TAS 图解

B. 玄武岩；O1. 玄武安山岩；O2. 安山岩；O3. 英安岩；S1. 粗面玄武岩；S2. 玄武质粗面安山岩；S3. 粗面安山岩；T. 粗面岩和粗面英安岩；R. 流纹岩；U1. 碱玄岩或碧玄岩；U2. 响岩质碱玄岩；U3. 碱玄质响岩；Ph. 响岩；Pc. 苦橄玄武岩

(据 M. J. LeBos 等，1986，IUGS，1989)

2. 稀土元素特征

测区蛇绿岩稀土元素分析结果及特征参数见表 4－3。

(1)地幔橄榄岩。岩石稀土总量(∑REE)普遍较低，变化于 4.10×10^{-6}～5.95×10^{-6}，平均为 4.97×10^{-6}，LREE/HREE 平均为 3.95。δEu 变化于 0.49～0.90 之间，铕具有不同程度的负异常。在其稀土配分图中(图 4－2)，配分曲线右倾，轻稀土分馏程度好，轻稀土富集，重稀土 Gd 富集，Yb 亏损。大部分样品具有弱的负铕异常，说明源区存在斜长石。从以上分析看，地幔橄榄岩的稀土含量甚低，本书认为可能是地幔交代的结果。

一般认为在样品测试结果可信的情况下，造成曲线的不规则，或轻稀土富集，可能是变质交代、蚀变的结果(Frey，1984)，加上本区变质橄榄岩已强烈蚀变、揉皱变形等，认为轻稀土是变质、交代、蚀变的结果。根据最新资料，地幔橄榄岩稀土元素轻稀土富集，可能指示地幔橄榄岩先经历了强的部分熔融，后经历了俯冲消减过程中流体交代。综合以上所述及前人研究成果认为本地区地幔橄榄岩的轻稀土富集是由于在岩浆部分熔融后期经俯冲消减有流体参与了交代所致。

(2)均质辉长岩。辉长岩稀土元素总量为 165.24×10^{-6}，稀土总量较正常，稀土含量中等。LREE/HREE 为 2.81。δEu 为 0.72。铕具有弱的负异常。从稀土元素球粒陨石标准化图中(图 4－2)可以看出，配分曲线右倾，重稀土大致呈一平坦型曲线，轻稀土分馏程度较好，重稀土分馏不明显，属轻稀土富集型，具有弱的铕负异常，说明源区存在斜长石。

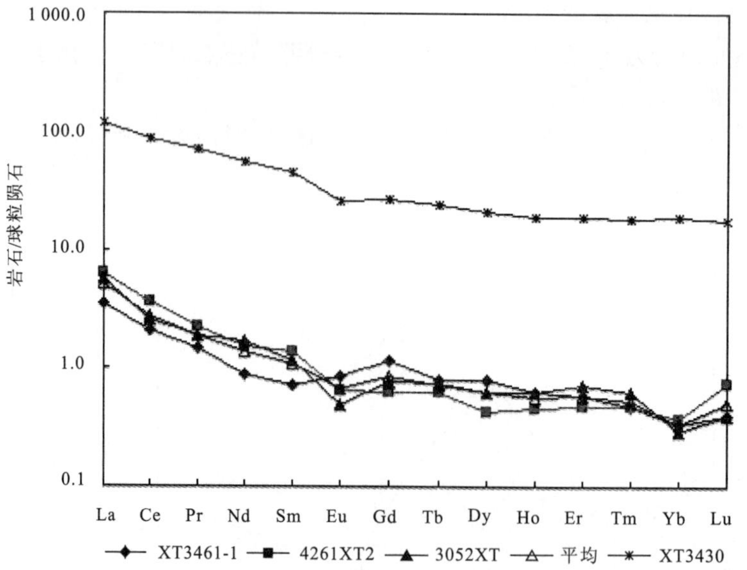

图 4-2 测区蛇绿岩地幔橄榄岩及均质辉长岩稀土元素球粒陨石标准化分布型式图

(3)玄武岩。稀土总量(∑REE)变化于 $87.48\times10^{-6}\sim173.65\times10^{-6}$,平均为 126.08×10^{-6};轻、重稀土比值 LREE/HREE 普遍变化于 1.24~2.75 之间,表明属轻稀土富集型。LREE/HREE 个别为 0.53,属轻稀土亏损型。δEu 变化于 0.78~1.05,表明 Eu 基本正常,铕异常不明显,源区无或者含有少量的斜长石。在稀土配分图曲线中(图 4-3),大部分曲线 LREE 大至呈 20°角向右倾斜,HREE 大致呈近平坦型曲线,轻稀土分馏明显,轻稀土富集,重稀土分馏不明显。反映了其源区物质来自于富集地幔。

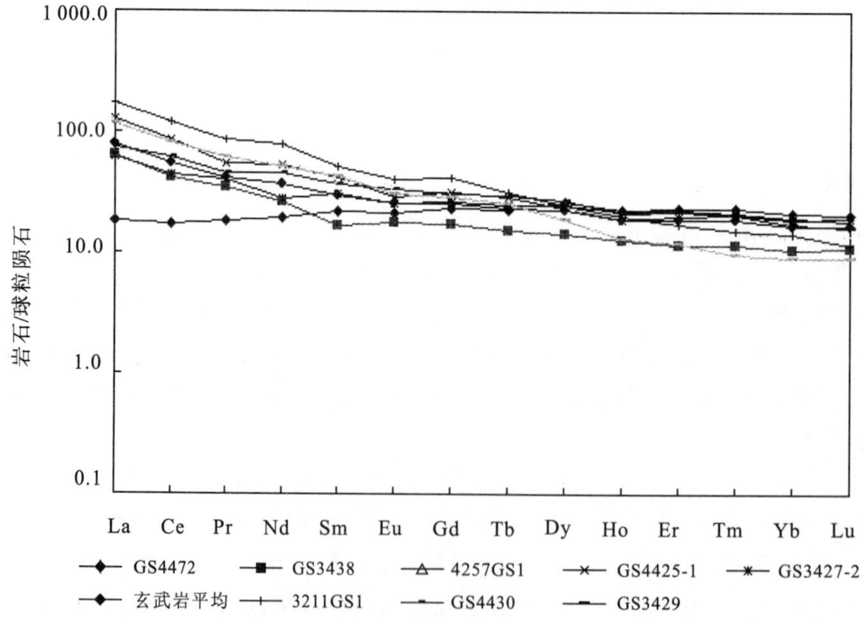

图 4-3 测区蛇绿岩中玄武岩球粒陨石标准化分配型式图

3. 微量元素特征

测区蛇绿岩稀土元素分析结果及特征参数见表 4-4。

(1)地幔橄榄岩。地幔橄榄岩中的 Rb 普遍较低,小于 0.1×10^{-6};Sr 含量也较低,变化于 $0.1\times10^{-6}\sim4.25\times10^{-6}$之间。Nb 含量也较低,大部分小于 1×10^{-6},Zr/Y 比值变化于 62.62~106.36,平均

为 71.40。在微量元素原始地幔蛛网图中(图 4-4),放射性能生热元素 Th,不相容元素 Zr、Hf 和非活动性元素 P 明显富集。过渡性元素 Ti 大部分样品轻微富集。大离子亲石元素 Sr 富集和 Nd 亏损,表明岩浆在结晶过程中可能有壳源物质的混染。总体来看,微量元素特征与地幔岩浆相似。

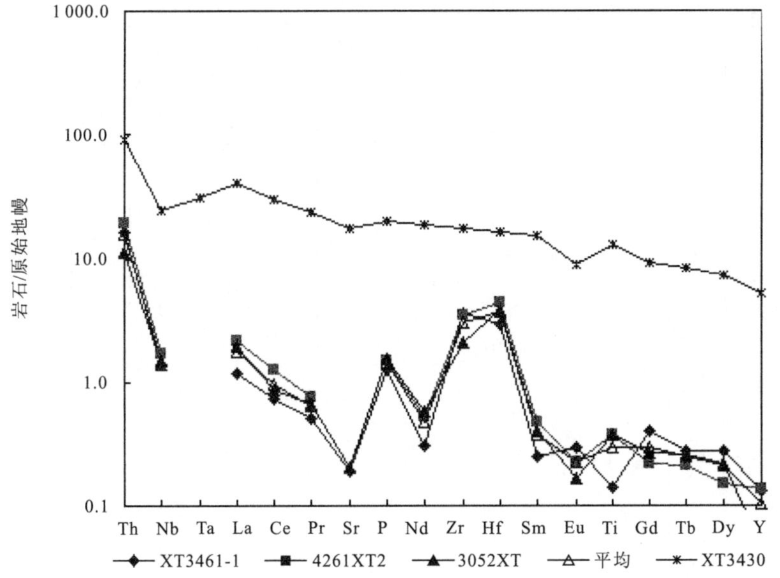

图 4-4　测区蛇绿岩地幔橄榄岩及均质辉长岩微量元素原始地幔蛛网图

(2)均质辉长岩。辉长岩中 Rb/Sr 比值为 0.1,Zr/Y 比值为 8.46,Zr/Nb 比值为 11.51,由表及参数比值可知,大多数元素的丰度与洋脊玄武岩接近。在微量元素原始地幔蛛网图中(图 4-4),曲线总体右倾,表明强不相容元素富集;放射性生热元素 Th、稀土元素 La 和过渡性元素 Ti 轻微富集;非活动性元素 Nb 及稀土元素 Eu 轻微亏损。

(3)玄武岩。Rb/Sr 比值为 0.01~0.14,Zr/Nb 比值平均为 6.45,Zr/Y 比值平均为 4.22。在其微量元素原始地幔蛛网图中(图 4-5),总体表现为向右倾斜,强不相容元素富集,部分样品 Ti 有弱的亏损,说明岩浆源区贫钛性质。放射性生热元素 Th 大部分富集,曲线与富集地幔 MORB 曲线相似。暗示了测区蛇绿岩的物源区来自富集地幔,这与 REE 的分配形式判别也是一致的。

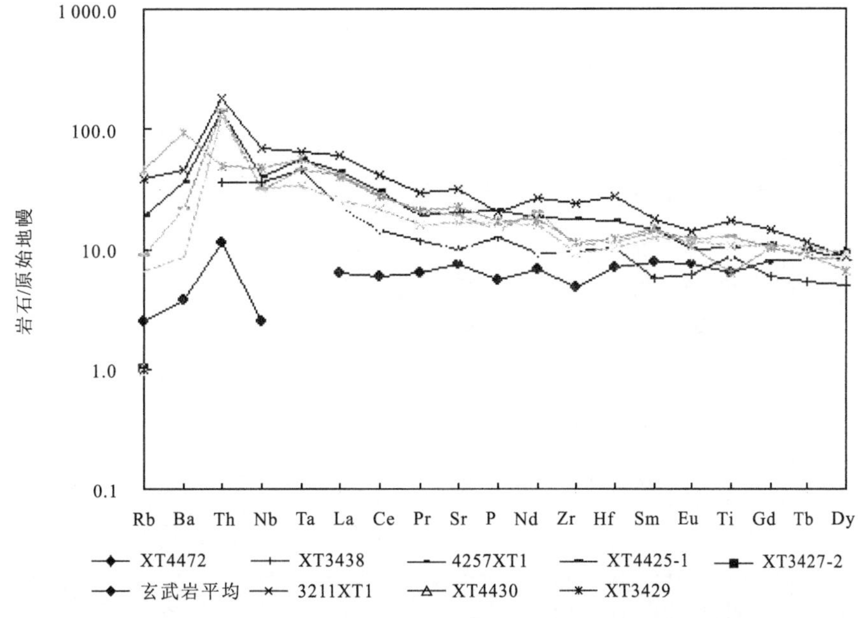

图 4-5　测区蛇绿岩中玄武岩微量元素原始地幔蛛网图

表 4－4　测区蛇绿岩微量元素分析结果表

序号	样品编号	岩石名称	微量元素含量($\times10^{-6}$)														
			F^-	Cu	Pb	Zn	Cr	Ni	Co	Li	Rb	W	Mo	Sb	Bi	Hg	Sr
1	XT3461－10	纯橄榄岩	45.6	15.5	7.10	40.1	2 500	2 160	90.0	6.80	<0.1	0.73	0.31	0.64	0.038	0.38	4.03
2	4261XT2	单辉橄榄岩	63.2	6.10	7.00	91.9	2 300	2 250	95.8	2.70	<0.1	2.28	0.34	0.24	0.076	0.028	<0.1
3	3052XT	超基性岩	63.2	11.3	17.5	34.6	2 100	2 090	85.4	7.90	<0.1	2.78	0.16	0.29	0.076	0.050	4.25
平　均			57.333	10.967	10.533	55.533	2 300	2 166.7	90.4	5.8		1.93	0.27	0.39	0.063 3	0.152 7	
4	XT3430	辉长岩	582	128	19.7	98.0	9.20	2.20	18.2	16.3	37.1	1.13	1.83	0.82	0.10	0.041	367
5	XT4472	糜棱岩化基性岩	138	5.60	9.10	35.4	122	54.4	32.4	17.7	1.60	0.59	0.21	1.34	0.11	0.034	158
6	XT3438	玄武岩	371	50.1	5.50	85.1	217	155	35.5	78.1	<0.1	1.13	0.62	0.40	0.068	0.050	205
7	4257XT1	玄武岩	604	56.1	1.60	104	133	57.6	29.1	40.0	12.0	1.43	0.56	0.36	0.088	0.010	426
8	XT4425－1	杏仁状玄武岩	407	81.9	9.00	69.8	130	83.5	32.7	10.7	5.70	2.78	1.29	0.48	0.096	0.034	396
9	XT3427－2	杏仁状橄榄玄武岩	396	16.1	14.8	118	230	83.2	39.6	31.5	26.8	1.74	1.38	0.76	0.055	0.041	185
平　均			383.2	41.96	8	82.46	166.4	86.74	33.86	35.6		1.534	0.812	0.668	0.083	0.034	274

续表 4 - 4

序号	样品编号	岩石名称	微量元素含量(×10⁻⁶)														
			Ba	V	Sc	Nb	Ta	Zr	Hf	Be	B	Ga	Sn	Au	Ag	Th	P
1	XT3461 - 10	纯橄榄岩	<5	30.7	10.7	<1	<0.5	40.5	0.90	<0.2	77.7	8.47	5.80	1.35	0.028	1.39	121
2	4261XT2	单辉橄榄岩	<5	25.8	8.13	1.22	<0.5	38.2	1.33	0.57	43.2	8.24	6.00	0.45	0.053	1.64	139
3	3052XT	超基性岩	<5	14.1	6.83	<1	<0.5	23.4	1.17	0.51	43.8	5.95	2.80	0.20	0.010	0.97	144
平均				23.533	8.5533			34.033	1.133 3		54.9	7.553 3	4.866 7	0.666 7	0.030 3	1.333 3	134.67
4	XT3430	辉长岩	511	198	21.3	17.2	1.27	198	5.05	1.60	18.0	27.6	3.00	1.65	0.050	7.84	1 910
5	XT4472	糜棱岩化基性岩	26.4	370	42.7	1.80	<0.5	53.0	2.19	1.56	11.8	14.6	5.40	0.65	0.010	0.97	519
6	XT3438	玄武岩	<5	243	36.9	26.0	1.89	107	3.14	1.10	13.9	25.1	5.80	2.45	0.012	3.08	1 170
7	4257XT1	玄武岩	255	180	22.3	28.3	2.29	194	5.20	1.85	18.7	30.5	2.50	0.55	0.042	11.9	2 010
8	XT4425 - 1	杏仁状玄武岩	152	323	34.0	22.5	1.87	116	3.47	2.03	17.8	26.5	4.70	0.45	0.012	12.0	1 370
9	XT3427 - 2	杏仁状橄榄玄武岩	141	221	41.1	10.4	0.62	104	3.13	0.94	34.3	28.4	0.50	3.22	0.048	1.91	1 560
平均				267.4	35.4	17.8		114.8	3.426	1.496	19.3	25.02	3.78	1.464	0.025	5.972	1 326

Le. Roex 等(1983)通过研究印度洋中脊玄武岩认为,Nb、Zr 和 Y 的丰度值直接反映了地幔源的类型,富集地幔具有低于 18 的 Zr/Y 比值,而亏损地幔具有大于 18 的 Zr/Nb 比值的特征。洞错蛇绿岩中玄武岩的 Zr/Y 比值平均为 5.29,Zr/Nb 比值平均为 6.45,明显具有富集地幔的特征。

综上所述,研究区玄武岩来源于富集地幔,稀土元素和微量元素的特征与洋中脊玄武岩一致,这也表明本地区玄武岩的形成环境为富集地幔的洋中脊环境。

第四节 蛇绿岩形成时代

确定蛇绿岩时代最可靠的方法是硅质岩中的放射虫时代的测定,并可以结合蛇绿岩单元中同位素测定年代,蛇绿岩套之上沉积盖层的时代也可提供蛇绿岩形成的上限。

测区蛇绿岩的放射虫硅质岩不发育,在邻区改则幅的洞错舍拉玛沟及拉他沟中均发现了放射虫硅质岩,样品分析送香港大学完成,初步的分析结果表明,硅质岩放射虫的时代为侏罗纪。此外,根据前人研究,在研究区及相邻地区的硅质岩中发现有放射虫化石,据日土幅 1∶100 万区域地质调查报告(西藏自治区地质矿产局,1987)。在测区日土县西侧董吉日及巴尔穷等地,夹于基性熔岩中的硅质岩富含放射虫,但未提及其时代,改则县达布乌如和班公错南岸蛇绿岩中硅质的放射虫为侏罗纪。根据郭铁鹰等(1992)采自日土县曲囊蛇绿岩中硅质的放射虫为 *Canelipsis*,*Lithamitro*,在其附近相应地层中含珊瑚 *Diplaraea* sp. 和固着蛤 *Toucoria* sp. 等,认为其形成时代为早白垩世(K_1),并指出班-怒带西段蛇绿岩为晚白垩纪(K_2)不整合覆盖。故推测其侵位时代为 K_1 末。

本次工作在该图幅西侧舍拉玛、去申拉一带分别采集了蛇绿岩中的辉长岩,挑选锆石进行了 SMRIMP 测试,测试结果为 221.6±2.1～ 190.8±2.7Ma,时代为 T_3-J_1,代表了蛇绿岩的形成年龄。

据夏斌资料,在洞错去申拉,不整合于蛇绿岩之上的火山岩全岩 K－Ar 同位素年龄为 141Ma。日土及洞错一带的蛇绿岩均侵位于侏罗系木嘎岗日岩群中。木嘎岗日岩群为一套砂板组合为主的复理石建造,蛇绿岩赋存基质就是木嘎岗日岩群。木嘎岗日岩群受后期构造改造严重,变形较强,目前展示的是一套有层无序的构造地层体系,本次工作在此套地层中仍获得了部分双壳类化石。其时代为侏罗纪,说明木嘎岗日岩群属侏罗纪无疑。在测区的西部康托南侧加查村一带,类复理石沉积的沙木罗组(J_3s)整合覆于木嘎岗日岩群之上,在沙木罗组中采到晚侏罗世的化石,说明木嘎岗日岩群的形成时代不晚于晚侏罗世。

邱瑞照等在洞错北侧舍拉玛沟中层状辉长岩获得 Sm－Nb 法同位素,其分析结果见表 4－5 和图 4－6。

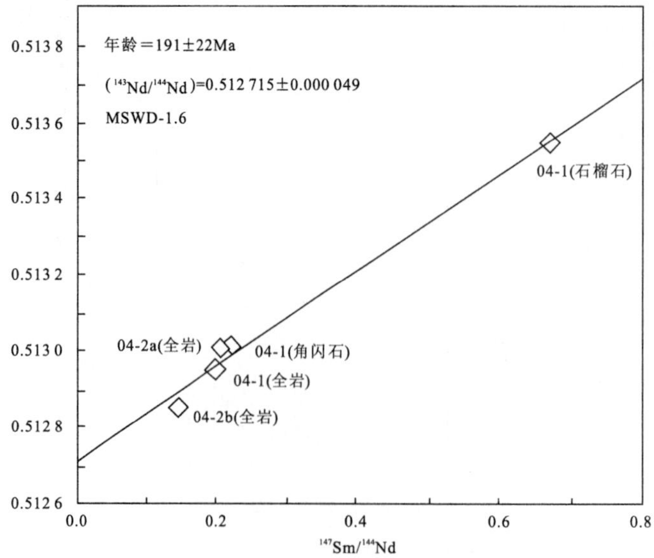

图 4－6 邻区洞错舍拉玛沟辉长岩全岩-矿物内部等时线图

表 4-5 洞错蛇绿岩舍拉玛沟辉长岩 Sm-Nb 年龄测定结果

样品编号	测定对象	$Sm/10^{-6}$	$Nd/10^{-6}$	$^{147}Sm/^{144}Nd$	$^{143}Nd/^{144}Nd$	2σ	εNd
04-1	角闪石	2.627	7.238	0.219 6	0.513 017	12	6.84
04-1	石榴石	1.195	1.074	0.672 7	0.513 547	10	6.19
04-1	全　岩	3.406	10.23	0.201 2	0.512 625	9	6.10
04-2a	全　岩	3.299	9.643	0.207	0.513 053	11	7.10
04-2b	全　岩	4.749	19.77	0.145 3	0.512 956	8	5.38

注:Sm-Nb 等时线年龄采用伯克利年代学中心 K. Ludwing 博士提供的 ISOPLOT 程序(2.31 版)计算,输入参数为:误差 1σ,$^{147}Sm/^{144}Nd$ 误差 0.002%;^{147}Sr 衰变常数 $6.54\times10^{-12}/a$,平均球粒陨石 $^{143}Nd/^{144}Nd=0.512\ 638$,$^{147}Sm/^{144}Nd=0.196\ 7$。

可以看出,全岩矿物内部等时线年龄为 191±22 Ma;对同一样品进行 K-Ar 法测定,获得两个年龄分别为 140±4.07Ma 和 152.30±3.60Ma。邱瑞照等认为,对同一样品进行测定,K-Ar 和 Sm-Nd 两种方法的结果相差 40～50Ma,可能代表了不同的地质意义。舍拉玛沟辉长岩的 Sm-Nd 内部等时线年龄为 191±22 Ma,与根据地质事实推测时代早于中侏罗世一致,从所选用的测定方法上看,Sm-Nd 法对后期热事件,蚀变等具有很强的抗干扰性,因而,191±22 Ma 的 Sm-Nd 年龄代表了辉长岩的侵位年龄;而蛇绿岩中辉长岩(或堆晶岩辉长岩)通常代表岩石圈伸展洋壳形成时期的岩浆岩活动产物,起源于洋脊下的岩浆房。它的形成年龄往往代表洋壳形成时代,所以,认为 191±22 Ma 代表了班公错-怒江结合带西段洞错蛇绿岩,洋壳张开的年龄。两个 K-Ar 法年龄明显低于 Sm-Nd 年龄,从方法上看,K-Ar 法年龄通常代表的是岩体冷却到达体系封闭温度的时间,因此,这两个 K-Ar 年龄不可能代表辉长岩的冷却年龄,可能是代表洞错洋壳向南俯冲事件影响的年龄。

综上可知,测区蛇绿岩形成于晚三叠世至早-中侏罗世,于晚侏罗世前发生构造侵位。

第五节 蛇绿岩形成的大地构造环境

以往人们多运用蛇绿岩及其中的玄武岩来判断是否存在过洋盆,或者洋盆有多大。然而,近年的研究认为,蛇绿岩形成的环境具有多样性,人们普遍发现大陆造山带中大多数蛇绿岩不是在大洋中脊中生成的,弧前盆地、岛弧、大陆被动陆缘或小洋盆等各种构造环境中都可以形成蛇绿岩。因此,蛇绿岩形成环境的确定,对研究造山带的演化具有十分重要的意义。充分利用玄武岩地球化学数据来判断玄武岩构造环境是确定蛇绿岩形成的大地构造背景的关键。测区蛇绿岩处在班公错-怒江结合带的西段。在整个班-怒带的构造演化乃至到青藏高原的隆升机制都有着重要的意义。因此对测区蛇绿岩构造判别就显得格外重要。

尽管目前对班公错-怒江缝合带中蛇绿岩成因、形成时间、所代表的地质构造意义等尚存在不同看法,但更多学者持多岛弧-多洋盆的观点,认为特提斯洋的基本格局是由若干洋盆所构成,洋盆的消亡和造山带的形成是通过"软碰撞"和"多旋回"演化来实现(殷鸿福等,1998;李兴振等,1995);古岛弧的存在,就意味着有大洋盆地的存在,班公错-怒江洋盆则代表了特提斯大洋的主域,班公错-怒江板块结合带是特提斯大洋盆地最终闭合消亡的主缝合线。冈底斯复杂碰撞造山带的形成与弧-盆系演化中的弧-弧或弧-陆碰撞作用有关(潘桂棠等,1996,1997;李兴振等,1995)。

测区蛇绿岩分布于测区中部班-怒结合带中,处在班-怒结合带的西段,构造复杂多样,并且发生过多次构造的叠加作用。测区玄武岩主要发育为一套碱性玄武岩,主量元素具有中等 Al_2O_3、MgO、CaO,高的 TiO_2(平均为 1.99%),低钾的特点;在硅-碱图上,主要为碱性玄武岩,少数为拉斑玄武岩;REE 分配形式为轻稀土富集型,与 P 型洋中脊玄武岩 REE 配分曲线相似;微量元素具有较低 Zr/Y 的比值(平均为4.22)，其微量元素蛛网图总体表现为向右倾斜，强不相容元素富集，部分样品 Ti 有弱的亏损，曲线与富集地幔 MORB 曲线相似。从以上玄武岩地球化学方面特征表明，玄武岩岩浆源来自于富集地幔，其形成环境为类似洋中脊的构造环境。

构造判别图解是判断玄武岩形成构造环境的重要手段。玄武岩在不同构造玄武岩 Nb－Zr－Y 判别图解(图 4－7)，玄武岩全部样品点落入板内碱性玄武岩区；在不同构造玄武岩 Zr/Y－Zr 图中(图 4－8)，样品全部落入板内玄武岩区(A 区)。从图上可以看出，洞错蛇绿岩中玄武岩具有板内碱性玄武岩的特点。在不同构造玄武岩的 TiO_2－MnO－P_2O_5 图解中(图 4－9)，除两个样品落入 IAT 区外，其余全部落入 MORB 区。总体上属洋中脊玄武区。在不同构造玄武岩的 Ti－V 判别图解中(图 4－10)，除两个样品落入洋岛玄武岩区外，其余大部分样品皆落入洋中脊玄武岩区。结合这两个图解我们认为，测区蛇绿岩中玄武岩形成于洋中脊的构造环境。

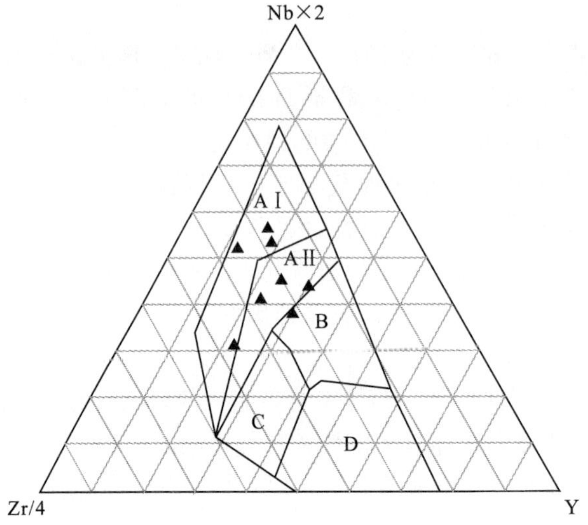

图 4－7　测区蛇绿岩中玄武岩不同构造玄武岩的 Nb－Zr－Y 判别图

A：Ⅰ和Ⅱ. 板内碱性玄武岩；Ⅱ和 C. 板内拉斑玄武岩；

B：P—MORB；D. N—MORB；C 和 D. 火山弧玄武岩

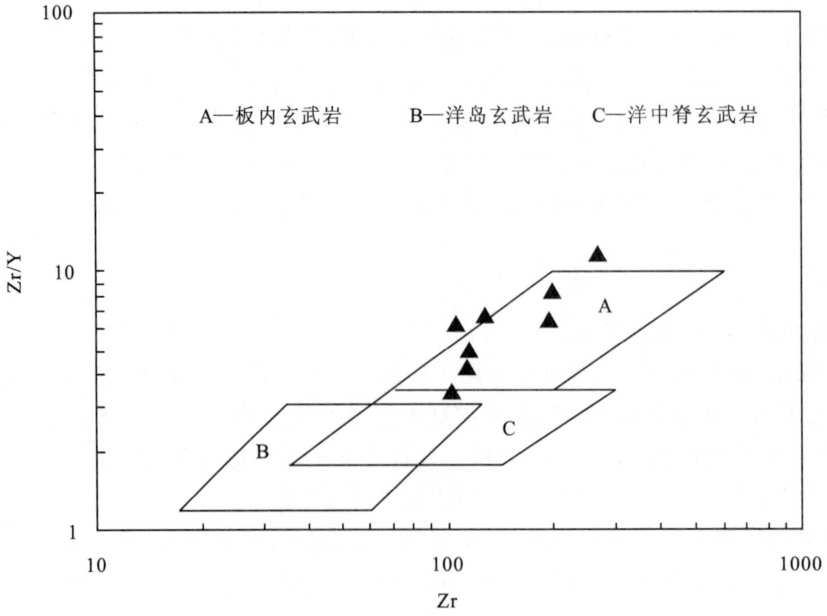

图 4－8　测区蛇绿岩中玄武岩不同构造玄武岩的 Zr/Y－Zr 判别图

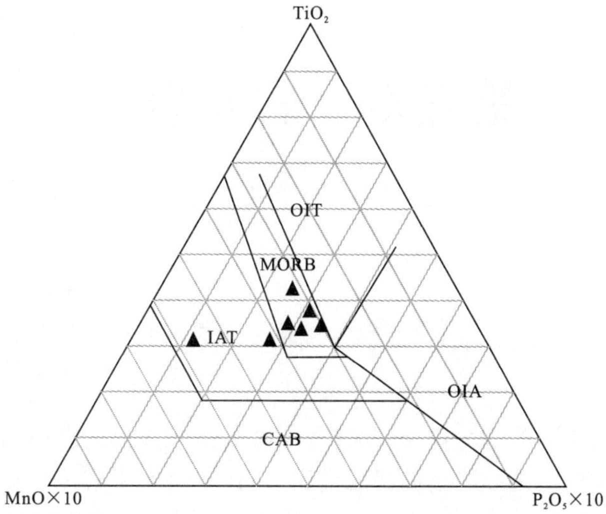

图 4-9　测区蛇绿岩中玄武岩不同构造环境玄武岩的 $TiO_2-MnO-P_2O_5$ 判别图

OIT. 洋岛拉斑玄武岩；OIA. 洋岛碱性玄武岩；MORB. 洋中脊玄武岩；IAT. 岛弧拉斑玄武岩；CAB. 钙碱性玄武岩

（据 Mullen，1983）

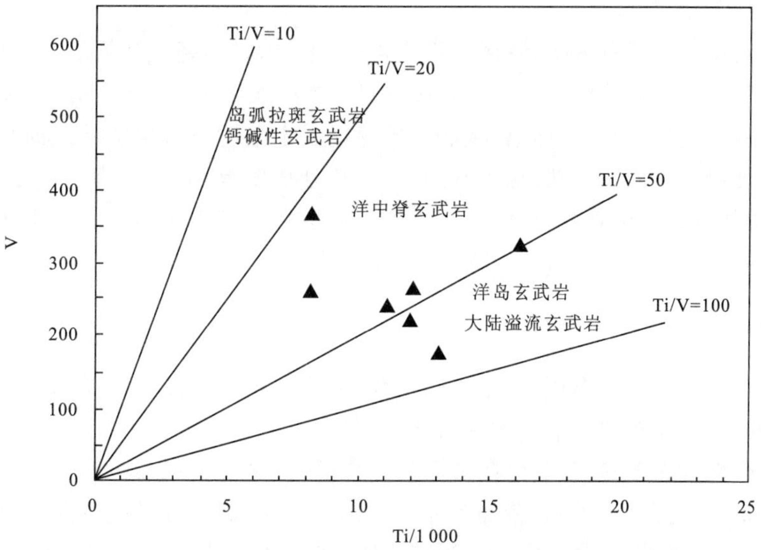

图 4-10　测区蛇绿岩中玄武岩不同构造玄武岩的 Ti-V 判别图

综合以上玄武岩的构造环境判别图解，结合邻区洞错蛇绿岩中玄武岩的大洋玄武岩属性，本书认为测区蛇绿岩物源区来自于富集地幔，形成于与初始拉张洋盆有关的类似洋中脊的构造环境，碱性玄武岩可能是较深地幔源岩石低度部分熔融作用的产物。

第五章　岩浆岩

第一节　概　述

测区地处青藏高原北部，著名的班公错-怒江结合带横贯测区南部，具有独特的岩石圈结构和丰富的火成岩石记录，既有地质历史中地幔演化的深成镁铁、超镁铁岩和岩浆分异喷发的火山岩，又有造山作用过程中陆壳生长的侵入岩及火山岩(图 5-1)。深成侵入活动总体相对较弱，岩石类型相对较简单，分布范围较局限，岩石类型主要为辉长岩、花岗岩、花岗斑岩等，定位于不同构造岩浆旋回的不同构造环境中。火山活动海相、陆相皆有，火山岩广为分布，与构造环境紧密相关。综合来看，测区岩浆岩具有鲜明的特点：时间上的多期性，空间上的分带性，岩石类型的复杂性以及形成环境的多样性。

一、岩浆岩形成时代的多期性

地质现象和同位素年龄资料表明，测区的岩浆岩，无论是基性-超基性岩、中酸性侵入岩，还是火山岩，都是多期形成的。基性-超基性岩的侵位时代主要集中在燕山早期，受后期构造肢解严重，在测区主要零星出露在八乌错、米素、赤日、孜如错、哦居买玛等地。中酸性侵入岩的侵入时代主要为燕山晚期。火山岩的喷发时代可划分为燕山早期、燕山晚期、喜马拉雅早期等，其中以喜马拉雅早期火山活动最为活跃，形成了大面积分布的火山岩系，构成了南北两条规模较大的火山岩带。由上述可以看出，测区岩浆岩绝大部分是在中-新生代形成的，它们构成了测区岩浆岩带的基本格架。

二、岩浆岩在空间上的分带性

测区的侵入岩浆活动表现较弱，侵入岩不甚发育，总体分布面积较小，全部呈较小的岩株、岩枝等产状产出，而无较大的岩体，受构造影响而多沿着断裂带分布。

测区火山岩成带性分布明显，从其空间展布位置来看，以班公错-怒江结合带北界为界大致可划分为南北两个火山岩带：①北部(错俄湖-依布茶卡)火山岩带，主要火山层位赋存于纳丁错组中；②南部(八乌错-哦居买玛)火山岩带，主要火山层位为班公错-怒江结合带蛇绿岩中的玄武岩成分及沿着结合带南缘展布的一条东西向规模相对较大的火山岩带，主要层位为美苏组。

三、岩石类型的复杂性

测区岩浆岩的类型齐全，在岩性上有超基性岩、基性岩、中性岩、中酸性岩、酸性岩和少量的碱性岩，在产状上有深成岩和喷出岩。根据岩浆岩时空共生关系和它们成因上的联系，可以划分为如下岩石构造组合。

(1)蛇绿岩组合。包括变质橄榄岩、超基性岩、堆晶岩、均质辉长岩、堆晶辉长岩、席状辉绿岩墙和玄武质熔岩。变质橄榄岩可以进一步细分为变质方辉辉橄岩、变质方辉橄榄岩、变质二辉橄榄岩和变质纯橄榄岩等。玄武质熔岩包括洋中脊拉斑玄武岩、岛弧拉斑玄武岩等。

(2)岛弧型组合。包括以安山质和英安质为主的玄武岩-安山岩-英安岩及其火山碎屑岩的钙碱性火山岩套，由花岗岩、花岗斑岩等组成的Ⅰ型花岗岩类，此外还有少量的辉长岩。

(3)碰撞型组合。包括钙碱性岩套和玄武岩-安山岩-流纹岩组成的陆相型火山岩。

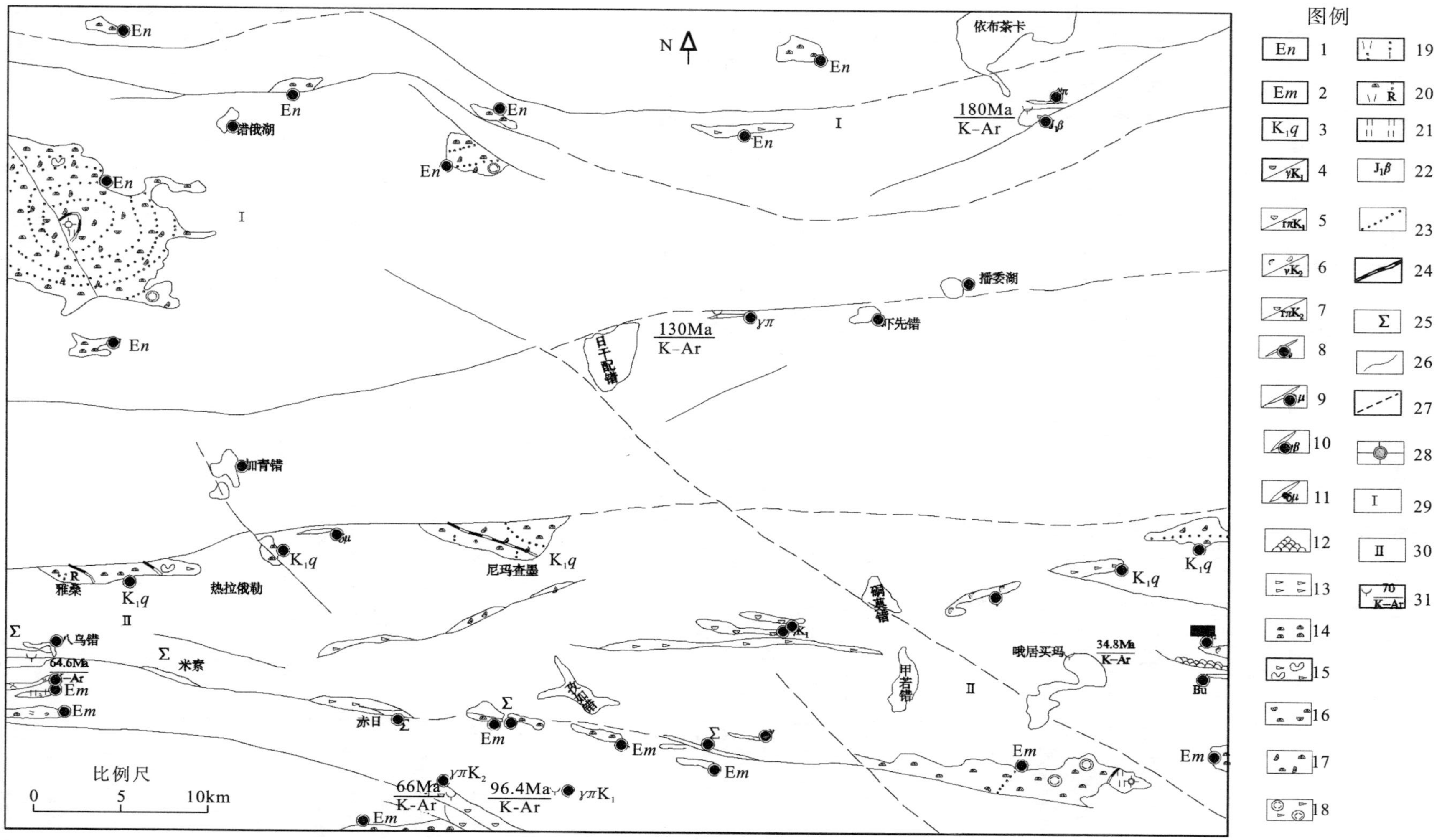

图 5-1 测区岩浆岩分布图

1. 纳丁错组；2. 美苏组；3. 去申拉组；4. 早侏罗世玄武岩；5. 早白垩世花岗岩体；6. 早白垩世花岗斑岩体；7. 晚白垩世辉长岩体；8. 晚白垩世花岗斑岩体；9. 辉长岩脉；10. 辉绿岩脉；11. 花岗玢岩脉；13. 枕状玄武岩；14. 玄武岩；15. 安山岩；16. 杏仁状玄武岩；17. 橄榄玄武岩；18. 辉石安山岩；19. 气孔状玄武岩；20. 晶屑凝灰岩；21. 安山质熔结凝灰岩；22. 火山角砾岩；23. 岩性界线；24. 岩相界线；25. 未分超基性岩；26. 地质界线；27. 断层；28. 火山口；29. 错俄湖-依布茶卡火山岩带；30. 八乌错-哦居买玛火山岩带；31. 同位素年龄(Ma)及测试方法

四、岩石形成环境的多样性

测区岩石类型的复杂性反映了它们形成环境的多样性。上述不同岩石构造类型，分别形成在下列环境中。

(1)蛇绿岩组合形成在班公错-怒江边缘海的扩张脊的张性环境中。

(2)岛弧型组合形成在新特提斯洋、班公错-怒江边缘海盆地洋壳俯冲带以上的岛弧和大陆边缘的挤压环境中。

(3)碰撞型组合形成在新特提斯洋封闭过程导致的陆-陆碰撞以及班公错-怒江边缘海封闭导致的陆-弧碰撞造成的挤压环境中。

根据任务书设计要求，在对区内火山岩、侵入岩进行统一分类命名的基础上，依据岩浆岩的宏观、微观和成分特征以及时空关系等资料，经综合研究，建立侵入岩与火山岩之间的时序及演化关系，并将岩浆活动置于青藏高原地质构造演化总的时空框架内加以分析。结合区域地质资料探讨岩浆作用的构造环境及岩浆岩形成演化规律，建立岩浆作用与构造事件同步演化的动力学模式。

第二节　火山岩

测区火山活动强烈，而且与构造活动时间密切相关，从中生代-新生代均有火山喷发，火山岩分布面积约 1 100km^2，约占测区总面积的 7%左右。平面上多呈条带状、团块状展布，与区域构造线一致，其成带性分布明显，由北往南以班公错-怒江结合带北界为界可划分南北两个火山岩带：①北部(错俄湖-依布茶卡)火山岩带，主要火山层位赋存于纳丁错组中；②南部(八乌错-哦居买玛)火山岩带，主要火山层位为班公错-怒江结合带蛇绿岩中的玄武岩成分及沿着结合带南缘展布的一条东西向规模相对较大的火山岩带，主要层位为美苏组。尤其以纳丁错组火山岩为代表的北部(错俄湖-依布茶卡)火山岩带和以美苏组为代表的南部(八乌错-哦居买玛)火山岩带最为发育，构成测区南北两条最明显、最具特色的火山岩带。

测区火山岩调查研究工作，以原地质矿产部颁布的《火山岩地区区域地质调查方法指南》(1987)、国际地科联(IUGS)推荐的《国际火山岩分类图》(1989)为指导，岩石化学定量分析成果采用 CIPW 标准矿物计算方法计算、对比、研究，从而查明测区的火山岩地质特征。

一、北部(错俄湖-依布茶卡)火山岩带

北部(错俄湖-依布茶卡)火山岩带主要分布在测区的北部，分布在错俄湖、依布茶卡白沙岗等地，整体呈近东西向断续展布，主要层位为纳丁错组(En)和零星分布的早侏罗世玄武岩($J_1\beta$)。

纳丁错组大部分不整合于晚三叠世日干配错组(T_3r)之上，部分地区不整合于晚石炭世-早二叠世龙格组(C_2-P_1l)之上。结合 1∶25 万改则县幅的资料，本次工作在改则县康托附近获得安山岩 K-Ar 法同位素年龄值为 74.2Ma、66.9Ma，在去申拉北部一带获得安山岩 K-Ar 法同位素年龄值 35.9Ma、49Ma，在雀岗一带安山岩中获得 K-Ar 法同位素年龄值 23.7Ma，1∶100 万改则幅在纳丁错获得安山岩 K-Ar 法年龄值为 31.1Ma。结合野外产状、地质特征及相互接触关系，本书把纳丁错组的形成时代厘定为古近纪。

早侏罗世玄武岩($J_1\beta$)主要分布在依布茶卡南侧，分布很局限，面积也不大，本书以早侏罗世玄武岩($J_1\beta$)划为一个非正式地层单位。

(一) 纳丁错组

1. 岩石学特征

纳丁错组(En)依据岩石类型可划分为火山碎屑岩类、熔岩类，主要为一套基性-中性-酸性并偏碱

性的火山岩系。现择其典型岩类描述如下。

(1)火山碎屑岩类。含火山角砾安山质岩屑凝灰岩，岩石多呈紫红色，含火山角砾岩屑凝灰结构，块状构造。火山角砾含量约10%，砾径2～3mm，呈次棱角状，不规则形状，成分为安山岩；岩屑含量约70%，成分简单，均由蚀变安山岩屑组成，多呈次棱角状，不规则形状，安山岩主要由更长石和分布于更长石间隙之间的褐铁矿呈残余火山结构组成，部分碳酸盐化、硅化。胶结物主要由方解石、热液石英、褐铁矿等组成。褐铁矿为次生淋滤产物。

蚀变基性晶屑、岩屑、玻屑凝灰岩：岩石呈凝灰结构，块状构造，火山碎屑成分：普通辉石晶屑5%±，蚀变基性玻屑65%±，蚀变基性岩屑15%±；充填物及胶结物：白钛石3%±，绿泥石5%±，热液石英7%±。粒径一般在0.5～1.5mm之间。普通辉石晶屑多呈棱角状，少数呈自形粒状；蚀变基性玻屑多呈不规则棱角状、火焰状；蚀变基性火山岩多呈不规则熔蚀状。岩石中有后期热液石英细脉分布。

(2)熔岩类。伊丁石化橄榄玄武岩：岩石呈青灰色、深灰色，斑状结构，基质具间粒结构，块状构造。斑晶成分橄榄石含量8%～10%，较规则短柱状、粒状，大部分由蛇纹石替代，保留有橄榄石晶体形态，裂纹发育，边部有明显的暗化现象，边缘和缝隙中常有褐红色伊丁石充填，有的形成规则的褐红色伊丁石环边；单斜辉石含量约3%～5%，较规则短柱状、粒状，淡褐色，少数具特征的环带构造，暗化明显，暗化边不规则，部分蚀变为黑云母和碳酸盐矿物。基质主要由微晶斜长石组成，不规则杂乱排列，间隙中充填少量辉石微粒和多量磁铁矿细粒。岩石中常见有少量的气孔或杏仁体，呈圆形-次圆形，杏仁体由方解石、帘石和次生云母片充填，方解石先后结晶形成玛瑙纹构造。个别薄片中见到捕虏体，主要有两种：一种是辉石岩，全由粒状辉石组成；另一种是含橄斜长岩，主要由橄榄石和斜长石组成。

辉橄玄武岩：岩石具斑状粗粒结构，块状构造。斑晶含量>10%，主要成分有：斜长石含量约3%～5%，较规则的条板状，晶形轮廓清楚，聚片双晶纹较宽，部分由于次闪石化，双晶纹模糊；橄榄石含量约5%～8%，不规则短柱粒状，有的具明显的环带构造，大部分由蛇纹石替代而保留橄榄石的晶体外形，晶粒中常含一些土状帘石小团块，部分颗粒边缘见少量伊丁石；辉石少量，细小柱粒状，较自形，镜下呈浅褐色，多色性明显，干涉色较低，较大的晶体中常含多量斜长石、橄榄石包裹体。基质具间粒结构，杂乱排列的斜长石间隙中充填细粒辉石、橄榄石和少量磁铁矿。

气孔状玄武岩：岩石呈灰绿色，斑状结构，气孔状构造。斑晶成分中辉石含量约5%～7%，主要为单斜辉石，较规则的短柱状、粒状，以单斑为主，部分集合体呈联斑，相对比较新鲜，裂纹发育；橄榄石含量约2%～3%，规则粒状，全由蛇纹石替代，边缘见少量伊丁石镶嵌；个别薄片中含有斜长石斑晶，含量约5%～8%，较规则板柱状，聚片双晶发育，双晶纹清晰，以单斑为主，少见多斑。基质具间粒间隐结构，杂乱分布的条板状微晶斜长石格架中充填少量辉石、磁铁矿微粒和部分火山尘泥。岩石具气孔，含量一般约20%～25%，多数由于熔蚀连通呈各种不规则状，少部分呈次圆状、哑铃状，不定向分布，部分边缘有微晶碳酸盐矿物充填，方解石先后结晶，呈纤维状、粉粒状，相间分布，形成玛瑙纹状结构。

杏仁状玄武岩：岩石具间隐-间粒结构，杏仁状构造，杏仁体较少，但杏仁体较大，大的杏仁体有4mm×6mm，中等的有2mm，其形态为次圆状或不规则状。杏仁体中的充填物为绿泥石或碳酸盐岩。矿物成分主要有：基性斜长石含量约80%，玻璃质5%，磁铁矿>10%，橄榄石<5%。基性斜长石呈细长条状，长宽比一般为5∶1～8∶1，较长者达10∶1，其晶体可见有钠长石双晶或卡钠双晶，一般有轻微的绢云母化，多杂乱分布，构成格架状，在其空隙或间隙中充填有磁铁矿、橄榄石及玻璃质等。岩石普遍遭受蚀变，表现为玻璃质已变为绿泥石或碳酸盐岩，橄榄石为细粒状，变为绿泥石，在其边缘常有氧化铁环绕。

(气孔状)玄武安山岩：岩石具斑状结构，块状构造，个别气孔状构造。斑晶成分主要为单斜辉石，含量约3%～5%，较规则的短柱状、粒状，淡褐色，有单斑，也有联斑，裂纹发育，有的具简单双晶和环带构造；其次为少量的斜长石，呈不规则麻点状分布，具暗化边。基质具交织结构，微晶斜长石平行—半平行排列，间隔中充填蚀变辉石微粒，磁铁矿细粒和多量的蚀变矿物，主要为帘石类。个别薄片中见到气孔状构造，气孔呈圆、次圆、不规则状，少数溶蚀连通呈哑铃状，气孔全未充填。

岩石蚀变类型主要有绢云母化、绿泥石化、绿帘石化。

玄武安山岩：斑状结构，基质玻晶结构，块状构造。斑晶含量约10%，成分主要为中-拉长石，自形程度高，极少为尖棱晶屑状，较少具有清晰的环带构造，大多仅有卡氏双晶，钠长双晶少见，有的含黑色麻点，可能是晶体中包含有玻璃质；其次为斜方辉石，呈短柱状，半自形晶，平行消光。基质由中长石、玻璃质、磁铁矿等组成，含量约90%，中长石呈微晶状，呈定向-半定向或杂乱排列，其间隙中为褐色的玻璃质，磁铁矿呈尘点状。

黑云母安山岩：岩石呈灰红色-灰白色，斑状结构，块状构造。斑晶成分：斜长石含量约15%～18%，为更-中长石，较规则的板柱状，柱粒状，聚片双晶纹平直，部分具环带构造，斑晶大小不一，多单斑晶，也有联斑，有的含黑云母包裹体，有的裂缝中有微晶方解石充填；黑云母含量5%～8%，棕红色，较规则条片状，暗化明显，暗化边一般较规则，特征的解理和晶形保存完好；角闪石含量约1%～2%，完整晶形较少，碎裂明显，零星分布；碱性长石含量约3%～5%，主要为正长石，不规则板柱状，裂纹发育，有的边缘有熔蚀现象，较大的斑晶中常含斜长石、黑云母包体，缝隙中常有微晶方解石充填。基质具玻晶交代结构，微晶斜长石大致定向排列。间隙中充填玻璃质和少量火山尘泥分解生成的微细碳酸盐矿物。岩石中副矿物主要有榍石、磁铁矿等。

杏仁状（气孔状）安山岩：岩石呈灰色，稀斑结构，基质玻晶交织结构，杏仁状构造，个别气孔状构造，斑晶含量1%±，成分主要为单斜辉石，呈自形-半自形柱状，短柱状，淡褐色，有的有简单双晶或聚片双晶；其次为更-中长石，不规则板柱状，清晰部分具环带构造。基质成分以中长石占主体，占70%，其次为玻璃质，含量约20%，磁铁矿含量＜5%，单斜辉石＜5%。中长石呈细长条状，定向-半定向或杂乱分布，其间隙中主要为玻璃质充填，其次为细粒状磁铁矿和粒状单斜辉石充填。玻璃质为褐色。岩石中常含有少量的杏仁体，呈椭圆形，由碳酸盐充填，有的显层圈，外圈为氧化铁，中间圈为碳酸盐，核心为富铁的碳酸盐，个别薄片气孔未被充填。

黑云角闪安山岩：斑状结构，基质玻晶交织结构，块状构造。斑晶成分主要为中长石，含量约7%～10%，自形程度高，规则板柱状，大多有清晰的环带构造，钠长石律双晶清晰，也有卡钠双晶，An＝30～50，有时多个中长石聚集在一起，构成聚斑状结构，表面干净明亮；其次为普通角闪石和黑云母，含量约3%～5%，普通角闪石自形程度高，呈较规则柱状，有的呈六边形，暗化边也较规则，常见有简单双晶，黄褐色；黑云母呈自形片状，深茶褐色，见有(001)面的六边形晶片。基质主要为中长石，含量约70%，呈短细条状，定向-半定向或杂乱分布；其次为普通角闪石、黑云母和玻璃质等，充填在长石的间隙中。副矿物主要有磁铁矿、磷灰石等。

英安岩：岩石具斑状结构，基质微嵌晶结构、微晶结构，块状构造，斑晶矿物含量＜10%，主要为中长石，自形程度高，常近于方形，少见有简单双晶，隐约见有环带构造，由于强氧化，其边缘有含尘点状铁质的镶边，次为黑云母、角闪石，石英偶见。基质含量约90%，由中长石、石英和氧化铁组成，表现为一个个嵌有较多中长石微晶的石英单体组成，单体之间充填有氧化铁。

2. 喷发韵律及旋回

火山活动过程中，物质成分、喷发方式及喷发强度往往呈规律性变化，这些变化有的具周期性，有的则有方向性。火山喷发韵律及旋回的划分与描述，就是反映了这种规律性的变化。一个喷发旋回总是由两个或若干个韵律构成的。构成喷发韵律和喷发旋回的物质基础就是各种类型的喷发岩及火山碎屑沉积岩类。

纳丁错组(E*n*)火山岩喷发韵律及喷发旋回比较清楚，该组在测区内区域上总体划分为一个旋回，我们称纳丁错旋回。现在以尼玛县纳丁错组火山岩路线剖面为例，探讨测区纳丁错组的喷发韵律旋回。

纳丁错组路线剖面在测区较具代表性，其喷发韵律旋回较清楚，从图5-2中可以看出，大致可划分为8个韵律，第1韵律由①～③层组成，第2韵律由④～⑥层组成，第3韵律由⑦～⑧层组成，第4韵律由⑨～⑩层组成，第5韵律由⑪～⑭层组成，第6韵律由⑮～⑰层组成，第7韵律由⑱～⑳层组成，第8韵律由㉑～㉓层组成，在该剖面中以喷溢相的熔岩为主，爆发相的火山碎屑岩仅在局部出露，每个韵律的岩石组合大多为由基性熔岩向中性熔岩过渡的物质，反映了火山活动岩浆房物质由基性向中酸性演化的特点。另在第7韵律中还具有红顶绿底的特点，反映了陆相喷发的环境。结合区域特征及纳丁错组岩石组合特征，本书认为纳丁错组具有由基性—中性—酸性—偏碱性演化的特点。

时代	组名	层号	柱状图	层厚(斜距)(m)	岩相	火山韵律	岩石组合	旋回
古近记	纳丁错组	㉓	未见顶	>900	喷溢相	8	上部气孔状玄武岩 中部气孔状橄榄玄武岩 下部气孔状玄武岩	I
		㉒		800				
		㉑		400				
		⑳		200	喷溢相	7	上部条纹状安山岩 下部气孔状玄武岩、橄榄玄武岩	
		⑲		600				
		⑱		500				
		⑰		200	喷溢相	6	上部气孔状安山岩、玄武安山岩 下部气孔状玄武岩	
		⑯		150				
		⑮		400				
		⑭		300	喷溢相	5	上部安山岩、黑云母安山岩 下部玄武安山岩	
		⑬		450				
		⑫		250				
		⑪		200				
		⑩		200	喷溢相	4	上部角闪安山岩 下部辉石安山岩	
		⑨		150				
		⑧		350	喷溢相	3	上部灰红色辉石角闪安山岩 下部深灰色辉石安山岩	
		⑦		300				
		⑥		250	喷溢相	2	上部灰红色角闪安山岩、黑云母安山岩 下部灰白色黑云母安山岩	
		⑤		350				
		④		200				
		③		400	喷溢相	1	上部杏仁状橄榄玄武岩 中部气孔状橄榄玄武岩 下部含火山角砾安山质晶屑凝灰岩	
		②		500				
		①		700	弱爆发相			
上三叠世	日干配错组						深灰色中薄层微晶灰岩	

图5-2 西藏尼玛县纳丁错组(E*n*)火山岩喷发韵律旋回图

3. 岩石化学特征

对火山岩岩石化学资料综合研究、分析，对确定岩石类型、岩石定名、分类、岩石系列及形成环境、活动演化等有着重要作用。

测区纳丁错组火山岩岩石化学成分列表5-1，本书为避免计算结果跨岩类或跨系列，对分析结果进行了必要的校正，将分析数据中的分析项目灼失量剔除之后，重新换算成100%。本书对于岩浆岩的所有数据均采用此方法进行校正，用校正后的结果去进行CIPW标准矿物计算和投图。纳丁错组火山岩CIPW标准计算及特征参数见表5-2。

火山岩形成条件决定了其结晶程度及结构类型的特殊性，利用实际矿物成分很难进行准确的命名，据野外岩石的外表特征、斑晶成分，结合薄片鉴定通常只能确定岩石的大类，因此必须借助于化学成分的分析并按照TAS分类准则进行系统分类命名，以便对比研究。图5-3为纳丁错组火山岩TAS分类图，可以看出纳丁错组主要为一套玄武岩、玄武安山岩、粗面安山岩、安山岩、英安岩组成，与室内鉴定名称大致吻合，从而可以认定纳丁错组是一套基性岩-中性岩-酸性岩并偏碱性的火山岩系。

在图5-3中全部样品大部分位于亚碱性系列与碱性系列的两侧，从而可以大致确定测区纳丁错组岩石系列属于钙碱性系列向碱性系列的过渡类型。

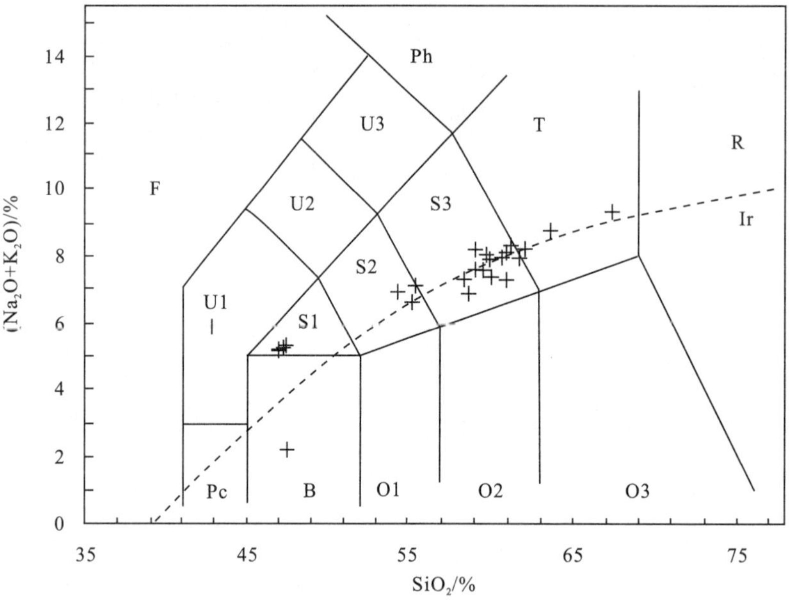

图5-3　纳丁错组TAS图解

B.玄武岩；O1.玄武安山岩；O2.安山岩；O3.英安岩；S1.粗面玄武岩；S2.玄武质粗面安山岩；S3.粗面安山岩；T.粗面岩和粗面英安岩；R.流纹岩；U1.碱玄岩或碧玄岩；U2.响岩质碱玄岩；U3.碱玄质响岩；Ph.响岩；Pc.苦橄玄武岩

（据LeBos等，1986；IUGS，1989）

纳丁错组岩石化学特征如下（表5-1）。

(1)纳丁错组中玄武岩 SiO_2 含量普遍变化于47.02%～47.50%，仅有一个样品偏低，为42.98%（可能在实验过程中杏仁体没有完全剔除出去导致 SiO_2 偏低），Na_2O 普遍高于 K_2O，全碱含量变化于2.18%～5.84%，CaO变化于7.74%～12.32%，MgO含量变化较大，为2.59%～7.44%，Al_2O_3 含量变化于13.60%～14.97%。安山岩类 SiO_2 含量变化于54.46%～63.52%之间，普遍大于56%，平均为59.60%。属于中性岩范畴，Na_2O 也普遍高于 K_2O，全碱含量变化于6.57%～8.69%，CaO变化于2.77%～7.12%，MgO变化于1.44%～4.10%，普遍小于3%，仅有个别样品大于3%，平均为2.39%。Al_2O_3 含量变化于15.88%～17.24%，平均为16.49%。从安山岩的主量元素来看，安山岩具有与埃达克质岩相似的主量元素特征（$SiO_2 \geq 56\%$，$Al_2O_3 \geq 15\%$，很少低于此值；MgO通常小于3%）。英安岩 SiO_2 的含量为67.32%，Na_2O 大于 K_2O，全碱含量为9.33%，CaO为0.82%，MgO为0.68%，Al_2O_3 为15.93%。从纳丁错组的各类岩石来看，从基性岩—中性岩—酸性岩的变化，随着 SiO_2 含量的增高，CaO、MgO逐渐降低，全碱及 Al_2O_3 逐渐增高。埃达克质岩岩石主要集中在纳丁错附近出露。埃达克质岩的出现代表了一种特殊的岩石成因。

表 5-1 测区纳丁错组火山岩岩石化学分析结果表

序号	样品编号	岩石名称	采样位置	氧化物含量(%)												
				SiO_2	Al_2O_3	Fe_2O_3	FeO	CaO	MgO	K_2O	Na_2O	TiO_2	P_2O_5	MnO	Loss	Total
1	G(5)GS	橄榄玄武岩	嘎　琼	47.02	14.00	5.20	5.18	8.28	7.44	2.32	2.80	1.95	0.54	0.26	4.69	99.68
2	G(6)GS	橄榄玄武岩	嘎　琼	47.24	14.97	5.62	5.09	7.74	6.97	2.32	2.89	2.16	0.53	0.25	4.02	99.80
3	3012GS	杏仁状玄武岩	绒　玛	47.72	13.60	3.92	4.95	9.16	2.59	1.26	3.78	2.25	0.33	0.16	9.63	99.35
4	3255GS	杏仁状玄武岩	错俄合	42.98	14.15	7.39	2.89	10.51	4.28	1.14	4.70	2.35	0.43	0.25	8.66	99.73
5	4309GS1	粗玄岩	坡　劳	47.50	13.82	3.07	9.14	12.32	6.58	0.29	1.89	2.20	0.13	0.24	2.76	99.94
6	GS3481-1	安山岩	改则加青错	58.26	15.84	3.03	2.94	6.08	2.91	3.36	3.89	1.35	0.45	0.13	1.41	99.65
7	4316GS1	杏仁状安山岩	白沙岗	58.56	15.91	3.61	1.23	6.87	1.57	2.88	4.00	1.09	0.48	0.15	3.14	99.49
8	GS4403-1	安山岩	绒　玛	60.86	16.02	1.97	2.92	4.69	2.12	3.47	3.78	1.33	0.25	0.11	2.04	99.56
9	3017GS	黑云角闪安山岩	日干配错	60.94	16.11	4.41	0.86	4.58	2.19	3.47	3.78	1.33	0.23	0.07	1.62	99.59
10	P10Gs1	安山岩	纳丁错	59.97	17.24	5.57		4.57	1.44	3.44	3.97	1.30	0.29	0.05	1.26	99.09
11	P10Gs2	安山岩	纳丁错	59.81	16.96	5.73		4.26	1.85	3.57	4.36	1.25	0.28	0.07	1.35	99.48
12	P10Gs3	安山岩	纳丁错	60.95	17.23	5.06		3.83	1.27	3.66	4.48	1.26	0.06	0.07	1.41	99.29
13	P10Gs4	安山岩	纳丁错	60.52	17.17	5.41		3.88	1.48	3.61	4.36	1.29	0.17	0.07	1.52	99.48
14	P10Gs6	安山岩	纳丁错	54.46	16.41	7.41		6.96	4.01	3.15	3.80	1.73	0.32	0.09	1.39	99.73
15	P10Gs7	安山岩	纳丁错	61.18	15.97	5.46		3.94	2.61	4.35	3.96	1.15	0.18	0.08	1.22	100.10
16	P10Gs8	安山岩	纳丁错	58.97	17.82	6.19		4.08	1.79	3.66	4.54	1.44	0.04	0.07	0.90	99.50
17	P10Gs9	安山岩	纳丁错	59.59	17.35	5.76		4.30	2.50	3.68	4.39	1.37	0.21	0.08	0.42	99.65
18	P10Gs11	安山岩	纳丁错	59.35	16.22	5.82		5.02	3.27	3.45	4.14	1.28	0.30	0.08	0.77	99.69
19	P10Gs12	安山岩	纳丁错	58.91	16.28	5.92		5.19	3.24	3.38	4.17	1.30	0.34	0.07	0.71	99.49
20	P10Gs13	安山岩	纳丁错	63.52	16.55	4.23		2.76	1.33	4.41	4.28	1.12	0.03	0.08	1.03	99.35
21	P10Gs14	安山岩	纳丁错	61.71	15.88	4.96		3.59	2.21	4.82	3.18	1.06	0.20	0.07	1.91	99.59
22	P10Gs15	安山岩	纳丁错	61.83	16.19	5.05		3.30	1.96	4.62	3.63	1.07	0.14	0.06	1.47	99.33
23	P10Gs16	安山岩	纳丁错	61.96	16.06	4.94		3.41	2.11	4.68	3.52	1.07	0.11	0.06	1.55	99.48
24	P10Gs20	安山岩	纳丁错	55.41	16.46	7.38		6.56	3.74	3.10	4.10	1.79	0.31	0.09	0.71	99.65
25	P10Gs21	安山岩	纳丁错	55.18	16.13	7.37		7.12	4.10	2.65	3.92	1.74	0.20	0.09	2.21	100.71
26	P10Gs10	英安岩	纳丁错	67.32	15.93	3.20		0.82	0.68	5.43	3.90	0.75	0.05	0.03	1.58	99.68

注：序号 10～26 样品 Fe_2O_3 为全铁含量。

表 5-2　测区纳丁错组火山岩 CIPW 标准矿物及特征参数表

序号	样品编号	CIPW 标准矿物含量(%)														特征参数				
		Q	An	Ab	Or	Ne	C	Di	Hy	Wo	Ol	Il	Mt	Hm	Ap	DI	A/CNK	SI	AR	σ43
1	G(5)GS	0	19.80	24.98	14.45	0	0	15.83	3.05	0	10.72	3.90	5.96	0	1.32	59.22	0.631	32.62	1.60	4.44
2	G(6)GS	0	21.98	25.57	14.34	0	0	11.65	5.61	0	9.15	4.29	6.13	0	1.28	61.90	0.702	30.66	1.60	4.64
3	3012GS	2.69	18.31	35.67	8.30	0	0	23.53	0	0.44	0	4.77	5.43	0	0.85	64.97	0.561	15.75	1.57	3.09
4	3255GS	0	15.59	18.56	7.43	13.7	0	31.31	0	0	1.38	4.92	6.01	0	1.10	55.29	0.504	21.36	1.62	9.46
5	4309GS1	1.45	29.19	16.46	1.76	0	0	26.81	15.14	0	0	4.30	4.58	0	0.31	48.86	0.535	31.38	1.18	0.86
6	GS3481-1	8.64	16.12	33.51	20.22	0	0	9.20	4.48	0	0	2.61	4.16	0	1.06	78.50	0.751	18.06	1.99	3.34
7	4316GS1	11.45	17.62	35.18	17.69	0	0	11.23	0	0.22	0	2.15	3.31	0	1.16	81.94	0.717	11.94	1.87	2.86
8	GS4403-1	13.74	16.92	32.80	21.03	0	0	4.22	5.18	0	0	2.59	2.93	0	0.59	84.48	0.866	14.87	2.08	2.85
9	3017GS	14.21	17.12	32.71	20.97	0	0	3.61	4.59	0	0	2.58	3.65	0	0.55	85.01	0.880	15.09	2.08	2.84
10	P10Gs1	12.93	19.55	34.42	20.86	0	0	1.37	3.87	0	0	2.52	3.79	0	0.69	87.76	0.929	10.18	2.03	3.12
11	P10Gs2	10.18	16.49	37.73	21.58	0	0	2.55	4.40	0	0	2.42	3.98	0	0.67	85.98	0.903	12.18	2.20	3.63
12	P10Gs3	11.58	16.49	38.84	22.15	0	0	2.04	2.70	0	0	2.45	3.6	0	0.14	89.06	0.941	8.96	2.26	3.58
13	P10Gs4	11.62	17.01	37.78	21.85	0	0	1.25	3.79	0	0	2.50	3.8	0	0.40	88.27	0.946	10.13	2.22	3.51
14	P10Gs6	2.60	18.79	32.86	19.03	0	0	11.32	6.63	0	0	3.35	4.67	0	0.76	73.27	0.735	22.33	1.85	4.00
15	P10Gs7	10.67	13.13	33.99	26.07	0	0	4.32	5.31	0	0	2.22	3.88	0	0.43	83.85	0.869	16.23	2.43	3.73
16	P10Gs8	7.62	17.76	39.08	21.98	0	0	2.01	4.36	0	0	2.78	4.31	0	0.10	86.44	0.946	11.31	2.20	4.09
17	P10Gs9	8.08	16.94	37.57	21.98	0	0	2.55	5.78	0	0	2.63	3.98	0	0.49	84.57	0.912	15.60	2.19	3.86
18	P10Gs11	8.56	15.71	35.53	20.65	0	0	5.97	6.47	0	0	2.47	3.93	0	0.70	80.46	0.824	19.98	2.11	3.44
19	P10Gs12	8.07	15.98	35.82	20.28	0	0	6.26	6.30	0	0	2.51	3.98	0	0.79	80.14	0.816	19.76	2.08	3.49
20	P10Gs13	14.31	13.16	36.93	26.57	0	0	0.43	3.21	0	0	2.17	3.14	0	0.08	90.98	0.983	9.48	2.64	3.61
21	P10Gs14	14.76	15.20	27.64	29.24	0	0	1.36	5.72	0	0	2.07	3.53	0	0.48	86.84	0.935	14.84	2.40	3.32
22	P10Gs15	13.78	14.61	31.46	27.95	0	0	0.94	5.19	0	0	2.09	3.64	0	0.34	87.80	0.955	13.05	2.47	3.51
23	P10Gs16	13.91	14.52	30.51	28.32	0	0	1.65	5.20	0	0	2.09	3.55	0	0.26	87.26	0.941	14.07	2.46	3.45
24	P10Gs20	3.15	17.59	35.24	18.59	0	0	10.62	5.92	0	0	3.45	4.72	0	0.72	74.57	0.747	20.90	1.91	4.04
25	P10Gs21	4.03	18.97	33.80	15.97	0	0	12.45	6.36	0	0	3.37	4.58	0	0.47	72.77	0.725	23.29	1.79	3.38
26	P10Gs10	21.69	3.80	33.65	32.78	0	2.33	0	1.73	0	0	1.45	2.31	0.14	0.13	91.92	1.156	5.20	3.51	3.53

(2)CIPW 标准矿物(表 5-2)中显示，纳丁错组火山岩中玄武岩类、安山岩类均未出现刚玉分子，表明 SiO_2、Al_2O_3 为不饱合状态，个别玄武岩岩石还出现霞石分子(Ne)和橄榄石(Ol)，更进一步证明了硅酸不饱合状态。玄武岩的标准矿物组合为 An＋Ab＋Or＋Di。安山岩的标准矿物组合为 An＋Ab＋Or＋Dr＋Hy。英安岩的标准矿物组合为 Q＋An＋Ab＋Or＋C，英安岩中出现了石英和刚玉分子，表明 SiO_2、Al_2O_3 为过饱合状态。分异指数(DI)玄武岩平均为 58.05，安山岩平均为 83.50，英安岩为 91.92，从而也反映了岩浆分异演化的规律，随着分异演化越彻底，酸性程度越高。

(3)化学成分各种指数特征：里特曼指数从基性岩—中性岩—酸性岩，大部分岩石皆大于 3.3，属于碱性岩，有部分样品小于 3.3，属于钙碱性岩。总体来看，纳丁错组属于一套钙碱性-碱性系列岩，以偏碱性为主。固结指数(SI)：玄武岩平均为 26.35，安山岩平均为 15.11，英安岩为 5.20，从基性岩到酸性岩，固结指数由大到小，说明从基性岩到中酸性岩浆分异程度是逐渐增高的，碱度率(AR)：玄武岩平均为 1.51，安山岩平均为 2.16，英安岩为 3.51，由此看来，岩石偏碱性。过铝指数(A/CNK)：玄武岩、安山岩类皆小于 1，暗示岩浆来源较深；英安岩类过铝指数(A/CNK)大于 1，可能为壳源物质熔融而成。

综上所述，测区北部(错俄湖-依布茶卡)火山岩带纳丁错组火山岩的岩石组合为一套基性岩—中性岩—酸性岩并偏碱性的火山岩系，主体属碱性系列岩，部分为钙碱性系列岩。其火山岩可能是由壳源物质部分熔融而成。

4. 地球化学特征

测区纳丁错组火山岩稀土元素及特征参数见表 5-3，从表中可以看出，稀土元素总量(∑REE)玄武岩变化于 $106.86\times10^{-6}\sim246.42\times10^{-6}$，平均为 177.31×10^{-6}，安山岩类变化于 $310.35\times10^{-6}\sim366.28\times10^{-6}$，平均为 365.52×10^{-6}。LREE/HREE 由基性岩—中性岩变化于 2.47～10.72，呈逐渐增加趋势，轻稀土分馏程度越来越好，δEu 绝大部分小于 1，具 Eu 亏损。由玄武岩—安山岩，变化于 0.84～0.78，表明随着火山岩演化进行，Eu 越亏损，表明岩浆房中斜长石分离结晶较好，致使残余熔体形成火山岩浆则具铕亏损。

纳丁错组稀土元素标准化模式曲线向右倾斜(图 5-4)。玄武岩中 LREE 轻微富集，LREE、HREE 分馏明显，属 LREE 轻微富集型。安山岩稀土配分曲线向右倾斜，安山岩曲线位于玄武岩曲线的上部，说明安山岩的稀土总量要高，曲线倾斜度较一致，表明源自同一岩浆房，具岩浆的亲缘性。大部分样品都具有不同程度的 Eu 负异常，属 LREE 富集型。综合纳丁错组的稀土分配曲线，可以认为火山岩浆属于轻稀土富集型，轻稀土分馏较明显，反映岩石为低度部分熔融或分异作用较弱的岩浆产物。

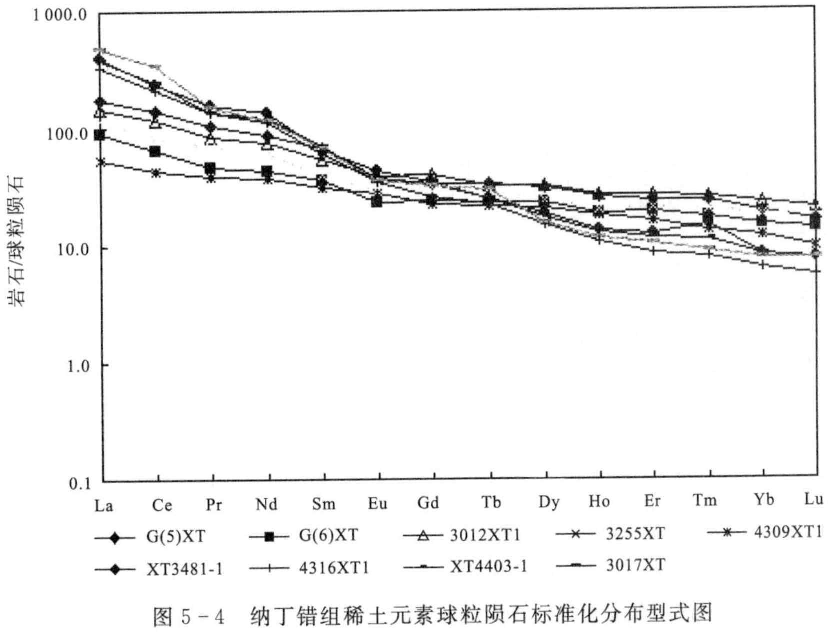

图 5-4　纳丁错组稀土元素球粒陨石标准化分布型式图

表 5-3　测区纳丁错组火山岩稀土元素分析结果及特征参数表

序号	样品编号	岩石名称	稀土元素($\times10^{-6}$)															特征参数		
			La	Ce	Pr	Nd	Sm	Eu	Gd	Tb	Dy	Ho	Er	Tm	Yb	Lu	Y	ΣREE	LREE/HREE	δEu
1	G(5)XT	橄榄玄武岩	41.6	87.2	9.78	41.1	10.3	2.17	6.88	1.24	7.89	1.43	3.93	0.60	3.19	0.41	28.7	246.42	3.54	0.74
2	G(6)XT	橄榄玄武岩	21.6	39.6	4.42	20.0	5.41	1.33	4.92	0.86	5.76	1.04	3.16	0.43	2.48	0.35	21.0	132.36	2.31	0.77
3	3012XT1	杏仁状玄武岩	35.2	72.2	8.00	34.9	8.25	2.22	8.18	1.22	8.10	1.52	4.45	0.66	3.98	0.53	40.4	229.81	2.33	0.82
4	3255XT	杏仁状玄武岩	27.8	51.4	6.73	28.1	6.14	1.64	6.43	1.02	6.06	1.13	3.41	0.51	3.05	0.46	27.2	171.08	2.47	0.79
5	4309XT1	粗玄岩	12.9	26.5	3.67	17.6	4.74	1.63	4.55	0.80	5.15	1.01	2.63	0.34	2.00	0.24	23.1	106.86	1.68	1.06
平　均			27.82	55.38	6.52	28.34	6.97	1.80	6.19	1.03	6.59	1.23	3.52	0.51	2.94	0.40	28.08	177.31	2.47	0.84
6	XT3481-1	安山岩	93.9	147	14.9	63.0	9.92	2.51	6.98	0.92	4.70	0.75	2.02	0.38	1.41	0.19	17.7	366.28	9.45	0.88
7	4316XT1	杏仁状安山岩	78.6	128	13.0	52.2	9.10	1.98	5.33	0.83	3.70	0.60	1.41	0.20	1.06	0.14	14.2	310.35	10.30	0.80
8	XT4403-1	安山岩	89.9	150	13.1	56.3	10.6	2.06	6.90	0.92	4.39	0.73	1.87	0.28	1.39	0..19	15.1	353.73	10.13	0.72
9	3017XT	黑云角闪安山岩	113	207	14.4	54.0	10.4	2.10	6.51	1.12	3.86	0.64	1.70	0.22	1.28	0.19	15.3	431.72	13.01	0.73
平　均			93.8	158	13.9	56.4	10.0	2.19	6.43	0.95	4.16	0.68	1.75	0.27	1.29	0.18	15.6	365.52	10.72	0.78

纳丁错组微量元素分析结果见表5-4。在微量元素原始地幔蛛网图中(图5-5),玄武岩及安山岩放射性生热元素Th、亲岩浆元素La及Pb元素明显富集,但非活动性元素Nb及Nd微弱亏损,具低的负异常,表明岩浆喷发过程中有壳源物质的参与。从以上微量元素及稀土元素的分布特征总体来看,纳丁错组总体分布型式具造山带钙碱性中酸性火山岩的特点。

纳丁错组中酸性岩类岩石具有较高的Sr/Y比值,在埃达克岩判别图解中(图5-6),绝大部分样品落入埃达克质岩区或在其附近,从而表明这套中酸性岩石具有埃达克质岩的特征。

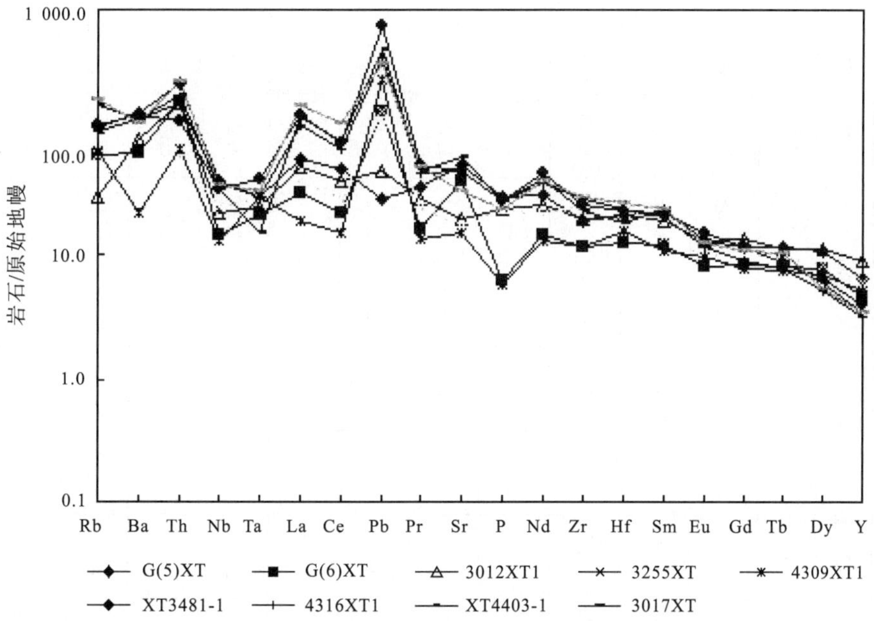

图5-5 纳丁错组微量元素原始地幔蛛网图

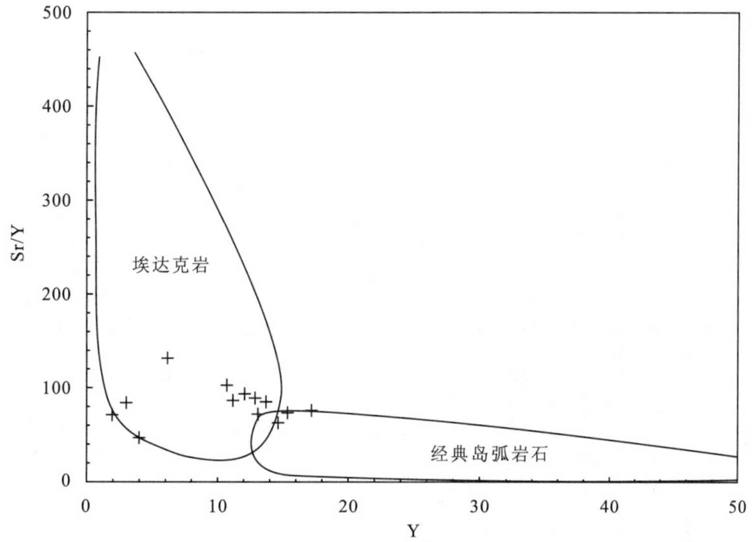

图5-6 埃达克岩Sr/Y-Y判别图

这套埃达克质岩石的出现表明岩浆源区有石榴子石残留相的存在,而石榴子石残留相的形成压力至少在1.2GPa以上,大于40km左右的深度。而前面所讲,安山岩的岩石地球化学指示为壳源物质的源岩,而40km左右的深度应该为地幔,从而指示当时测区大陆地壳的最小厚度超过40km,,此时高原的地表已经开始了隆升,因此可以认为青藏高原的地壳加厚可能在此阶段就已经开始。

表 5-4　测区纳丁错组火山岩微量元素分析结果表

序号	样品编号	岩石名称	微量元素含量($\times10^{-6}$)														
			F^-	Cu	Pb	Zn	Cr	Ni	Co	Li	Rb	W	Mo	Sb	Bi	Hg	Sr
1	G(5)XT	橄榄玄武岩	937	39.5	2.00	144	201	118	34.8	239	69.6	0.38	1.04	0.41	0.084	0.010	1 120
2	G(6)XT	橄榄玄武岩	319	70.6	10.5	118	260	118	44.6	50.7	40.6	0.46	0.70	0.27	0.098	0.028	851
3	3012XT1	杏仁状玄武岩	723	31.8	3.45	108	85.2	54.8	32.2	97.8	18.8	2.11	1.38	0.048	0.088	0.034	412
4	3255XT	杏仁状玄武岩	553	29.1	10.6	104	103	45.4	29.4	105	40.7	0.86	1.38	0.54	0.052	0.011	354
5	4309XT1	粗玄岩	256	31.8	18.9	57.6	156	94.2	13.6	37.7	43.9	1.54	1.08	1.08	0.099	0.12	319
平　均			557.60	40.56	9.09	106.32	161.04	86.08	30.92	106.04	42.72	1.07	1.12	0.47	0.08	0.04	611.20
6	XT3481-1	安山岩	954	47.5	53.2	110	63.6	33.2	17.9	19.5	73.4	0.86	4.32	0.65	0.070	0.086	1 020
7	4316XT1	杏仁状安山岩	1 290	45.6	28.7	119	74.7	28.8	13.4	20.6	63.6	4.32	3.21	0.15	0.035	0.011	1 030
8	XT4403-1	安山岩	1 710	21.1	34.0	98.9	31.0	16.8	14.6	22.6	106	3.81	4.53	0.085	0.088	0.028	1 300
9	3017XT	黑云角闪安山岩	1 910	25.8	25.8	106	31.1	18.8	13.2	46.6	118	2.96	2.51	0.14	0.097	0.018	706
平　均			1 466	35.00	35.43	108.5	50.10	24.40	14.78	27.33	90.25	2.99	3.64	0.26	0.07	0.04	1 014

续表 5-4

序号	样品编号	岩石名称	微量元素含量($\times10^{-6}$)														
			Ba	V	Sc	Nb	Ta	Zr	Hf	Be	B	Ga	Sn	Au	Ag	Th	P
1	G(5)XT	橄榄玄武岩	987	176	22.0	28.3	1.20	210	6.56	1.80	13.6	17.0	4.00	0.10	0.078	21.4	2 840
2	G(6)XT	橄榄玄武岩	480	277	31.6	10.2	0.86	132	3.86	1.52	21.0	18.2	3.80	1.05	0.023	15.0	578
3	3012XT1	杏仁状玄武岩	624	156	21.5	15.8	1.02	222	6.49	1.71	14.4	23.2	6.50	0.55	0.010	14.4	2 240
4	3255XT	杏仁状玄武岩	148	161	27.2	17.7	1.19	288	8.49	0.85	22.2	23.9	3.20	1.20	0.020	5.39	2 280
5	4309XT1	粗玄岩	151	97.0	14.5	9.15	1.21	131	4.85	0.58	29.6	16.0	2.50	1.10	0.027	6.17	546
平　均			478.00	173.40	23.36	16.23	1.10	196.60	6.05	1.29	20.16	19.66	4.00	0.80	0.03	12.47	1 696.8
6	XT3481-1	安山岩	952	136	13.5	24.9	1.71	289	7.17	2.25	7.08	30.9	2.70	1.75	0.083	10.5	2 610
7	4316XT1	杏仁状安山岩	903	105	9.95	27.0	1.21	325	7.29	2.29	13.3	22.3	3.60	0.60	0.083	14.6	2 580
8	XT4403-1	安山岩	883	95.8	10.7	24.9	0.62	259	5.65	2.64	13.5	30.0	1.30	0.40	0.013	17.1	2 580
9	3017XT	黑云角闪安山岩	820	86.8	8.74	26.6	1.34	326	8.19	3.06	16.8	29.3	3.40	0.45	0.012	22.4	2 280
平　均			890	106	10.7	25.8	1.22	300	7.08	2.56	12.7	28.1	2.75	0.80	0.05	16.2	2 513

5. 构造环境分析

测区火山岩形成环境分析，充分利用野外实地考察和室内综合研究，对其形成环境作出科学的分析。

该火山岩带纳丁错组主要为一套基性岩—中性岩—酸性岩并偏碱性的火山岩系，喷发不整合覆盖于日干配错组（T_3r）及早二叠世龙格组（C_2-P_1l）之上，大多数火山韵律具有红顶绿底的特点，从而也表明纳丁错组为陆相喷发环境。

纳丁错组中玄武岩及玄武安山岩在图5-7不同构造玄武岩的Hf-Th-Ta判别图中，全部样品落入岛弧玄武岩区。纳丁错组中酸性岩石在不同构造环境中的酸性岩Nb-Y判别中（图5-8），测区纳丁错组所有样品全部落入VAG+syn-COLG区，属于火山弧及同碰撞构造环境；在不同构造环境Rb-Y+Nb判别中（图5-9），全部样品落入火山弧构造环境区。在FeOt-MgO-Al_2O_3图解中（图5-10），火山岩样品主体投入造山带区扩张中心岛屿区。综合以上图解，本书认为测区北部（错俄湖-依布茶卡）火山岩带纳丁错组是属于造山带环境的岛弧环境，为一套以陆相条件下喷发的熔岩为主，火山碎屑岩为辅的钙碱性-碱性系列岩，此时大地构造环境测区正处于陆-陆碰撞造山阶段，受其陆-陆碰撞造山作用的陆内汇聚支配，造就了测区北部的这条火山岩带。

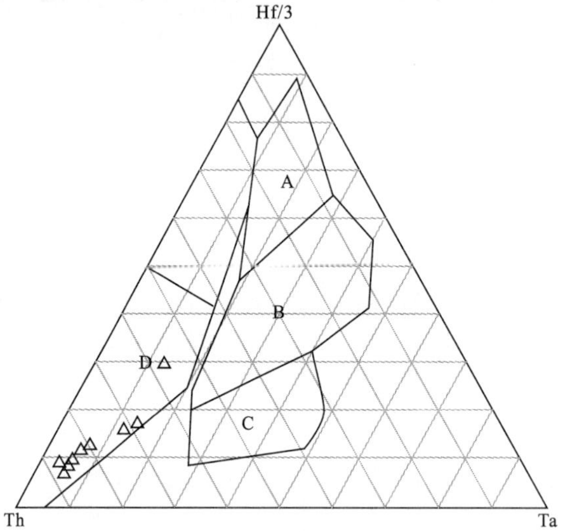

图5-7 纳丁错组不同构造玄武岩的Hf-Th-Ta判别图

A. M—MORB；B. P—MORB；C. 板内碱性玄武岩及分异产物；D. 岛弧拉斑玄武岩及分异产物

（据Wood，1979）

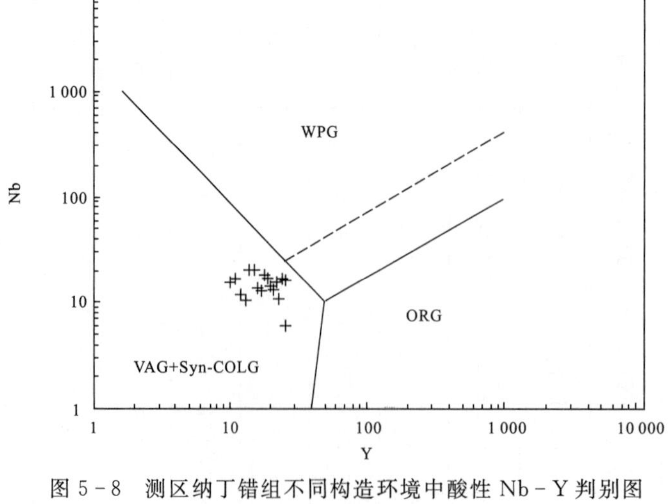

图5-8 测区纳丁错组不同构造环境中酸性Nb-Y判别图

VAG. 火山弧花岗岩；WPG. 板内花岗岩；S-COLG. 同碰撞花岗岩；ORG. 洋中脊花岗岩

（据Pearce等，1984）

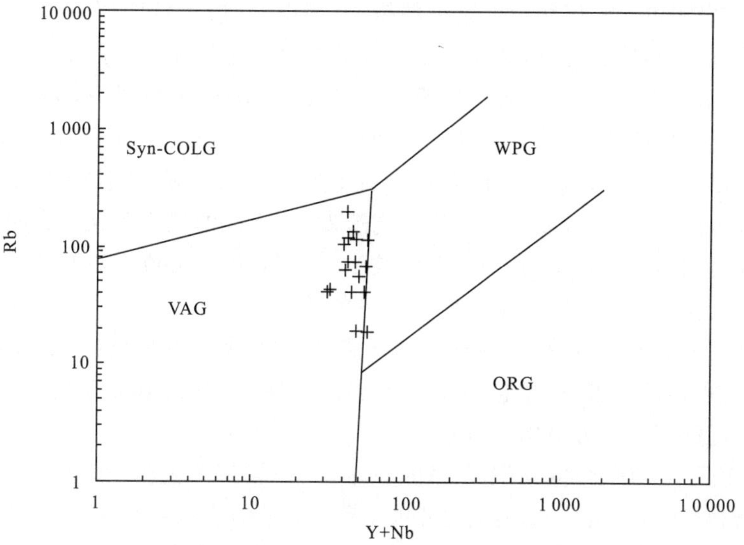

图 5-9　测区纳丁错组不同构造环境中酸性岩 Rb-Y+Nb 判别图

VAG. 火山弧花岗岩；WPG. 板内花岗岩；S-COLG. 同碰撞花岗岩；ORG. 洋中脊花岗岩

（据 Pearce 等，1984）

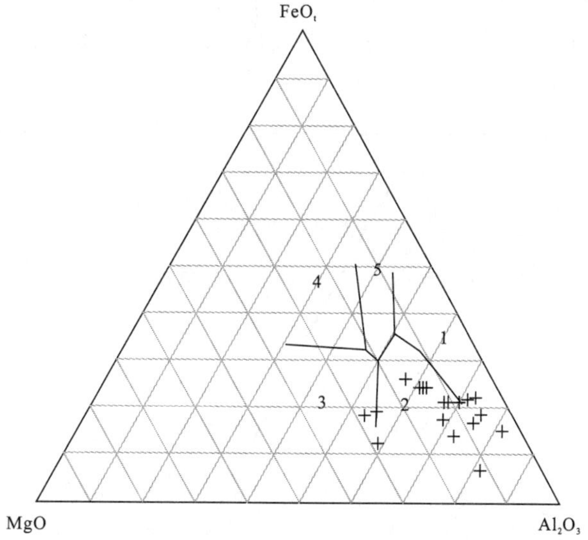

图 5-10　测区纳丁错组火山岩 FeO_t-MgO-Al_2O_3 图

1. 扩张中心岛屿；2. 造山带；3. 洋中脊和洋底；4. 大洋岛弧；5. 大陆

6. 岩相特征及火山构造

（1）岩相特征。测区北部（错俄湖-依布茶卡）火山岩带主要表现为新生代以来火山活动强烈，根据火山喷发类型，火山物质搬运方式和定位环境，本火山岩带主要存在爆发相和喷溢相两大类型。

①爆发相。根据火山碎屑物质的搬运和堆积方式不同，进一步划分为涌流堆积和空落堆积。

涌流堆积：测区内常与火山碎屑堆积相伴生出现，位于一个冷却单元的底部层位。分布在测区各火山机构中心（火山口）附近，范围小，主要岩性有火山角砾岩、含火山角砾安山质岩屑凝灰岩、凝灰岩等。碎屑物粒径范围大，火山灰—砂—火山角砾均可出现，近火山口可见集块，角砾常具塑变现象，是测区涌流堆积的一个重要特征。

空落堆积：测区各旋回火山机构有出露，分布在火山斜坡及远火山地段，常与火山碎屑岩流堆积相伴出现，位于一个喷发单元或一个冷却单元的上部，主要岩性为晶屑凝灰岩、岩屑凝灰岩、玻屑凝灰岩等，分布广，厚度薄，岩石碎屑物以晶屑、玻屑、岩屑为主，偶见含角砾，粒径由内向外逐渐变小，主要为火山砂—火山尘级。一个岩相单元碎屑物粒度是下部粗，上部细，形成正粒序层理构造，火山碎屑一般呈撕裂状、弧面多角状、云状等刚性状态，但处在火山口处的有时可见塑性变形。

②喷溢相。在纳丁错组中较为发育，岩性主要有玄武岩、安山岩、流纹岩等，呈岩流状分布于火山机构周围或呈舌状分布于火山口附近。该岩相常分布在一个喷发韵律的顶部，与爆发相岩石伴生产出。中基性岩石气孔构造、杏仁状构造发育，酸性、碱性岩石中见有柱状解理，柱状与岩层顶底面相垂直，柱体断面呈多边形，以六边形、四边形较多。岩石流动构造发育，不同的流动单元具有明显的侵位特征，气孔和杏仁体呈拉长定向分布，与流动方向一致，在流纹岩、英安岩中常形成涡流状流动构造。

(2)火山构造。火山构造泛指火山作用形成的构造的总称。火山活动往往受一定的基底(或区域)构造控制，因而火山机构常成群成带分布，从而在更大范围内构成了更高级的、更大规模的火山构造。所以火山构造既包括了火山机构本身，也包括了火山群、火山盆地及火山带等更高一级的火山构造单元，同时要考虑火山作用的特征及大地构造背景。

测区纳丁错组就构成了测区北部(错俄湖-依布茶卡)火山岩带的主体，在测区分布范围较大，厚度也较大，岩石类型复杂，岩石组合清楚，岩相特征明显，属造山带的板内碱性玄武岩，其形成严格受区域控制，属陆相线状裂隙或兼中心式喷发的基性—中性—酸性并偏碱性岩系。

测区内保存较好的古火山机构，主要分布在尼玛县纳丁错附近，经本次 1∶25 万地质填图和剖面实测工作，查明了其火山岩性岩相特征，现以其为例分析纳丁错组的火山岩相特征。

尼玛县纳丁错组古火山机构位于尼玛县纳丁错北东侧，错俄湖的南侧，平面上呈不规则圆形展布，角度不整合覆于日干配错组(T_3r)之上，其岩石类型、岩相特征还较清楚(图 5-11)，此火山机构在卫片上表现为一明显的环形构造。

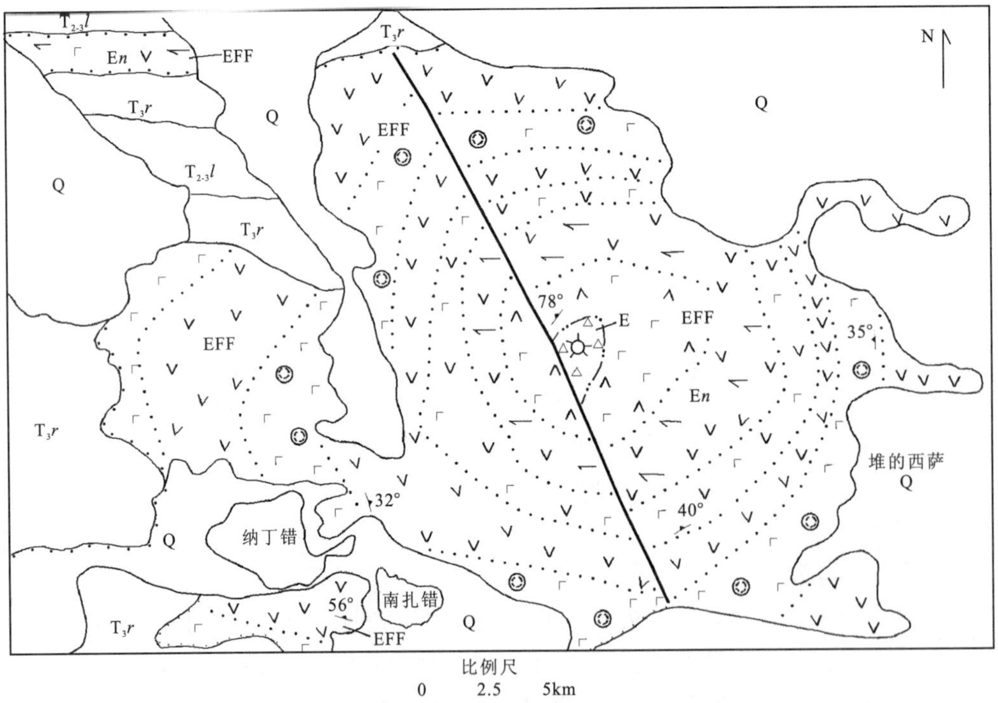

图 5-11　测区尼玛县纳丁错组(En)火山岩岩性岩相构造图

1.第四系；2.纳丁错组；3.日干配错组；4.拉嘎拉组；5.安山岩；6.玄武安山岩；7.气孔玄武岩；8.辉石安山岩；9.火山角砾岩；10.玄武岩；11.岩性界线；12.岩相界线；13.火山口；14.断层；15.地质界线；16.角度不整合界线；17.流面产状；18.爆发相；19.喷溢相

爆发相：分布于3335高地南侧，近东西向椭圆状，长轴方向与区域构造线、地层走向基本一致，主要由安山质火山角砾岩和含火山角砾晶屑凝灰岩组成，角砾形态多为透镜状，棱角状、次棱角状、不规则状，偶见等轴状、纺缍状。角砾一般为0.5～1cm×1～2cm，小者一般为0.2cm×0.5cm不等。角砾成分有玄武岩、安山岩、流纹岩、砂岩、硅质岩、板岩及灰岩等，火山角砾岩均环绕火山口附近分布，火山岩层具围斜内倾斜特点，自中心向外，倾角由陡变缓，火山角砾岩由多变少，由大变小。

喷溢相：围绕爆发相的火山角砾岩出露，呈围斜外倾，岩性主要为玄武岩、安山岩类。

综合来看，本火山机构从内到外，组成相序为爆发相—喷溢相。各岩性岩相围绕火山中心围斜外倾，反映火山活动由爆发—喷溢相交替进行，从出露厚度来看主要以喷溢相为主。

（二）早侏罗世玄武岩（$J_1\beta$）

其主要分布在尼玛县依布茶卡南侧，为本次工作新发现的一个地质体，呈近东西向展布，分布较局限，面积约有20km²，仅在此处发现，本次工作把它作为一个非正式地层单位填绘。此套火山岩可能为古特提斯洋消减闭合形成的一次火山喷发活动。主要岩性为玄武岩，在此玄武岩中采获K-Ar法同位素年龄为180Ma。本书结合野外产状、地质特征及其构造环境，把其形成时代暂时厘定为早侏罗世。

1. 岩石学特征

早侏罗世玄武岩岩性主要为一套玄武岩。岩石大多呈灰绿色，大多经受了后期的构造改造和变形的影响，岩石大部分比较破碎。岩石多具斑状结构，基质具微晶结构，块状构造。斑晶成分由粒度一般为0.5～2mm的斜长石、透辉石、暗色矿物组成。斜长石强烈绢云母化，暗色矿物多蚀变分解为绿泥石，根据假像推测可能原来是橄榄石、辉石。基质成分由粒度一般为0.05～0.2mm的绢云母化更长石、透辉石、绿泥石等矿物呈晶粒结构组成。

2. 岩石化学特征

测区早侏罗世玄武岩岩石化学成分列于表5-5，CIPW标准矿物及其特征参数列于表5-6。从表中可以看出，SiO_2含量为46.38%；Al_2O_3含量为11.97%；CaO为7.85%；全Fe含量较高，达到16.14%；K_2O为0.70%；全碱含量为4.38%；P_2O_5含量为0.28%。从以上来看，岩石具有中等铝，高铁、钙，低钾、磷的特点。

CIPW标准矿物组合为An+Ab+Or+Di+Hy+Q。矿物组合中出现了石英Q而没有刚玉分子C出现，表明硅处于饱和状态，铝处于不饱和状态。分异指数DI为51.75，表明岩浆分异程度中等，固结指数SI为19，碱度率AR为1.57，A/CNK为0.57，指示其源区较深，可能为地幔源。里特曼指数δ为4.01，大于3.3，属碱性系列。

3. 地球化学特征

测区早侏罗世玄武岩稀土元素及特征参数列于表5-7。稀土总量（$\sum$REE）为201.56×10^{-6}，稀土总量偏高。LREE/HREE为2.09，LREE、HREE分馏程度较明显。Eu趋进于1，为0.92，岩石铕异常不显著。在球粒陨石标准化图上（图5-12），曲线大致呈10°方向向右倾斜，轻稀土微弱富集，轻重稀土分馏程度相当。

测区早侏罗世玄武岩微量元素分析结果列于表5-8。在其微量元素原始地幔蛛网图中（图5-13），放射性生热元素Th及Pb元素明显富集，非活动性元素Nb、P明显亏损。从其特征来看玄武岩岩浆可能源自地幔区。

表 5-5 测区早侏罗世玄武岩及去申拉组岩石化学分析结果表

序号	样品编号	岩石名称	采样位置	地质单元	氧化物含量(%)												
					SiO_2	Al_2O_3	Fe_2O_3	FeO	CaO	MgO	K_2O	Na_2O	TiO_2	P_2O_5	MnO	Loss	Total
1	4007GS1	橄榄玄武岩	绒　玛	早侏罗世玄武岩	46.38	11.97	10.22	5.92	7.85	5.09	0.70	3.68	4.40	0.28	0.26	3.42	100.2
2	GS4466	杏仁状玄武岩	八乌错	去申拉组	47.58	11.79	1.56	8.05	7.41	8.70	0.18	2.12	2.65	0.09	0.17	9.32	99.62
3	GS3466	玄武岩	八乌错		43.50	12.59	3.79	7.02	9.62	10.46	0.41	3.00	2.70	0.21	0.21	7.59	101.1
4	3078GS	安山岩	八乌错		56.58	16.89	2.77	4.08	6.10	2.51	1.76	2.89	1.33	0.28	0.19	3.83	99.21
5	3032GS	流纹质凝灰熔岩	日干配错		68.92	14.87	1.26	1.84	1.96	1.18	2.97	3.78	0.55	0.07	0.08	2.02	99.5

表 5-6 早侏罗世玄武岩及去申拉组 CIPW 标准矿物及特征参数表

序号	样品编号	标准矿物含量(%)													特征参数				
		Q	An	Ab	Or	Ne	C	Di	Hy	Ol	Il	Mt	Ap	Zr	DI	A/CNK	SI	AR	σ43
1	4007GS1	0.5	14.62	32.34	4.3	0	0	19.42	10.94	0	8.68	8.53	0.67	0.01	51.75	0.568	20.23	1.57	4.01
2	GS4466	5.21	24.5	19.87	1.18	0	0	12.55	28.39	0	5.57	2.5	0.23	0	50.75	0.687	42.21	1.27	0.67
3	GS3466	0	21.05	22.73	2.59	2.4	0	22.72	0	17.03	5.49	5.48	0.52	0	48.76	0.551	42.43	1.36	3.77
4	3078GS	16.35	29.27	25.64	10.9	0	0	0.44	9.86	0	2.65	4.21	0.68	0	82.16	0.952	17.92	1.51	1.46
5	3032GS	29.84	9.51	32.81	18.01	0	2.09	0	4.63	0	1.07	1.87	0.17	0	90.17	1.144	10.7	2.34	1.73

表 5－7　测区早侏罗世玄武岩及去申拉组稀土元素及其特征参数分析结果表

序号	样品编号	稀　土　元　素($\times10^{-6}$)															特　征　参　数		
		La	Ce	Pr	Nd	Sm	Eu	Gd	Tb	Dy	Ho	Er	Tm	Yb	Lu	Y	ΣREE	LREE/HREE	δEu
1	4007GS1	28.1	55.5	7.03	34.0	8.92	2.81	9.60	1.50	8.80	1.43	3.79	0.52	2.83	0.33	36.4	201.56	2.09	0.92
2	GS4466	28.1	51.3	5.78	26.6	5.72	2.02	5.82	0.88	4.94	0.69	1.93	0.26	1.32	0.18	16.3	151.84	3.70	1.06
3	GS3466	26.3	52.1	6.97	31.0	7.90	2.43	7.04	1.15	6.77	1.19	3.17	0.40	2.24	0.30	26.4	175.36	2.60	0.98
4	3078GS	32.3	58.9	7.25	32.2	7.47	2.08	6.81	1.09	7.24	1.23	3.49	0.52	3.19	0.48	32.7	196.95	2.47	0.88
5	3032GS	39.2	67.7	5.88	25.9	5.13	0.76	4.80	0.83	5.06	0.89	2.97	0.44	2.73	0.36	25.2	187.85	3.34	0.46

表 5-8　测区早侏罗世玄武岩及去申拉组微量元素分析结果表

序号	样品编号	微 量 元 素 含 量($\times10^{-6}$)														
		F^-	Cu	Pb	Zn	Cr	Ni	Co	Li	Rb	W	Mo	Sb	Bi	Hg	Sr
1	4007GS1	346	227	5.80	147	135	80.4	47.6	34.4	7.00	1.0	1.97	0.62	0.017	0.052	353
2	GS4466	590	105	11.4	102	276	118	41.7	32.4	<0.1	<0.1	<0.1	0.055	0.10	0.036	197
3	GS3466	403	104	7.00	116	510	232	44.5	14.8	2.70	0.45	0.47	0.75	0.075	0.054	167
4	3078GS	405	39.8	19.8	118	44.2	26.9	22.9	40.6	35.7	2.95	0.98	0.14	0.10	0.015	382
5	3032GS	308	20.8	18.9	64.7	15.7	12.5	6.00	63.3	120	3.30	1.37	<0.01	0.19	0.036	240
		Ba	V	Sc	Nb	Ta	Zr	Hf	Be	B	Ga	Sn	Au	Ag	Th	P
1	4007GS1	200	288	38.7	21.3	1.79	229	8.06	2.32	27.9	42.6	5.20	1.15	0.043	14.2	758
2	GS4466	29.2	264	29.8	13.0	0.85	87.9	2.62	1.70	19.4	20.8	3.50	0.60	0.010	13.2	1140
3	GS3466	167	284	35.6	23.4	0.94	172	4.54	1.49	19.9	28.0	4.00	1.15	0.020	2.80	1310
4	3078GS	289	237	22.3	11.3	0.81	116	3.26	2.00	16.3	27.9	4.60	0.75	0.010	7.42	1750
5	3032GS	422	34.6	7.13	15.7	0.89	166	4.99	2.80	25.6	23.4	4.30	0.70	0.060	17.6	630

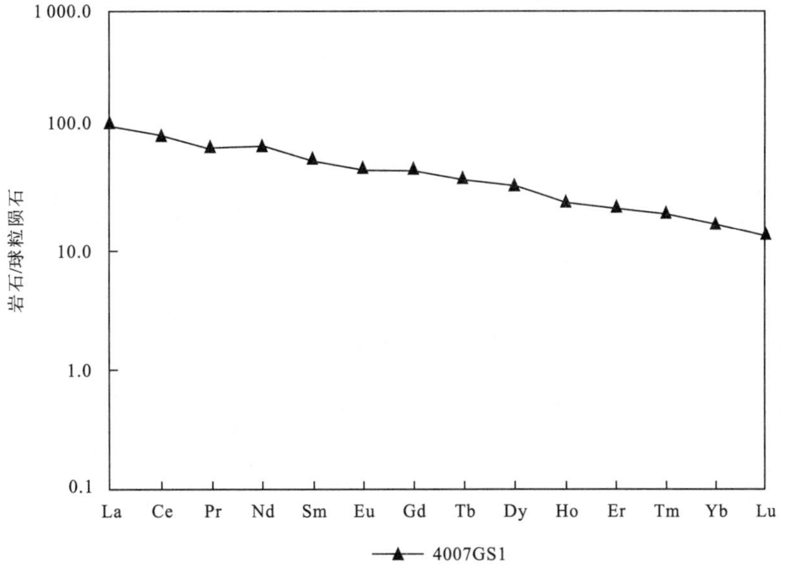

图 5-12 稀土元素球粒陨石标准化分布型式图

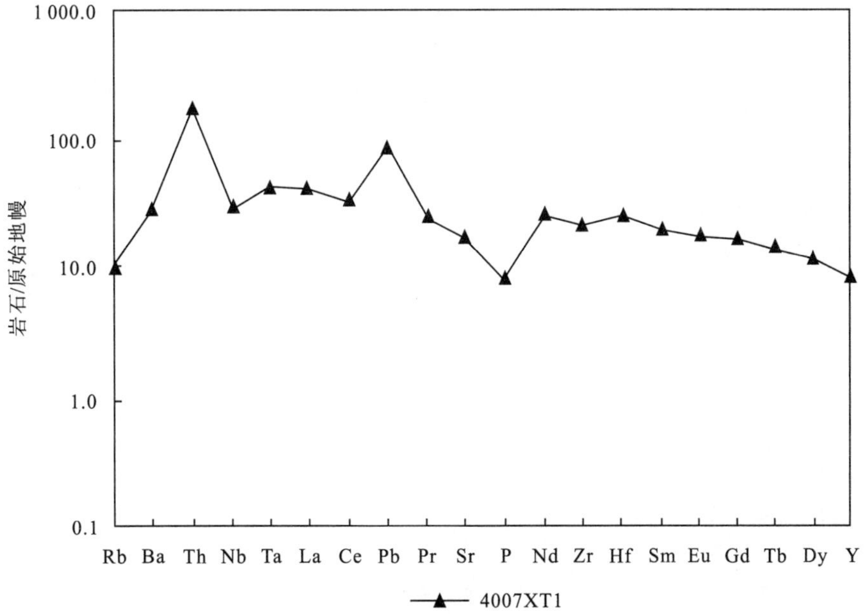

图 5-13 稀土元素原始地幔标准化蛛网图

4. 构造环境判别

早侏罗世玄武岩主要为一套单一玄武岩，在 Nb-Zr-Y 图解中(图 5-14)，早侏罗世玄武岩全部样品落入 A 区，为板内碱性玄武岩。在图 5-15 不同构造玄武岩的 Hf-Th-Ta 判别图解中样品投到岛弧钙碱性玄武岩区。在火山岩 FeO_t-MgO-Al_2O_3 图(图 5-16)中样品落入大洋岛弧区。结合测区早侏罗世玄武岩的大地构造位置和产出环境，认为此套玄武岩属碱性玄武岩，产于岛弧环境，可能是由地幔的玄武质岩浆低度部分熔融作用形成的。此套玄武岩可能为古特提斯洋消减闭合时形成的一次火山喷发活动。

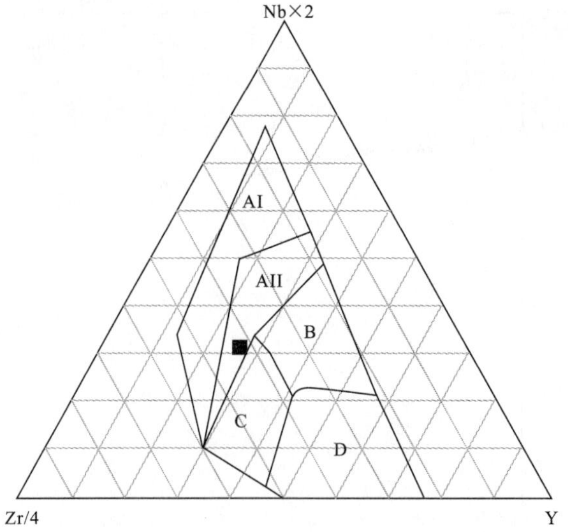

图 5-14　不同构造玄武岩的 Nb-Zr-Y 判别图

A. Ⅰ和Ⅱ. 板内碱性玄武岩；Ⅱ和 C. 板内拉斑玄武岩；B. P—MORB；

D. N—MORB；C 和 D. 火山弧玄武岩

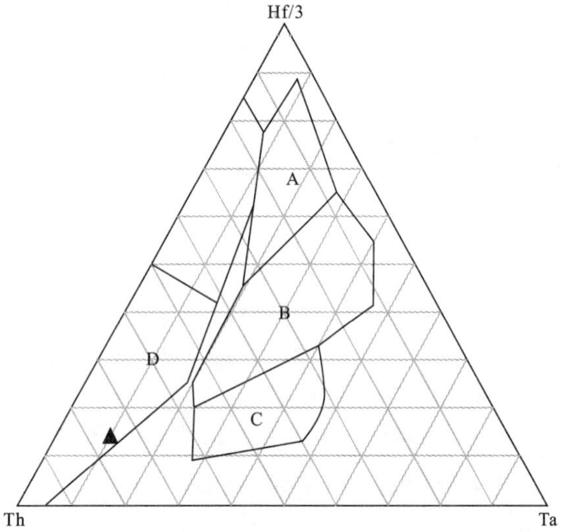

图 5-15　不同构造玄武岩的 Hf-Th-Ta 判别图

A. M—MORB；B. P—MORB；C. 板内碱性玄武岩

及分异产物；D. 岛弧拉斑玄武岩及分异产物

（据 Wood，1979）

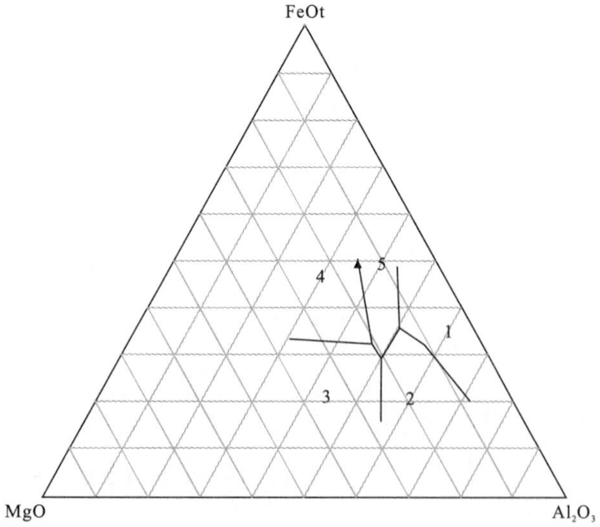

图 5-16　火山岩 FeO_t-MgO-Al_2O_3 图

1. 扩张中心岛屿；2. 造山带；3. 洋中脊和洋底；

4. 大洋岛弧；5. 大陆

二、南部（八乌错-哦居买玛）火山岩带

南部火山岩带主要分布在测区的南部，班公错-怒江结合带内，主要分布在八乌错、赤日、孜如错、哦居买玛等地。主要火山层位为班公错-怒江结合带中属于蛇绿岩组分的玄武岩成分、去申拉组及班-怒带南侧展布的一条 NWW-SEE 向规模相对较大的美苏组火山岩带。

（一）去申拉组

去申拉组出露于尼玛县八乌错雅桑及尼玛查墨一带，主要沿着班公错-怒江结合带北缘出露，代表着班公错-怒江结合带俯冲碰撞的火山岩浆弧。岩石组合主要为一套中基性火山岩系。本期火山活动主要以喷溢相为主，火山活动喷发不整合于侏罗纪木嘎岗日岩组之上，局部地段被后期的构造改造，与其他地质单元呈断层接触。1∶100万改则幅在去申拉获得中基性熔岩K－Ar法同位素年龄值为141Ma，Rb－Sr法等时线年龄值为115 Ma，在其东侧1∶25万班戈幅在同一层位安山岩中获Rb－Sr同位素年龄值为126±2Ma。本书结合野外产状、地质特征及相互接触关系，并综合考虑前人成果，把去申拉组的形成时代厘定为早白垩世。

1. 岩石学特征

岩石类型主要以火山角砾岩、流纹质凝灰熔岩、（杏仁状）玄武岩、安山岩、辉石安山岩等为主。

蚀变基性火山角砾岩：岩石具火山角砾结构，块状构造。火山角砾砾径为2～5mm，角砾成分主要有蚀变基性火山岩，含量约70%，多呈不规则形状，大致可分为两种类型：一是气孔发育，气孔充填物为方解石、绿泥石；二是由钠长石、绿泥石、白钛石等矿物呈残余火山结构组成；其次为结晶灰岩、斜长结晶灰岩角砾，含量约25%，多呈熔蚀状，应是围岩成分，火山爆发时捕获的碎屑。胶结物主要为方解石、绿泥石、白钛石等。个别薄片还见有浮岩状玻屑成分。

流纹质凝灰熔岩：岩石具凝灰结构，基质隐晶质结构，块状构造。晶屑含量约50%，以斜长石晶屑为主，常熔蚀成港湾状或成刀斧状；次要为石英晶屑，边缘熔成波浪起伏或爆裂成刀斧状；黑云母晶屑少量，熔成阶梯状。岩屑含量较少，以安山岩和斑岩为主，偶见有粉砂岩屑。基质含量约50%，为隐晶质长英矿物。

玄武岩：灰绿色，具斑状结构，基质交织结构（斑晶0.6～2mm，基质0.06～0.1mm），块状构造。斑晶：斜长石25%、辉石3%、角闪石5%～8%；基质：斜长石40%～50%、辉石2%～3%、方解石10%、磁铁矿1%～2%。斜长石呈自形柱状，混浊；辉石自形短柱状，无色，呈聚斑出现，为透辉石；角闪石由于强蚀变已被方解石替代，仅保留其假像；基质为板条状斜长石微晶，大致平行排列，其间夹有方解石、辉石、磁铁矿等形成交织结构。蚀变表现为斜长石强绢云母化和角闪石方解石化。

杏仁状玄武岩：岩石多具玻晶结构、间粒结构，杏仁状构造。矿物成分：基性斜长石含量20%～25%，呈细长状微晶，杂乱地分布于玻璃质中；普通辉石10%～15%，玻璃质50%～55%；另有磁铁矿呈微粒状，钛铁矿呈微细条状，均匀地分布于玻璃质中。岩石中杏仁体约占5%～10%（面积比），杏仁体较小，大的约1mm，但多数<1mm。个别薄片可达1～5mm，其形态为圆—次圆状、椭圆状及不规则状，杏仁体为绿泥石和碳酸盐及热液石英等充填。岩石普遍遭受强烈的碳酸盐化、绿帘石化、绿泥石化等。

蚀变安山岩：岩石具不等粒斑状结构，基质间隐—间粒结构，块状构造。斑晶成分主要为中长石，含量约35%，自形—半自形晶，呈不等粒状，最大粒径1mm，具隐约的环带构造；其次为黑云母，含量约5%，为自形片状。基质成分：中长石含量约40%，磁铁矿含量<10%，玻璃质含量<10%，石英少见；中长石为微晶状，杂乱分布，其空隙或间隙中为玻璃质和细粒状磁铁矿充填。岩石蚀变类型主要有碳酸盐化、绿泥石化、绢云母化等。

辉石安山岩：岩石具斑状结构，基质间隐结构，块状构造。斑晶含量约10%，成分为自形程度高的辉石，呈自形—半自形晶，有时晶体聚合在一起，构成聚斑结构，大部分已蚀变成绿泥石，但保留其外形。基质中细长条斜长石杂乱分布，排列成三角架的空隙中，为玻璃质填隙，有时含细粒状辉石。基质中不少斜长石已变为绿泥石，玻璃质已开始脱玻。

2. 岩石化学特征

测区去申拉组火山岩岩石化学分析结果见表5－5，CIPW标准矿物及特征参数列于表5－6中。

去申拉组火山岩分类命名采用TAS图解，在图5－17中可以看出，去申拉组主要为一套中基性岩石组合，主要为玄武岩、玄武安山岩、安山岩，与室内鉴定结果基本一致。总体来看，测区去申拉组主要为一套基性-中性的岩石组合。在图 5－17 中同时也可以看出，全部样品落入亚碱性区（Ir），暗示测区去申拉组属亚碱性岩，对于这些亚碱性系列样品进一步采用 AFM 图解（图 5－18），全部样品落入钙碱性系列，确定测区去申拉组火山岩总体上具钙碱性系列性质。

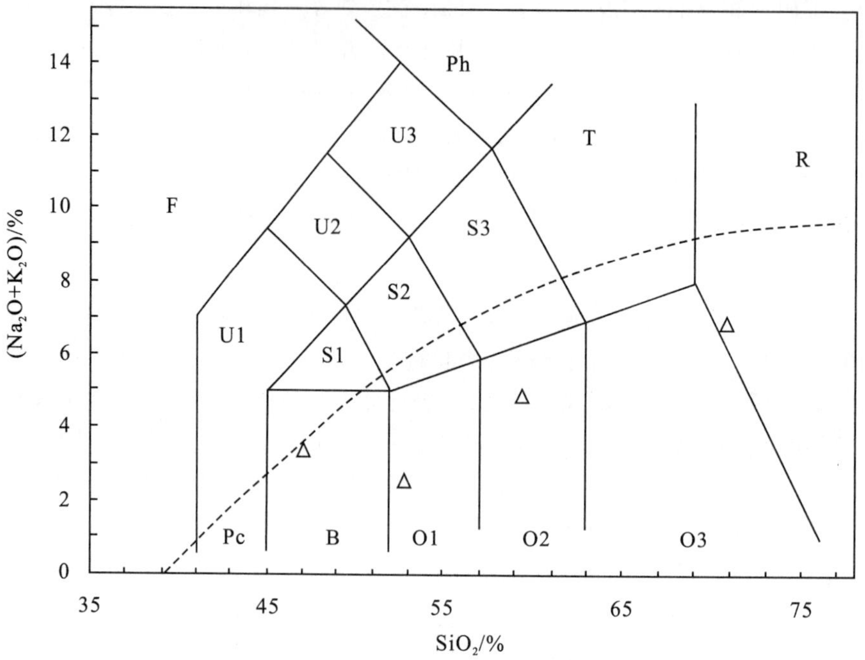

图 5－17　去申拉组 TAS 图解

B. 玄武岩；O1. 玄武安山岩；O2. 安山岩；O3. 英安岩；S1. 粗面玄武岩；S2. 玄武质粗面安山岩；S3. 粗面安山岩；T. 粗面岩和粗面英安岩；R. 流纹岩；U1. 碱玄岩或碧玄岩；U2 响岩质碱玄岩；U3：碱玄质响岩；Ph：响岩；Pc. 苦橄玄武岩

（据 LeBos 等，1986；IUGS，1989）

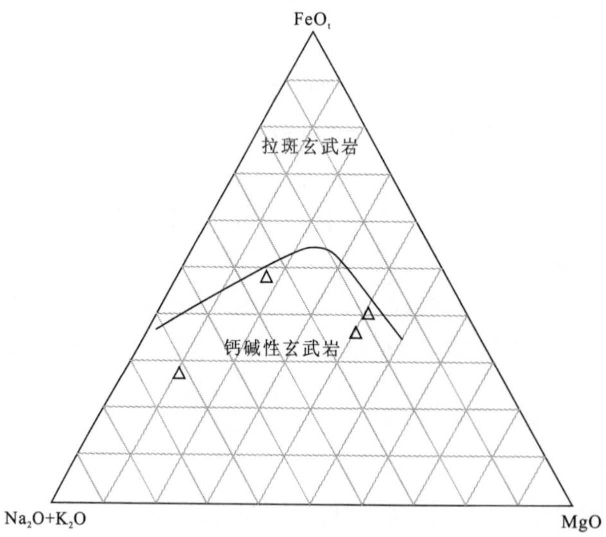

图 5－18　去申拉组 AFM 图解

从表 5－5、表 5－6 可以看出，美苏组火山岩具有如下特征：

①去申拉组玄武岩 SiO_2 含量变化于 43.50%～47.58%，平均为 45.54%，总体属基性岩范畴，但硅含量偏低；全碱含量变化于 2.30%～3.41%，K_2O/Na_2O 平均为 0.12，说明 Na_2O 的含量远远大于 K_2O 的含量；CaO 含量变化于 7.41%～9.62%，平均为8.52%，Al_2O_3 平均含量为 12.19%，MgO 平均含量为 9.58%，TiO_2 平均含量为 2.68%；岩石明显具有低硅、钾，高镁的特点。安山岩 SiO_2 含量为 56.58%，属中性岩范畴；全碱含量为

4.65%，K_2O/Na_2O 比值普遍仍小于1，为0.61。CaO 含量平均为6.10%，Al_2O_3 含量为16.89%，MgO 含量为2.51%，TiO_2 含量为1.33%。

从去申拉组各类岩石来看，从基性岩—中性岩的变化，随着 SiO_2 含量的增高，MgO、Fe_2O_3、FeO、CaO、TiO_2 等明显降低，呈负相关关系；与 Al_2O_3、K_2O 呈正相关；FeO> Fe_2O_3。

②去申拉组火山岩中玄武岩均未出现刚玉分子C，表明 Al_2O_3 处于不饱和状态，其CIPW标准矿物为An+Ab+Or +Di+Hy。安山岩样品与玄武岩相类似，但标准矿物中出现了石英Q，说明 SiO_2 为过饱和状态，其CIPW标准矿物组合为Q+An+Ab+Or+Di+Hy。分异指数DI玄武岩变化于48.76～50.75，安山岩平均为82.16，从而反映了岩浆分异演化的规律，随着分异演化越彻底，酸性程度越高。

③化学成分各种指数特征：里特曼指数 δ，绝大部分样品小于3.3，属钙碱性系列岩，只有一个样品为3.77，属于碱性岩范围，这与AFM图解的判别结果是一致的。说明测区去申拉组的岩石系列属于钙碱性系列。固结指数(SI)：玄武岩变化于42.21～42.43之间，安山岩平均为1.51。从基性岩到中性岩，固结指数由大到小，说明去申拉组火山岩从基性岩到中性岩岩浆分异程度是逐渐增高的。碱度率(AR)：玄武岩平均为1.32，安山岩平均为1.46，随着酸性程度的增高，碱度率也逐渐增高。过铝指数(A/CNK)：玄武岩变化于0.55～0.69，安山岩为0.95，皆小于1.1，表明可能为幔源物质部分熔融而成。

综合上述去申拉组岩石化学特征来看，测区南部火山岩带的去申拉组火山岩的岩石组合为一套基性岩—中性岩的火山岩，属钙碱性系列。其火山岩浆可能是上地幔部分熔融而成。

3. 地球化学特征

测区去申拉组火山岩稀土元素含量及特征参数列于表5-7，玄武岩及安山岩稀土元素总量变化于 151.84×10^{-6}～196.95×10^{-6}，稀土元素总量中等，LREE/HREE 变化于2.47～3.69之间，表明轻稀土微弱富集。δEu 趋近于1，变化于0.88～1.06，岩石铕异常不显著。火山碎屑岩 δEu 为0.46，具有铕负异常，说明混染有其他物质成分。在球粒陨石标准化图中(图5-19)，曲线向右倾斜，轻稀土较重稀土分馏明显，玄武岩与安山岩曲线较为一致，反映了为同一岩浆演化的特点。火山碎屑岩具有Eu的负异常，呈谷状，其曲线与玄武岩、安山岩的曲线除Eu外，其他元素具有相似性。稀土元素表明源区可能来自于地幔，并经低度部分熔融而成。

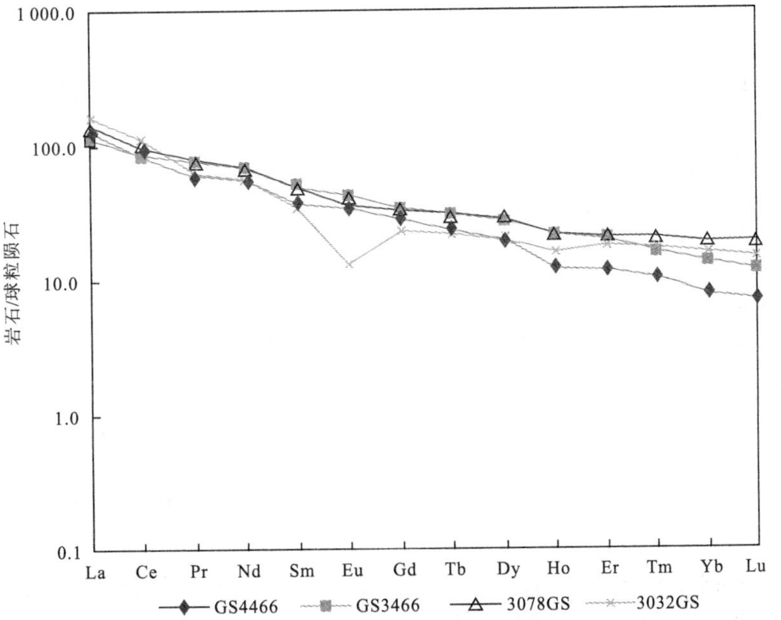

图5-19　去申拉组稀土元素球粒陨石标准化分布型式图

微量元素分析结果列于表5-8,在其微量元素原始地幔蛛网图中(图5-20),非活动性元素Nb、Ta、Zr、Hf微弱亏损,Nd明显富集,玄武岩Ti微弱富集,安山岩Ti微弱亏损。绝大部分样品反射性生热元素Th富集,Pb元素富集。

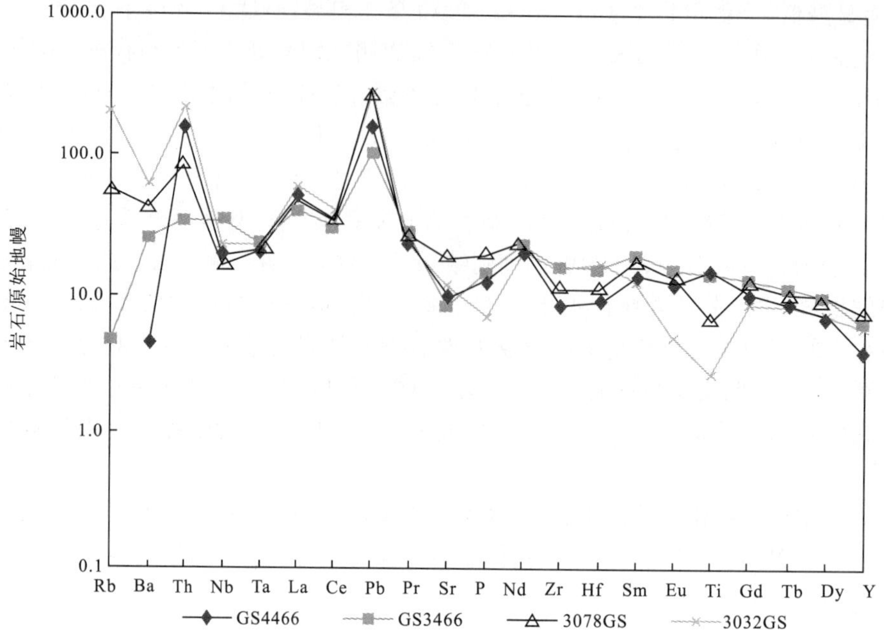

图5-20　去申拉组微量元素原始地幔蛛网图

4. 构造环境分析

在不同构造环境玄武岩的Hf-Th-Ta判别图解中(图5-21),样品全部落入岛弧钙碱性系列,在图5-22去申拉组不同构造玄武岩的Nb-Zr-Y判别图解中,样品落入板内碱性玄武岩区,在图5-23去申拉组不同构造环境Nb-Y判别图解中,样品全部落入火山弧构造环境中。结合区域地质背景、产出特征,可以推定去申拉组为一套岛弧型钙碱性岩石系列,形成于活动大陆边缘成熟火山岛弧环境。

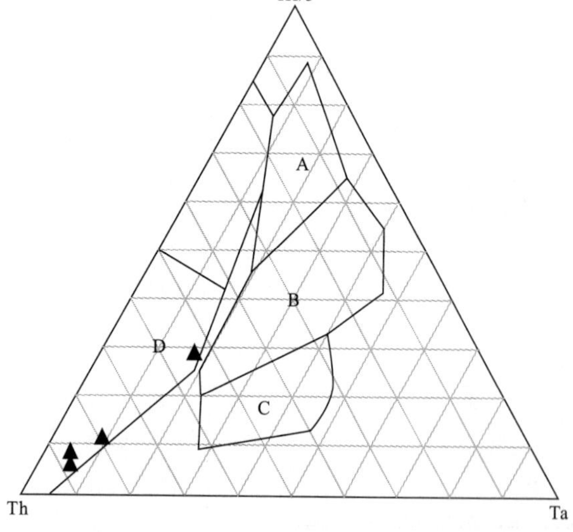

图5-21　去申拉组不同构造玄武岩的Hf-Th-Ta判别图

A. M—MORB;B. P—MORB;C. 板内碱性玄武岩及分异产物;

D. 岛弧拉斑玄武岩及分异产物

(据Wood,1979)

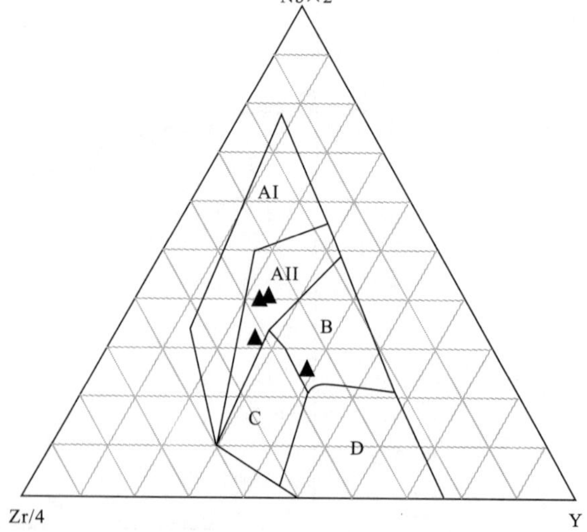

图5-22　去申拉组不同构造玄武岩的Nb-Zr-Y判别图

A. Ⅰ和Ⅱ. 板内碱性玄武岩;Ⅱ和C. 板内拉斑玄武岩;

B. P—MORB;D. N—MORB;C和D. 火山弧玄武岩

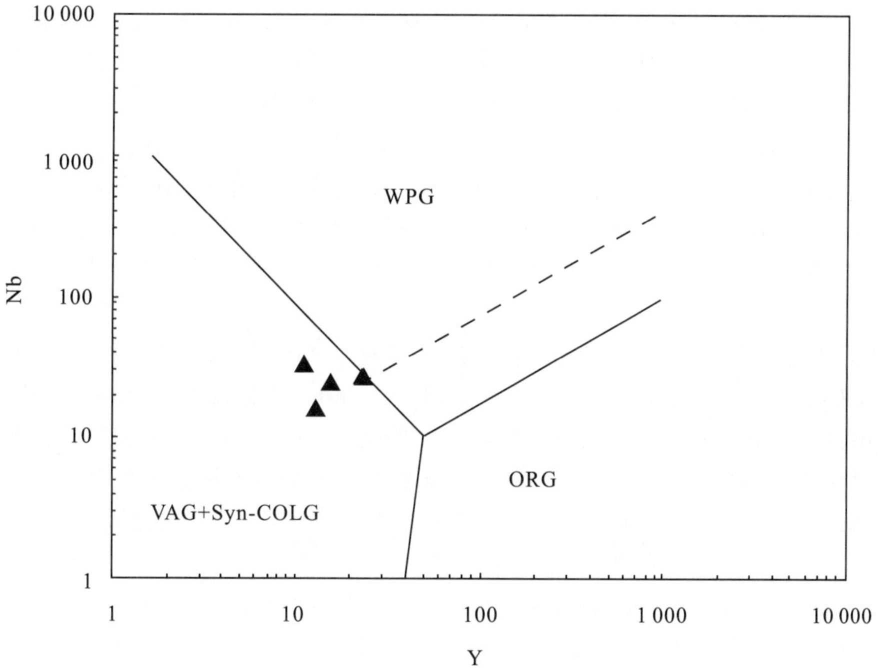

图 5-23　去申拉组不同构造环境 Nb-Y 判别图
VAG. 火山弧花岗岩；WPG. 板内花岗岩；S-COLG. 同碰撞花岗岩；ORG. 洋中脊花岗岩
（据 Pearce 等，1984）

（二）蛇绿岩套中的玄武岩

蛇绿岩套中的玄武岩已在第四章中做了较为详细的叙述，这里不再赘述。蛇绿岩套中的玄武岩也是测区南部火山岩带的组成部分，根据其与蛇绿岩的密切关系，厘定形成时代为晚侏罗世，代表着初始拉张洋盆环境，是地幔橄榄岩低度部分重熔作用的产物。

（三）美苏组

美苏组主要沿着班公错-怒江结合带南缘出露，在测区主要零星出露在八乌错、赤日、孜如错、哦居买玛等地，代表着班公错-怒江结合带在喜马拉雅期受雅鲁藏布江结合带的影响重新活动形成的一套火山岩系。呈 NWW-SEE 向断续延伸。岩石组合主要为一套基性—中性—酸性的火山岩系。本期火山活动主要以喷溢相为主，火山活动喷发不整合于早白垩世郎山组之上。本次工作在哦居买玛北侧获得一个安山岩 K-Ar 法同位素年龄值为 34.8Ma，在八乌错南侧获得一个安山岩 K-Ar 法同位素年龄值为 64.6Ma。本书结合其野外产状、地质特征及相互接触关系，并综合考虑前人成果，把美苏组的形成时代厘定为古近纪。

1. 岩石学特征

岩石类型主要有火山碎屑岩、熔岩等。现择其典型岩类描述如下。

(1)火山碎屑岩。中酸性熔结火山角砾岩：岩石呈灰色，熔结结构，火山角砾构造。角砾砾径一般为 3～4mm，成分主要为中-酸性火山角砾，其中安山质角砾含量占 30%；英安-流纹质角砾占 45%；斜长石晶屑占 10%，斜长石晶屑自形程度较好，常为半自形状；石英晶屑<5%。角砾棱角不明显，有的呈次圆状。胶结物主要为玻璃质浆屑成分，含量约 5%～10%，其次为一些氧化铁，含量为 2%～3%。玻璃质浆屑为长条状或其他不规则状，似有流动方向，大部分已碳酸盐化或绿泥石化。

蚀变火山角砾岩：岩石呈灰黄色、紫红色，角砾状构造。角砾含量约 70%～75%。角砾成分主要为霏细结构的英安质岩石，少量蚀变安山岩；角砾分选很差，大小悬殊，分布不均，形状多不规则。胶结物主要由硅质和部分碳酸盐矿物组成，硅质多已结晶为粗细不等粒石英；胶结物世代关系明显，从角砾边→角砾间，石英由梳状→细粒状→粗粒状；部分粗晶石英有再生加大现象，有的加大边很规则；碳酸盐矿物主要为方解石，充填石英晶间或充填晚期裂熔缝，明显比石英晚生成。

安山质火山角砾岩：岩石多呈紫红色，个别呈灰白色，火山角砾结构，胶结物具凝灰结构，角砾状构造。岩石普通遭受强绢云母化、碳酸盐化。火山碎屑成分：安山质火山熔岩角砾含量＞60％，以次棱角状为主，次圆、圆状次之，砾径2～10mm；变质岩、围岩角砾含量约10％；岩屑含量约5％～10％，斜长石、石英晶屑含量＜5％，石英晶屑有的呈强熔蚀状。胶结物由火山灰胶结，由蚀变碳酸盐、绢云母和较多的铁质组成。

英安-安山质晶屑凝灰岩：岩石呈灰绿色，具岩屑、晶屑凝灰结构，块状构造。火山碎屑物以晶屑为主，岩屑次之，火山碎屑粒度绝大多数＜1mm，仅个别岩屑＞2mm；分选较差，呈柱粒状、次棱角状。晶屑成分主要为中酸性斜长石，一般呈柱状、柱粒状，弱—中等绢云母化，Np′∧(010)近于平行和小角度消光；其次为石英，呈次圆—棱角状，大者圆度较好，呈碎屑粒状。岩屑以不规则状为主，主要为英安质-安山质熔岩。胶结物由火山灰分解物组成，多数已蚀变成绿泥石-绿帘石，还有氧化铁物质。

岩屑凝灰岩：岩石具灰白色，具凝灰结构，块状构造，碎屑含量约75％～80％，主要由强硅化、碳酸盐化的中酸性火山岩碎屑组成，碎屑分选差，次棱角状—次圆状，蚀变强烈，有的几乎全由硅质微粒和碳酸盐矿物替代，仅保留一些结构阴影。胶结物主要为黑色胶状火山尘泥，部分分解生成硅质、碳酸盐矿物和部分黏土矿物。岩石溶缝发育，呈断续不规则，局部密集形成蜘蛛网状，由微晶碳酸盐矿物和少量黏土矿物充填。

英安质晶屑岩屑凝灰岩：岩石呈灰色—灰绿色，凝灰结构，块状构造。矿物成分：晶屑含量约35％～40％，其中斜长石占绝大多数，石英少量；英安质岩屑含量约55％～60％；灰岩屑含量约5％～10％；胶结物主要为绿泥石、碳酸盐，次为玻璃质。斜长石晶屑为棱角状—次棱角状，刀斧状，也有一些小的自形-半自形晶，呈方—长方形；石英晶屑多呈棱角状；岩屑为英安质岩屑，已不含斑晶(个别大的岩屑含圆形石英斑晶)，粒径为0.25～0.1mm，常有碳酸盐化现象，灰岩屑由微晶方解石组成。

中基性岩屑晶屑凝灰岩：岩石呈岩屑晶屑凝灰结构，块状构造；火山碎屑成分：中长石晶屑含量47％±，中基性火山岩屑20％±，绿泥石团块2％±；充填及胶结物成分：方解石25％±，绿泥石2％±。中长石晶屑多呈棱角状、尖棱角状；中基性火山岩屑多呈不规则状、棱角状和熔蚀状。

(2)熔岩类。玄武岩：岩石呈斑状结构，基质玻晶结构、雏晶结构，块状构造。斑晶含量10％～15％，个别薄片可达45％±。主要为基性斜长石，粒径1.5mm，呈细长板柱状，长宽比为8∶1～10∶1，具卡氏双晶和卡钠双晶，有绿帘石化；其次为普通辉石，个别薄片含有橄榄石斑晶，半自形粒状，发育暗化边。基质成分：中长石含量＜20％；玻璃质含量＞65％，玻璃质大部已脱玻化，具较多的羽状雏晶，有微弱光性，可能为绿泥石-绿帘石或阳起石的雏晶，副矿物主要见有白钛石、榍石及一些金属矿物。

蚀变杏仁状玄武岩：不等粒斑状结构，基质玻晶交织结构，杏仁状构造。斑晶成分为基性斜长石，含量约30％，为不等粒状，自形程度高，多为长板柱状，粒径大者5mm×1mm，中等的为2～3mm×0.5mm，小的0.5mm×0.25mm，个别薄片中含有橄榄石斑晶，颗粒细小，半自形粒状，大多数变为伊丁石(暗褐红色)，边缘有暗化边。基质由发状雏晶(含量25％)和玻璃质及磁铁矿(含量45％)组成，发状雏晶多为斜长石，杂乱分布。

岩石中含较多浑圆状杏仁体，杏仁体呈长圆状、蝌蚪状、微透镜状等，由绿泥石碳酸盐和微粒状石英充填，常构成层圈状。岩石受蚀变影响，主要表现为基性斜长石斑晶强绢云母化。

安山岩：斑状结构，基质微粒-微晶结构，玻晶交织结构，块状构造。斑晶成分：斜长石含量约占90％，个别可达25％～30％，自形-半自形晶，晶体较大，大的有4mm±，中等的为2～3mm，具不太清晰的环带构造，为中长石，双晶发育，主要有卡氏双晶、卡钠双晶；普通角闪石含量约10％±，呈长柱状，长宽比为8∶1～10∶1，呈定向-半定向排列。基质成分：中长石，约占70％～75％，呈微晶状，多为方形，少数为长方形，具隐约的环带构造；石英含量＜5％，多为中长石的填隙物；玻璃质约占5％～10％。岩石中常含有少量的磁铁矿等金属矿物。

岩石普遍遭受蚀变，主要表现为碳酸盐化、硅化、绿泥石化。

有的岩石还具有杏仁状构造，但一般少见，杏仁体呈次圆状、哑铃状、蝌蚪状、不规则状，由碳酸盐、绿泥石充填，中心还有球粒状石英，其大小为1～2mm，个别岩石还具特殊的杏仁体层圈构造，由外向内可分4层，第一层一般较窄，为放射状-叶片状玉髓；第二层稍宽一点，为细而密玉髓放射排列呈球粒；第三层(极窄)为细粒石英；第四层，中心部位为粗粒石英。

蚀变(角闪)安山岩：岩石呈紫红色、暗紫色、灰黄色，具少斑结构，块状构造。斑晶含量大都＜5％，主要为暗化角闪石，有的呈细长柱状，有的呈菱形或六边形，有的全部暗化，仅保留有角闪石的晶体形态；中性斜长石，呈较规则的板柱状，具特征的环带构造。基质具交织结构，强硅化和碳酸盐化，主要由微晶斜长石、隐晶硅质和微粒石英碳酸盐矿物部分火山尘泥组成，微晶斜长石大致定向排列，个别薄片中见到菱铁矿，呈很规则的菱面体，部分氧化为褐铁矿，呈鲜褐红色，仍保存有规则的菱面体晶形。

流纹岩：含火山碎屑霏细结构，流动构造。矿物成分：酸性火山岩碎屑含量20％±；霏细状长英矿物集合体70％～75％，褐铁矿尘点4％～5％，热液石英1％～2％。粒径0.5～5mm。霏细状长英矿物集合体沿一定方向排列呈流动构造。副矿物主要有金红石、磷灰石等，粒径0.2mm。

2. 喷发韵律及旋回

美苏组喷发韵律及旋回较清楚，以改则县沙角美苏组实测剖面为代表，可划分为15层7个韵律一个旋回(图5-24)，第1韵律为剖面的①～②层，厚度为24.48m，火山相由弱爆发相—喷溢相组成，火山岩石上部为安山岩，下部为英安质晶屑岩屑凝灰岩。第2韵律由③～⑦层组成，厚度约88.92m，岩石组合上部为安山岩，下部为晶屑(岩屑)凝灰岩，火山相由弱爆发相一喷溢相组成。第3韵律为⑦～⑨层，厚度约26.89m，岩石组合上部为凝灰质砂岩，中部为安山岩，下部为安山质晶屑岩屑凝灰岩，火山岩相由弱爆发相—喷溢相—喷发沉积相过渡。第4韵律由剖面的⑩～⑪层组成，厚度约11.94m，岩石组合上部为安山岩，下部为英安-安山质晶屑凝灰岩，火山岩相为弱爆发相—喷溢相。第5韵律由⑫～⑬层组成，厚度约32.17m，岩石组合为上部含凝灰质粉砂岩，下部为英安质晶屑岩屑凝灰岩，火山岩相由弱爆发相直接过渡到喷发沉积相。第6韵律由⑭～⑮层组成，厚度＞111.86m，岩石上部为安山岩，下部为安山质火山角砾岩，火山相组合为爆发相—喷溢相。从上述韵律特征来看，美苏组的喷发韵律火山相组合主要为两种：一种是弱爆发相一喷溢相组合；另一种是爆发相—喷溢相—喷发沉积相的完整韵律组合。火山岩爆发指数为65.19％，爆发强度较大，爆发相主要为弱爆发，为空落堆积的一些产物凝灰岩类，具强烈爆发特征的火山角砾岩分布范围、厚度多不大。

3. 岩石化学特征

测区美苏组火山岩岩石化学成分列于表5-9，其校正后计算的CIPW标准矿物含量及部分化学参数列于表5-10。美苏组火山岩分类命名采用TAS图解，在图5-25中可以看出，美苏组主要为一套中酸性岩石组合，主要为流纹岩、安山岩、英安岩及部分玄武岩、玄武安山岩等，与室内鉴定结果基本一致。个别样品可能由于蚀变较强，从而使安山岩样品落入粗面玄武安山岩区。总体来看，测区美苏组主要为一套基性-中性-酸性的岩石组合。在图5-23中同时也可以看出，大部分样品落入亚碱性区(Ir)，少数样品落入碱性系列区，但也比较靠近亚碱性区，暗示测区美苏组属亚碱性系列，对于这些亚碱性系列样品进一步采用AFM图解(图5-26)，大部分样品落入钙碱性系列，有两个样品落入拉斑玄武岩区，确定测区美苏组火山岩总体上具钙碱性系列性质，部分具有拉斑玄武岩的性质。

从表5-9、表5-10可以看出美苏组火山岩具有如下特征：

表 5-9　测区美苏组火山岩岩石化学分析结果表

序号	样品编号	岩石名称	采样位置	氧化物含量(%)												
				SiO_2	Al_2O_3	Fe_2O_3	FeO	CaO	MgO	K_2O	Na_2O	TiO_2	P_2O_5	MnO	Loss	Total
1	GS3444	玄武岩	哦居买玛	43.58	16.34	10.19	2.35	8.23	4.82	0.52	4.00	2.20	0.26	0.21	6.62	99.32
2	GS3460	粗玄岩	八乌错	49.84	16.21	5.44	3.47	6.71	3.37	1.62	4.96	1.85	0.36	0.25	5.81	99.89
3	3053GS	杏仁状玄武岩	哦居多玛	52.32	16.81	7.72	2.57	3.05	2.82	1.40	5.36	2.42	0.24	0.15	3.87	98.73
	平　均			48.58	16.45	7.78	2.80	6.00	3.67	1.18	4.77	2.16	0.29	0.20	5.43	99.31
4	4035GS1	辉石安山岩	哦居买玛	61.68	16.02	3.98	1.10	4.56	1.46	3.46	3.78	1.33	0.43	0.06	1.62	99.48
5	4045GS1	杏仁状安山岩	哦居买玛	57.44	14.06	10.08	0.65	3.29	0.73	1.07	5.79	1.95	0.43	0.16	3.59	99.24
6	3219GS4	富铁安山岩	哦居多玛	52.12	18.66	9.16	0.40	7.72	0.18	0.35	3.57	1.90	0.38	0.12	5.52	100.08
7	2321GS1	玻基玄武岩	哦居买玛	64.54	15.23	2.91	0.76	3.37	1.07	4.03	3.83	0.91	0.44	0.056	1.34	98.486
	平　均			58.945	15.993	6.532 5	0.727 5	4.735	0.86	2.227 5	4.242 5	1.522 5	0.42	0.099	3.017 5	99.322
8	GS3457	球粒流纹岩	八乌错	77.54	9.59	2.17	0.12	2.41	0.09	1.20	3.68	0.23	0.03	0.06	2.53	99.65
9	3069GS	流纹岩	哦居多玛	73.56	13.42	2.22	0.12	0.33	0.08	4.61	3.47	0.23	0.05	0.01	1.05	99.15
	平　均			75.55	11.51	2.20	0.12	1.37	0.09	2.91	3.58	0.23	0.04	0.04	1.79	99.40

表 5-10 测区美苏组火山岩 CIPW 标准矿物及特征参数表

序号	样品编号	标准矿物含量(%)														特征参数				
		Q	An	Ab	Or	Ne	C	Di	Hy	Wo	Ol	Il	Mt	Ap	Zr	DI	A/CNK	SI	AR	σ43
1	GS3444	0	27.25	31.1	3.34	3.06	0	12.42	0	0	11	4.54	6.63	0.65	0.04	64.75	0.739	22.65	1.45	5.58
2	GS3460	0	18.3	43.66	10.19	0.56	0	11.81	0	0	5.1	3.74	5.72	0.89	0.05	72.71	0.733	18.03	1.81	4.87
3	3053GS	4.62	14.35	47.98	8.75	0	1.59	0	10.54	0	0	4.86	6.69	0.59	0.03	75.7	1.059	14.44	2.03	4.14
4	4035GS1	16.54	16.91	32.74	20.93	0	0	2.66	3.04	0	0	2.59	3.57	1.02	0.02	87.12	0.878	10.72	2.09	2.73
5	4045GS1	12.8	9.69	51.51	6.65	0	0	3.81	3.4	0	0	3.89	7.18	1.05	0.02	80.65	0.844	4.11	2.31	2.99
6	3219GS4	13.39	36.02	32.14	2.2	0	0	1.83	4.42	0	0	3.84	5.2	0.94	0.03	83.76	0.92	1.38	1.35	1.4
7	2321GS1	20.02	12.84	33.4	24.54	0	0	1.12	2.5	0	0	1.78	2.74	1.05	0.02	90.8	0.907	8.57	2.46	2.79
8	GS3457	48.61	6.29	32.1	7.31	0	0	2.08	0	1.43	0	0.45	1.64	0.07	0.03	94.31	0.817	1.26	2.37	0.69
9	3069GS	35.55	1.34	29.96	27.8	0	2.29	0	0.65	0	0	0.45	1.85	0.12	0.02	94.65	1.188	0.77	3.85	2.12

时代	组	代号	层号	柱状图	层厚(m)	岩性描述	岩相	火山韵律	岩石组合	旋回
古新世—始新世	美苏组	Em	⑮		25.72	灰绿色变安山岩	喷溢相	6	上部安山岩 下部安山质火山角砾岩	
			⑭		86.14	暗紫红色安山质火山角砾岩	爆发相			
			⑬		20.23	含凝灰质粉砂岩	喷发沉积相	5	上部含凝灰质粉砂岩 下部英安质晶屑岩屑凝灰岩	
			⑫		11.94	灰绿色英安质晶屑岩屑凝灰岩	弱爆发相			
			⑪		5.57	紫红色安山岩，发育强片理化	喷溢相	4	上部安山岩 下部英安–安山质晶屑凝灰岩	
			⑩		6.37	灰绿色英安–安山质晶屑凝灰岩	弱爆发相			
			⑨		7.96	灰黄色凝灰质砂岩，岩石发育顺层片理化	喷发沉积相	3	上部凝灰质砂岩 中部安山岩 下部安山质岩屑晶屑凝灰岩	
			⑧		12.56	暗紫色硅化石英安山岩，发育片理化	喷溢相			
			⑦		8.37	灰黑色安山质岩屑晶屑凝灰岩	弱爆发相			
			⑥		12.56	灰红色安山岩	喷溢相	2	上部安山岩 下部晶屑(岩屑)凝灰岩	
			⑤		25.29	淡灰红—灰绿色条带状晶屑凝灰岩，发育流线构造	弱爆发相			
			④		17.08	浅灰绿色英安质晶屑凝灰岩				
			③		25.62	浅灰绿—浅灰黄色流纹质晶屑岩屑凝灰岩				
			②		16.32	浅灰绿色安山岩	喷溢相	1	上部安山岩 下部英安质晶屑岩屑凝片岩	
			①		8.16	浅灰绿色英安质晶屑岩屑凝灰岩	弱爆发相			
中白垩世	竞柱山组	K_2j	⓪		>2.74	竞柱山组(K_2j)：紫红色厚层状砾岩、紫红色中层状细砂岩紫红色薄层状粉砂岩韵律层				

图 5-24　西藏改则县洞错乡沙角美苏组(E*m*)喷发韵律旋回图

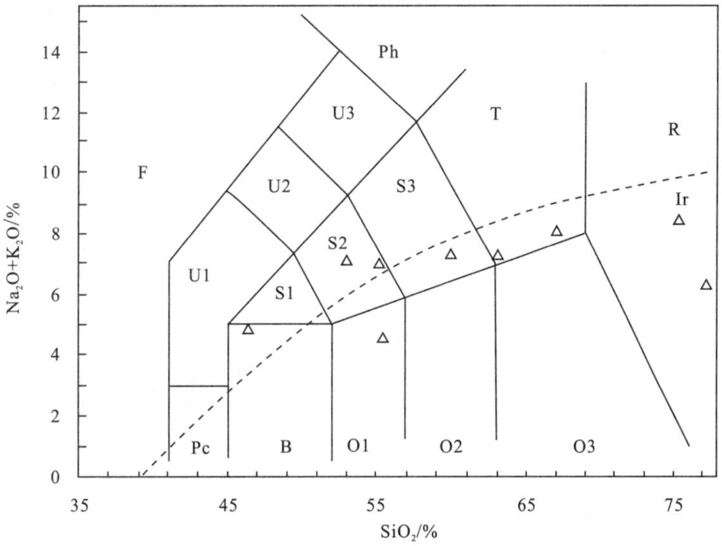

图 5-25 美苏组 TAS 图解

B. 玄武岩；O1. 玄武安山岩；O2. 安山岩；O3. 英安岩；S1. 粗面玄武岩；S2. 玄武质粗面安山岩；S3. 粗面安山岩；T. 粗面岩和粗面英安岩；R. 流纹岩；U1. 碱玄岩或碧玄岩；U2. 响岩质碱玄岩；U3. 碱玄质响岩；Ph. 响岩；Pc. 苦橄玄武岩

（据 LeBos 等，1986；IUGS，1989）

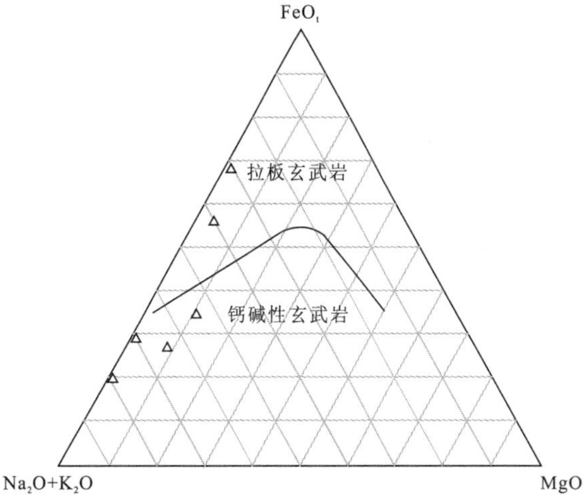

图 5-26 美苏组 AFM 图解

(1)美苏组玄武岩 SiO_2 含量变化于 43.58%～52.32%，平均为 48.58%，属基性岩范畴，个别样品偏低；全碱含量变化于 4.52%～6.76%，K_2O/Na_2O 平均为 0.25，说明 Na_2O 的含量远远大于 K_2O 的含量；CaO 含量变化于 3.05%～8.23%，平均为 6.00%，Al_2O_3 平均含量为 16.45%，MgO 平均含量为 3.67%，TiO_2 平均含量为 2.16%。安山岩 SiO_2 含量变化于 52.12%～64.54%，平均为 58.95%，属中性岩范畴；全碱含量平均为 6.47%，K_2O/Na_2O 比值平均为 0.56，K_2O 的含量仍低于 Na_2O 的含量。CaO 含量平均为 4.74%，Al_2O_3 平均含量为 15.99%，MgO 平均为 0.86%，TiO_2 平均含量为 1.52%。流纹岩 SiO_2 含量变化于 73.56%～77.54%，平均为 75.55%，属酸性岩；全碱平均含量为 6.48%，K_2O/Na_2O 变化较大，变化于 0.33～1.33 之间；CaO 含量平均为 1.37%，Al_2O_3 平均含量为 11.51%，MgO 平均为 0.09%，TiO_2 平均含量为 0.23%。从美苏组各类岩石来看，从基性岩—中性岩—酸性岩的变化，随着 SiO_2 含量的增高，Al_2O_3、MgO、Fe_2O_3、FeO、CaO、TiO_2 等明显降低，呈负相关关系；与 K_2O 呈正相关；Fe_2O_3>FeO。

(2)美苏组火山岩中玄武岩大部分未出现刚玉分子 C，绝大部分样品出现霞石 Ne 和橄榄石 Ol，表明 SiO_2、Al_2O_3 处于不饱和状态，其 CIPW 标准矿物为 An+Ab+Or+Ne+Ol+Di。安山岩样品均出现刚玉分子 C，全部出现石英 Q，说明 SiO_2 为过饱和状态，Al_2O_3 不饱和，其 CIPW 标准矿物组合为 Q+An+Ab+Or+Di+Hy。流纹岩中全部样品出现石英分子 Q，说明 SiO_2 为过饱和状态，其标准矿物组合为 Q+An+Ab+Or。分异指数 DI：玄武岩平均为 71.05，安山岩平均为 85.58，流纹岩平均为 94.48，从而反映了岩浆分异演化的规律，随着分异演化越彻底，酸性程度越高。

(3)化学成分各种指数特征：里特曼指数 δ，玄武岩样品变化于 4.14～5.58，皆大于 3.3，属碱性岩石系列；安山岩及流纹岩样品变化于0.69～2.99，皆小于3.3，属钙碱性岩石系列，这与AFM图解的判别结果是一致的。说明测区美苏组的岩石系列玄武岩属于钙碱性系列，其他岩石属于钙碱性系列。固结指数(SI)：玄武岩平均为18.37，安山岩平均为6.20，流纹岩平均为1.02。从基性岩到酸性岩，固结指数由大到小，说明美苏组火山岩从基性到酸性岩岩浆分异程度是逐渐增高的。碱度率(AR)：玄武岩平均为1.76，安山岩平均为2.05，流纹岩平均为3.11，随着酸性程度的增高，碱度率也逐渐增高。过铝指数(A/CNK)：玄武岩平均为0.85，<1.1，表明可能为幔源物质部分熔融而成；安山岩变化于0.84～0.92，可能为幔源物质部分熔融而成；流纹岩部分样品>1.1，平均为1.00，说明流纹岩的源岩可能属壳幔混染所致。

综合上述美苏组岩石化学特征来看，测区南部火山岩带的美苏组火山岩的岩石组合为一套基性岩—中性岩—酸性岩的火山岩系，主体属钙碱性系列。其火山岩浆可能是上地幔及壳源物质混合熔融或单独熔融而成。

4. 地球化学特征

测区美苏组火山岩稀土元素分析结果及其主要参数列于表5-11，稀土元素球粒陨石标准化分布曲线如图5-27所示。稀土总量(∑REE)：玄武岩平均为234.2×10^{-6}；安山岩变化于179.48×10^{-6}～304.59×10^{-6}，平均为256.75×10^{-6}；流纹岩平均为199.94×10^{-6}，总体来看，稀土总量较高。LREE/HREE：玄武岩平均为2.63，安山岩平均为6.59，流纹岩平均为1.78。δEu：玄武岩变化于0.65～0.91之间，说明Eu具轻微的负异常；安山岩样品全部小于1，变化于0.72～0.82，Eu具轻微的负异常；流纹岩样品变化于0.28～0.40，具铕的负异常，铕亏损，表明随着岩浆演化的进行，岩浆酸性程度的增高，岩浆房中斜长石分离结晶越好，致使残余熔体亏损铕。

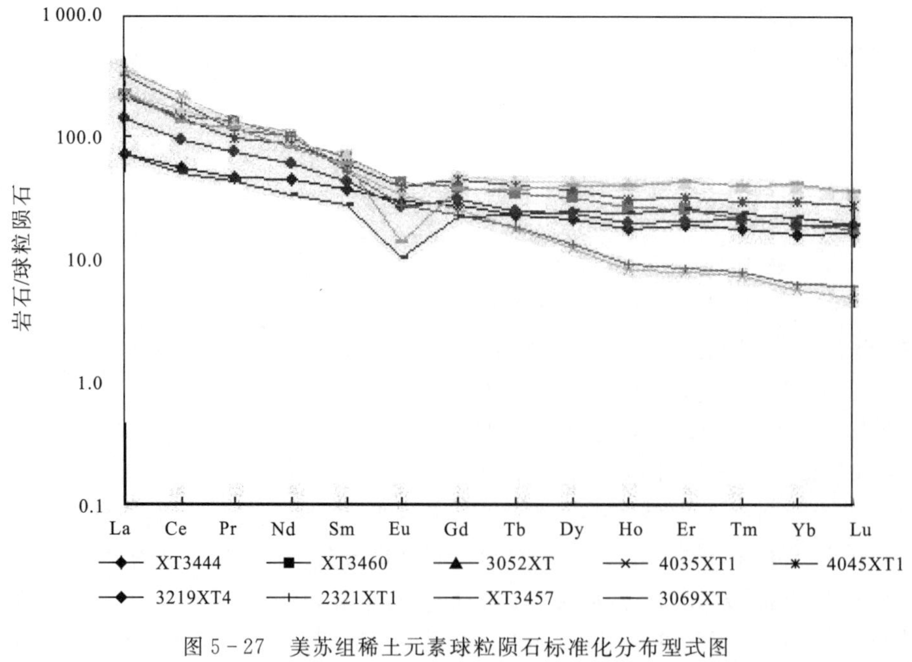

图5-27 美苏组稀土元素球粒陨石标准化分布型式图

在图5-28中，美苏组3个玄武岩样品曲线向右倾斜，重稀土大致呈平坦型曲线。总体来看LREE轻微富集，轻稀土较重稀土分馏程度好。安山岩4个样品曲线表现为右倾，LREE强烈富集，LREE分馏程度较高。HREE呈现近平坦型或向右微弱倾斜，Eu具有轻微的负异常。流纹岩2个样品表现为右倾曲线，LREE富集，具负铕异常，HREE表现为近平坦型或微向右倾斜。从美苏组的各个岩石类型来看，玄武岩、安山岩、流纹岩的曲线较为相似。从而可以认定美苏组火山岩具有LREE富集特点，轻稀土分馏明显，重稀土分馏不太明显的特点，反映岩石为低度分离结晶或部分熔融作用产物。

表 5-11 测区美苏组火山岩稀土元素分析结果及特征参数表

序号	样品编号	岩石名称	采样位置	稀土元素($\times10^{-6}$)															特征参数		
				La	Ce	Pr	Nd	Sm	Eu	Gd	Tb	Dy	Ho	Er	Tm	Yb	Lu	Y	ΣREE	LREE/HREE	δEu
1	GS3444	玄武岩	哦居买玛	16.8	33.4	4.26	20.4	5.58	1.67	5.56	0.85	5.29	0.98	3.06	0.44	2.64	0.41	23.3	124.64	1.93	0.91
2	GS3460	粗玄岩	八乌错	50.7	87.7	12.3	44.5	10.0	2.44	7.75	1.25	7.89	1.50	4.09	0.54	3.18	0.44	28.9	263.18	3.74	0.82
3	3053GS	杏仁状玄武岩	哦居多玛	52.2	97.7	11.8	42.1	10.6	2.19	9.71	1.59	10.7	2.27	7.09	0.98	6.67	0.87	58.3	314.77	2.21	0.65
	平均			39.9	72.9	9.45	35.7	8.73	2.10	7.67	1.23	7.96	1.58	4.75	0.65	4.16	0.57	36.8	234.20	2.63	0.79
4	4035GS1	辉石安山岩	哦居买玛	80.2	128	12.5	50.0	8.13	1.87	5.16	0.66	3.08	0.46	1.30	0.18	0.93	0.12	12.0	304.59	11.75	0.82
5	4045GS1	杏仁状安山岩	哦居买玛	48.5	83.0	9.15	39.0	8.96	2.18	9.02	1.44	9.35	1.70	5.28	0.74	4.91	0.68	45.2	269.11	2.44	0.73
6	3219GS4	富铁安山岩	哦居多玛	32.7	56.8	6.97	27.0	6.33	1.51	6.30	0.91	5.85	1.09	3.35	0.54	3.16	0.47	26.5	179.48	2.73	0.72
7	2321GS1	玻基玄武岩	哦居买玛	71.7	111	10.4	45.3	7.61	1.58	4.66	0.68	3.29	0.51	1.36	0.2	1.07	0.15	14.3	273.81	9.44	0.75
	平均			58.28	94.7	9.755	40.33	7.758	1.785	6.285	0.923	5.393	0.94	2.823	0.415	2.518	0.355	24.5	256.75	6.59	0.76
8	GS3457	球粒流纹岩	八乌错	16.6	29.8	4.00	15.0	4.16	0.57	4.38	0.83	6.24	1.34	4.11	0.60	3.69	0.48	29.5	121.3	1.37	0.41
9	3069GS	流纹岩	哦居多玛	55.3	78.7	10.9	36.7	8.90	0.78	7.53	1.37	9.90	2.19	6.86	1.00	6.77	0.88	50.8	278.58	2.19	0.28
	平均			36.0	54.3	7.45	25.9	6.53	0.68	5.96	1.10	8.07	1.77	5.49	0.80	5.23	0.68	40.2	199.94	1.78	0.34

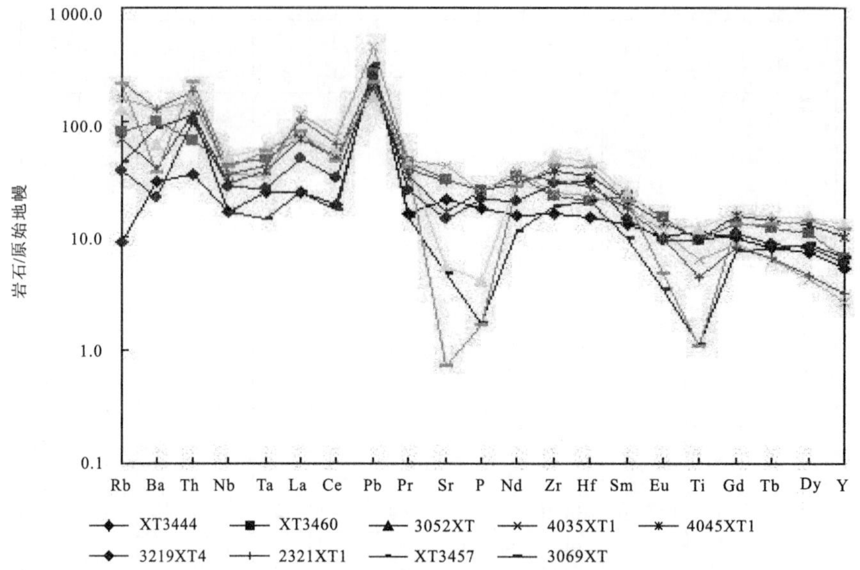

图 5-28　美苏组微量元素原始地幔蛛网图

测区美苏组微量元素分析结果见表 5-12。在美苏组微量元素原始地幔蛛网图中(图 5-28),从玄武岩—安山岩—流纹岩,放射性生热元素 Th、亲岩浆元素 La 及 Pb 元素明显富集;非活动性元素 Ta、Zr、Hf 都较正常,没有出现明显正负异常,Nb 略具负异常;过渡性元素 Ti 具有不同程度的亏损。

5. 构造环境分析

美苏组主要为一套基性—中性—酸性的火山岩系,喷发不整合覆于早白垩世朗山组之上,沿班公错-怒江结合带南部边界分布。在哦居买玛南侧可看到熔岩具红顶绿底的特征,总体表现一种水上陆相喷发环境。

在不同构造玄武岩 Nb-Zr-Y 图解中(图 5-29),美苏组绝大部分样品落入 A 区或靠近 A 区,属于板内玄武岩环境。在美苏组不同构造玄武岩的 Hf-Th-Ta 判别图解中(图 5-30),全部样品投入到岛弧钙碱性玄武岩区。在 $FeO_t-MgO-Al_2O_3$ 图解中(图 5-31),火山岩样品主体投入扩张中心岛屿区及造山带区,反映了美苏组火山岩属造山带向板内过渡环境。本书认为美苏组火山岩不整合覆于冈底斯最北缘朗山组之上,位于班公错-怒江结合带的南缘,可能是由于受到喜马拉雅期陆-陆碰撞造山阶段陆内汇聚作用所形成。

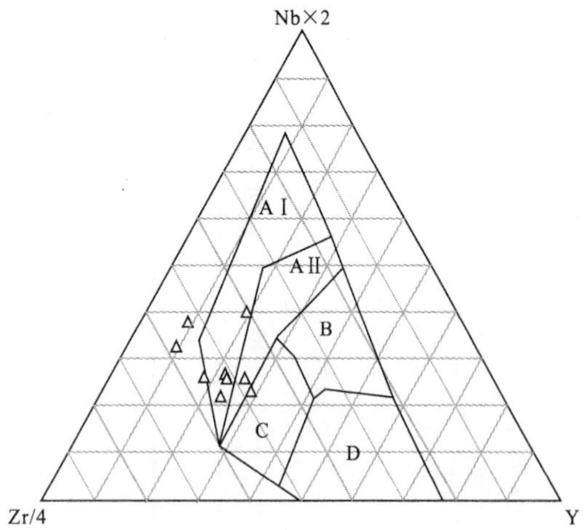

图 5-29　美苏组不同构造玄武岩的 Nb-Zr-Y 图解

A. Ⅰ和Ⅱ. 板内碱性玄武岩;Ⅱ和 C. 板内拉斑玄武岩;
B. P—MORB;D. N—MORB;C 和 D. 火山弧玄武岩

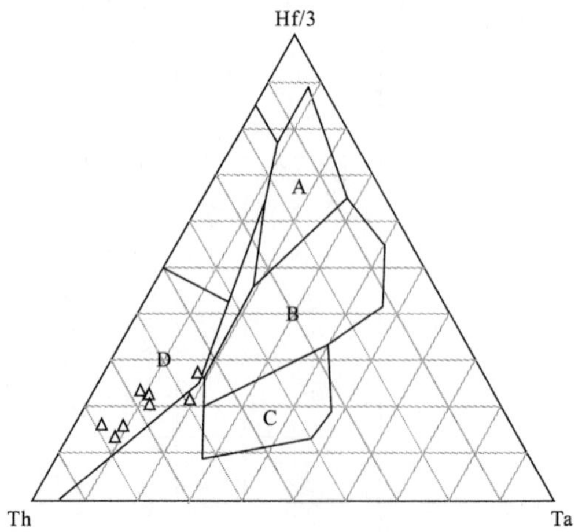

图 5-30　美苏组不同构造玄武岩的 Hf-Th-Ta 图解

A. M—MORB; B. P—MORB; C. 板内碱性玄武岩及分异产物;
D. 岛弧拉斑玄武岩及分异产物

(据 Wood,1979)

续表 5-12

序号	样品编号	岩石名称	采样位置	微量元素含量($\times10^{-6}$)														
				Ba	V	Sc	Nb	Ta	Zr	Hf	Be	B	Ga	Sn	Au	Ag	Th	P
1	GS3444	玄武岩	哦居买玛	208	259	33.6	11.5	0.99	173	4.49	1.38	21.4	34.1	6.40	1.20	0.0067	2.95	1680
2	GS3460	粗玄岩	八乌错	706	194	27.3	29.9	1.93	247	6.26	1.41	31.3	27.9	6.40	1.95	0.022	5.78	2390
3	3053GS	杏仁状玄武岩	哦居多玛	441	<1	8.75	34.7	2.43	547	13.5	3.10	30.4	34.3	6.10	0.50	0.010	14.7	378
	平均			451.67		23.22	25.37	1.78	322.33	8.08	1.96	27.70	32.10	6.30	1.22	0.01	7.81	1482.67
4	4035GS1	辉石安山岩	哦居买玛	896	95.1	9.68	24.2	1.38	274	6.92	2.52	13.2	28.2	3.30	1.20	0.046	12.8	2 300
5	4045GS1	杏仁状安山岩	哦居买玛	270	105	11.8	20.7	1.50	419	10.1	2.53	35.5	36.3	6.40	1.40	0.058	9.88	2 360
6	3219GS4	富铁安山岩	哦居多玛	153	182	22.1	19.2	1.07	327	9.16	1.52	36.5	29.6	3.80	2.55	0.017	8.69	1 970
7	2321GS1	玻基玄武岩	哦居买玛	911	71.00	6.30	24.30	1.69	349	8.22	3.13		20.00		0.80	0.07	15.80	
	平均			557.5	113.28	12.47	22.1	1.41	342.25	8.6	2.425	21.3	28.525	3.375	1.487 5	0.047 8	11.793	1 657.5
8	GS3457	球粒流纹岩	八乌错	620	15.0	3.88	11.7	0.58	199	6.24	0.35	14.8	14.1	5.60	1.62	0.0270	9.78	164
9	3069GS	流纹岩	哦居多玛	251	<1	2.90	28.4	2.23	462	12.3	1.75	24.4	28.4	7.80	0.95	0.010	19.1	158
	平均			435.50		3.39	20.05	1.41	330.50	9.27	1.05	19.60	21.25	6.70	1.29	0.02	14.44	161.00

表 5-12　测区美苏组火山岩微量元素分析结果表

序号	样品编号	岩石名称	采样位置	微量元素含量($\times10^{-6}$)														
				F^-	Cu	Pb	Zn	Cr	Ni	Co	Li	Rb	W	Mo	Sb	Bi	Hg	Sr
1	GS3444	玄武岩	哦居买玛	329	16.4	21.2	123	34.4	43.0	41.8	45.9	5.70	1.41	0.78	1.84	0.084	0.041	443
2	GS3460	粗玄岩	八乌错	521	30.3	19.0	94.8	150	46.8	20.4	21.4	52.0	1.13	1.08	0.92	0.16	0.17	644
3	3053GS	杏仁状玄武岩	哦居多玛	431	4.00	11.8	21.3	3.50	4.10	<1	4.30	82.0	4.15	3.85	2.04	0.067	0.046	113
	平　均			427	16.90	17.33	79.70	62.63	31.30		23.87	46.57	2.23	1.90	1.60	0.10	0.09	400.00
4	4035GS1	辉石安山岩	哦居买玛	1160	26.0	32.1	92.8	40.4	20.2	11.5	33.3	102	1.61	3.85	0.80	0.066	0.086	875
5	4045GS1	杏仁状安山岩	哦居买玛	506	55.2	14.9	82.3	17.5	<1	15.6	3.80	44.0	1.68	1.97	5.48	0.016	0.082	338
6	3219GS4	富铁安山岩	哦居多玛	342	20.3	17.8	69.7	21.3	10.4	18.8	24.8	23.7	1.13	2.40	0.60	0.048	0.008 5	293
7	2321GS1	玻基玄武岩	哦居买玛					37.1		10.3	36.7	139			0.31		0.03	633
	平　均			502	25.375	16.2	61.2	29.075		14.05	24.65	77.175	1.105	2.055	1.797 5	0.032 5	0.051 9	534.75
8	GS3457	球粒流纹岩	八乌错	96.0	9.80	22.4	11.0	20.2	2.60	2.10	18.4	28.4	3.58	4.89	1.14	0.17	0.045	98.3
9	3069GS	流纹岩	哦居多玛	300	6.20	15.6	81.2	14.2	8.40	2.50	2.30	136	3.98	2.27	0.31	0.088	0.019	15.0
	平　均			198.00	8.00	19.00	46.10	17.20	5.50	2.30	10.35	82.20	3.78	3.58	0.73	0.13	0.03	56.65

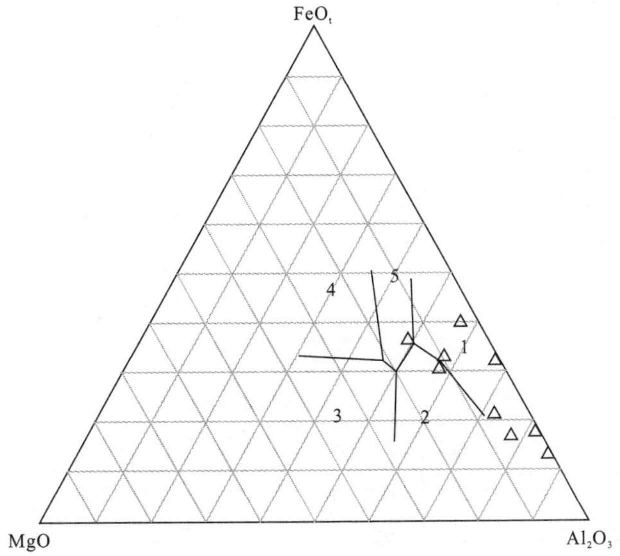

图 5-31　美苏组火山岩 $FeO_t - MgO - Al_2O_3$ 图解

1. 扩张中心岛屿;2. 造山带;3. 洋中脊和洋底;4. 大洋岛弧;5. 大陆

6. 岩相特征及古火山机构

测区美苏组在南部呈 NEE-SWW 向展布,岩石类型较多,主要有中酸性熔结火山角砾岩、安山质角砾岩、英安-安山质晶屑凝灰岩、岩屑凝灰岩、英安质晶屑岩屑凝灰岩、玄武岩、杏仁状玄武岩、安山岩、蚀变(角闪)安山岩、流纹岩等,从其岩石类型看主要分为两类:火山碎屑岩类、熔岩类,火山岩相主要表现为爆发相、喷溢相。

测区内保存较好的古火山机构位于尼玛县哦居买玛乡南侧补顶一带,本次工作,我们详细调查了美苏组火山岩的地质特征、产出特征及岩相特征,恢复了古火山机构。现以尼玛县哦居买玛乡南侧补顶古火山机构为例探讨美苏组的火山岩相特征。

哦居买玛乡南侧补顶火山机构位于尼玛县哦居买玛乡南东方向约 35km,呈不规则条带状东西向展布,东部偏宽,西部偏窄,角度不整合覆于巫嘎组($T_{2-3}w$)之上(现在表现为后期的断层接触),北侧被后期康托组(Nk) 所掩盖,其岩石类型、岩相特征较清楚(图 5-32)。本火山机构是美苏组活动时间稍早的火山机构,地貌上由一系列近圆形、长条形山岭分布,在火山机构的周边,形成外围高、中心低的盆地地貌(局部地区)。外围发育有放射状水系,该火山机构由爆发相、喷溢相组成。

爆发相:分布于补顶南侧,分布较局限,呈一似圆形形态产出,主要由中酸性熔结火山角砾岩组成,角砾形态多为透镜状、棱角状、次棱角状、不规则状,偶见等轴状、纺缍状。角砾一般为 1～2cm×3～5cm,小者一般为 0.4cm×0.8cm 不等。角砾成分有玄武岩、安山岩、流纹岩、砂岩、硅质岩、板岩及灰岩等,火山角砾岩均环绕火山口附近分布,火山岩层具围斜内倾斜特点,自中心向外,倾角由陡变缓,火山角砾岩由多变少,由大变小。

喷溢相:主要向西方向延伸分布,围绕爆发相的火山角砾岩出露,呈围斜外倾,岩性主要为玄武岩、安山岩类,倾角 35°～45°。根据层序、岩性及喷发性状分析,该火山岩相为中酸性岩浆爆发相—喷溢相交替进行,岩层厚度大,流动构造发育,熔岩多具红顶绿底的特点。

综合来看,本火山机构从内到外,组成相序为爆发相—喷溢相。各岩性岩相围绕火山中心围斜外倾,反映火山活动由爆发—喷溢相交替进行,从出露厚度来看主要以喷溢相为主。

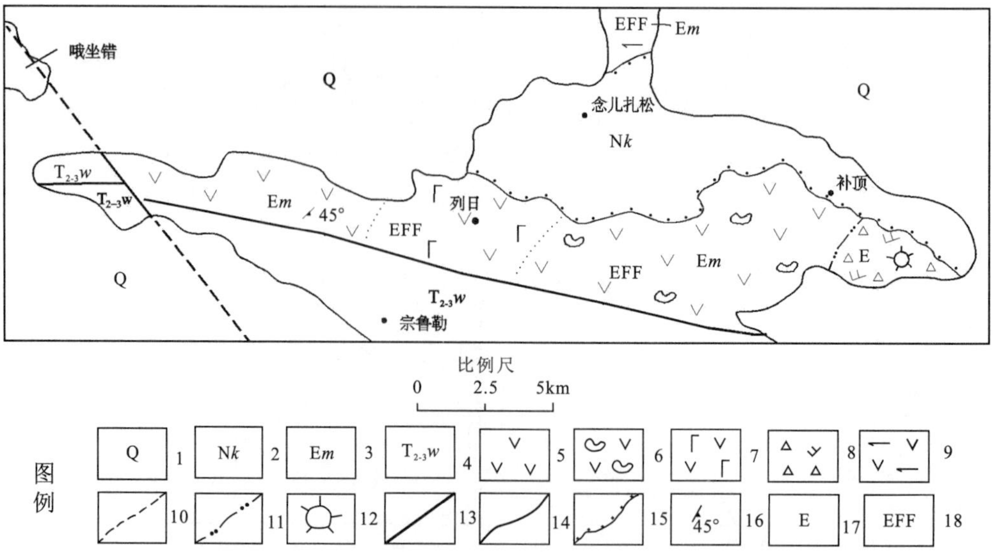

图 5-32　测区尼玛县哦居乡补顶美苏组(Em)火山岩岩相构造图

1. 第四系；2. 康托组；3. 美苏组；4. 巫嘎组；5. 安山岩；6. 杏仁状安山岩；7. 玄武安山岩；8. 英安质火山角砾岩；9. 辉石安山岩；10. 岩性界线；11. 岩相界线；12. 火山口；13. 断层；14. 地质界线；15. 角度不整合界线；16. 流面产状；17. 爆发相；18. 喷溢相

第三节　侵入岩

一、概述

在此次调查之前，对测区侵入岩的研究基本上停留在 20 世纪 70 年代末至 80 年代初 1∶100 万区域地质调查的基础之上。限于当时填图比例尺和工作精度，仅对交通方便的岩体进行了勾绘和岩相学的研究，岩石化学及同位素年代学等方面的资料极少。

通过本次工作，不仅对前人已圈定的部分侵入体产出形态、出露规模进行了必要的修正，同时，还在孜如错、哦居买玛等地新发现了规模不等的花岗岩体。目前测区共圈出大小侵入体 6 个，每个侵入体的规模都比较小，均以小的岩株产状产出，但代表了测区不同构造阶段的岩浆侵入活动，有着较大的地质意义。其分布状况如图 5-1。

本书针对测区花岗岩在岩石类型、岩相特征、成因机理、岩浆起源和形成的构造环境等方面的不同，表现出时间上旋回性特点。在时间上，测区花岗岩主要集中形成于早白垩世和晚白垩世两个时间段。

侵入岩岩石类型划分采用国际地科联 1989 年推荐的分类方案，岩石命名采用“颜色＋结构＋暗色矿物＋基本名称”，必要时，特殊的构造可参加命名。测区侵入岩的单元代号按照专家组的意见采用“岩性＋时代”方法表示。

二、早白垩世花岗岩体

早白垩世花岗岩体主要分布于班公错-怒江结合带内，分布在炯莫错、孜如错等地，主要有 6 个岩体，岩体面积较小，总体皆呈岩株产出，岩石类型主要有两种：正长岩和花岗斑岩。表现为一期，形成时代为早白垩世(燕山晚期)。

（一）地质与岩相学特征

1. 正长岩（γK_1）

正长岩主要分布于炯莫错的西测附近，侵入于木嘎岗日岩组中，呈小岩株状产出。与围岩界线清楚，热接触变质作用明显，主要为角岩化现象。1∶25 万改则幅在同一带上那热村岩体内部获得 K - Ar 法同位素年龄值为 90.5Ma，表明其形成时代为早白垩世。

岩石灰白色，中细粒结构，块状构造。斜长石 30%～35%，An 为 28～30，为更长石，半自形柱状；钾长石（25%～30%），它形粒状，混浊而双晶不清，常包裹有斜长石和石英、云母等晶体；石英（25%～30%）它形粒状，干净，显微裂纹发育；黑云母（5%～8%），自形-半自形片状，多色性明显，Ng 红褐色、Np 浅褐黄；角闪石（1%～2%）半自形柱状。岩石蚀变较弱，表现为轻绢云母化、绿泥石化。副矿物组合为磁铁矿-锆石-磷灰石。

2. 花岗斑岩（$\gamma\pi K_1$）

该侵入体规模较小，呈小岩株分布于孜如错南侧，岩体侵入于巫嘎组，外接触带热接触蚀变较发育，与围岩接触界线清楚。在岩体内部获得 K - Ar 法同位素年龄值为 96.4Ma，表明其形成时代为早白垩世（燕山晚期）。

岩石呈灰白色、褐黄色，似斑状结构。基质微晶微粒状结构，块状构造。斑晶成分：更长石含量＜10%，自形程度高，粒径一般为 3～4mm，晶体聚片双晶一般在晶体长轴的一半就尖灭，还见有卡钠双晶；石英含量＞10%，呈次圆状，粒径 3mm，具强熔蚀状——熔蚀成港湾状；黑云母含量约 5%，呈片状，全都绿泥石化；钾长石含量约 5%，微晶状，常嵌入石英粒中，个别薄片可见具自形-半自形晶。基质主要由微粒状钾长石和石英组成，基质有轻微的绢云母化。副矿物主要为榍石-锆石-磷灰石，多呈楔形，偶见。

岩石普遍遭受蚀变，主要类型有：绢云母化、绿泥石化、碳酸盐化。

（二）岩石化学及地球化学特征

1. 岩石化学特征

测区侵入岩的岩石化学成分列于表 5 - 13，其 CIPW 标准矿物及主要参数见表 5 - 14。

正长岩：与国内同类岩石相比，SiO_2 含量为 63.08%。K_2O+Na_2O 相近，为 8.72%，K_2O/Na_2O 为 1.37。FeO、MgO 及 CaO 含量也比较接近国内同类岩石。标准矿物中出现石英 Q，但无刚玉分子 C，表明硅处于过饱和状态，铝处于不饱和状态，其 CIPW 标准矿物组合为：Q＋An＋Ab＋Or＋Di＋Hy。分异指数 DI 为 88.02，与国内同类岩石吻合；固结指数平均为 11.73，表明岩浆的结晶分异程度偏高。碱度率 AR 平均为 2.69。A/CNK＜1，为 0.94，相对较接近 1，指示可能为壳幔混合来源。里特曼指数 δ 为 3.69，总体属碱性岩石系列。在测区花岗岩体 Q - A - P 图解（图 5 - 33）中，样品落入正长岩区，与室内定名吻合。

花岗斑岩：与国内同类岩石相比主要氧化物相近。SiO_2 含量变化为 69.44%～70.34%。K_2O+Na_2O 为 8.96%～9.215%，平均为 9.09%，K_2O/Na_2O 平均为 0.76。TiO_2 含量平均为 0.27%，岩石具有高硅、碱，低钛的特点。标准矿物中全部出现石英 Q，表明硅处于过饱和状态。其 CIPW 标准矿物组合为：Q＋An＋Ab＋Or＋Hy。分异指数 DI 平均为 94.45，固结指数平均为 5.49，岩浆的结晶分异程度较高。碱度率 AR 平均为 3.53。A/CNK 平均为 0.97，较接近 1，指示可能为壳幔混合来源。里特曼指数 δ 为2.98～3.01，总体属钙碱性岩石。在测区花岗岩体 Q - A - P 图解（图 5 - 33）中，样品全部落入花岗岩区，与室内定名吻合。在测区花岗岩 AFM 图解中（图 5 - 34），全部样品落入钙碱性系列。

表 5-13　测区侵入岩岩石化学分析结果表

序号	样品编号	岩石名称	采样位置	地质单元	氧化物含量(%)												
					SiO_2	Al_2O_3	Fe_2O_3	FeO	CaO	MgO	K_2O	Na_2O	TiO_2	P_2O_5	MnO	Loss	Total
1	4236GS1	辉长岩	董杯曲岗	νK_2	48.52	15.44	1.83	7.26	7.85	4.82	0.58	4.96	2.50	0.13	0.20	5.27	99.36
2	4241GS1	花岗岩	哦居多玛	γK_1	63.08	15.98	1.62	2.68	3.04	1.73	5.04	3.68	0.58	0.13	0.09	1.66	99.31
3	3060GS	花岗斑岩	哦居多玛	$\gamma\pi K_2$	63.88	17.06	1.71	2.94	3.38	1.96	1.13	4.00	0.80	0.19	0.13	2.43	99.61
4	3061GS	花岗斑岩	哦居多玛	$\gamma\pi K_2$	75.66	13.55	1.42	0.39	0.65	0.31	3.56	3.89	0.15	0.02	0.06	0.40	100.1
5	3065GS1	黑云二长花岗斑岩	哦居多玛	$\gamma\pi K_1$	69.44	14.60	0.69	1.00	2.29	1.02	3.87	5.09	0.28	0.04	0.06	1.79	100.2
6	3065GS2	黑云二长花岗斑岩	哦居多玛	$\gamma\pi K_1$	71.24	15.14	1.30	0.09	0.65	0.24	3.98	5.23	0.25	0.05	0.03	1.69	99.89

表 5-14　测区侵入岩 CIPW 标准矿物及特征参数表

序号	样品编号	标准矿物含量(%)														特征参数				
		Q	An	Ab	Or	Ne	C	Di	Hy	Wo	Ol	Il	Mt	Ap	Zr	DI	A/CNK	SI	AR	σ43
1	4236GS1	0	19.29	39.32	3.64	2.86	0	17.31	0	0	9.39	5.05	2.82	0.32	0	65.11	0.67	24.78	1.62	4.05
2	4241GS1	13.14	12.49	31.89	30.5	0	0	1.7	6.44	0	0	1.13	2.41	0.31	0	88.02	0.938	11.73	2.69	3.69
3	3060GS	26.07	15.98	34.83	6.87	0	3.67	0	8.01	0	0	1.56	2.55	0.45	0	83.75	1.223	16.7	1.67	1.23
4	3061GS	37.52	3.11	33.04	21.12	0	2.17	0	1.29	0	0	0.29	1.42	0.05	0	94.79	1.185	3.25	3.21	1.70
5	3065GS1	19.81	5.65	43.78	23.25	0	0	4.52	1.34	0	0	0.54	1.02	0.09	0	92.49	0.873	8.74	3.26	3.01
6	3065GS2	24.4	2.95	45.09	23.96	0	1.19	0	0.67	0	0	0.48	1.13	0.12	0	96.40	1.074	2.23	3.80	2.98

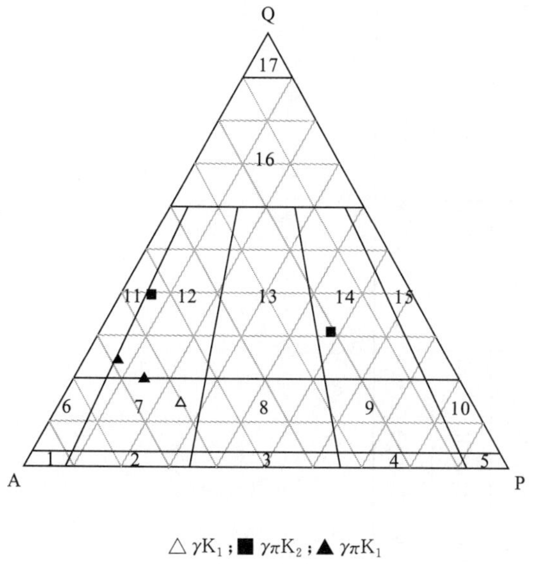

图 5-33 测区花岗岩体 Q-A-P 图解

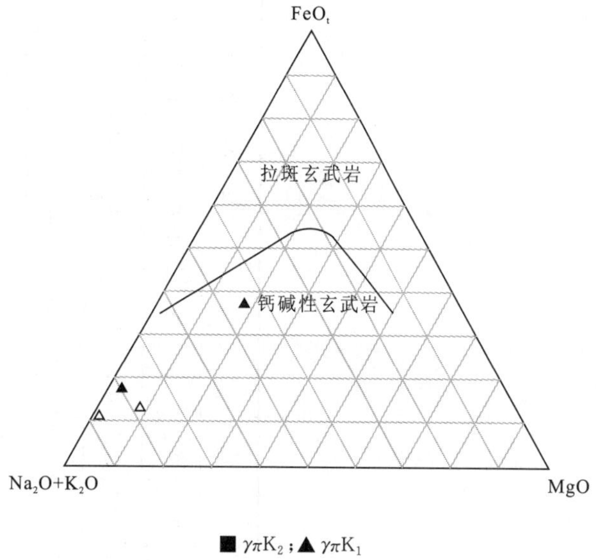

图 5-34 测区花岗岩 AFM 图解

2. 地球化学特征

测区侵入岩的微量和稀土元素丰度分别见表 5-15、表 5-16。

正长岩：稀土元素含量中等，稀土元素总量 ΣREE 为 209.28×10^{-6}，LREE/HREE 为 4.32，轻稀土较重稀土富集。δEu 为 0.61，铕具亏损。稀土配分曲线见图 5-35。曲线右倾，轻、重稀土分馏明显，属轻稀土富集型，铕有低谷，属铕亏损，反映岩石为低度部分熔融或分异作用较弱的岩浆产物，在岩浆中存在斜长石。微量元素比值珠网图(图 5-36)曲线总体右倾，强不相容元素富集，并具明显的 Nb、P 负异常，La、Pb 元素轻微富集。

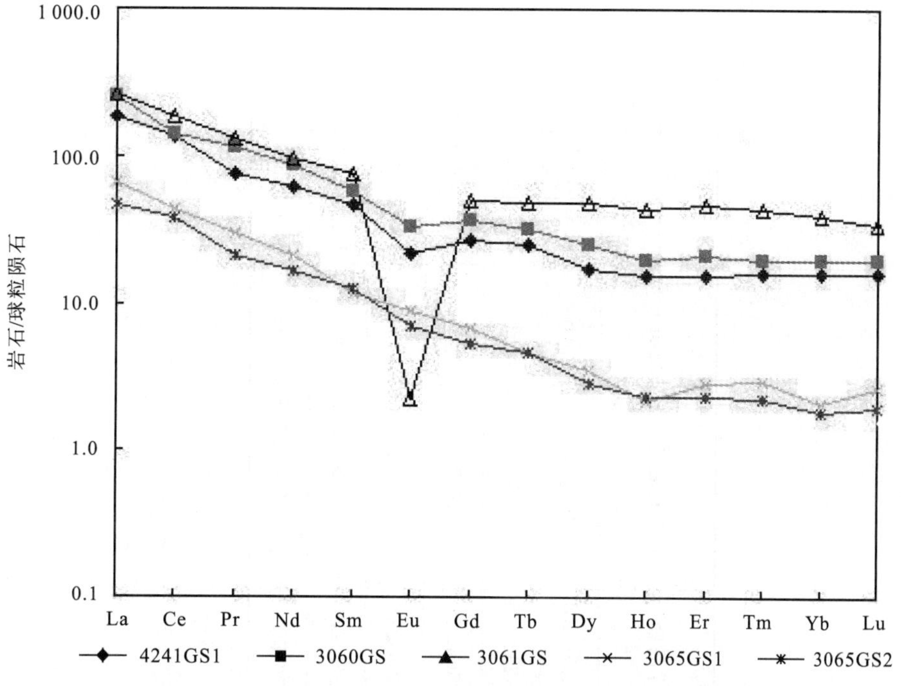

图 5-35 测区花岗岩稀土元素球粒陨石标准化分布型式图

表 5-15　测区侵入岩稀土元素分析结果及特征参数表

序号	样品编号	岩石名称	地质单元	稀土元素($\times10^{-6}$)															特征参数		
				La	Ce	Pr	Nd	Sm	Eu	Gd	Tb	Dy	Ho	Er	Tm	Yb	Lu	Y	ΣREE	LREE/HREE	δEu
1	4236GS1	辉长岩	νK_2	26.2	46.7	5.31	23.9	7.26	2.26	6.85	1.18	5.38	0.85	2.36	0.34	1.98	0.29	24.0	154.86	2.58	0.96
2	4241GS1	花岗岩	γK_1	43.3	83.0	7.15	28.5	7.00	1.28	5.51	0.92	4.32	0.87	2.53	0.40	2.69	0.41	21.8	209.68	4.32	0.61
3	3060GS	花岗斑岩	$\gamma\pi K_2$	59.2	86.1	11.0	40.5	8.74	1.88	7.46	1.20	6.36	1.11	3.53	0.50	3.30	0.50	32.5	263.88	3.67	0.69
4	3061GS	花岗斑岩	$\gamma\pi K_2$	60.7	111	12.5	45.1	11.5	0.13	10.3	1.81	12.1	2.47	7.68	1.12	6.73	0.87	62.7	346.71	2.28	0.04
5	3065GS1	黑云二长花岗斑岩	$\gamma\pi K_1$	15.4	26.3	2.82	9.66	1.80	0.51	1.37	0.17	0.90	0.12	0.47	0.076	0.35	0.067	3.76	63.773	7.76	0.95
6	3065GS2	黑云二长花岗斑岩	$\gamma\pi K_1$	11.0	23.1	2.02	7.62	1.94	0.41	1.10	0.17	0.73	0.13	0.38	0.056	0.31	0.050	3.11	52.126	7.64	0.78

表 5-16　测区侵入岩微量元素分析结果表

序号	样品编号	岩石名称	地质单元	微量元素含量($\times10^{-6}$)														
				F^-	Cu	Pb	Zn	Cr	Ni	Co	Li	Rb	W	Mo	Sb	Bi	Hg	Sr
1	4236GS1	辉长岩	νK_2	427	68.1	3.40	110	59.0	51.2	29.2	44.8	15.0	2.28	0.72	0.44	0.079	0.048	950
2	4241GS1	花岗岩	γK_1	981	36.3	7.30	46.8	36.2	12.9	14.0	20.7	157	2.95	0.88	0.40	0.096	0.014	369
3	3060GS	花岗斑岩	$\gamma\pi K_2$	686	3.70	27.7	129	11.8	2.10	8.25	59.9	60.8	3.64	0.84	0.28	0.082	0.012	508
4	3061GS	花岗斑岩	$\gamma\pi K_2$	43.3	10.5	32.6	25.8	3.60	6.50	2.70	4.60	188	7.26	3.21	0.72	0.10	0.012	5.18
5	3065GS1	黑云二长花岗斑岩	$\gamma\pi K_1$	615	7.60	77.7	52.0	22.7	22.2	5.50	45.7	174	4.95	1.63	0.32	0.54	0.018	789
6	3065GS2	黑云二长花岗斑岩	$\gamma\pi K_1$	364	10.5	64.7	46.2	20.9	17.1	4.30	10.0	162	3.47	1.12	0.34	0.60	0.034	607
				Ba	V	Sc	Nb	Ta	Zr	Hf	Be	B	Ga	Sn	Au	Ag	Th	P
1	4236GS1	辉长岩	νK_2	517	230	20.4	27.5	1.06	141	4.23	2.02	13.0	33.4	4.60	0.35	0.048	15.7	1 590
2	4241GS1	花岗岩	γK_1	1 100	81.6	9.49	14.0	1.28	187	5.43	2.57	9.95	21.1	1.90	0.30	0.037	13.2	1 080
3	3060GS	花岗斑岩	$\gamma\pi K_2$	306	46.2	10.0	21.8	1.50	319	9.04	3.24	21.4	30.3	5.30	0.52	0.012	18.2	1 240
4	3061GS	花岗斑岩	$\gamma\pi K_2$	54.8	69.1	1.37	35.2	2.40	301	11.4	2.71	12.5	27.7	9.00	0.45	0.012	23.5	136
5	3065GS1	黑云二长花岗斑岩	$\gamma\pi K_1$	936	34.1	3.52	6.89	<0.5	89.2	3.15	4.18	18.2	22.5	15.0	0.35	0.015	11.1	515
6	3065GS2	黑云二长花岗斑岩	$\gamma\pi K_1$	981	27.2	3.20	6.99	1.08	95.4	3.15	3.12	31.5	19.0	3.40	0.70	0.013	9.59	471

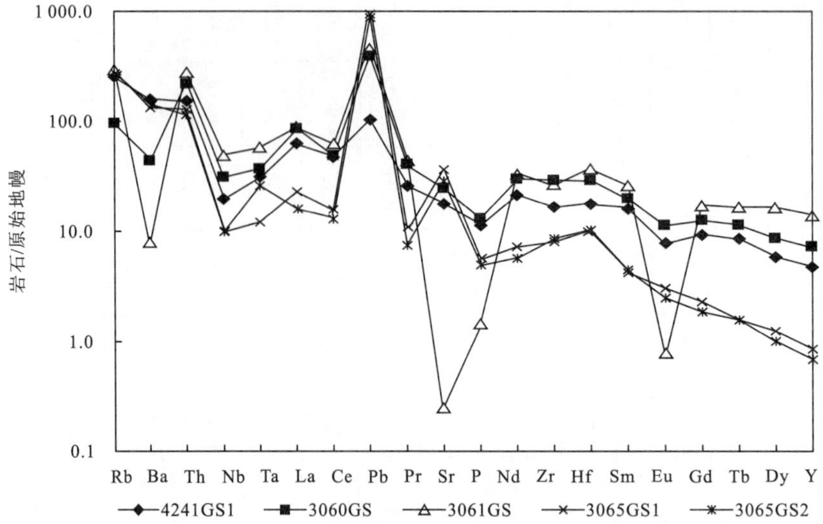

图 5-36 测区花岗岩微量元素原始地幔蛛网图

花岗斑岩：稀土元素含量较低，稀土元素总量 ΣREE 变化为 $52.13\times10^{-6}\sim63.77\times10^{-6}$，LREE/HREE 为 7.63～7.75。δEu 为 0.78～0.95，具弱的负铕异常。稀土配分曲线见图 5-35。曲线右倾，轻、重稀土分馏明显，属轻稀土富集型，在微量元素比值蛛网图(图 5-36)中曲线右倾斜，放射性生热元素 Th、不相容元素 Zr、Hf 及大离子亲石元素 Sr 明显富集，非活动性元素 Nb、P 具明显的负异常。与岛弧 I 型花岗岩配分型式相同或相似。

三、晚白垩世侵入岩

晚白垩世侵入岩位于测区的中南部，位于班公错-怒江结合带内，岩体主要分布在孜如错南及哦居买玛东侧等地，主要有三个岩体，岩体面积较小，总体呈岩株产出。岩石类型主要有两种：辉长岩和花岗斑岩。表现为一期，形成时代为晚白垩世。

（一）地质与岩相学特征

1. 辉长岩(νK_2)

该侵入体规模较小，呈小岩株分布于哦居买玛东侧，向东延出图边。岩体侵入于木嘎岗日岩组(Jm)中。1∶25 万改则幅在同一带上比扎岩体内部获得 K-Ar 法同位素年龄值为 75.6Ma，表明其形成时代为晚白垩世。

岩石具辉长结构，嵌晶结构，块状构造。粒径 0.5～1mm 不等。主要矿物成分：基性斜长石含量约 50%，呈自形-半自形，长板柱状，平行(010)延伸，极少近于等轴状，其双晶叶片一般较宽，发育有钠长双晶，卡氏双晶，一般杂乱生长，组成格架状，但格架中也多为斜长石成分；单斜辉石含量约 50%，呈粗大半自形晶，其晶体多沿解理碎裂，裂纹发育，裂纹中为绿泥石充填。此外，可见有斜长石自形晶嵌入辉石晶体，构成含长嵌晶结构。岩石中常会有少量的钛铁矿等副矿物。岩石普遍遭受蚀变，表现为强绿泥石化、绿帘石化。

2. 花岗斑岩($\gamma\pi K_2$)

该侵入体规模较小，呈小岩株分布于孜如错南侧，岩体侵入于巫嘎组($T_{2-3}w$)和郎山组(K_1l)中，与围岩接触界线清楚，外接触带热接触蚀变较发育，常具角岩化等接触变质现象。在岩体内部获得 K-Ar 法同位素年龄值为 66Ma，表明其形成时代为晚白垩世。

岩石新鲜面为灰-深灰色，似斑状结构，基质中粗粒花岗结构，块状构造。斑晶钾长石(10%～15%)

半自形厚板状，具钠长石条纹结构，粒径 10～15mm；斑晶斜长石(8%～10%)，An 为 26～28，属更长石，半自形柱状，钠长石律和卡钠复合律双晶发育，个别具环带构造，粒径 10～15mm。基质中钾长石(10%～20%)半自形板状，粒径 2～3mm；斜长石(8%～10%)半自形柱状，粒径 3～4mm；石英(35%～40%)它形粒状填隙于长石粒间，有重结晶和波状消光现象，粒径 3～5mm；黑云母(3%～5%)半自形片状，多色性表现为 Ng 红褐、Nm 浅红褐、Np 浅褐黄。副矿物组合：磁铁矿-锆石-磷灰石-榍石。

（二）岩石化学及地球化学特征

1. 岩石化学特征

辉长岩：从表 5－13、表 5－14 中可以看出，SiO_2 含量为 48.52%，属基性岩范畴。Al_2O_3 含量为 15.44%，较高；K_2O/Na_2O 为 0.12，钾含量较低，Na_2O 含量要远高于 K_2O 的含量；TiO_2 含量为 2.50%；P_2O_5 含量偏低，为 0.13%；说明岩石具有高铝，低钾、钛和磷的特点。CIPW 标准矿物中出现橄榄石 Ol 和霞石 Ne，说明岩浆中硅处于不饱和状态，标准矿物组合为 Or＋Ab＋An＋Di＋Ol＋Ne。DI 为 65.11，SI 为 24.78，说明岩浆结晶分异程度中等。A/CNK 为 0.67，指示岩浆来源可能为幔源物质。里特曼指数 δ 为 4.05，为碱性岩系列。

花岗斑岩：从表 5－13、表 5－14 中可以看出，SiO_2 含量平均为 69.77%；Al_2O_3 含量平均为 15.31%，K_2O/Na_2O ＜1，变化于 0.28～0.92，平均为 0.60；Na_2O 含量要高于 K_2O 的含量，TiO_2 平均含量为0.48%；说明岩石具有高铝、低钛的特点。CIPW 标准矿物组合为 Or＋Ab＋An＋Q＋Hy＋C，都出现了石英 Q 和刚玉 C，表明岩浆硅、铝处于过饱和状态，可能反映了壳源物源的特点。DI 平均为 89.27，SI 平均为 9.98，说明岩浆分异程度较高。A/CNK 变化于 1.19～1.22，平均为 1.20，指示岩浆来源可能为壳源物质。里特曼指数 δ 变化于 1.23～1.7，为钙碱性岩系列。显示 S 型花岗岩特征。在测区花岗岩体 Q－A－P 图解(图 5－33)中，绝大部分样品落入花岗岩区，个别样品落入花岗闪长岩区，与室内定名基本吻合。在测区花岗岩 AFM 图解中(图 5－34)，全部样品落入钙碱性系列。

2. 地球化学特征

从表 5－15、表 5－16 可以看出测区晚白垩世侵入岩的地球化学特征。

辉长岩：稀土元素含量中等，稀土元素总量 ΣREE 为 154.86×10^{-6}，LREE/HREE 为 2.58，轻、重稀土分馏程度相当。δEu 为 0.96，比较接近 1，铕不存在异常。稀土配分曲线见图 5－37。曲线微弱右倾，属轻稀土微弱富集型，反映岩石为低度部分熔融或分异作用较弱的岩浆产物。在微量元素比值珠网图(图 5－38)中曲线总体微弱右倾，强不相容元素微弱富集，放射性生热元素 Th 及大离子亲石元素 Sr 明显富集，不相容元素 Ta 微弱亏损，不相容元素 Nb、Zr、Hf 较正常。

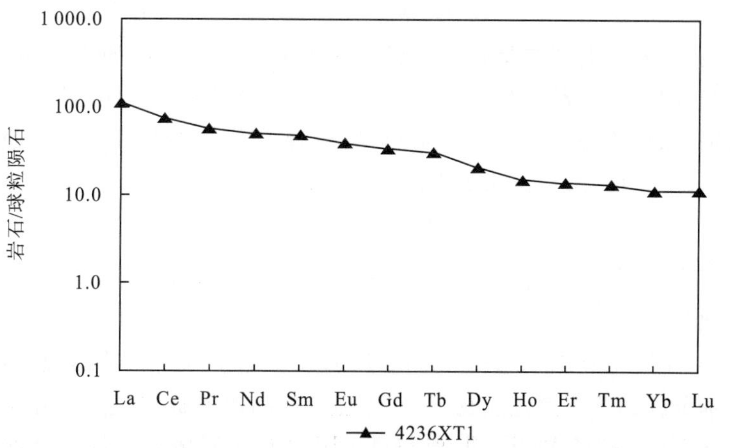

图 5－37　测区辉长岩稀土元素球粒陨石标准化分布型式图

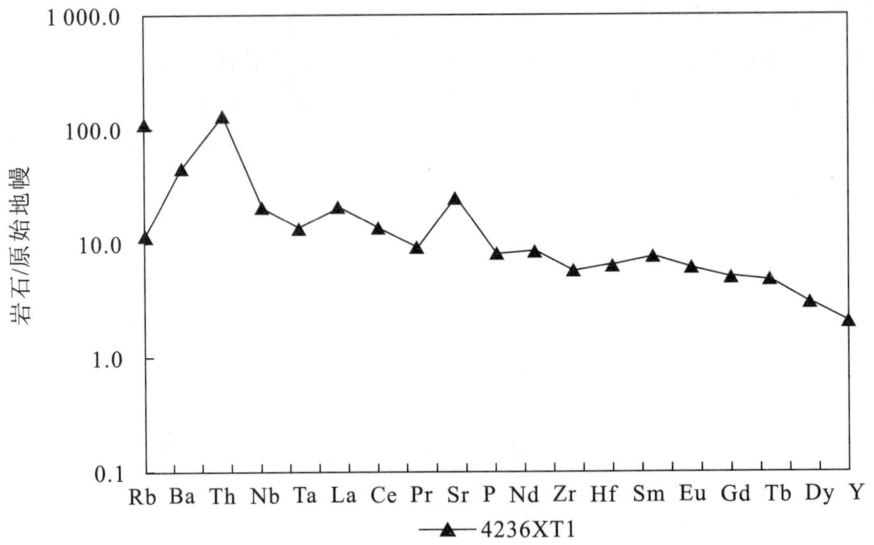

图 5-38 测区辉长岩微量元素原始地幔蛛网图

花岗斑岩：稀土元素总量 ΣREE 较高，变化于 $263.88\times10^{-6}\sim346.71\times10^{-6}$，平均为 305.30×10^{-6}；反映壳源物质富集稀土的特点。LREE/HREE 平均为 2.58。δEu 变化于 0.03～0.69，铕具有较强的负异常；指示岩浆房中有大量斜长石的存在；更进一步证明了岩浆为壳源成分。稀土配分曲线见图 5-35，曲线向右倾斜，HREE 接近平坦型曲线，轻稀土较重稀土分馏明显，属轻稀土微弱富集型；Eu 具有明显低谷异常，Eu 亏损。微量元素比值蛛网图（图 5-36）中，强不相容元素微弱富集，放射性生热元素 Th 和 Pb 元素显著富集，活动性元素 Sr 具显著的负异常，指示岩浆有壳源物质的混染。

四、花岗岩的成因类型及形成的构造环境分析

测区内侵入岩以花岗岩类为主体，合理划分花岗岩的成因类型，有助于确定不同时期的区域构造环境，可大大提高测区花岗岩地质研究水平，进一步查清测区的地质构造演化历史。

1. 岩石成因类型分析

（1）早白垩世花岗岩体。岩石类型主要有两种：正长岩和花岗斑岩，二者 SiO_2 变化为 63.08%～71.24%，Na_2O、K_2O 较平衡，两者比值为 0.87～1.18，A/CNK<1，暗色矿物中多出现角闪石；Rb/Sr 多小于 1，Cr、Ni、Co、V、Cu 较高；副矿物组含为磷灰石-锆石；负铕异常较弱，是由岩浆同化形成的壳幔混合的 I 型花岗岩。

（2）晚白垩世侵入岩。岩石类型主要有辉长岩和花岗斑岩。辉长岩 SiO_2 含量为 48.52%，具有高铝，低钾、钛和磷的特点，属碱性岩系列，岩浆来源可能为幔源物质。花岗斑岩 SiO_2 含量平均为 69.77%，岩石具有高铝、低钛的特点。CIPW 标准矿物组合表明岩浆硅、铝处于过饱和状态，A/CNK<1，稀土总量偏高，具明显的负铕异常，反映了壳源物源的特点，显示为 S 型花岗岩的特征。

2. 构造环境分析

岩浆活动与构造环境之间存在内在关系，不同构造环境形成不同的火成岩类型，岩石构造组合分析是恢复造山带形成演化过程的有效途径。

在 R_1-R_2 图解中（图 5-39），早白垩世花岗岩体岩石样品全部落入造山晚期花岗岩区，晚白垩世侵入岩中的花岗斑岩部分样品落入同碰撞花岗岩区，部分样品落入板块碰撞前花岗岩区。测区不同构造环境花岗岩 Rb-Y+Nb 判别图中（图 5-40），早白垩世花岗岩体岩石样品全部落入火山弧花岗岩区，晚白垩世侵入岩中的花岗斑岩部分样品落入火山弧花岗岩区，部分样品落入板内花岗岩区。测区不同构造环境花岗岩 Nb-Y 判别图中（图 5-41），早白垩世花岗岩体岩石样品全部落在 VAG+syn-

COLG 区，属于火山弧及同碰撞花岗岩。晚白垩世侵入岩中的花岗斑岩部分样品落入板内花岗岩区。这些特征表明，早白垩世花岗岩主体为大陆弧花岗岩。结合其位于班公错-怒江结合带北侧的大地构造背景及其花岗岩的地质及时空分布特征，本书认为其地球动力学环境应为俯冲作用环境，属洋壳俯冲到大陆地壳之下的产物，为活动大陆边缘型或岛弧型花岗岩，物质来源应为壳幔混合源。晚白垩世侵入岩的花岗斑岩体形成于板块碰撞前的板内构造环境，当时班公错-怒江结合带已消减闭合，在陆-陆碰撞之前形成的一次岩浆活动，仅从测区的分布范围来看，此次的岩浆活动较弱。

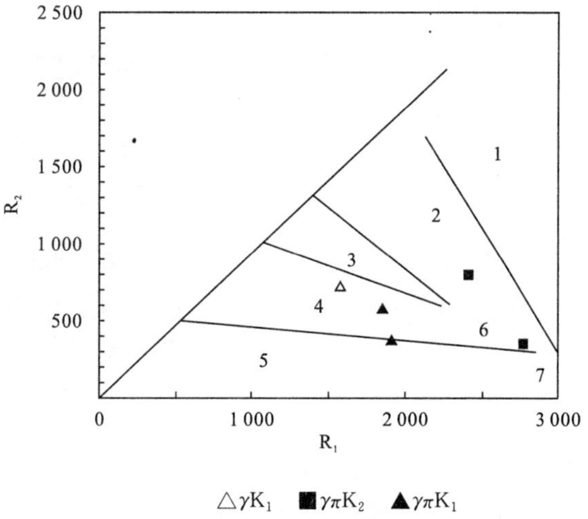

图 5-39 测区花岗岩 R_1-R_2 图

1. 地幔斜长花岗岩；2. 消减的活动板块边缘（板块碰撞前）花岗岩；3. 板块碰撞后花岗岩；4. 造山晚期-晚造山期花岗岩；5. 非造山期的 A 型花岗岩；6. 同碰撞花岗岩；7. 造山期后的 A 型花岗岩

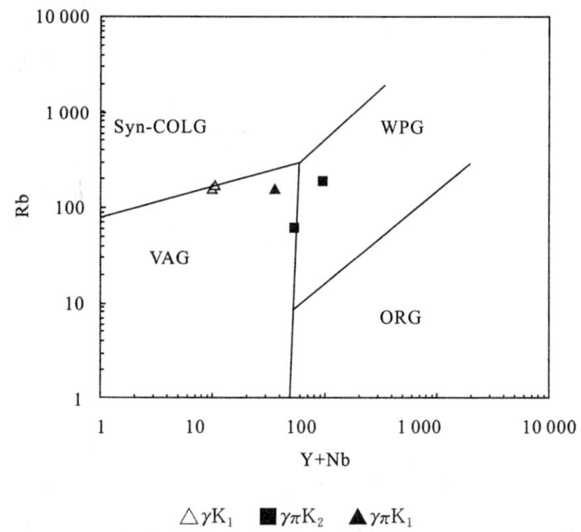

图 5-40 测区不同构造环境花岗岩 Rb-Y+Nb 判别图

VAG. 火山弧花岗岩；WPG. 板内花岗岩；

S-COLG. 同碰撞花岗岩；ORG. 洋中脊花岗岩

（据 Pearce 等，1984）

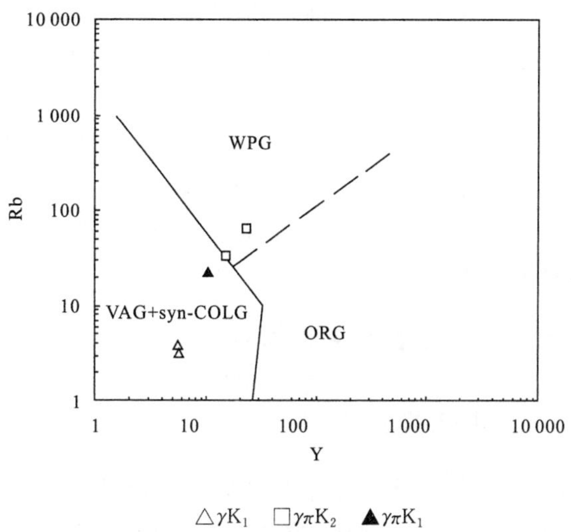

图 5-41 测区不同构造环境花岗岩 Nb-Y 判别图

VAG. 火山弧花岗岩；WPG. 板内花岗岩；

S-COLG. 同碰撞花岗岩；ORG. 洋中脊花岗岩

（据 Pearce 等，1984）

晚白垩世侵入岩中的辉长岩体在 Hf-Th-Ta 图解中（图 5-42），样品投入到岛弧钙碱性系列中；在 Ti-Zr-Sr 图解中（图 5-43），样品全部属于钙碱性玄武岩。

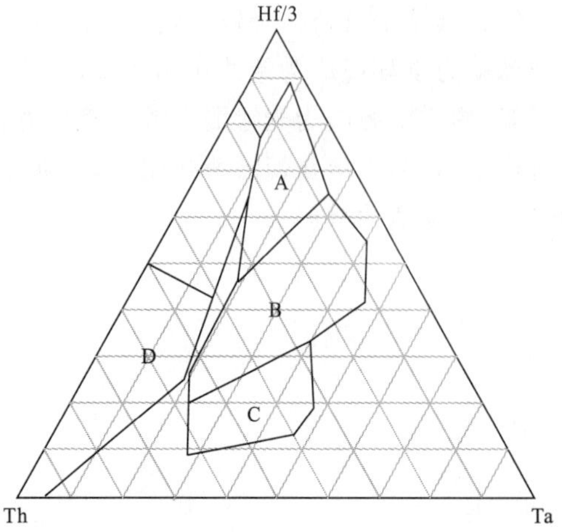

图 5-42　测区辉长岩不同构造玄武岩的 Hf-Th-Ta 判别图

A. M—MORB；B. P—MORB；C. 板内碱性玄武岩及分异产物；
D. 岛弧拉斑玄武岩及分异产物
（据 Wood，1979）

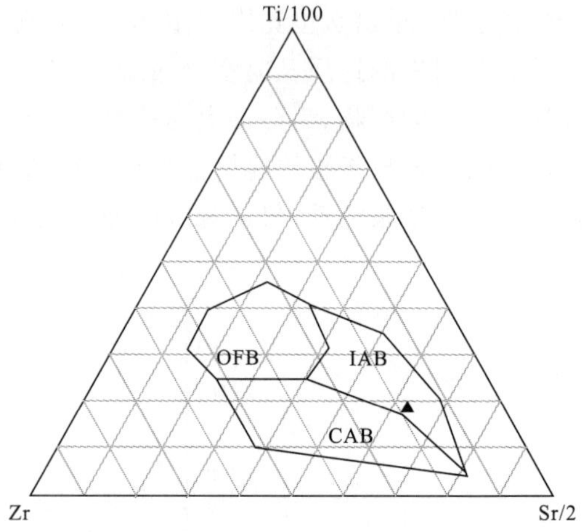

图 5-43　测区辉长岩不同构造玄武岩的 Ti-Zr-Sr 判别图

IAB. 岛弧拉斑玄武岩；OFB. 洋脊拉斑玄武岩；
CAB. 钙碱性玄武岩
（据 Pearce，1973）

综合以上两个图解，本书认为辉长岩的构造环境属于岛弧环境，可能是受班公错-怒江结合带晚期向北俯冲的影响，导致陆-陆碰撞致使地幔岩浆低度部分熔融而成。

第四节　脉　岩

测区岩脉不太发育，种类也不多，岩脉类型也不多，主要为基性岩脉—中性岩脉—酸性岩脉，根据其分布规律、形成时间、产出特征及岩石类型等情况，测区主要为与区域构造裂隙有关的区域性脉岩，它们一般特征表现为：与围岩界线清楚，脉壁整齐，多呈脉状或透镜体状产出，它们一般都顺层贯入，有的与地层走向小角度斜交，接触带的围岩有强烈硅化和片理化以及很窄的热变质带。由于受区域构造裂隙及围岩性质不同和影响，或受到更晚期构造运动的影响，各类脉岩产出方向各异，长宽各不相同，总体表现脉体宽度都小，脉岩规模大小相差悬殊，脉宽 5～50m，脉长几十米至几百米，甚至几公里不等。

一、地质及岩相学特征

（一）基性岩脉

辉绿岩脉：主要分布于测区尼玛县哦居买玛东侧一带，岩脉侵入于木嘎岗日岩组，脉体一般近东西走向，长几百米至 1km，宽几十至 300m 不等，岩石多呈灰绿色，具辉绿结构，含长结构，块状构造。矿物成分，蚀变基性斜长石板条，含量约 55%±，粒径 3～5mm，无规则分布，构成格架，均蚀变，分布许多细小绿黝帘石集合体、绢云母鳞片；普通辉石 28%±，绿泥石 10%±，石英 3%±，充填于斜长石的间隙中。副矿物主要有钛铁矿、磁铁矿，不均匀星散分布。

辉长岩脉：主要见于测区孜如错南西侧，脉体侵入于巫嘎组地层中，长 400～500m，宽约 100m。岩石呈灰绿色，变余辉绿辉长结构，块状构造。矿物成分：基性斜长石含量 70%±，多呈长板柱状，多被强烈的绿帘石化，致使细粒状绿帘石占据斜长石的大部分，有的被碳酸盐化，被碳酸盐替代；单斜辉石含量约 30%，已全部次闪石化-透闪石化，呈柱状、纤维状、纤柱状，有的透闪石可见到两组解理，交角为 56°和 124°。从整体看，岩石遭受强烈的蚀变，主要表现为次闪石化（透闪石化）、绿帘石化、碳酸盐化,次为硅化、绢云母化,岩石中绢云母有一定的定向性。

(二)中性岩脉

区内主要表现为闪长玢岩脉分布较为零散,主要见于测区加青错、热拉俄勒等地。

岩石一般呈灰色、斑状-聚斑状结构,基质斑晶交织结构。斑晶含量约占10%,成分主要为中长石,自形-半自形,由于受后期蚀变影响,大多数表面已模糊不清,有的可见隐隐约约的环带构造,常见有中长石斑晶聚合在一起,构成聚斑状结构;其次为普通角闪石,自形程度一般较高,常见有菱形切面,但大部分已被碳酸盐替代;石英偶见,多呈鸡蛋形。

基质中中长石含量为70%~75%,玻璃质10%~15%,石英<5%。中长石呈细条状,定向-半定向,其间隙中为玻璃质,石英微粒填充在基质的空隙中。

岩石蚀变类型主要有绿泥石化、碳酸盐化、硅化等。

(三)酸性岩脉

测区酸性岩脉主要为花岗斑岩脉类型,分布范围也不大,主要见于依布茶卡、日干配错地区。脉体规模较小,一般长300~800m,宽几十至100m,最宽者有400m,主要为近东西走向。

岩石呈灰白色、褐黄色,斑状结构。基质微晶微粒状结构,块状构造。斑晶成分:更长石含量<10%,自形程度高,粒径一般为1~2mm,晶体聚片双晶一般在晶体长轴的一半就尖灭,还见有卡钠双晶;石英含量>10%,呈次圆状,粒径3mm,具强熔蚀状——熔蚀成港湾状;黑云母含量约5%,呈片状,全都绿泥石化;钾长石含量约5%,微晶状,常嵌入石英粒中,个别薄片可见具自形-半自形晶。基质主要由微粒状钾长石和石英组成,基质有轻微的绢云母化。副矿物主要为榍石,呈楔形,偶见。

岩石普遍遭受蚀变,主要类型有:绢云母化、绿泥石化、碳酸盐化。

在日干配错东侧的花岗斑岩脉中获得K-Ar法同位素年龄值为130Ma,表明花岗斑岩脉的侵位时间大致发生在早白垩世。

二、岩石化学特征

各类脉岩的岩石化学成分、CIPW标准矿物及特征参数值见表5-17、表5-18。本次工作中只采集到基性岩脉和酸性岩脉的样品,没有中性岩脉的分析数据,故本书仅以基性岩脉和酸性岩脉为例,探讨测区岩脉的岩石地球化学特征。

(一)基性岩脉

辉长岩:①SiO_2含量为48.58%,属基性岩,K_2O值小,为0.88%;K_2O/Na_2O比值为0.32;而Al_2O_3、FeO、MgO、CaO、TiO_2含量较国内同类岩石相比均较高,P_2O_5含量较低,为0.07%。②里特曼指数为1.75,属于钙碱性系列。③标准矿物组合为:Or+Ab+An+Di+Hy+Ol。分异指数(DI)为61.5,固结指数为42.74,岩浆结晶分异程度比一般的基性岩要高。A/CNK为0.74,表明岩浆源区为幔源。

辉绿岩:岩石硅酸盐数据中烧失量过高,为8.52%,岩石可能由于蚀变太强所致。岩石不具代表性,仅作参考。①SiO_2含量为43.26%,K_2O含量为0.29%,K_2O/Na_2O比值为0.10,K_2O含量远低于Na_2O的含量;而Fe_2O_3、FeO、TiO_2含量均较高。②里特曼指数为2.71,属于钙碱性系列。③标准矿物组合为:Or+Ab+An+Di+Hy+Ol。分异指数(DI)为53.19,岩浆结晶分异程度较高,属基性岩范畴;固结指数为30.07,属于标准类型基性岩的固结指数范围。岩浆结晶分异程度比一般的基性岩要高。A/CNK为0.52,表明岩浆源区为幔源。

(二)酸性岩脉

花岗斑岩:SiO_2含量变化于61.98%~65.66%,平均为63.63%;全碱含量变化于2.53%~

5.23%，碱含量偏低；Al_2O_3 含量变化于 15.59%～16.14%，而 FeO、MgO、P_2O_5、TiO_2、P_2O_5 含量较低。②里特曼指数变化于 1.23～2.4 之间，属于钙碱性系列。③标准矿物组合为：Or＋Ab＋An＋Q。分异指数(DI)变化于 86.14～93.45，平均为 88.78；固结指数(SI)变化于 2.16～19.4，平均为 13.46，岩浆结晶分异程度较高。A/CNK 大部分样品大于 1，平均为 1.04，表明岩浆源区为壳源。

三、地球化学特征

测区脉岩的微量和稀土元素丰度分别见表 5－19、表 5－20。

(一) 基性岩脉

辉长岩：稀土元素含量中等，稀土元素总量 ΣREE 为 103.22×10^{-6}，LREE/HREE 为 1.94，轻稀土微弱富集。δEu 为 0.89，铕具轻微亏损。稀土配分曲线见图 5－44。曲线为右倾，轻稀土富集；重稀土呈平坦型曲线，分馏不明显。在微量元素比值珠网图(图 5－45)，大离子亲石元素 Rb、过渡性元素 Ti 和非活动性元素 P 明显富集，大离子亲石元素 Sr 和非活动性元素 Nb 明显亏损。

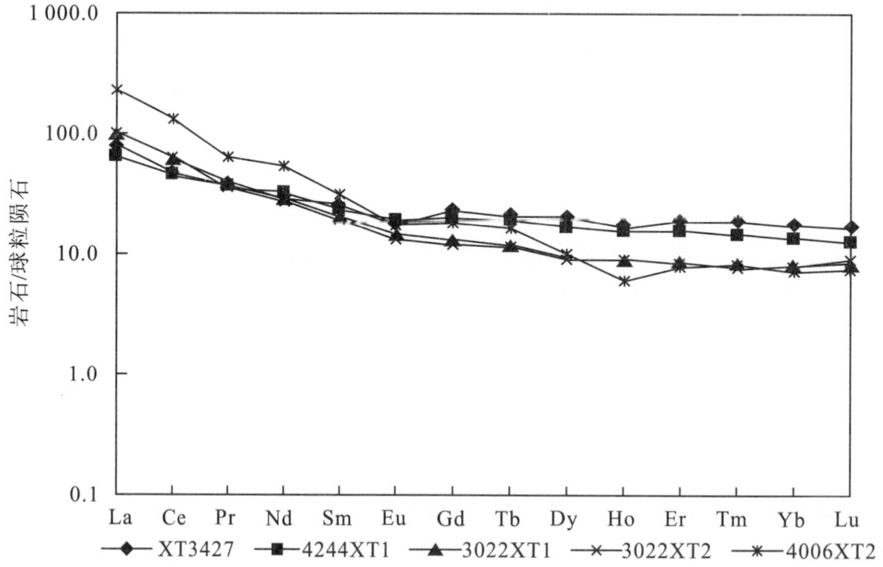

图 5－44　测区岩脉稀土元素球粒陨石标准化分布型式图

辉绿岩：稀土元素含量中等，稀土元素总量 ΣREE 为 114.98×10^{-6}，LREE/HREE 为 1.59，轻稀土微弱富集。δEu 为 0.74，铕具轻微亏损。稀土配分曲线见图 5－44。曲线为微右倾，轻稀土轻微富集；重稀土几乎呈平坦型曲线，分馏不明显。在微量元素比值珠网图(图 5－45)中，放射性生热元素 Th 和稀土元素 La 明显富集，大离子亲石元素 Sr 和过渡性元素 Ti 明显亏损，表明有壳源物质的混染现象。

(二) 酸性岩脉

花岗斑岩：稀土元素含量中等，稀土元素总量 ΣREE 变化于 103.69×10^{-6}～200.71×10^{-6}，平均为 136.97×10^{-6}。LREE/HREE 变化于 3.93～7.71，平均为 5.29，属轻稀土富集型。δEu 变化于 0.70～0.85，铕具不同程度的负异常。稀土配分曲线见图 5－44，总体上看，曲线总体为右倾型，轻稀土富集，轻稀土分馏较明显；重稀土多呈平坦型曲线，分馏不明显。在微量元素比值珠网图(图 5－45)中，表现为非活动性元素 Nb、过渡性元素和非活动性元素 P 明显亏损；放射性生热元素 Th 和稀土元素 La 明显富集。

表 5-17 测区岩脉岩石化学分析结果表

序号	样品编号	岩石名称	采样位置	氧化物含量(%)												
				SiO_2	Al_2O_3	Fe_2O_3	FeO	CaO	MgO	K_2O	Na_2O	TiO_2	P_2O_5	MnO	Loss	Total
1	3022GS1	二长花岗斑岩	日干配错	61.98	16.06	1.33	2.80	3.27	2.66	1.69	5.23	0.60	0.06	0.11	4.01	99.8
2	3022GS2	二长花岗斑岩	日干配错	63.24	16.14	1.51	2.49	3.38	2.43	2.16	4.33	0.59	0.08	0.09	2.78	99.22
3	4006GS2	花岗斑岩	绒　玛	65.66	15.59	2.41	0.44	3.80	0.18	2.87	2.53	0.38	0.12	0.08	5.51	99.57
4	GS3427	辉绿岩	哦居买玛	43.26	14.54	2.77	7.05	12.78	5.55	0.29	2.80	2.15	0.22	0.24	8.52	100.2
5	4244GS1	辉绿辉长岩	哦居多玛	48.58	16.49	2.53	4.80	9.37	8.15	0.88	2.71	1.15	0.07	0.16	4.17	99.06

表 5-18 测区岩脉 CIPW 标准矿物及特征参数表

序号	样品编号	标准矿物含量(%)												特征参数				
		Q	An	Ab	Or	Ne	C	Di	Hy	Ol	Il	Mt	Ap	DI	A/CNK	SI	AR	$\sigma43$
1	3022GS1	13.48	16.03	46.2	10.43	0	0	0.4	10.12	0	1.19	2.01	0.15	86.14	0.981	19.4	2.12	2.4
2	3022GS2	18.67	16.85	37.99	13.24	0	0.75	0	8.89	0	1.16	2.27	0.19	86.75	1.034	18.81	2	2.01
3	4006GS2	33.38	19.23	22.79	18.05	0	1.81	0	1.71	0	0.77	1.96	0.3	93.45	1.1	2.16	1.77	1.23
4	GS3427	0	28.64	18.94	1.87	3.74	0	31.63	0	5.78	4.46	4.38	0.56	53.19	0.516	30.07	1.26	2.71
5	4244GS1	0	31.86	24.17	5.48	0	0	13.26	14.92	3.98	2.3	3.87	0.17	61.5	0.735	42.74	1.32	1.75

表 5-19 测区岩脉稀土元素分析结果及特征参数表

序号	样品编号	岩石名称	采样位置	稀土元素(10^{-6})															特征参数		
				La	Ce	Pr	Nd	Sm	Eu	Gd	Tb	Dy	Ho	Er	Tm	Yb	Lu	Y	∑REE	LREE/HREE	δEu
1	3022XT1	二长花岗斑岩	日干配错	24.5	38.8	3.82	13.7	3.25	0.85	2.76	0.45	2.44	0.52	1.47	0.22	1.42	0.22	12.1	106.5	3.93	0.85
2	3022XT2	二长花岗斑岩	日干配错	24.0	39.6	3.49	13.0	3.01	0.77	2.50	0.44	2.37	0.52	1.42	0.20	1.34	0.23	10.8	103.7	4.23	0.83
3	4006XT2	花岗斑岩	绒　玛	55.7	83.6	6.26	26.2	4.89	1.02	3.82	0.62	2.62	0.34	1.33	0.21	1.21	0.19	12.7	200.7	7.71	0.70
4	XT3427	辉绿岩	哦居买玛	19.1	29.2	3.55	13.8	3.90	1.04	4.78	0.78	5.35	0.97	3.10	0.48	3.00	0.43	25.5	115	1.59	0.74
5	4244XT1	辉绿辉长岩	哦居多玛	15.8	28.7	3.63	15.2	3.64	1.14	4.18	0.74	4.31	0.91	2.61	0.38	2.35	0.33	19.3	103.2	1.94	0.89

表 5-20 测区岩脉微量元素分析结果表

序号	样品编号	岩石名称	采样位置	微量元素含量(×10^{-6})														
				F^-	Cu	Pb	Zn	Cr	Ni	Co	Li	Rb	W	Mo	Sb	Bi	Hg	Sr
1	3022XT1	二长花岗斑岩	日干配错	220	4.10	25.0	60.8	30.6	18.2	9.70	50.5	67.1	3.30	0.74	0.10	0.092	0.022	473
2	3022XT2	二长花岗斑岩	日干配错	308	19.7	31.3	76.8	42.3	27.8	10.6	48.2	87.2	3.30	1.02	0.35	0.097	0.026	411
3	4006XT2	花岗斑岩	绒　玛	455	10.7	8.30	46.2	16.9	6.10	5.30	30.5	119	2.22	3.10	0.74	0.056	0.049	471
4	XT3427	辉绿岩	哦居买玛	248	66.8	7.80	81.4	154	70.3	31.4	64.0	47.1	1.54	0.31	0.66	0.052	0.042	131
5	4244XT1	辉绿辉长岩	哦居多玛	276	54.4	25.6	99.8	174	83.4	25.6	28.5	23.8	2.70	0.28	0.37	0.087	0.013	370
				Ba	V	Sc	Nb	Ta	Zr	Hf	Be	B	Ga	Sn	Au	Ag	Th	P
1	3022XT1	二长花岗斑岩	日干配错	449	70.1	8.85	9.28	0.75	115	3.32	1.54	24.7	20.9	3.10	0.40	0.012	10.8	727
2	3022XT2	二长花岗斑岩	日干配错	495	77.7	10.8	8.99	0.81	123	2.95	1.92	22.5	20.9	3.00	0.55	0.012	11.0	678
3	4006XT2	花岗斑岩	绒　玛	966	41.3	4.82	17.6	1.10	154	5.23	2.36	48.3	27.5	1.00	1.25	0.012	14.9	754
4	XT3427	辉绿岩	哦居买玛	128	281	46.3	6.87	0.68	123	3.32	1.36	32.5	29.6	0.50	2.95	0.008 3	1.91	1 050
5	4244XT1	辉绿辉长岩	哦居多玛	312	222	34.8	13.6	1.34	126	4.01	1.82	26.6	21.2	2.85	0.52	0.035 0	7.50	1 070

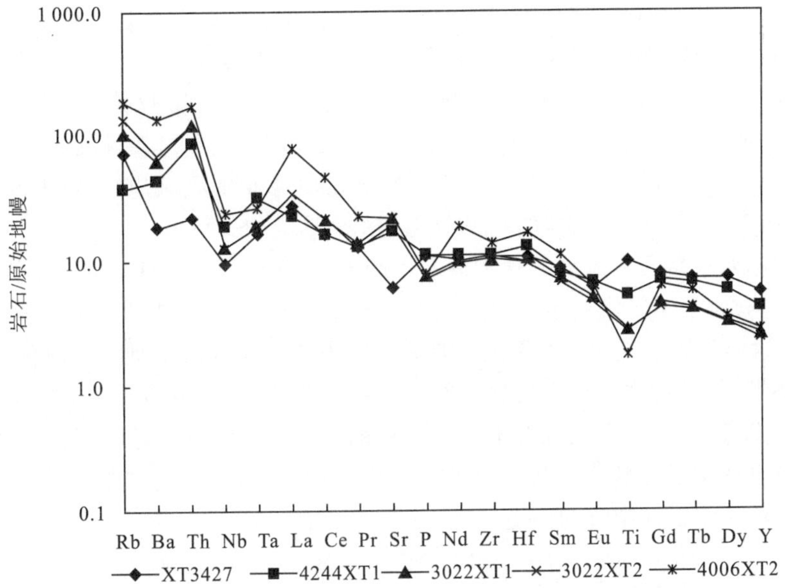

图 5-45　测区岩脉微量元素原始地幔蛛网图

四、岩石构造组合和岩浆作用类型

岩浆的产生和岩石的形成受板块构造运动的大地构造环境控制。在特定的大地构造环境中可以形成一套在时空上紧密共生、成因上相互联系的、具有相一致的岩石化学、地球化学特征的一种或几种火山岩组合或(和)侵入岩组合,即为岩石构造组合或岩浆岩构造类型,它体现了构造环境与岩浆作用之间的内在联系。

测区位于班公错-怒江结合带的中西段,保存了不同时代、不同构造环境中形成的不同岩石构造组合。根据前面两节及第四章所述的各类岩石的时空分布、产状、岩石学、岩石地球化学特征以及形成的构造环境,将测区岩浆岩划分为三种岩石构造组合:①蛇绿岩组合;②岛弧型及大陆弧型及板内组合;③碰撞型组合。下面讨论这些岩石构造组合及其岩浆作用。

(一) 蛇绿岩组合

测区蛇绿岩组合分布在班公错-怒江结合带,由于构造肢解严重,与世界上标准的蛇绿岩组合(自下而上包括变质橄榄岩类、堆晶杂岩类、均质辉长岩类、席状岩墙群类、玄武质熔岩以及共生的深海硅质岩)相比,测区的蛇绿岩组合不完整,仅仅见有变质橄榄岩类、均质辉长岩类和枕状玄武岩类,而缺少堆晶岩、席状岩墙群和放射虫硅质岩等组合。这些岩石大部分构成肢解型蛇绿岩地体。测区蛇绿岩套的岩石组合记录了班公错-怒江边缘海类似洋中脊型的岩浆作用。

班公错-怒江蛇绿岩组合是羌塘陆块与拉萨地块之间缝合带的重要组成部分,测区蛇绿岩是班-怒带上保存不太完整的蛇绿岩地体,其层序也不完整,主要由地幔橄榄岩、均质辉长岩、枕状熔岩三个构造单元组成,侵位于木嘎岗日岩组中,分布在两侧的中上三叠统复理石建造物源特征具有相似性。

测区蛇绿岩中的地幔橄榄岩在化学成分上 MgO 含量较高,为 35.57%～39.09%,平均为37.12%,$Mg^{\#}$ 变化于 91.58～92.42,平均为 92.58,数值较高,为镁质橄榄岩,与阿尔卑斯型地幔橄榄岩相似,反映了源区为幔源物质。其稀土总量偏低,变化于 4.10×10^{-6}～5.95×10^{-6},平均为 4.97×10^{-6},轻稀土富集,微量元素中 Rb、Sr 含量较低,放射性能生热元素 Th、不相容元素 Zr 和 Hf、非活动性元素 P 明显富集。大离子亲石元素 Sr 富集和 Nd 亏损,表明岩浆在结晶过程中可能有壳源物质的混染。本书认为地幔橄榄岩是地幔熔融残余物质在岩浆部分熔融后期经俯冲消减导致流体参与交代而形成的。

测区蛇绿岩中的均质辉长岩具高 CaO，中等 MgO、TiO_2、K_2O 的特点。过铝指数 A/CNK 为 0.56，值较低，也暗示了物质来源是幔源的。里特曼指数指示属于碱性岩系列。稀土配分曲线右倾，重稀土大致呈平坦型曲线，轻稀土分馏程度较好，重稀土分馏不明显，属轻稀土富集型，具有弱的铕负异常，说明源区存在有斜长石。Rb/Sr 比值为 0.1，Zr/Y 比值为 8.46，Zr/Nb 比值为 11.51，微量元素曲线总体右倾，表现强不相容元素富集；放射性生热元素 Th、稀土元素 La 和过渡性元素 Ti 轻微富集；非活动性元素 Nb 及稀土元素 Eu 轻微亏损。从以上岩石地球化学特征显示，物质主要来源于幔源，可能有壳源物质的混染，是由玄武质岩浆经深部的结晶分离作用而形成的。

测区蛇绿岩中的基性熔岩一般呈弧立构造岩片产出，局部地段发育良好的枕状构造，一般都缺乏或不发育气孔和杏仁构造，显示了海底水下喷发的特点。岩石化学指示基性熔岩具有中等 Al_2O_3、CaO，高 TiO_2，低 K_2O 的特点，属于碱性岩石系列。具有与洋中脊玄武岩相类似的地球化学特征。稀土配分曲线属轻稀土富集型，与 P 型洋中脊玄武岩相似。微量元素 Zr/Y 比值为 5.29，蛛网图曲线与富集地幔 MORB 曲线相似。以上这些特征，明显具有富集地幔的特点。各种构造环境判别图解指示这些基性熔岩形成于类似洋中脊的构造环境。本书认为测区蛇绿岩中的基性熔岩是富集地幔的玄武质岩浆经过海底岩浆喷溢作用形成于类似洋中脊的构造环境。

（二）岛弧型及大陆弧型组合及其岩浆作用

在造山带中，岛弧型组合是一个庞大的岩浆岩共生组合。这些岩石共生组合往往都起因于俯冲消减作用诱发的大规模岩浆作用，在时空上彼此都有密切的联系。在造山带中常常共同组成与蛇绿岩带大致平行的岩浆岩带。测区弧型岩石组合较为发育，但规模不大，有岛弧和陆缘弧，其时代为侏罗纪—古近纪。

1. 早侏罗世岛弧型岩浆作用

在测区北部依布茶卡一带发育有一套被构造肢解比较严重的火山岩系，为本次工作新发现的地层单元，作为一非正式地层单位填绘，称为早侏罗世玄武岩，表现为海底玄武岩浆喷溢作用。岩性主要为一套玄武岩，岩石地球化学特征显示岩石具有中等铝，高铁、钙，低钾、磷的特点。属碱性岩石系列，为铝不饱和玄武岩；轻稀土微弱富集，微量元素中放射性生热元素 Th 及 Pb 元素明显富集，非活动性元素 Nb、P 明显亏损。从其特征来看，玄武岩浆可能源自地幔区；形成于洋岛构造环境，为富集地幔的玄武质岩浆低度部分熔融而形成。此套玄武岩可能为古特提斯洋消减闭合时形成的一次火山喷发活动。

2. 早白垩世钙碱性岛弧和大陆弧型岩浆作用

早白垩世岛弧型火山作用在测区主要分布于班-怒结合带的北缘，集中于去申拉组，为一套中基性的火山岩系。岩石类型为玄武岩、安山岩及火山碎屑岩。火山岩相以喷溢相为主，属海相喷发环境。岩石化学显示为钙碱性系列，微量元素反映为岛弧环境。

侵入作用主要分布在测区班公错-怒江结合带内，岩石类型有正长岩和花岗斑岩，都呈小岩株状产出，规模不大，岩石地球化学特征指示 Na_2O、K_2O 较平衡，两者比值为 0.87～1.18，A/CNK<1，暗色矿物中多出现角闪石；Rb/Sr 多小于 1，Cr、Ni、Co、V、Cu 较高；负铕异常较弱；是由岩浆同化形成的壳幔混合源的 Ⅰ 型花岗岩。主元素和微量元素判别多属大陆弧花岗岩环境。它的形成可能是在燕山晚期，受班-怒结合带晚期向北俯冲影响，导致洋壳俯冲到大陆岩石圈之下，从而导致岩体就位。此时期的岩体在测区规模不大，但向西岩浆活动逐渐加强。

3. 晚白垩世钙碱性岛弧型和板内岩浆作用

该期的岩浆作用发生在班-怒结合带的北缘哦居买玛北东一带及孜如错南侧。主要岩石类型有两类：一类为辉长岩；另一类为花岗斑岩。岩体规模都比较小，呈小岩株产出。

晚白垩世的辉长岩体岩石地球化学特征说明，岩石具有高铝，低钾、钛和磷的特点，属碱性岩石系列，过铝指数 A/CNK 为 0.67；轻稀土微弱富集，放射性生热元素 Th 及大离子亲石元素 Sr 明显富集，不相容元素 Ta 微弱亏损，微量元素判别属岛弧构造环境，可能是受班公湖-怒江结合带晚期向北俯冲的影响，导致陆-陆碰撞致使地幔岩浆低度部分熔融而成钙碱性岩石。本书认为可能是受到班-怒带晚期俯冲的影响导致地幔岩浆低度部分熔融而成。

晚白垩世的花岗斑岩体岩石地球化学特征显示，岩石具有高铝、低钛的特点，岩浆硅、铝处于过饱和状态，属钙碱性岩系列岩石，A/CNK 变化于 1.19～1.22，平均为 1.20，稀土元素总量较高，配分曲线向右倾斜，HREE 接近平坦型曲线，属轻稀土微弱富集型；Eu 具有明显低谷异常，Eu 亏损。微量元素中放射性生热元素 Th 和 Pb 元素显著富集，活动性元素 Sr 具显著的负异常，指示岩浆有壳源物质的混染，也反映了壳源物源的特点，显示 S 型花岗岩特征。主量元素与微量元素构造环境判别其形成于板块碰撞前的板内构造环境，当时班公错-怒江结合带已消减闭合，在陆-陆碰撞之前形成的一次岩浆活动，仅从测区的分布范围来看，此次的岩浆活动较弱。

（三）碰撞型组合及碰撞型岩浆作用

海盆地的收缩和封闭导致岛弧-岛弧、岛弧-大陆、大陆-大陆的碰撞，这种碰撞作用引起地壳大规模缩短，产生大规模的推覆和逆掩以及各种强烈的变形作用，甚至产生大陆块体的俯冲作用，或称大陆内部的汇聚作用。不同的陆内汇聚作用产生不同的岩浆作用，在低角度的壳内汇聚作用过程中产生上部陆壳重熔的 S 型花岗岩深成作用；在高角度的壳幔汇聚作用中产生钙碱性-偏碱性的火山作用。

测区的碰撞型组合构成了南北两条规模较大的火山岩带：一条是北部（错俄湖-依布茶卡）火山岩带，以纳丁错组为代表；另一条是南部的以美苏组为代表的八乌错-哦居买玛火山岩带，火山活动主要发生在古近纪。火山作用类型是陆相盆地型喷溢，形成了钙碱性和偏碱性的基性—中性—酸性熔岩和火山碎屑岩。纳丁错组岩石组合主要为橄榄玄武岩、（杏仁状）玄武岩、安山岩、辉石安山岩、流纹岩、英安岩、粗面英安岩等，岩石化学指示主体属碱性系列，部分属钙碱性系列，可能是由壳源物质部分熔融而成；微量元素判别属造山带的岛弧环境；火山活动时期大地构造环境正处于陆-陆碰撞造山阶段，受其陆-陆碰撞造山作用的陆内汇聚支配，造就了测区北部的这条火山岩带。美苏组岩石组合主要为（杏仁状）玄武岩、安山岩、角闪安山岩、流纹岩及火山碎屑岩，为一套基性—中性—酸性的火山岩系，火山岩相主要以爆发相和喷溢相为主。岩石化学属钙碱性系列，其火山岩浆可能是上地幔及壳源物质混合熔融或单独熔融而成；稀土元素表现为轻稀土富集，轻、重稀土分馏较明显；微量元素 Nb 大部分亏损，也表明了有壳源物质的混染；微量元素构造环境判别属造山带向板内过渡环境，可能是由于受到喜马拉雅期陆-陆碰撞造山阶段陆内汇聚作用影响，导致了火山喷发作用岩浆的形成。

五、岩浆作用演化旋回

测区地处班公错-怒江结合带的中西段，构造格局上属于“一带两区”的格局，一带为班公错-怒江结合带，两区为羌南构造区和冈底斯-念青唐古拉构造区。因此，本区岩浆活动无疑与班公错-怒江特提斯洋的形成、发展及消亡过程密切相关，但也可能包含了南侧雅鲁藏布新特提斯洋壳向北俯冲、碰撞远程效应的叠加。根据区内蛇绿岩、火山岩与侵入岩的时空关系、成因联系、形成的地球动力学背景，结合区域构造事件，测区岩浆作用的发展演化过程可以划分为一个新特提斯岩浆作用演化旋回。

该旋回发生在新特提斯洋的演化过程中，从侏罗纪开始一直发展到古近纪。测区早期的裂谷型火山作用缺乏，蛇绿岩组合主要发生在侏罗纪和早白垩世，岛弧型岩浆作用开始于早侏罗世和早白垩世，由此推断新特提斯海洋型岩浆作用从侏罗纪开始。测区的新特提斯岩浆作用演化旋回可划分为下面几个阶段。

（1）侏罗纪新特提斯海洋型岩浆作用阶段；

（2）早白垩世弧间盆地及岛弧型岩浆作用阶段；

（3）晚白垩世弧-陆碰撞火山作用及板内岩浆作用阶段；

（4）古近纪陆内汇聚岩浆作用阶段。

以上大致对应于从洋盆扩张→俯冲消减→碰撞隆升→陆内汇聚的次一级构造旋回。

第六章　变质岩

第一节　概　述

测区变质岩不甚发育，主要集中于图幅南侧，呈东西向稳定延伸，出露面积较大。图幅北侧呈星点状零星出露，总体东西向延伸，出露面积小。变质岩均属浅-中级变质岩系。根据董申保教授等(1986)提出的划分原则，测区变质岩系可划分为区域变质作用、接触变质作用、动力(碎裂)变质作用和气-液变质作用四大类，其中以区域变质岩为主，变质地层为奥陶系吉塘岩群(AnOjt)、中-上奥陶统塔石山组($O_{2-3}t$)、下-中二叠统吞龙共巴组($P_{1-2}t$)、上三叠统巫嘎组(T_3w)、下-中侏罗统色哇组($J_{1-2}s$)、中侏罗统莎巧木组(J_2sq)、中侏罗统捷布曲组(J_2j)以及侏罗系木嘎岗日岩组(Jm)和洞错蛇绿岩组(Jd)；动力(碎裂)变质岩呈带状或线状沿构造带展布；气-液变质作用分布于洞错蛇绿岩组中。

第二节　区域变质岩

测区区域变质岩分布集中于图幅南侧，稳定东西向延伸，出露面积较大。而图幅北侧，呈星点状零星出露，总体呈东西向延伸，面积较小。根据变质岩分布特点、变质特征、变质作用时期与所处不同构造部位，将测区变质岩划分为三个变质岩带，即阿木杂各尔包-绒马变质岩带、加青错-播央错变质岩带、八乌错-哦居多玛变质岩带(图 6-1)。

一、阿木杂各尔包-绒马变质岩带

阿木杂各尔包-绒马变质岩带出露于图幅最北端，沿北纬 32°图界东西向零星出露。变质地层为前奥陶系吉塘岩群(AnOjt)和中-上奥陶统塔石山组($O_{2-3}t$)。由于变质地层受后期构造运动肢解，测区变质地层呈残留体，出露不全。除了发生区域变质作用外，不同程度经受了动力变质作用改造。

(一) 变质岩石类型及特征

测区内该变质岩带主要由浅-中区域变质岩系组成，岩石类型有变质砂岩、板岩、片岩和石英岩等。

1. 变质砂岩类

变质细砂岩：岩石具变余砂状细粒结构，弱定向构造。矿物组成为石英>60%、长石 3%～5%、岩屑>25%、云母片<1%。黏泥质重结晶为绿泥石和绢云母，呈细片状和针片状定向分布，相对集中处定向排列形成弱定向构造。

变石英砂岩：岩石具变余砂状细粒结构，弱定向构造。矿物组成为石英>80%、长石 5%～8%、云母片<1%。原砂岩黏泥质胶结物全部重结晶为鳞片状、针片状绢云母黏土矿物，并平行定向分布，形成弱定向构造。硅质一部分形成次生加大边，另一部分结晶呈近等轴粒状微粒石英，沿颗粒石英边缘分布。岩石压实变质明显，颗粒长轴定向，云母片和新生矿物定向排列，云母片不均匀消光。

2. 板岩类

粉砂质板岩：岩石具变粉砂质结构，板状构造，矿物成分为黏土矿物>50%、石英粉砂>50%。原粉砂岩的泥质已变为细长鳞片状—纤维状黏土矿物，并具定向平行排列，而石英粉砂几乎未变，呈次圆—圆状，少数为棱角状。

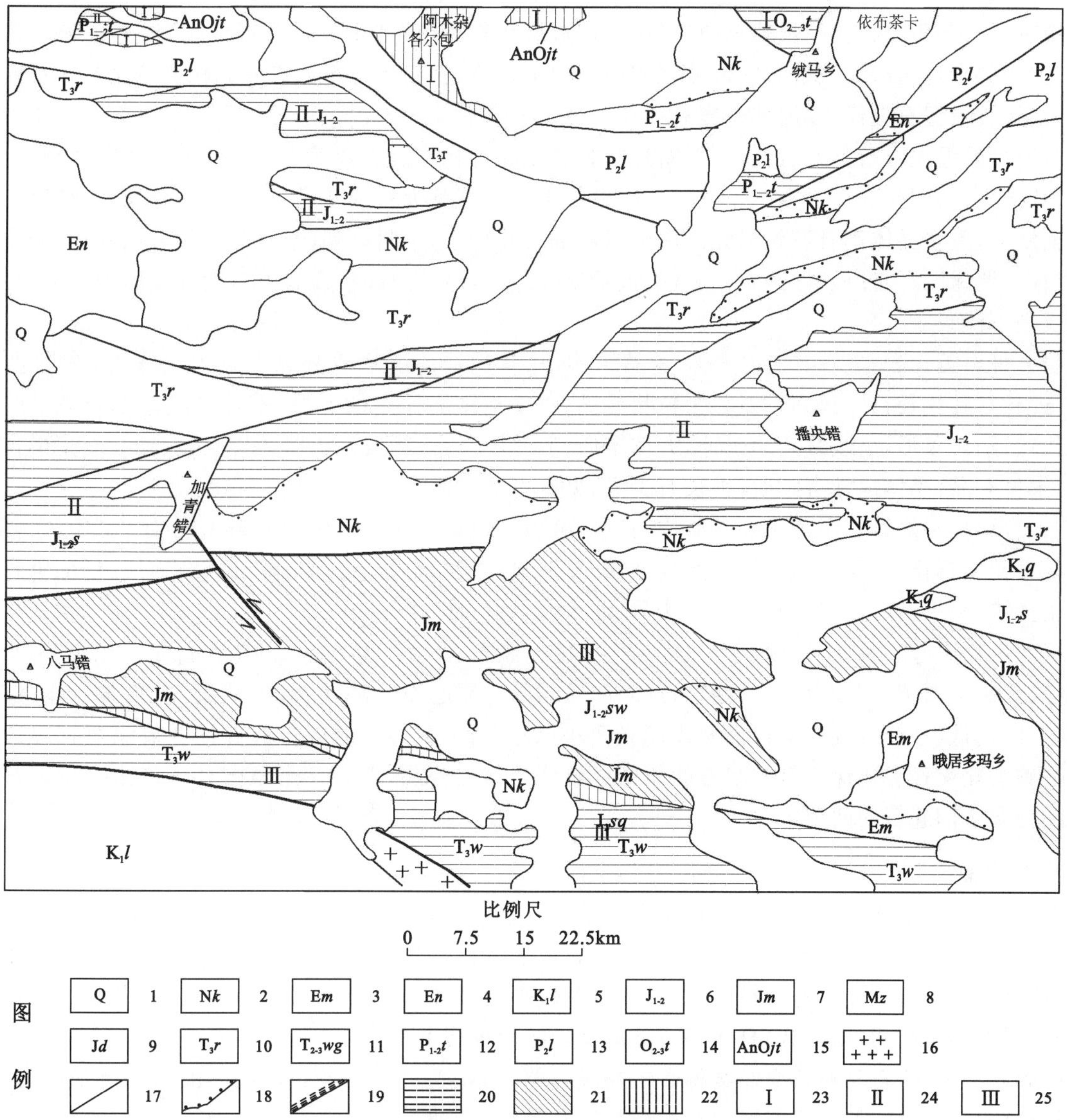

图 6-1　测区变质岩带地质略图

1.第四系；2.新近系康托组；3.古近系美苏组；4.古近系纳丁错组；5.下白垩统郎山组；6.下中侏罗统；7.木嘎岗日岩组；8.仲岗岩组；9.洞错蛇绿岩组；10.上三叠统日干配错组；11.上三叠统巫嘎组；12.下-中二叠统吞龙共巴组；13.中二叠统龙格组；14.中上奥陶统塔石山组；15.吉塘岩群；16.花岗闪长岩；17.断层；18.不整合界线；19.脆-韧性剪切带；20.低压型区域动力热流低绿片岩；21.中压型区域动力热流低绿片岩相；22.中压型区域动力热流高绿片岩相；23.阿木杂各尔包-绒马变质岩带；24.加青错-播央错变质岩带；25.八乌错-哦居多玛错变质岩带

绢云母板岩：岩石具鳞片粒状变晶结构，板状构造、定向构造。矿物成分为微晶石英 20%～60%、绢云母 10%～60%、砂屑少量。绢云母定向分布，构成岩石板理。

绢云母钙质板岩：岩石具变斑状显微鳞片微粒变晶结构，板状构造。岩石矿物成分为方解石＞45%、绢云母 25%～30%、石英 15%～20%、白云母 3%～5%。方解石呈长条状或扁圆形，长轴平行板理面，由于应力作用，部分具不均匀消光；石英呈粉粒状，部分变晶集合体呈团块状，不均匀分布，长轴平行板理面；白云母呈细片状，平行板面呈带状分布；绢云母呈显微鳞片状，与拉长的方解石集合体相间紧密定向排列，形成板状构造。

3. 片岩类

绢云母石英片岩：岩石具鳞片状粒状变晶结构，条痕状构造，其矿物成分主体为石英>80%，其次为绢云母占10%，绿帘石<5%，钠长石少见，石榴子石偶见，绢云母呈细长叶片状，定向呈断续分布，呈条痕状构造。石英为粒状变晶长轴定向，但由于构造挤压作用，使其定向性有所改变，局部破碎。绢云母相当多已变为绿泥石，绿帘石为它形粒状或微粒状集合体，它们常与绢云母一起构成条痕状。石榴子石偶见，且已被绿泥石交代，其内部包裹有细粒石英。

白云母硬绿泥石石英片岩：岩石具鳞片状粒状变晶结构，条纹-条痕状构造。矿物成分主要为石英80%，其次为白云母10%，硬绿泥石10%，绿帘石少见。石英为粒状变晶，由于应力作用常成矩形边状，其长轴定向，大多晶体都有波状消光。白云母呈细长叶片状，定向排列(与石英长轴方向一致)构成条纹-条痕状。硬绿泥石与白云母密切共生，呈板状或叶片状，由于内部包裹有较多微细碳质和其他矿物，看上去模糊不清。

白云母石英片岩：岩石具鳞片粒状变晶结构，片状构造。矿物成分以石英为主体占85%，白云母10%，钾长石及钠长石<50%。石英为粒状变晶，由于重结晶作用的差异，石英粒状呈不等粒。白云母呈鳞片状、细长条形，呈线状断续延伸，大体定向，但并不平直，构成条痕状。钾长石、钠长石呈半自形变斑晶，未见双晶，晶体内常有碳质，钠长石少见，见有肖钠双晶。

白云母片岩：岩石具鳞片状变晶结构，其矿物成分多单一，几乎均由白云母组成(>98%)，白云母呈鳞片状紧密平行排列，受应力作用而产生揉皱，呈波浪起伏状，局部由白云母片重叠而成，切面垂直而未受挤压揉皱，呈平行的片状。石英呈粒状，充填于该岩石空隙中。

绿泥石化阳起石片岩(图版Ⅱ-16)：岩石具粒状纤维状变晶结构。矿物成分以阳起石为主体(85%)、其次为石英(5%～10%)、绿帘石(5%～10%)。阳起石呈柱状、纤维状、放射状集合体、束状集合体，干涉色低(一级)，近于平行消光或消光角小($C \wedge Ng = 10°$)。局部阳起石蚀变成绿泥石或碳酸盐岩。被碳酸盐交代者还保留有阳起石的假像。石英为粒状变晶，聚在一个条带状内产出。绿帘石呈它形粒状分布于阳起石的间隙中。

4. 石英岩类

石英岩(变纯石英砂岩)：岩石具粒状变晶结构、镶嵌结构，其矿物成分几乎全由石英组成(>98%)，硅质岩屑偶见，黏土矿物少见。石英呈粒状变晶，由于变质拉伸，石英长轴定向性良好。石英晶体内含碳质，使其表面有些混浊。石英粒度均一，线接触较平直，可能是静态下重结晶，石英晶体具强的波状消光，极少量的黏土矿物(微片状)分布于石英晶体的接触界线上。

破碎石英岩：岩石具粒状变晶结构。矿物成分单一，几乎全由石英组成(>98%)。由于应力作用，石英被拉伸呈长条状，但不是矩形边结构而是缝合线结构，即长条状石英的边缘不平直，彼此以缝合线镶嵌。表明是在动态重结晶后被拉伸，后期由于挤压作用，使岩石破碎，这种破碎常与石英长轴垂直，表明这种挤压方向来自石英的长轴方向。

(二) 变质矿物带

根据变质矿物组合特征，测区该变质岩带可划分如下变质矿物带。

1. 绿泥石带(图6-2)

绿泥石带主要分布于绒马清水河处的中-上奥陶统塔石山组($O_{2-3}t$)残留体内，变质岩石类型单一，仅见变质砂岩和板岩。其典型矿物共生组合：

石英+白云母+绢云母+绿泥石

石英+方解石+白云母+绢云母

石英+白云母+绢云母

该带标志矿物为绿泥石、绢云母。它们是黏泥质结晶而形成，呈细片状和针片状定向分布。

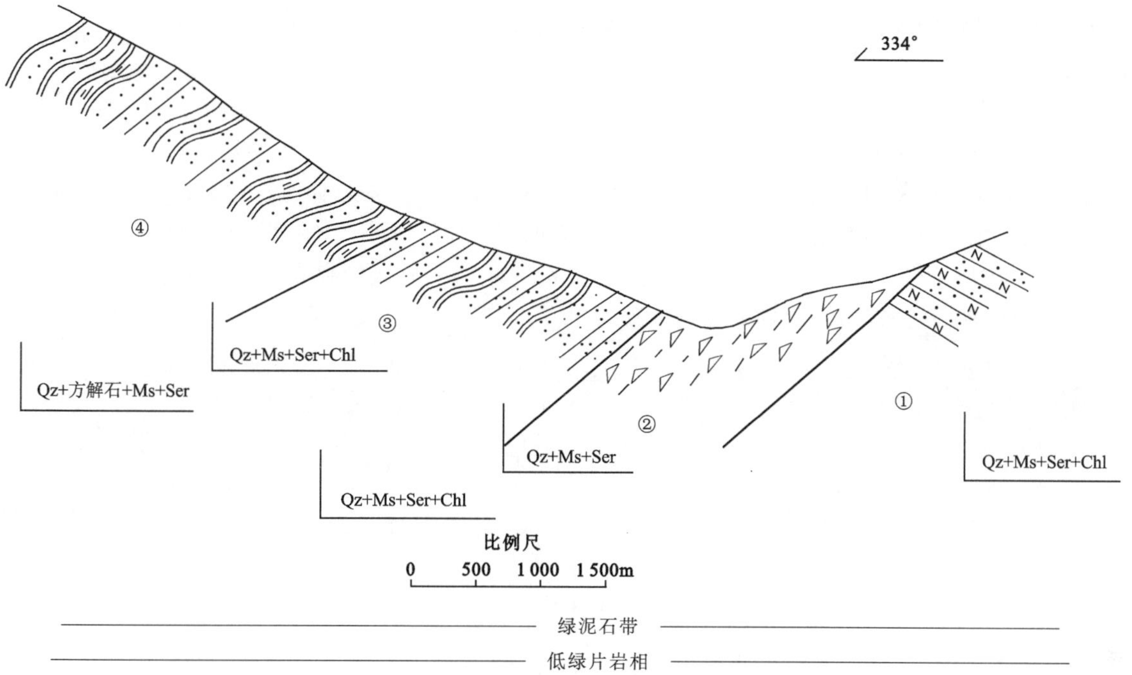

图 6-2　绒马乡清水河变质岩带地质剖面图

①变质长石石英砂岩；②构造破碎带；③变质石英砂岩夹板岩；④板岩夹砂岩

2. 钠长石-绿泥石带(图 6-3)

该变质矿物带分布于错俄合的阿木杂各尔包地区出露的吉塘岩群残留体中，其典型矿物共生组合为：

石英＋绢云母＋绿帘石＋绿泥石＋钠长石＋石榴子石

石英＋白云母＋绿泥石＋绿帘石

石英＋白云母＋钠长石

钠长石-绿泥石带由于受应力作用，石英常呈矩形边状，其长轴定向或构造挤压作用而其定向性改变，局部破碎，并具波状消光。石榴子石被绿泥石交代，表现出动力变质作用而发生退变质的特征。

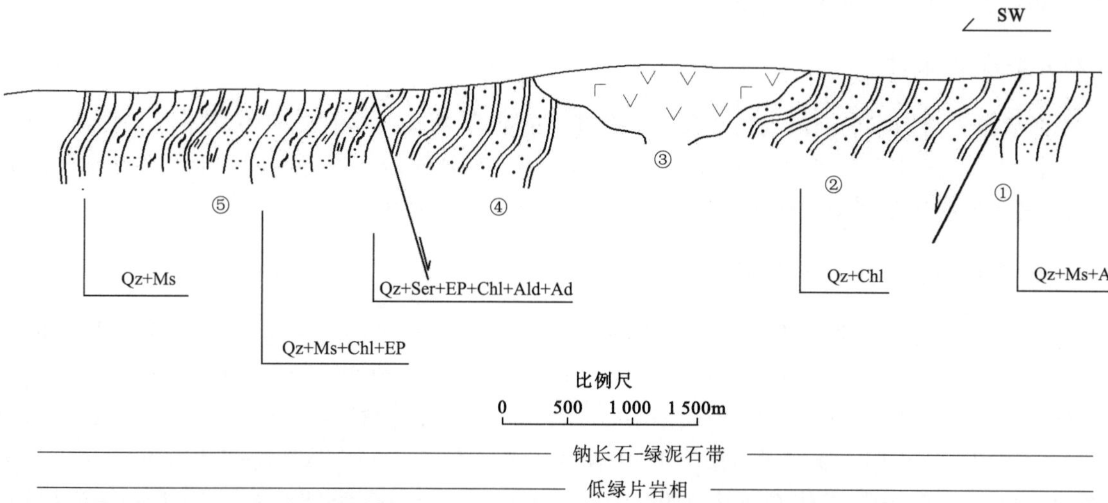

图 6-3　阿木杂各尔包变质岩带地质剖面图

①石英片岩；②④粉砂质板岩；③玄武安山岩；⑤绢云母石英片岩、白云母硬绿泥石石英片岩、破碎石英岩

3. 阳起石-钠长石带(图 6-4)

分布于白沙岗的地保卡各里地区出现吉塘岩群残留体中，其典型矿物共生组合为：

石英＋白云母＋绿帘石＋钠长石

石英＋绿泥石＋绿帘石＋阳起石

石英＋绿帘石＋阳起石

该带的标志性矿物阳起石呈纤维状、放射状、束状集合体，其排列总体有一定方向性，但局部似乎方向性不明显。阳起石的干涉色为一级，近于平行消光或消光角小，C∧Ng＝10°，阳起石蚀变为绿泥石。

此外，变质岩特征变质矿物中偶见石榴子石，显示测区该变质岩带存在石榴子石变质矿物带，有可能与钠长石-绿泥石-阳起石一起构成递增变质带。

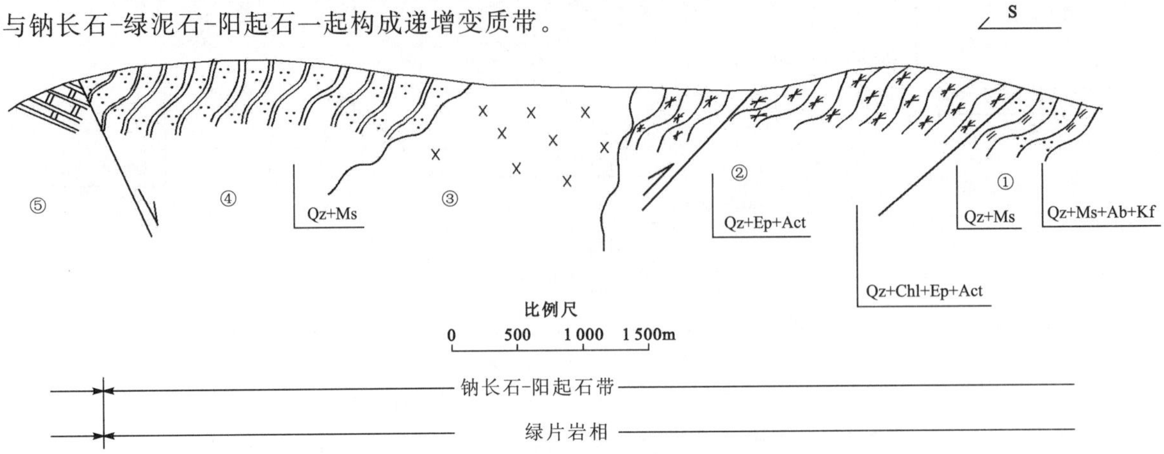

图 6-4　地保卡各里变质岩带地质剖面图

①白云母片岩、白云母石英片岩；②绿泥石化阳起石片岩、辉长岩；③辉长岩；④石英岩、碎裂大理岩

（三）变质相、变质相系

阿木杂各尔包-绒马变质岩带的绿泥石带、钠长石-绿泥石带、阳起石-钠长石带变质矿物共生组合均属于贺高品的低绿片岩相，相当于温克勒的低变质级，其形成的变质温压为 0.1～1.0GPa，350～500℃。铁铝榴石带属于贺高品的高绿片岩相，相当于温克勒的低变质级，其形成的变质温压为 0.2～0.6GPa，500～575℃。此外石榴子石是代表中压应力条件下的变质矿物，结合该带变形构造组合属于中深构造层次，说明该带至少经历了区域中压变质作用过程，由此可以确定阿木杂各尔包-绒马变质岩带变质矿物组合形成于中压变质相系。

（四）变质期探讨

该变质岩带在海西期的区域动力热流变质作用下产生了钠长石、阳起石、石榴子石等变质矿物，达到低绿片岩相—高绿片岩相变质程度，主要是由于班公错-怒江结合带洋盆的裂开北侧羌南地体向北西方向裂离，导致测区遭受了动力变质作用，出现碎裂岩化和糜棱岩化。

二、加青错-播央错变质岩带

加青错-播央错变质岩带出露于图幅中段，班公错-怒江结合带以北，在羌塘-三江复合板片内呈东西向长条状分布，东西延伸较稳定。东西长约 130km，南北最宽处约 25 km。延伸受断裂控制，并不同程度受到弱动力变质作用的改造，其变质作用单一，主要为区域动力热流变质作用，局部具弱的动力变质作用——碎裂岩化作用。受变质地层为下-中侏罗统色哇组($J_{1-2}s$)、中侏罗统莎巧木组(J_2sq)、中侏罗统捷布曲组(J_2j)及下-中二叠统吞龙共巴组($P_{1-2}t$)。区域上与上三叠统日干配错组(T_3r)呈断层接触，侏罗系木嘎岗日岩组(Jm)呈断层接触，新近系康托组(Nk)呈不整合接触(图 6-1)。

（一）变质岩石类型

该变质岩带变质岩石单一，其变质岩石类型有粉砂质板岩、绢云母板岩、钙质板岩、变质石英砂岩、变质岩屑砂岩及少量的千枚岩等。岩石变质程度低，原岩成分及组构基本保留，蚀变及变质矿物为绿泥石、石英、方解石、绢云母等。变质岩石及特征见表6-1。

表6-1　加青错-播央错变质岩带变质岩及特征

岩石类型	结　构	构　造	变质矿物组合	变　质　特　征
钙质板岩	鳞片粒状变晶结构	板状构造	石英、绢云母、方解石	绢云母呈鳞片状集合体，并具一定的定向排列，方解石呈变晶状
绢云母板岩	鳞片粒状变晶结构	板状构造	石英、绿泥石、绢云母	绢云母定向分布，构成了岩石板理，并具一定的绿泥石化
粉砂质板岩	变粉砂状鳞片状变晶结构	板状构造	石英、绢云母	该岩石的原岩为泥质粉砂岩或粉砂质泥岩，经变质后泥质变为微细鳞片状的黏土矿物（水云母、绢云母等），这些矿物紧密平行排列，其间隙中有被拉长的石英粉砂
变石英砂岩	粒状变晶镶嵌结构	块状构造	石英、绢云母	石英呈粒状变晶，其粒度较均匀。岩石中尚能见到石英具次生加大边，这表明原石英砂岩通过次生加大呈线接触，即镶嵌状。石英表面不太干净，可能含粉砂状泥质或碳质，有些硅质岩屑有轻微的绢云母化
变岩屑砂岩	变砂状结构	块状构造	石英、白云母	由于轻微变质，大多数粒状石英呈线接触，即镶嵌状，石英砂表面光亮纯净，未见污染物。石英粒定向性似乎看不出来，偶见白云母化
千枚岩	细鳞片状变晶结构		石英、绿泥石、绢云母	岩石原岩为泥质岩，经轻微变质，泥质变为黏土矿物（绿泥石、绢云母），黏土为微细鳞片状，绝大多数定向排列，定向性良好。石英粉砂较均匀地散布于黏土矿物中

（二）变质相、变质相系

加青错-播央错变质岩带程度低，变质岩石类型仅有板岩、变砂岩和千枚岩，而岩石的变质矿物共生组合为：石英＋绿泥石＋绢云母；石英＋绢云母；石英＋白云母。属于贺高品的低绿片岩相，相等于温克勒的低变质级，其形成的变质温压为0.1～1.0GPa，350～500℃。此外该带变质矿物组合中未发现中高压变质矿物，区域构造环境处于较浅构造层次，由此可以确定加青错-播央错变质岩带变质矿物组合形成于低压变质相系。

（三）变质期次

在中晚侏罗世，测区的班公错-怒江洋盆消减，羌南地体与冈底斯地体之间俯冲碰撞，表现为具一定规模的右行平移走滑造山，产生了强烈的变形、走滑剪切带、弱应变带和褶皱系列。加青错-播央错变质岩带中变质岩石的微观构造特征与上述区域大构造应力相对应。下-中侏罗统色哇组（$J_{1-2}s$）中有喜山期的花岗闪长岩侵入，侵入体边界部位地层发生接触变质，角岩和角岩化现象明显，侵入体K-Ar年龄为75.6Ma，因此根据以上两点，该变质岩带的变质时期可以确定J_3-K。

三、八乌错-哦居多玛变质岩带

该变质岩带分布于测区南部，呈东西向带状延伸，东宽西窄，长约126km，南北宽10～45km不等。该带属日土-怒江变质带的一部分，处于班公错-怒江结合带内，除普遍发生区域变质作用外，动力(碎裂)变质作用和气-液变质作用明显。受变质地层为上三叠统巫嘎组(T_3w)、侏罗系木嘎岗日岩组(Jm)、侏罗系洞错蛇绿岩组(Jd)。区域上北侧与下-中侏罗统色哇组($J_{1-2}s$)呈断层接触，南侧与下白垩统郎山组(K_1l)呈断层接触(图6-1)。受南北向板块俯冲、碰撞及不同期次、性质、规模断层破坏，变质地层内强烈变质变形，冲断层发育。

(一) 变质岩石类型及变质特征

1. 变质沉积碎屑岩

变质沉积碎屑岩由变质砂岩类和板岩类组成，其中变质砂岩类为变质岩屑砂岩、变质粉砂岩和变质细砂岩等；板岩类为钙质板岩、粉砂质板岩和粉砂质绢云母板岩等。上述变质岩均属浅区域变质岩系，其常见变质矿物有石英、白云母、绢云母、绿泥石。变质岩石类型和特征见表6-1。

2. 变质基性岩及超基性岩

变质基性岩石有蚀变玄武岩、蚀变杏仁状中长玄武岩、绢云母化粒玄武岩、蚀变辉长岩、蚀变辉绿岩等；变质超基性岩为蛇纹岩、全蚀变超基性岩、硅化碳酸盐化超基性岩等。主要变质岩石及特征见表6-2。

表6-2　八乌错-哦居多玛错变质带变质岩石及特征

岩石类型	结　构	构　造	变质矿物组合	变　质　特　征
变质砂岩类(变质岩屑砂岩、变质岩屑石英砂岩、变质粉砂岩)	砂状结构	块状构造	石英、绢云母、白云母	岩石矿物具压实定向性，泥质胶结物蚀变为鳞片状绢云母
板岩类(钙质板岩、粉砂质板岩、粉砂质绢云板岩)	鳞片变晶结构	条带状-板状构造	石英、白云母、绢云母、绿泥石、斜长石	石英砂屑有的压扁拉长呈透镜状，总体定向排列；斜长石鳞片状集合体，呈条带-条纹状；白云母呈单晶叶片状分布
角闪质岩类(斜长角闪岩、角闪岩)	粒状变晶结构	定向构造	普通角闪石、钠长石、黝帘石、白云母	普通角闪矿物沿一定方向呈粒状变晶结构，不均匀分布，极细白云母鳞片呈点状分布，后期黝帘石、钠长石细脉穿梭岩石分布，脉宽1～2mm
变质超基性岩	粒状变晶结构、变余网状结构	块状构造	石英、碳酸盐(白云石)	岩石遭受强烈蚀变，主要表现为硅化、白云石化，原生矿物均蚀变分解，原岩结构也完全消失，偶见残余铬尖晶石分布。根据蚀变产物和偶见铬尖晶石，推测原岩为超基性岩，岩石蚀变后主要由粒状热液石英、白云石等矿物呈粒状变晶结构分布组成
变质基性岩(蚀变玄武岩、绢云母化粒玄武岩、蚀变辉长岩、蚀变辉绿岩)	粒状变晶结构、辉绿结构、辉长结构	块状构造	绢云母、绿泥石、石英方解石、次闪石	斜长石板条均蚀变，无规则分布，其间隙充填普通辉石、白钛石、微粒榍石。绢云母鳞片、微粒绿黝帘石、微粒白云石矿物呈集合体。气孔内均充填方解石、热液石英、钠长石、绿泥石等矿物集合体

（二）变质矿物带

根据测区变质岩剖面上变质矿物组合特征，可划分如下变质矿物带。

1. 绿泥石带（图 6-5）

该带主要分布在侏罗系木嘎岗日岩组（Jm），岩石变质浅，变形相对较强。典型矿物共生组合为：
石英＋白云母＋绢云母＋绿泥石
石英＋方解石＋白云母＋绢云母
石英＋白云母＋绢云母
上述变质带中黏土矿物（绿泥石、绢云母）呈微细鳞片状，平行定向排列，石英次生加大边具波状消光。

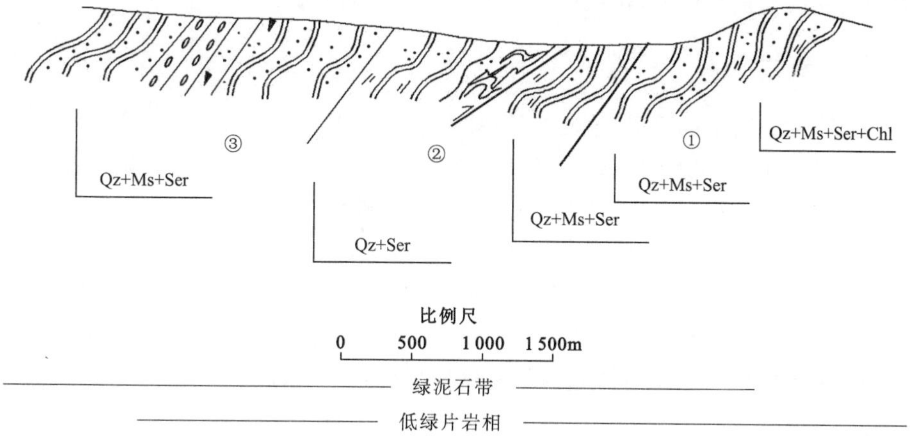

图 6-5　查那嘎布变质岩带地质剖面图
①变质岩屑石英砂岩、粉砂质板岩；②粉砂质绢云母板岩；③变质岩屑石英砂岩、粉砂质板岩、砾岩

2. 钠长石-普通角闪石带

测区八乌错地区的洞错蛇绿岩组（Jd）中发现斜长角闪石。岩石经变质其组成矿物具定向性构造。普通角闪石沿一定方向呈粒状变晶结构，不均匀分布组成，后期钠长石细脉穿梭岩石分布。典型矿物共生组合为：普通角闪石＋钠长石＋白云母。所以洞错蛇绿岩组（Jd）变质地体内存在钠长石-普通角闪石变质矿物带。

（三）变质相、变质相系

八乌错-哦居多玛错变质岩带的绿泥石矿物带变质矿物组合属于贺高品的低绿片岩相，相当于温克勒的低变质级，其形成的变质温压为 0.1～1.0GPa，350～500℃。钠长石-普通角闪石带相当于泥质片岩中的铁铝榴石带。它属于贺高品的高绿片岩相，相当于温克勒的低变质级，其形成的变质温压为 0.2～0.6GPa，500～515℃，同时根据该变质带的构造环境处于结合带内，属于强动力带，所以其形成压力相对较高，属于中压相系。

（四）变质期

八乌错-哦居多玛错变质岩带的变质作用与班公错-怒江结合带的洋盆俯冲消减，蛇绿岩石构造侵位有关。而测区班公错-怒江结合带中去申拉组火山岩 K-Ar 年龄为 141～167Ma；洞错蛇绿岩中辉长岩 K-Ar 年龄为 140±4.07Ma 和 152.3±3.6 Ma，角闪石 K-Ar 年龄为 179Ma，该年龄代表蛇绿岩石的构造侵位时间。另外测区西侧的改则幅中大量展布残余洋盆沉积组合——沙木罗组，其时代为 J_3-K_1，该套浅海碎屑岩与碳酸盐岩组合，未受变质。综上所述，八乌错-哦居多玛错变质时期为 J_3-K_1。

第三节　动力变质岩

测区动力(碎裂)变质作用反映一般,与不同期次和不同层次的脆、韧性断裂构造相伴生,各种类型的动力(碎裂)变质岩沿构造带呈狭窄带状展布。测区内存在两个动力变质带,即羌南-保山陆块动力变质带、班公错-怒江结合带动力变质带,发育的动力变质岩均可分为碎裂岩系列和糜棱岩系列两部分。

一、羌南-保山陆块动力变质带

该变质带沿羌南-保山地层内发育的东西向张性、压扭性断裂带、走滑剪切带内发育。变质变形相对较弱,岩石类型主要为构造角砾岩、构造碎裂岩及碎裂岩化岩石。

(一) 构造角砾岩

角砾岩成分复杂,因原岩不同而异,岩石具不等粒变晶结构、棱角粒状弱变晶结构,块状构造。角砾岩中角砾大小不一,呈棱角状—次棱角状、棱角状—次混圆状不等。岩石普遍具碳酸盐化、硅化和褐铁矿化,具较为明显的重结晶作用,原岩的结构构造基本保留,能恢复原岩性质。

形成构造角砾岩的构造环境主要为压扭性的走滑剪切断裂带,局部为次级张性断层,其中张性断层中的角砾岩砾石大小差别很大,呈棱角状—次棱角状,砾石排列杂乱无章,胶结物为泥质和碎屑物,有外来物质;压性或压扭性断层中的角砾石因挤压有圆化现象,呈次棱角状—次圆状,胶结物为泥质和碎屑物,外来物质少。石英等刚性矿物呈凸镜状或定向拉长明显,具波状消光现象。

(二) 构造碎裂岩(或碎裂岩化岩石)

测区常见构造碎裂岩有碎裂大理岩、碎裂生物碎屑灰岩、碎裂亮晶灰岩、碎裂石英砂岩、碎裂粉砂质岩等。岩石具碎裂结构,块状构造,部分岩块可发生移位和细粒化形成假角砾状构造,这种构造岩是原岩在较强的应力作用下,受到挤压破碎而成,粒化作用仅发生在矿物颗粒的边缘,而尚未到糜棱岩阶段。因而颗粒间的相对位移不大,原岩性质部分保留下来。碎裂岩见于各种岩石中,而刚性岩中居多,局部地方见到尚未固结的断层泥,岩石普遍具硅化、碳酸盐化、褐铁矿化和绿泥石-绿帘石化,常见次生矿物有绿泥石、绿帘石、绢云母、石英、方解石等。

二、班公错-怒江结合带动力变质带

该变质带受班公错-怒江结合带南北两侧的两条东西向大断层和结合带内部的小次级断层控制。碎裂岩系列和糜棱岩系列动力变质岩在带内均广泛发育,变质岩的主要表现为压性和压扭性构造环境,分布于侏罗系木嘎岗日岩组(Jm)、洞错蛇绿岩组(Jd)中。

(一) 碎裂岩系列岩石

测区岩石种类有碎裂玄武岩、碎裂蚀变安山岩、碎裂辉橄岩、碎裂蚀变橄榄岩、碎裂含放射虫泥质硅质岩、蚀变碎裂灰岩、碎裂微晶灰岩和蚀变碎裂岩等。岩石具斑状结构、碎裂-角砾状结构、微晶结构和间粒结构等,具块状和碎裂状构造。由于构造作用使岩石碎裂,岩石碎块基本未发生位移或位移不大。破碎强烈的地方灰岩碎块或碎块之间的细小碎屑碳酸盐重结晶成单晶方解石,另外有些岩石受张力作用而错碎,后期热液生成的方解石、石英沿张性裂隙充填交代岩石分布或碳酸盐沿裂隙充填交代岩石。原岩强烈的蛇纹石化、碳酸盐化、次闪石化等,次生变质矿物为蛇纹石、方解石、透闪石。

(二) 糜棱岩系列岩石

糜棱岩系列岩石种类有糜棱岩化蚀变玄武岩、糜棱状玄武岩、糜棱岩化橄榄岩、糜棱岩化蚀变纯橄榄岩、糜棱岩化全蚀变纯橄榄岩、糜棱岩化变质岩、绢云母千糜岩等。岩石普遍具蛇纹石化、次闪石化、绿泥石化。次生变质矿物为：蛇纹石、次闪石、绿泥石、黑云母等。变质岩石类型及特征见表 6－3。

表 6－3　班公错-怒江结合带动力变质岩带糜棱岩系列岩石及特征

岩石类型	结　构	构　造	变质矿物组合	变质变形特征
糜棱岩状玄武岩	糜棱状结构	条纹-条痕状构造	绿泥石	由于糜棱岩化作用及其后的蚀变作用，原岩成分发生巨大改变，玄武岩呈残体构成了糜棱岩的小眼球，绿泥石呈细条叶片状，定向排列构成条纹-条痕状，碳酸盐矿物夹于绿泥石条纹-条痕之间，其长轴与绿泥石方向一致，有的玄武岩小眼球全被碳酸盐交代
糜棱岩化弱蛇纹石化二辉辉橄岩	网格结构	糜棱构造、碎粒构造	蛇纹石	岩石受剪切作用，沿剪切方向错碎磨细而糜棱岩化，错碎磨细橄榄石沿剪切方向聚集呈粗细条带，橄榄石蚀变为网格状蛇纹石
糜棱岩化全蚀变纯橄岩	粒状变晶结构	条纹构造	碳酸盐岩	经历了糜棱岩化作用后，橄榄石的假像和网状结构已不存在而形成条纹状构造，现有的粒状变晶状碳酸盐可能为糜棱岩化作用后又一次（第二次）碳酸盐化，而条纹状碳酸盐岩为第一次碳酸盐化经糜棱岩后形成
碳酸盐化玄武质糜棱岩	糜棱状结构		黑云母 绿泥石	糜棱岩化作用（剪切作用）后，原岩的面貌全改变，玄武岩呈残体构成了糜棱岩的小眼球，黑云母和铁质构成条纹状，黑云母呈细长叶片状，大体已变为绿泥石。碳酸盐岩分布于黑云母和铁质条纹之间，其长轴方向与黑云母相一致

第四节　气液变质作用及岩石

气液变质作用是由热的气体及溶液作用于已形成的岩石，使岩石矿物成分、化学成分及结构构造发生变化而形成。测区主要表现为超基性岩蛇纹石化，酸性侵入岩云英岩化。

（一）蛇纹石化岩石

分布于洞错蛇绿岩中，出现的变质岩石类型有硅化碳酸盐化超基性岩、蛇纹石化辉橄岩、全蛇纹石化纯橄榄岩、强蛇纹石化单斜辉石橄榄岩、蛇纹岩等，变质岩石类型及特征见表 6－4。

超基性岩气-液变质作用特征，变质矿物为蛇纹石（绢石）。岩石轻微变质时则形成蛇纹石化岩石，变质较深时形成蛇纹岩。特征变质矿物蛇纹石是由超基性岩中橄榄岩和部分辉石经气-液交代形成，其化学成分主要表现为水化作用和硅化作用，如：

$$2Mg_2SiO_4 + 3H_2O \longrightarrow H_4Mg_3SiO_9 + Mg(OH)_2$$

橄榄岩　　　　　　　蛇纹石　　　水镁石

$$3Mg_2SiO_4 + 4H_2O + SiO_2 \longrightarrow 2H_4Mg_3SiO_9$$

橄榄石　　　　　　　　　　蛇纹石

表 6-4　气液变质岩石类型及特征

岩石类型	结　构	构　造	变质矿物组合	变　质　特　征
硅化碳酸盐化超基性岩	粒状变晶结构	块状构造	白云石、石英	岩石由于气液作用发生强碳酸盐化(白云石化),原岩全被碳酸盐交代,形成碳酸盐(白云石)交代岩。其后发生构造作用——碎裂,形成许多碎块和裂隙,在碎裂作用后又发生硅化。微粒状硅质沿碎裂隙充填形成细脉—网脉状,脉体的延伸方向一致
弱蛇纹石化单辉橄榄岩	半自形粒状结构	块状结构	蛇纹石、次闪石	橄榄石大部分已蛇纹石化,但蛇纹石中有橄榄石的残晶,而辉石的粒间有未蚀变的橄榄石,蛇纹石为叶片状、纤维状,橄榄石蛇纹石化后析出磁铁矿,这些磁铁矿呈细条状,沿原晶体边缘析出。次闪石为纤维状,占据辉石,但常有辉石残晶
蛇纹石化辉橄岩	网状结构、假像结构	块状构造	蛇蚊石	橄榄石蚀变为蛇纹石后析出磁铁矿,呈细脉-网脉状产出,也有在原地呈尘点状产出。蛇纹石以细小的叶片状为主,也有纤维状,蛇纹石纵横交错构成网状结构
蛇纹石化辉橄岩	网状结构、假像结构	块状构造	蛇纹石	该岩石原岩为辉橄岩,由于强烈的蛇纹石化,橄榄石和辉石呈残晶出现,橄榄石和辉石蛇纹石化析出的磁铁矿排列成网状,即网状结构。有较少辉石次闪石化,但保留辉石半自形晶体,构成假像结构。蛇纹石为叶片状和纤维状,在蛇纹石化后有辉石碳酸盐化,碳酸盐岩呈短的细脉状

(二) 云英岩化岩石

主要分布于洞错变质岩带内,分布范围小,岩石变质轻微,仍以原岩为名。变质作用表现为花岗岩中斜长石绿帘石化、绢云母化及碳酸盐化;角闪石绿泥石化;黑云母绿泥石化;钾长石泥化。有绿泥石、绢云母及方解石等新生矿物生成,局部有新生细小板状黑云母雏晶出现,并交代原生黑云母。岩石片麻状构造发育,长石、石英均显定向拉长,显示经受了动力变质作用改造。

第五节　变质事件期次

测区变质岩带的展布和其所经历的变质作用时期,与班公错-怒江结合带形成、发展及演化密切相关。测区主要变质期为燕山期,喜山期仅表现为线型动力变质作用。根据变质岩系的原岩建造、时代及变质变形特点,变质岩系之间区域性接触关系,确切的同位素年龄数据等特征可划分为三期两个阶段。

一、班公错-怒江结合带洋盆扩张阶段

仅有一期变质,发生于 T_3-J_{1-2} 班公错-怒江结合带洋盆北侧羌南地体向北西方向裂离的斜向运动时,使具一定规模的左行平移走滑造山,产生了强烈变形,形成以走滑剪切带为主干断裂和弱应变带的褶皱系列。测区内表现为南北分带的三叠纪及前三叠纪地层剪切变形变质。北侧上三叠统日干配错组(T_3r)表现为褶皱变形,基本无变质;南侧上三叠统巫嘎组(T_3w)表现为单一的低绿片岩相的低级变质。两侧的石炭-二叠纪地层则表现出变形变质。

二、班公错-怒江结合带洋盆俯冲消减阶段

第一期发生于 J_3 - K_1 班-怒带洋壳通过向南俯冲消减时，结合带内的各岩组洞错岩组(J*d*)、仲岗岩组(M*z*)、木嘎岗日岩组(J*m*)及结合带北侧下-中侏罗统色哇组($J_{1-2}s$)出现变质变形，其中下-中侏罗统色哇组($J_{1-2}s$)和木嘎岗日岩组(J*m*)出现低绿片岩相区域低温动力热流变质；洞错蛇绿岩组(J*d*)出现高绿片岩相区域低温动力热流变质。洞错蛇绿岩中斜长角闪岩的角闪石 K - Ar 年龄为 179Ma，代表蛇绿岩的构造侵位时间。

第二期变质作用发生于白垩系，主要以动力变质作用为主，与该时期发生的一系列弧-陆或陆-陆碰撞有关。测区内主要表现为班公错-怒江结合带北侧局部出露的花岗岩侵位过程中围岩的热接触变质作用和动力变质作用改造，形成糜棱岩化及糜棱岩。花岗岩 K - Ar 年龄为 75.6Ma。

第七章　区域构造

第一节　概　述

青藏高原研究的核心问题无外乎特提斯存亡与青藏高原隆升两个方面。后者应是以高原整体和其周边区域作为科研对象。鉴于此，本书重点是对改则地区特提斯区域历史（存亡）进行构造恢复。测区地处西藏高原腹地的中心地带，是东特提斯域复合造山带中的巨大碰撞加积体，其大地构造演化反映了两侧板块之间相对运动的信息，以及由此而导致的若干小型陆块的离散、增生、会聚和重新组合的复杂过程。

一、大地构造背景及位置

区内构造复杂，表层所见的构造形迹以东西或近东西向的纬向构造为主，涵盖澜沧江、班公错-怒江、拉果错-永珠等三条结合带，这种格局反映了特提斯构造域从古特提斯到新特提斯的演变。根据区内的不同地质实体以及发育部位和活动时代，研究区北域无疑是“古特提斯”的事件组成——即羌塘-三江复合板片，南域是“新特提斯”范畴的事件——班公错-怒江结合带和冈底斯板片。这就是区内的大地构造背景及位置（图7-1）。

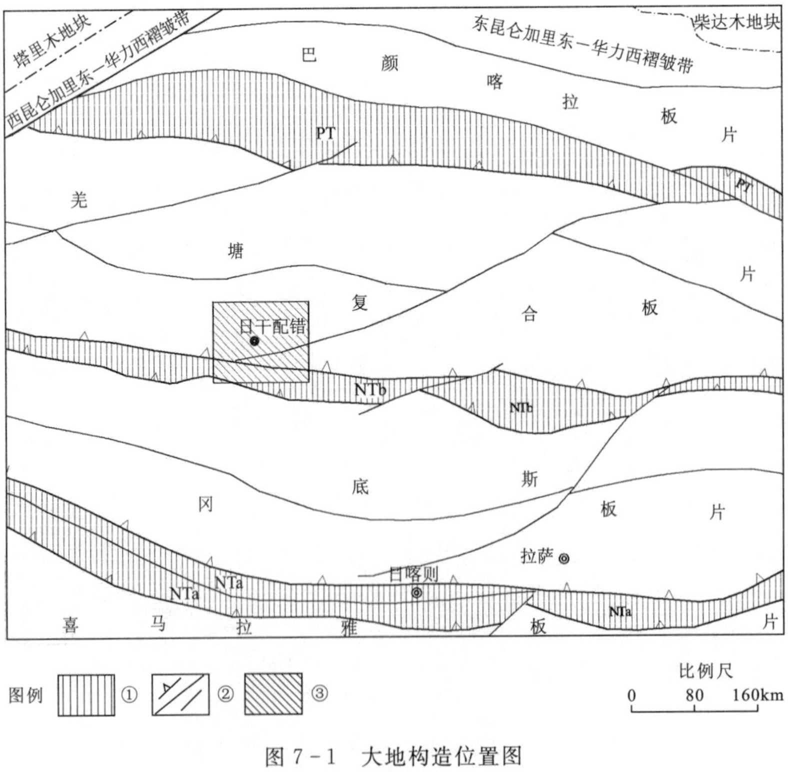

图7-1　大地构造位置图

1.结合带；2.结合带逆冲构造及逆冲断层和走滑断层；3.测区范围；
NTa.雅鲁藏布江结合带；NTb.班公错-怒江结合带；PT.金沙江结合带

二、构造单元划分

根据大地构造环境分析，按建造和改造统一基本原则，结合已有成果和项目工作的具体情况，以班公错-怒江结合带为界，划分为三大基本结构单元：羌南地体、班公错-怒江结合带、冈底斯-念青唐古拉北缘弧盆区，由北而南构成“一带二区”的三分构造格局。其中，羌南地体可进一步划分为阿木岗隆起和日干配错前陆盆地、加青措陆缘海；班-怒结合带细分为南、北两个亚带；冈底斯北缘带细分为北部（偏东部，测区外）前陆盆地和南部的弧后盆地（图7-2）。

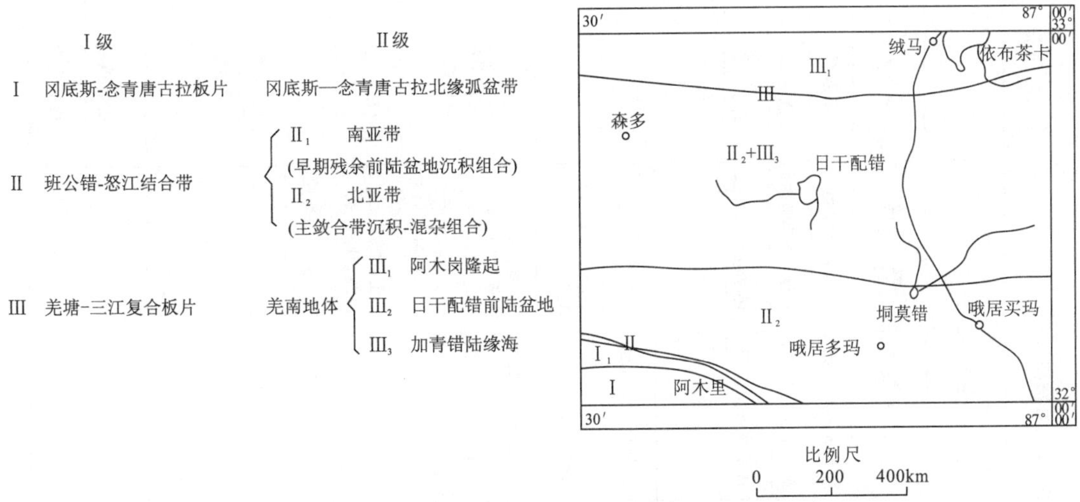

图7-2　测区构造单元划分及地层分区图

第二节　测区及邻区区域构造事件及构造层划分

“构造层”代表地壳发展历史中一定构造单元的一定构造演化阶段所形成的岩层、地层组合及其变形变质特征。按构造演化模式的理解，一个构造旋回包括了两个大的阶段，即控制沉积作用（或成盆作用）和沉积盆地闭合及构造改造过程中新的成盆作用（或前陆盆地）。因此，该构造旋回控制所有地层系统构造一个构造层。

按照上述认识，同一构造层内也可能进一步划分出代表次一级构造演化阶段的“亚构造层”。划分“亚构造层”的标志，则表现为一些伸展型或挤压型不整合，其相关地层组合就是“亚构造层”。不同构造层在地层组成、沉积环境和变形变质乃至岩浆岩活动等方面均有明显的差异，反映了一定地质历史、一定动力学背景的构造演化历史过程。通过对区域不同构造单元同一构造层的地层组合、变形变质和岩浆活动特点及其形成时代的比较研究，来恢复区域构造演化阶段的大地构造背景和性质。

基于上述，依据测区及相邻区域地层组合、沉积盆地的形成发展、变形变质和侵入岩的岩石系列和古构造环境及区域资料综合分析，划分出如表7-1所示的构造事件和构造层。

第三节　浅层地壳结构的变形特征及其构造组合

采用区域构造解析和由新到老的构造筛分，对测区及邻区不同构造单元、不同构造层的变形和构造组合进行如下研究，以便为区域地质演化研究提供变形的客观资料和信息。

表 7-1　测区及邻区区域构造事件与构造层划分

时 \ 空	构造层	构造单元 / 构造事件	冈底斯板片 地层	冈底斯板片 建造和沉积相	冈底斯板片 构造环境 构造作用	班公错-怒江带 地层	班公错-怒江带 建造和沉积相	班公错-怒江带 构造环境 构造作用	羌塘构造带 地层	羌塘构造带 建造和沉积相	羌塘构造带 构造环境 构造作用
Q	Ⅰ					第四系	陆相冲积、河流	陆内拗陷盆地	第四系	陆相冲积、河流、湖盆	山前拗陷盆地
N	Ⅰ					康托组	磨拉石-火山复陆屑	陆缘山链裂陷盆地	康托组	磨拉石-火山复陆屑	陆缘山链裂陷盆地
E	Ⅰ		美苏组	陆缘弧火山沉积	陆内挤压、走滑造山	美苏组	陆缘弧火山沉积	陆内挤压、走滑造山	纳丁错组	碱性火山岩	拆沉作用
K	Ⅰ		竞柱山组	磨拉石	碰撞、同造山作用						
K	Ⅱ		郎山组 拉果错蛇绿岩	海相沉积-沉积岩系	裂谷-洋盆	去申拉组	火山弧沉积组合	同造山作用			
J	Ⅲ	$Ⅲ_2$	则弄群	粗碎层岩 火山复陆屑	燕山造山作用	沙木罗组	碎屑岩碳酸盐	残余海盆；同造山作用			
J	Ⅲ	$Ⅲ_1$				木嘎岗日岩组 仲岗岩组 洞错蛇绿岩组	复理石、硅质岩 玄武岩、蛇绿混杂岩	洋中脊→洋盆→洋岛 伸展裂陷带（走滑拉分）	捷布曲组 莎巧木组 色哇组	海相碎屑岩 碳酸盐岩	被动陆缘海盆 同沉积作用　伸展作用
T	Ⅳ	$Ⅳ_2$				巫嘎组	浊积建隆	边缘前陆盆地	日干配错组	碳酸盐岩台地相	边缘前陆盆地
C-P	Ⅳ	$Ⅳ_1$	下拉组 拉嘎组	海相粗碎屑岩 碳酸盐岩	活动陆缘扩张盆地 张裂作用			同造山作用	龙格组 吞龙共巴组 展金组	中浅变质复理石、类复理石、中基性火山岩建造	同造山作用 伸展作用
O-D	Ⅴ	$Ⅴ_2$							塔石山组	碎屑岩石建造	俯冲消减 陆缘海
AnO	Ⅴ	$Ⅴ_1$							吉塘岩群	类复理石建造	泛非增生作用

一、新生代构造层

测区内新生代构造盆地比较发育，它们是统一大陆块受印度板块和欧亚板块动力作用，并受大陆内部块体活动差异性控制，形成以伸展断陷和走滑拉分为主要特征的沉积盆地，在不同区块具有不同的空间分布(图 7－3)。通过对测区相关沉积盆地的解剖研究，提供了一系列重要信息。

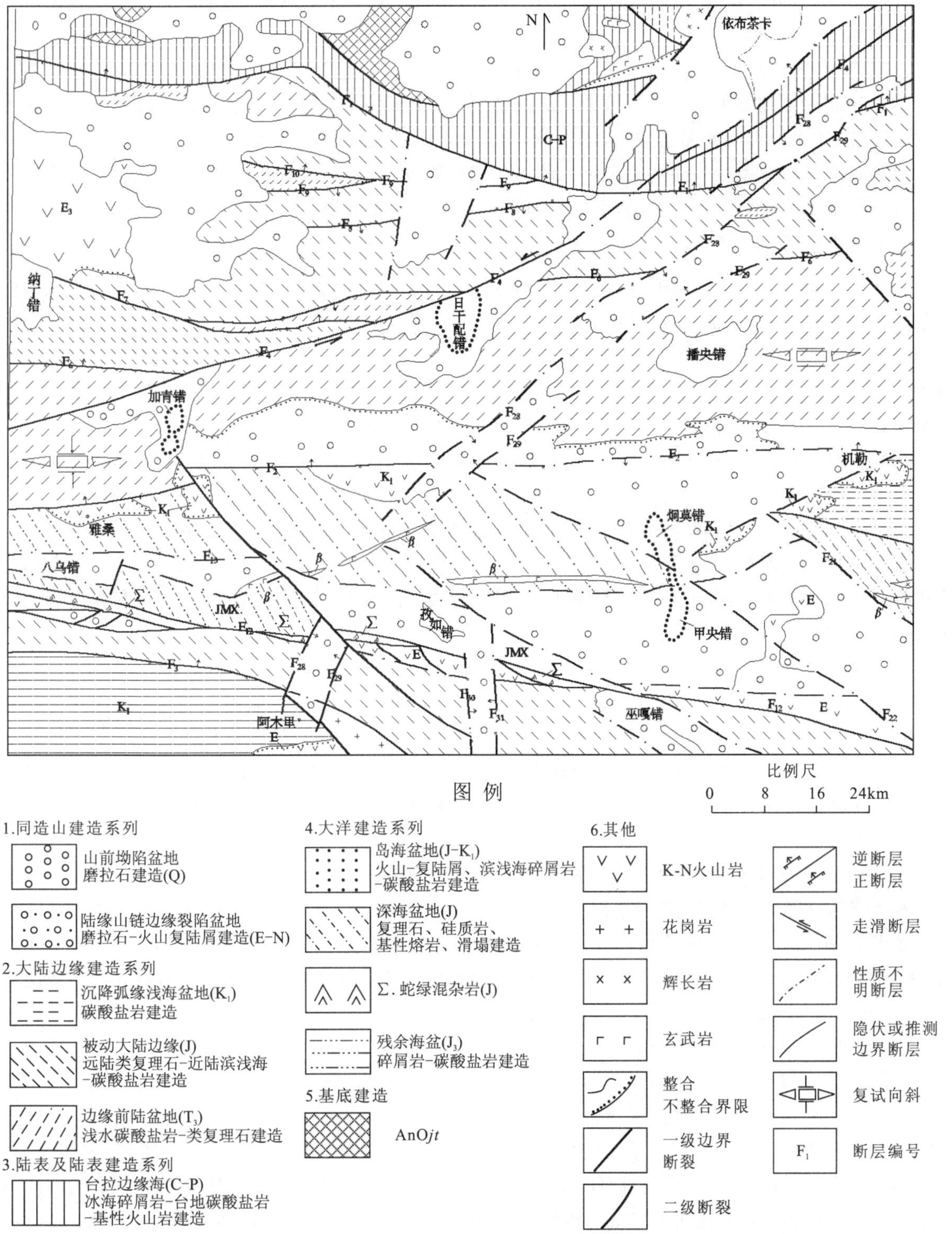

图 7－3 测区构造要素及建造图

1. 构造格局

依据现今残余盆地的分布特征和沉积特点分析，这些盆地的形成和残留状态均受区域近 EW 向的主要断裂控制，该断裂具多期活动特点，但控制盆地的形成和发展的盆缘正断层存在，仍是最基本的构造特征，它叠置在中生代活动造山带之上，具裂陷沉降特点(图 7-3)。

2. 构造建造特征

孜如错-甲央裂陷盆地是在早期 EW 向构造软弱带(结合带)和 EW 向褶皱隆起带上发生区域性表壳伸展作用下形成的。

孜如错-甲央错洞错盆地位于结合带中西段，向东与伦坡拉盆地连结，形成以陆内湖泊体系为主的组合。盆地充填物主要为第四系松散未固结的砂砾层、砂土层等。盆地边缘为康托组、美苏组，两者与盆地并行展布，由此可推断洞错盆地是在早期古近纪基础上发展起来的继承性盆地。

所扎盆地是藏北中生代晚期隆起带上的第三纪裂陷盆地群中规模较大的盆地之一，为山麓堆积沉积组合。层序上表现为巨厚红色陆源碎屑建造，为一套河流相沉积。

3. 构造要素特征

新生代以来，在南北板块碰撞和超碰撞发育的新活动构造和“老构造”的活化，主要表现为东西向展布的压性断裂带，南北向展布的张性构造带和北东、北西向展布的走滑断层，并控制相应的新生代盆地。盆地的展布受先存基底软弱带，特别是先存的 NEE、NWW 及 E-W 向破裂网络控制。虽然是由应力场的影响发生裂陷作用，但受软弱岩石的韧性应变反应的制约，阻碍了大规模正断裂发生，由此，并非全线形成大规模狭长裂谷，而是呈串珠状湖盆沉积体系的地堑或半地堑型式。

(1)近 EW 向断裂组合。控制新生代盆地的主要断裂是以近 EW 向正断层为主同时兼有走滑性质。图 7-3 中 F_{13} 断裂是盆地北部边缘大断裂在其沿伸方向上，表现为错落有致、高低相间展示，显示其多期活动。其中中段出露为最好的地段。该区段断层三角面直观清晰，断面平直。表现为山体与平原的接触部位平直延伸，断面倾向 170°～190°，倾角 40°～50°左右，断层下盘(北盘—上升盘)出露地层为中生代碎屑岩和蛇绿混杂岩，具碎裂角砾岩特征，南盘(下降盘)为第四纪沉积，局部表现为铲式断裂组(连续的阶梯面组成)。

盆地南缘断裂以 F_{12} 为主，在其北侧还有次一级断裂，共同组成南缘断裂组，表现形式是从南至北，由两个不同盆缘面组成，高处为杂色火山岩组成，低处为第四纪盆地。盆地南北两侧共同组成一种地堑式结构。在地堑中，隆起坡脚分布着砂砾岩，而在凹陷中心分布含盐细碎屑沉积。

上述正断层组同时兼具走滑性质，表现在盆地南缘展布的火山岩呈斜列式，显示右行走滑性质，图 7-3 中，孜如错南缘出露的火山岩最为典型。八乌错南缘的竞柱山组砾岩展布也显示右行走滑特征。

(2)北东北西向断层组。它们在平面上组成“X”型断裂系统，两者同期形成，但后期的构造作用使 NW 向的剪切应力加强而显著发育，北东向断裂除日干配错断裂显著外，其他为伴生的或是小规模的。

A. 北东向日干配错断裂(F_4 断裂)：

该断裂是测区最明显、最重要的一条北东向断裂，具多期活动。首先表现它可能是一条古转换断层:沿断裂两侧展布的古生界岛状体具右行斜列位错特点，与其南北两侧的北东向断裂共同组成泛阿尔金系断裂组，这种构造配置格局暗示着该断裂早期具有右行运动性质，这种右行运动应发生在侏罗纪以前，这似乎是与古特提斯相关的转换断层的表现(周详，1986)。近期均表现出显著的左行走滑特征和正断层特征双重性质。

沿着日干配错断裂可以在局部观察到压性山脊，沉陷水塘和洪(冲)积扇源头(图 7-4A)。野外观察可以分出三级第四系不同沉积单元(图 7-4B)。该断层痕迹和山脊的右行阶步和雁列式排列方式与其左滑运动是一致的(图 7-4B)。同样，南向溪流起始于左侧，野外测量显示从沟源头到终端的河流宽 15～100m，水平方向的位置变化反映了地貌单元最初形成的时间，根据其迁移方向，也显示了右行剪切运动。

在日干配错附近，还可以观察到年轻的洪积物覆盖在退缩的滨浅海，相应地洪积物又被日干配错断裂的几个断块所切(图 7-4D),沿断层左侧出露了洪积扇,其东缘被向北的断层肩脊所错断,显示明显左移和倾滑,其滑距最宽处达 25m 左右,最小的地段也有 2m 左右(野外测量与卫片显示相似)。该断层向东延伸至依布茶卡,在依布茶卡一带,断层走向 NE30°～40°,其特点是多个相关联的岩块被一系列分支断层相托,形成北北东向盆地彼此叠加,且这些相关联的断层走向均为北北东,并切割基岩和洪积物(图 7-5)。这些分支断层产状也不尽一致,西边的一支向东南倾斜,地貌上也与日干配错断层有关,东边一支断层演变为与前者倾向相反,向 NW 倾斜的正断层,两者共同组合成依布茶卡地堑盆地。

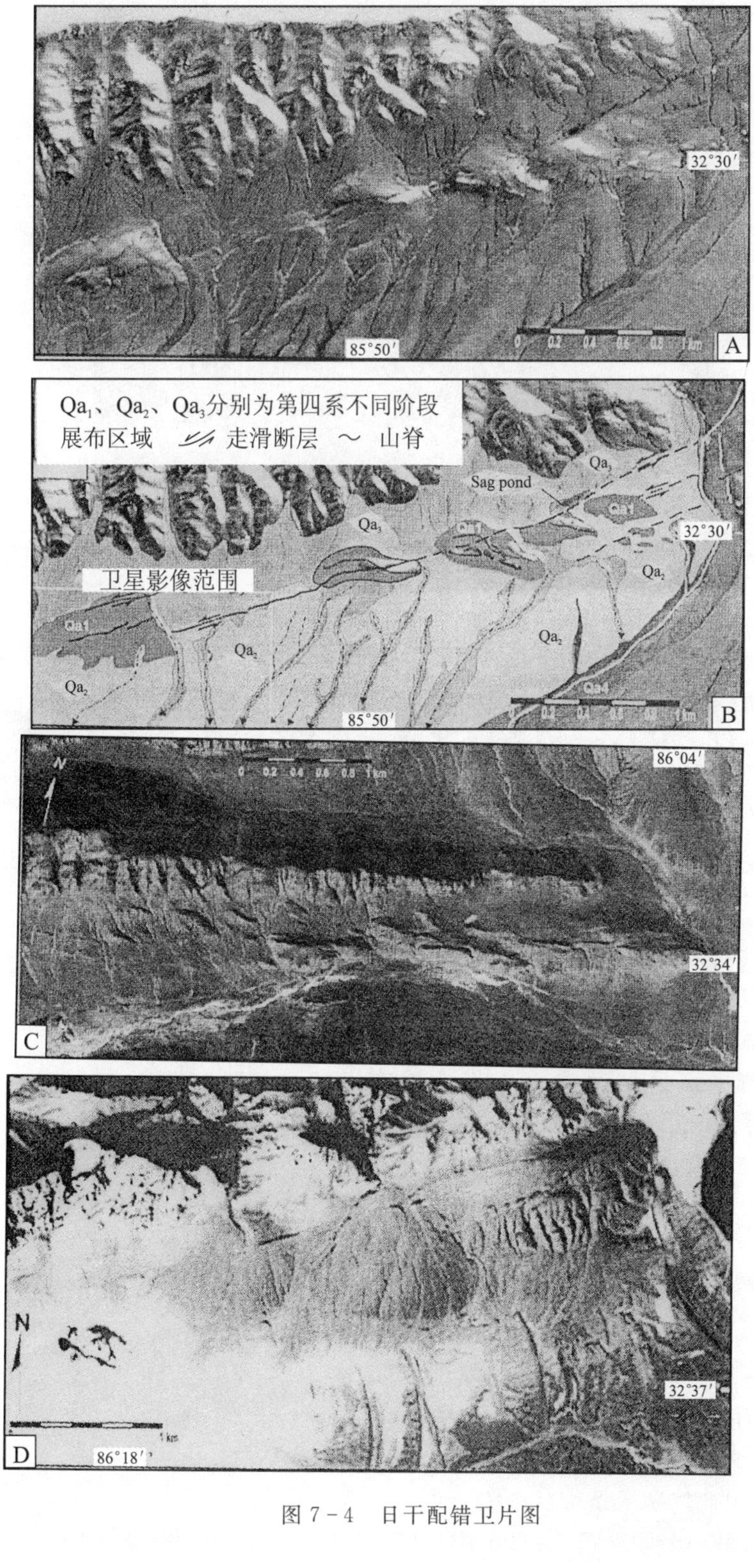

图 7-4 日干配错卫片图

图 7-5　依布茶卡地区 F_4 断层特征

该断层再向北(测区外),两分支断层中部出现含蓝片岩的混杂岩,说明包含了侏罗纪早期绒马拆离断层,它们的形成与发生在羌塘中部区域性早中生代伸展有关(Kapp,2001)。绒马拆离断层区域性强,是依布茶卡断层中部通过正断层恢复伸展幅度的关键指示,通过测量在东西方向上伸展最少达 2km 以上,与此同时,伴随北北东向断层发生。

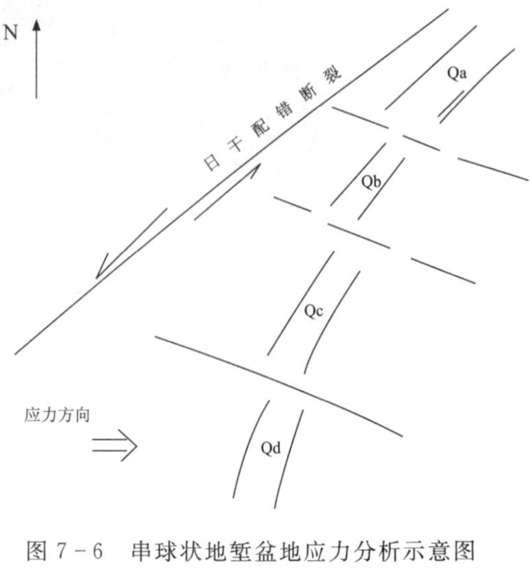

图 7-6　串球状地堑盆地应力分析示意图

另外,在日干配错南侧及其附近形成了一些地堑盆地,均是由正断层引起,如日干配错盆地、加青错盆地及更南的 F_{28}、F_{29} 控制的 4 个串珠状或条状地堑盆地(图 7-6)。这些地堑盆地与日干配错断裂伴生,延伸方向一致,但受断裂右行影响,呈略弧形展布,或者追踪北东、北西向断裂呈线形发展特点,由此控制了条带状断陷盆地。其受力分析如图 7-6,也从另一个侧面提示,日干配错断裂右行证据。

B. 北西向 F_{23}、F_{24} 断裂：

断裂呈北西-南东向展布于巫嘎错、孜如错两侧（图 7－7），由大致平行的 F_{23}、F_{24} 共同组成，其间还有若干小断裂，显示右行走滑断层系。因其走滑作用导致了巫嘎错、孜如错走滑拉分盆地的形成和发育。断层的直接标志难以觅迹，典型的断层地貌和航卫片影像特征足以间接说明断裂的存在。

地貌特征表明北西向的谷地存在，其间为孜如错、巫嘎错现代湖泊。湖泊具长方形特点，其长边平直，与断陷带延伸一致，短边与断陷带直交或斜交。两湖泊斜列状展布即是其断层证据之一。

影像特征也特别明显，湖泊两侧为平行的线状影纹，色调较浅，呈灰黄色。两侧山体则较深，呈深绿色，山体边界整齐。

该断裂的右行走滑分析见图 7－7。

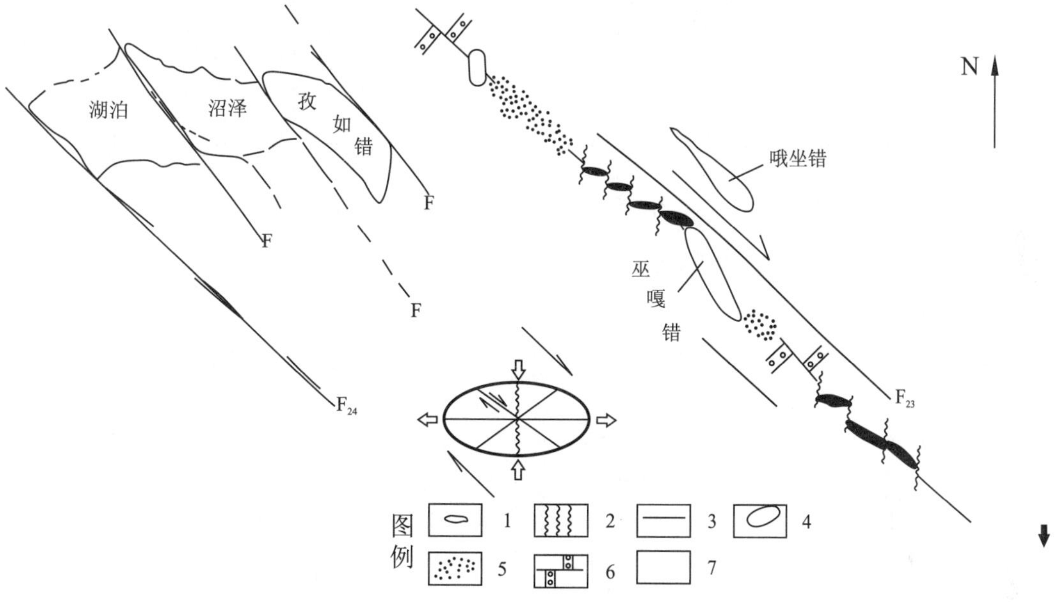

图 7－7　盆地构造略图和应力分析图

1. 具压性形变类型（如土褶等）；2. 次级张裂；3. 扭裂（地震断裂）；4. 地陷；5. 喷砂丘；6. 褶错断的河、湖堆积阶地；7. 形成地震形变带力偶作用方向

（3）南北向断裂。其形成背景是在南北向挤压、东西引张统一应力中产生的，表现为近南北向展布的张性构造带，也是现今仍具强烈活动特点的可能地震带之一。多由南北向张性断层、南北向条带状断陷盆地组成，图 7－3 中最明显的地带是坰莫错-甲央错一带、日干配错西侧，以及加青错地区。断裂具隐伏性，但影响特征明显：湖泊边界平直或直线型展布、带状断陷盆地、地堑式断陷盆地及南北向断块山地和南北向沟谷水系。更进一步研究探明，盆地内和山地边缘具有不同时期形成的断层阶梯状南北向线性排列，并由盆地或山地边部向内侧断裂规模逐渐变小，时代逐渐变新。综合观测分析还显示，该断裂区域延续性比较差，具间断性、错断性、密集性展布。

二、中生代（燕山期）构造层

该构造层从时空范围来看，相当于新特提斯域的全过程。空间上以某一洋壳为标志，时间上以发生碰撞的相应构造期来区分。测区内班公错-怒江洋壳带遗迹，其构造期集中发育于燕山期。

该构造层从空间分布范围看，北侧至羌塘隆起带南侧，南至喜马拉雅山脉北侧，测区未含盖雅鲁藏布江结合带，仅限于措勤盆地北缘冈底斯板片北缘区。其时间底界为晚三叠世海相沉积地层，顶界为晚白垩世磨拉石沉积，包括了加青错陆缘海、班公错-怒江结合带形成、聚敛主域事件（图 7－8、图 7－9）。

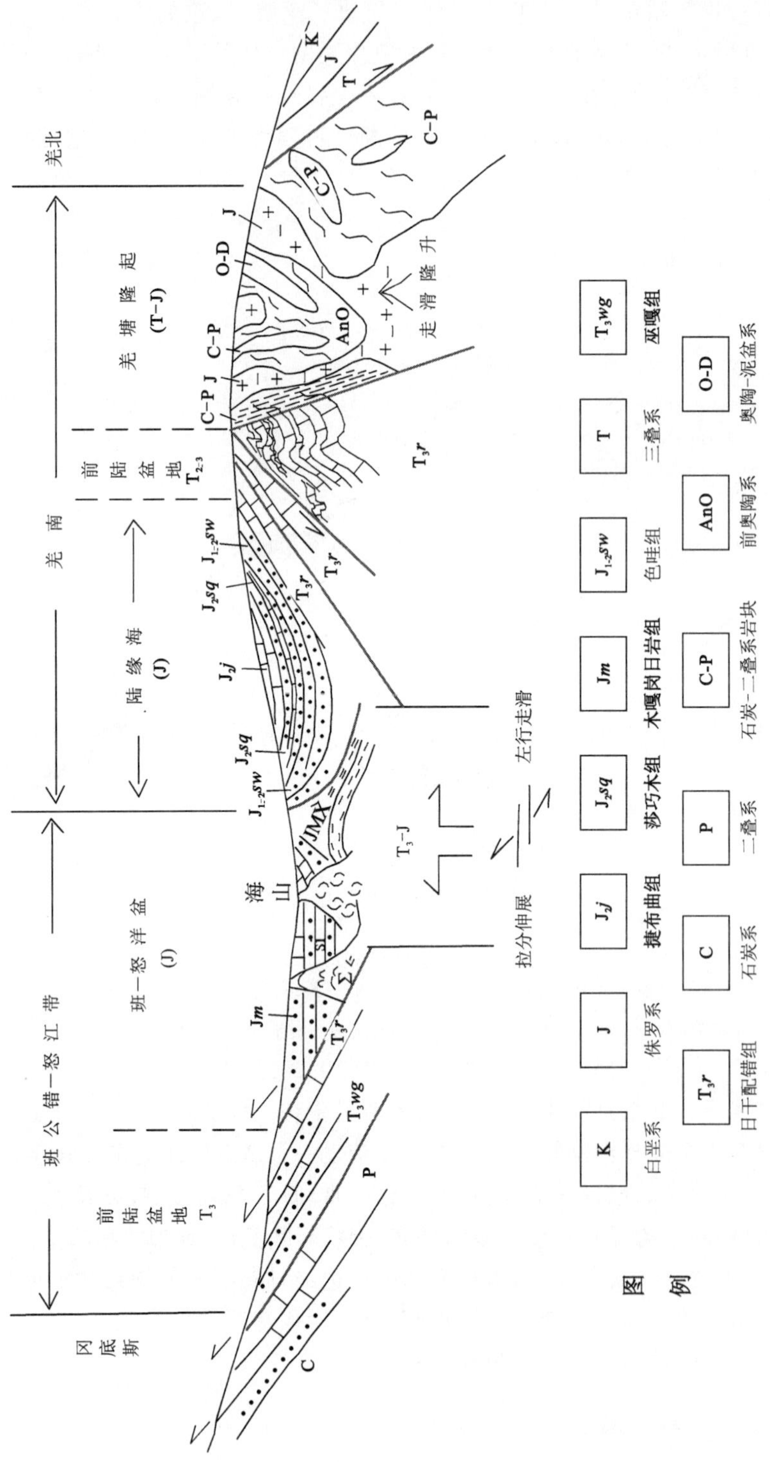

图7-8　班公错-怒江带与羌塘隆起带成生关系示意图

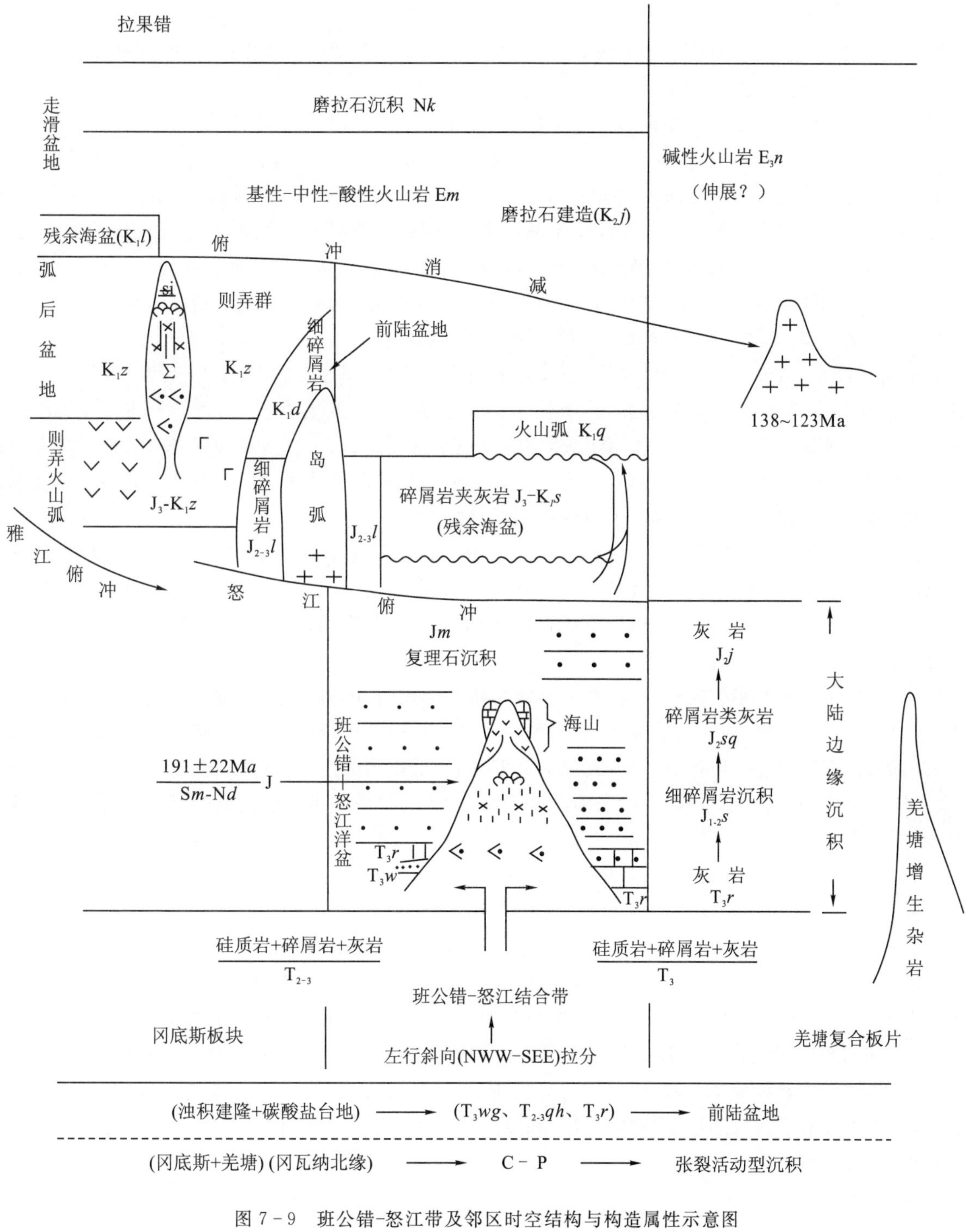

图 7－9　班公错-怒江带及邻区时空结构与构造属性示意图

（一）班公错-怒江结合带

1. 构造格局

班公错-怒江结合带现今的结构构造面貌主要是侏罗纪至早白垩世构造作用所致，但包容了早期造山带的残余构造，构成复杂的结构面貌。南界为阿木里断裂（F_3 断裂），北界为雅桑-机勒断裂（F_2 断裂）。在横过该带的不同剖面上，呈现复杂的逆冲叠复带。平面上则划分为两个亚带：北亚带为主敛合带；南亚带为早期残余前陆盆地构造带。

2. 构造建造特征

该带内填绘出如下结构单元：早期残余前陆盆地、洞错蛇绿混杂岩、深海盆地、残留海盆、火山弧以及山间盆地复陆屑建造(图 7-3)。

早期残余前陆盆地：以晚三叠世巫嘎组为代表，分布于结合带南侧，岩石组合为浊积建隆，是一套半深水砂板岩组合(类复理石)局部夹藻层生物碎屑灰岩。其组分为岩屑火山碎屑、中酸性安山熔岩、火山角砾岩、硅质岩岩屑、微晶、泥晶灰岩、黏土岩岩层、片岩、石英岩、变砂岩等岩屑。显示造山带提供物源特点，故其物源来自北侧。与北侧日干配错组联系紧密，同是三叠纪前陆盆地，向东与确哈拉群一致，是晚古生代末期至三叠纪早期古特提斯南域向北消减形成的(残余洋盆基础上消减)。后被左行拉分的班公错-怒江带叠加改造，造成南北相望而立。另外，值得说明的是，与巫嘎组或确哈拉组相伴的一套火山岩，前人认为是夹层。其实为后期产物，二者一起构成混杂岩。

洞错蛇绿混杂岩：分布于结合带北侧，主要由木嘎岗日岩组(基质)、外来岩块(灰岩)和蛇绿质岩片组成。蛇绿岩片主要分布于洞错北边，其恢复后的组合齐全，由变质橄榄岩，堆晶辉长石，基性岩墙群——辉长岩、辉绿岩、玄武岩及硅质岩组成，构造侵位于木嘎岗日岩组中，目前以各自的岩片或分散或构造叠置混杂产出，区内大多发育不全，常为一至两个单元呈构造岩片不均匀分布。从岩石组合地球化学特征看，与洋中脊蛇绿岩相似，暗示了该区成熟洋盆的形成。

深海盆地：为木嘎岗日岩组，是一套较深水环境形成的复理石建造，硅质岩-基性熔岩建造，局部地带为粗砾岩沉积。其微观组合显示有蛇纹石化辉石岩、火山岩(玄武岩、安山岩)硅质岩、变质岩屑、辉石晶屑、火山岩屑等，显示再造山旋回提供物源，与北侧造山带关系密切。在随后的结合带消减过程中，形成一套弱变质、强变形的构造地层体。

残余海盆：以沙木罗组为构造单元，是一套浅海相类磨拉石-碎屑岩建造，与下伏地层呈角度不整合接触，区内分布十分局限，属残留盆地，时代为晚侏罗世—早白垩世，标志该结合带拼贴作用基本结束。

火山弧：构建单元是去申拉组，是一套以玄武安山岩、安山岩为主，局部为英安岩、流纹岩、火山碎屑岩、凝灰岩等组合，属钙碱性系列，显示岛弧活动特征，时代为早白垩世。它是结合带聚敛过程中形成的火山-沉积建造。

山间盆地复陆屑建造：为冲断带补偿盆地磨拉石-复陆屑建造，它是板块间前期碰撞结束间断之后又持续碰撞或超碰撞作用的表现。

综上所述，各构建单元体系反映了班公错-怒江结合带形成发展过程中的不同产物，蛇绿岩的出现反映了班公错-怒江的形成(J_{1-2})以及与此同时伴随深海盆地的发育；残留的前陆盆地，暗示了班公错-怒江带发育时，对两侧地体的改造；变形、变质组合的各种变化，表明大洋内的构造事件；叠加的火山弧岩系(K_1q)和超覆沉积组合(J_3-K_1s)记录了早期的拼合作用条件。而班公错-怒江带的形成，南北两侧的断裂作用，使一些亲缘地体离散，使以前的地质联系变得模糊。联系到班公错-怒江带形成之前两侧的地体，可以很好地了解大陆边缘的离散特点和随后洋内发育、拼合作用，以及整个构造拼贴式的增生作用演化阶段的特点。

3. 构造要素特征

区内构造复杂，褶皱断裂普遍发育，劈理、片理、节理、裂隙则发育不均匀，下面将重点叙述一些重要断裂、褶皱特征。

(1)主要构造边界断裂特征。主要以班公错-怒江结合带为背景，通过填图，可识别出 6～7 条断裂，如图 7-3 所示。从宏观地质关系来看，这些断裂大多具有由北向南逆冲性质，且挽近活动已明显涉及许多古近纪、第四纪火山-磨拉石沉积，有的直接控制了山间盆地的生成，如孜如错盆地南北两侧(F_{13}、F_{12})及 F_{12} 的分支复合等；有的控制了沿山麓边缘展布磨拉石(K_2j)和古近纪火山岩沉积(Em)(F_{12} 的分支、复合)。表明该断裂系主要是在白垩纪末到古近纪间成型的，显然同沿班公错-怒江带发生的地体拼贴及随后的进一步碰撞变型有关。除此之外，断裂体系还显示早期活动信息，主要是蛇绿岩表现为向北仰冲，这种仰冲应该是形成于侏罗纪洋盆的聚敛过程中，蛇绿岩仰冲推覆作用而导生的。早期聚敛体制显示双向逆冲推覆性质，而挽近期碰撞聚敛体制则是在进一步强化南向逆冲作用的基础上发生的，由此导致了目前以南向逆推占主导的断裂构造格局，详述如下。

①雅桑-机勒东断裂(F_2)。

A. 区域分布特点：为测区一级构造单元，区域上相当于班公错-康托-兹格塘错断裂。断裂近东西向或北西西向展布于测区南部，东西两端延伸出图，该断裂由数条彼此交叉、分支复合，共同组成一个断裂束带。沿断裂带局部地段被第四系沉积物掩盖或被后期北东向、北西向断层斜切而发生位移，在坰莫错北表现为后期正断层特点。

B. 影像、地貌特征：地貌上表现为突出的山体与第四系或第三系沉积盆地的接触部位，盆地延伸方向与山体延伸方向平行，近北西西向或东西向，展示断裂带与地貌特征一致。

卫片上，表现为沿雅桑-机勒一线为平直或平行延伸的密集条纹影像或线状影像图案。在地表该线性构造带为侏罗系具深水浊积岩特征的变质砂岩、板岩与变质变形较强的复理石沉积分界，沿线还展布大量早白垩世火山岩。

C. 断裂性质：该断裂带是羌南构造区与冈底斯-念青唐古拉构造区的北缘界线。大部分地段表现以中缓—中陡角向南逆冲，产状50°∠85°，主要表现为脆性断裂，局部兼具韧性断裂并具走滑性质。该断裂是由一个断裂系统组成，断层系内有多条断层反映了多期活动的特点：在断裂附近的南侧，可见到部分蛇绿岩冲片的北界尚有向南倾的强片理化基性火山岩，以角砾状、杏仁状玄武岩为主，显示向南俯冲，蛇绿岩向北仰冲(逆冲)特点(见改则幅报告)。除此之外，区内表现为木嘎岗日岩组也南倾，产状160°∠30°(图版Ⅱ-14)。显然，这种早期北向逆推的构造形迹已被后来强大的南向逆推构造所反接改造，目前仅残留一些片断被包容在新的构造形迹系统之中。另外，该断裂的现阶段还表现为控制了其南北两侧的地貌特征或近东西向古近纪、第四纪盆地特征，沿断裂北侧展布大量新近纪康托组盆地和第四系盆地。沿断裂有一明显的紫红色破碎带，南侧为深灰色砂板岩 J*m*，北侧为浅灰色细碎屑岩。该破碎带宽约10～50m不等，沿线有各种岩石组合，玄武岩、角砾岩、砂岩透镜体等(图版Ⅱ-14)。

②改则南-热嘎巴-阿木里断裂(带)(F_3)。

A. 展布特点：区域上相当于日土-改则-丁青断裂，位于测区南部，呈向南凸起弧形展布。是班公错-怒江带南缘断裂，也是分割冈底斯板片与羌塘三江复合板片的南部断裂。断裂北缘是班公错-怒江结合带中晚三叠世残余前陆盆地，为浊积岩建隆，即巫嘎组地层。区域上相应的地层有确哈拉群和瓦浦组，共同组成南缘和构造混杂岩带。断裂南缘则是早白垩世广海台地相生物灰岩、礁灰岩沉积，即由郎山组灰岩组成。

B. 地貌、影像特征：地貌上，南缘为高山地貌，北缘为缓坡至盆地，两者之间形成一条线状陡坎。影像特征更是清晰，北缘为灰色或墨绿色影纹，为复理石组合，南缘是灰白色影纹，为灰岩沉积，二者之间为线型条纹。

C. 断层性质：该断裂也是一条南向逆冲断层，表现三叠系巫嘎组逆冲于郎山灰岩之上，东部地带八乌错则表现为蛇绿岩向南逆冲于巫嘎组之上，向北则逆冲于木嘎岗日岩组之上。也反映了其推覆扩展过程中的两个不同构造序次，即它们分别是，洋内聚敛阶段和洋陆碰撞阶段的剪切应变产物(图7-10)。其中在三叠系巫嘎组浊积岩建隆中表现的剪切应变反映了这样两种复杂的现象：一是指示班公错-怒江带晚期碰撞消减过程中，是斜向碰撞的，产生了除逆冲现象还兼具左行走滑特点，进一步仔细观察洞错南边纳卡卡门那地区的浊积岩组合变形特征，岩石变形特征还表现为早期的右行走滑特征，从而形成了该处浊积岩表现强烈的脆-韧性剪切特征。其右行走滑特征可能与班公错-怒江带左行走滑拉分有关。

③扎西错-巫嘎错断裂(F_{12})。该断裂是结合带中较为重要的次级断裂之一，它是划分结合带内部南北两侧次级构造单元界线，北侧为主敛合带，南侧为残余前陆盆地(T_3)。该断裂由多条更次级的断裂组成，即分支、复合较多，呈束状。它控制了这样一些单位：第四系盆地、古近纪陆缘火山弧、晚白垩磨拉石沉积。即班公错-怒江带聚敛过程中及后期山链形成时的一些产物，具逆冲、走滑、正断层性质，显著特征是 K_2j 和 E*m* 呈斜列式展布(图7-11、图7-12)，具右行走滑特征。反映了结合带斜向俯冲时，

产生的走滑效应。

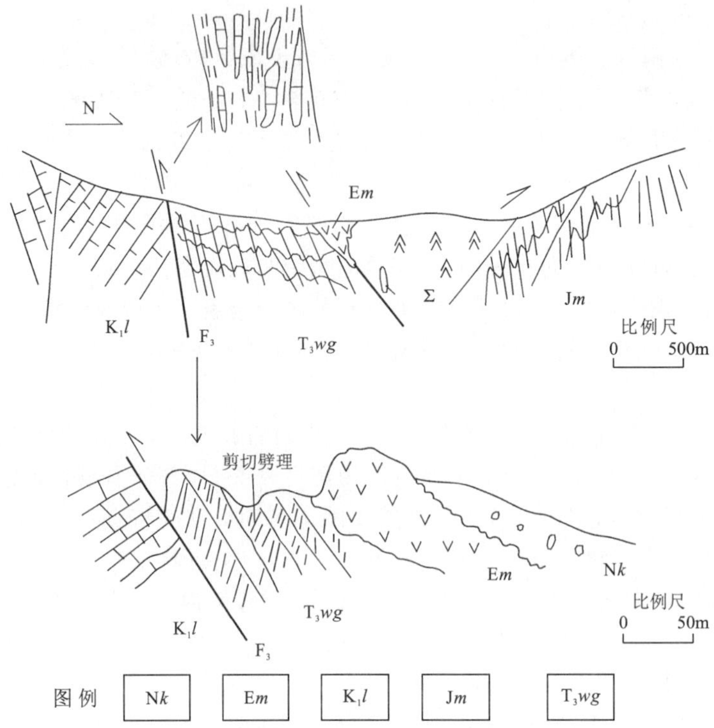

图 7-10　改则南-热嘎巴断裂(带)构造剖面图

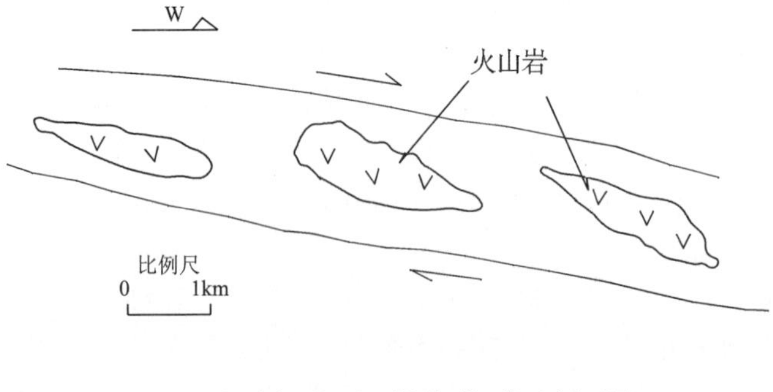

图 7-11　改则南-热嘎巴断裂(带)构造剖面图

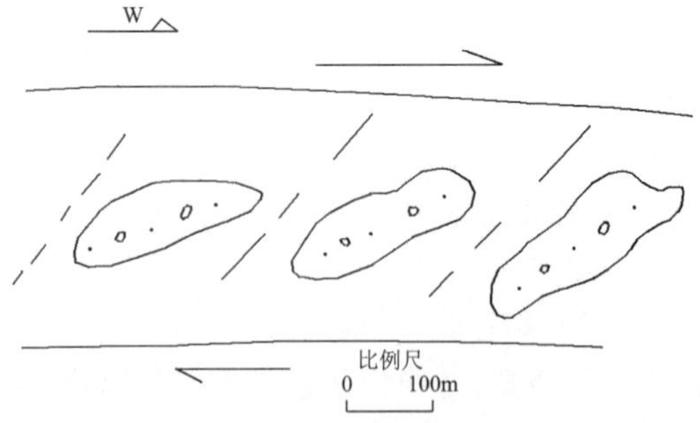

图 7-12　八乌错东南竞柱山空间分布图

综上所述,班公错-怒江结合带南北两条边界断裂控制了其形成与发展。它与内部次级断裂系统一起,由晚至早分别显示了高原隆升至超碰撞阶段次级活化断裂控制的山间盆地。挽近碰撞变形阶段的南向逆冲断裂体系,并同时控制了陆缘火山弧 Em 沿断裂的展布;会聚拼贴时,盆内双向逆冲系以及结合带形成初期对南北两侧地层系统改造时的走滑剪切体系和其内部木嘎岗日岩组的空间菱形叠瓦状展布。

(2)褶皱特征。在班公错-怒江带控制的地层系统中,其褶皱表现的样式差异很大。巫嘎组以构造岩片叠置特征为主,褶皱形态已无法恢复,只表现为沿断裂系统展布的一些小尺度的牵引褶皱(图 7-13)。木嘎岗日岩组大部分地段也会以牵引褶皱为主,早期褶皱已被剪切成均一化的构造片理,局部地段也发现了一些褶皱(图 7-14)。褶皱整体性较差,均被一些断裂错断或所夹,反映了结合带聚敛过程中,木嘎岗日岩组的收缩变形及所形成的岩片叠置。而真正保存较好的褶皱特征,集中表现在沙木罗组(见改则幅)和郎山灰岩中。下面简略描述郎山灰岩中的褶皱特征,在区内褶皱不太发育,均以岩片产出,但在郎山组灰岩分布的地带,还是表现出一些褶皱特征。

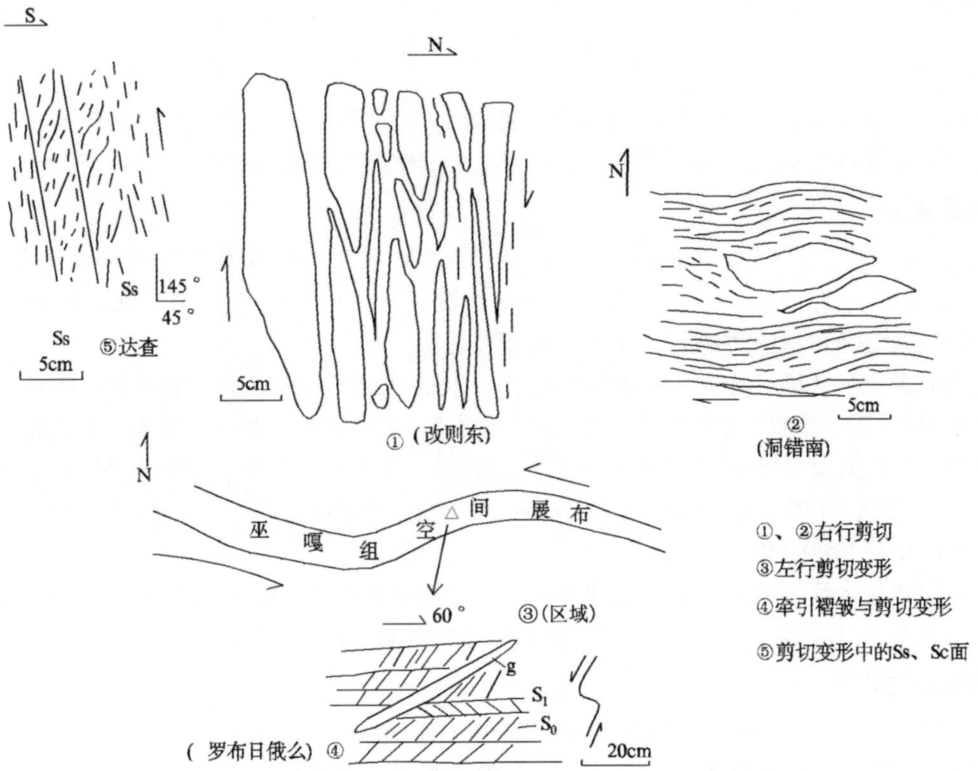

图 7－13　巫嘎组剪切变形特征

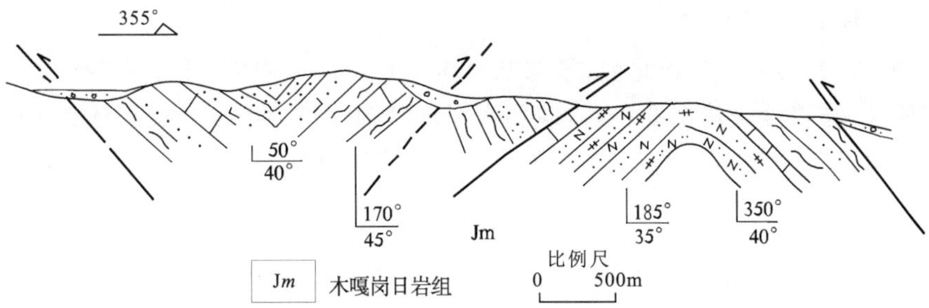

图 7－14　哦坐错西木嘎岗日岩组褶皱、断裂特征

图 7－15 是测区外的邻区罗玛常波沟南所见的向斜褶皱。核部和翼部均为郎山组灰岩，轴向北西－南东向。北翼南倾，产状较陡，185°～190°∠60°～70°。南翼北倾，产状较缓，一般为 25°∠43°左右，向斜核部表现小型逆冲断层及小型牵引褶皱。

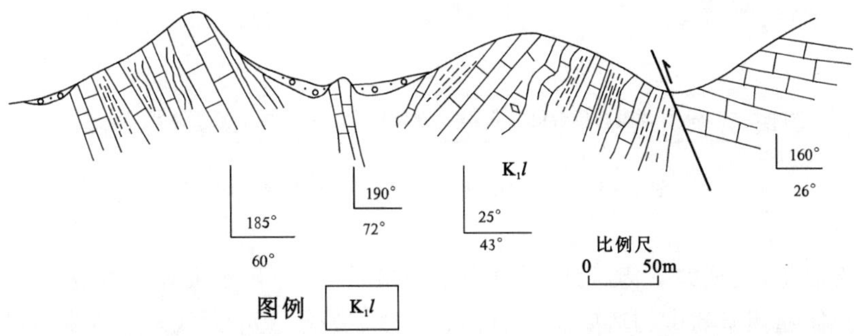

图 7－15　改则南罗玛常波沟南郎山组 K_1l 褶皱特征

（二）加青错被动陆缘海

1. 构造格局

加青错被动陆缘海位于美中隆起南侧，班公错-怒江带北侧，是指羌南侏罗纪沉积地层体系。该构造层次特点是伴随班公错-怒江带的扩张、消减、碰撞过程中与之相对应的沉积、变形、逆冲等。

2. 构造建造

由于班公错-怒江结合带的扩张，羌塘-三江复合板片则成为活动的陆缘区，其南缘则发育班公错-怒江洋盆，由此构成由南至北对应的大洋至大陆的特殊背景，即加青错陆缘海。从侏罗纪沉积体系来看，也显示了与扩张活动有关的陆缘沉降盆地沉积建造。

该陆缘海沉积体系从下至上分别称色哇组、莎巧木组、捷布曲组，时代集中于早中侏罗世。色哇组为半深海细屑岩，主要分布于靠近结合带北侧，另外与晚三叠世日干配错组中浊积碳酸盐岩伴生。莎巧木组为碎屑岩与碳酸盐岩组合，上部碎屑岩大于碳酸盐岩，下部以碳酸盐岩为主夹碎屑岩。捷布曲组为厚层灰岩，稳定延伸，地貌上为近东西或北东东向灰岩山脉，特征明显。综上所述，该盆地显示了从下至上、从南至北、由深变浅的准稳定建造。

通过对该建造体系微观成分分析，结果显示了活动造山带提供物源的特点，物源成分大多为石英片岩、火山岩、玄武岩、辉石岩、安山岩、硅质岩等，暗示了物源来自北侧大陆边缘。

3. 构造改造特征

由于该陆缘海介于班公错-怒江带与羌塘隆起带之间，其变质变形特征无疑与两者关系紧密。鉴于该盆地位于地壳浅表的陆棚地带，正好是羌塘三江复合板片与冈底斯板片之间由于班公错-怒江洋盆的消减而发生两者接触碰撞部位，因此，其变形以褶皱为主，局部表现为脆性断层，并可能是由褶皱引起的，这里主要描述其褶皱特征。

窝若拉复式向斜，分布于八乌错北侧，紧邻结合带北缘，发育在莎巧木组中的向斜（图 7 - 16）。向斜轴向北东-南西向，与该处主构造线一致，向斜南翼产状为 350°∠40°，北翼产状为 190°∠50°，北翼略较南翼陡，整体由两个向斜夹一个背斜，背斜略显紧闭，褶皱轴面总体北西向或北北西向。

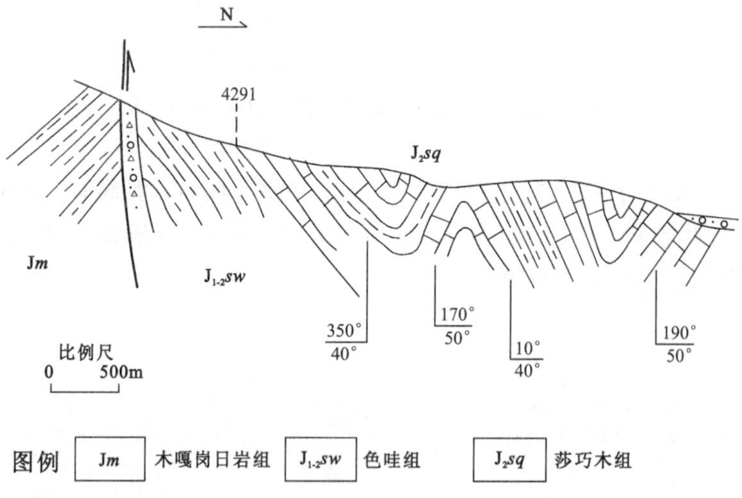

图 7 - 16　八乌错北窝若拉侏罗系中褶皱特征

综合上述褶皱形态，表现如下特点：广泛分布于山链外缘，位于地壳中上层次，具等厚褶皱，平行褶皱或者弯滑褶皱。伴随褶皱的微构造要素主要是破劈理、裂纹，基本无线理。破劈理往往在转折端处显示放射状展布，局部见到两侧岩层发生微小错动。

4. 背景演替与层序结构单元的成生

随着班公错-怒江带左行走滑拉开，造成南北两侧物质迁移，北侧向西北方向移动，南侧向南东方向移动，使晚古生界甚至印支期的地体呈左行斜列展布，最突出的表现是北侧的霍尔巴错群与南侧的诺错组、来姑组，它们具有相似的特征，具构造形迹也显示其移动方向，这种拉开之势，造成北侧大陆发生强烈向南倾斜的下沉，成为活动边缘的陆缘区，导致整个侏罗纪盆地形成向南倾斜的区域斜坡，岸外地区更加明显地下沉，由此，整体形成相对开阔的边缘海沉积。沉积物的特点是在远陆形成深水细碎屑岩($J_{1-2}s$)，向上，大陆供给的大量沉积物产生前积作用，形成碎屑物楔状体，物源供给相当静止或少量，加之水体慢慢变浅，形成莎巧木组，再向上，在陆棚边缘形成浅水灰岩滩(捷布曲组)。

(三) 结论

综观测区整个中生代格局，显示了以班公错-怒江结合带为背景的演化体系，即大陆伸展成洋、洋壳俯冲成陆或残海(陆缘增生)、陆壳岩片叠瓦逆冲等。

大陆伸展成洋，一方面形成了深海大洋盆地沉积组合：木嘎岗日岩组、蛇绿岩组合；另一方面形成了盆地边缘沉积体系(加青海陆缘海)：色哇组、莎巧木组、捷布曲组；各盆地沉积组合当然也由相应的新生断裂控制。

洋壳俯冲成陆，导致陆缘增生形成：①南缘的接奴群 $J_{2-3}j$(早期向南俯冲)；②北缘的去申拉组 K_1q(晚期向北俯冲)；③南缘(后缘)拉果错小洋盆；④残余洋盆沙木罗组 J_3-K_1s；改造了早期形成的沉积体系，木嘎岗日岩组的变质变形，蛇绿岩的侵位及构造混杂岩，加青错陆缘海的消失及其地层体的褶皱，早期断裂的活化。

陆壳岩片叠瓦逆冲，随着班公错-怒江结合带事件体系的暂时终结，新的拉果错弧后盆地事件系统又形成，两者构造形迹之间产生明显的交接复合关系，导致了测区南部存在明显的构造序次关系。至晚白垩世—古近纪，板片之间进一步聚合，形成了上述三个体系之间复式的逆冲推覆构造性质，断裂再次活化，并沿断裂又增生了竞柱山组 K_2j、陆缘火山弧美苏组 Em，总体格架可能构成类似叠加扇的构造形态。

三、晚古生代-印支期构造层

该构造层是羌塘中部造山带及邻区不同构造单元之间具有完整联系(威尔逊旋回)地质体，包括晚古生代和中生代早期(印支期)地层的不同沉积建造。在不同构造单元呈现不同层次的变形变质特征。中生代呈断块隆起，成为其南部的侏罗纪边缘海盆的沉积基底。

1. 构造格局

羌塘-三江复合板片是在古生代末分别由两侧地体(南侧羌南地体、北侧昌都-开心岭地体、北喀喇昆仑地体)拼贴的基础上形成的，具有复合性质，其构造特点反映了中生代“一体化”构造演化所形成的转聚型活动大陆边缘背景，即晚古生代初期南北两侧板片聚敛形成的晚古生代弧后盆地(大洋地层)以及弧后盆地消减(晚古生代高压变质体——蓝片岩)，转化形成的印支期前陆盆地，两者(弧后盆地增生及其消减)共同构成了羌南地区的增生作用，其事件结构与构建系统见图 7-17。

2. 构造建造

(1)晚古生代弧后盆地。主体构造建造单元是石炭-二叠系(展金组、吞龙共巴组、龙格组)拉张沉陷活动背景下形成的建造系列，为一套冰海碎屑岩-基性火山岩-台地碳酸盐岩组合，后两者在部分地区组成海山地体。其中冰海碎屑岩为含砾板岩，具复理石沉积特点，产冷水型双壳类、腕足类、珊瑚等，与南部喜马拉雅地区及冈底斯-念青唐古拉地区的冈瓦纳相沉积特征、生物组合十分相似，应视为同一大陆边缘的具有亲缘关系的地质体。基性火山岩，以玄武岩为主，具扩张海相火山岩和板内裂谷火山岩的特点，加之后期遭受班公错-怒江带的改造与叠加，造成整个晚古生代组合体显得支离破碎(火山岩导致板片撕裂呈碎片，班公错-怒江带打开，导致碎片间的迁移)。另一构造建造单元则是大致同时代的大洋地层体,主要是蛇绿岩组合建造,目前,已在羌塘地区发现了蛇纹石化二辉橄榄岩、纯橄岩、堆晶辉长岩、辉长辉绿岩墙、枕状玄武岩、块状玄武岩、硅质岩等,其时代为 314～299Ma(李才等),基性火山岩为 346Ma。上述两类构建单元共同组成弧后盆地沉积,测区只见一些古生界块体,其主体在测区北部(图幅外)。

(2)构造杂岩建造。在羌塘地区零星分布,但显示出重要意义,主要指晚古生代至印支期一些高压变质体(即蓝片岩,其原岩大致为基性火山岩)以及变形变质杂岩和不同类型、不同成因的花岗岩体。

(3)前陆盆地(残留洋盆与复理石前陆盆地)。主要是指羌南地区的晚三叠世地层体。结合区域及邻区构造事件,大致包括晚三叠世巫嘎组和日干配错组。根据建造物源特点、沉积物及沉积韵律划分出以下建造类型,试图反映晚三叠世时期古构造、古盆地形态、古地理等方面特征。

A. 早期活动型建造:主要是陆屑复理石建造,构成巫嘎组中建造体系。岩石表现为杂砂岩、岩屑砂岩、粉砂岩及泥质岩的共生组合,偶夹灰岩,局部为硅质岩建造。各种砂岩与板岩组成复理石韵律,发育有鲍马序列,整体上为一套浊积岩建隆,为前陆盆地早期生成产物。

B. 稳定建造:是由一套滨-浅海碳酸盐岩沉积组合所形成的组合体,成分上以内源组分为主,剖面上主要由潮坪相砾屑灰岩、粒屑灰岩、生物碎屑灰岩→浅滩相的鲕粒灰岩、介壳灰岩、砂屑灰岩→浅海相厚层或块状灰岩、白云质灰岩,反映出一个相对稳定的环境。

C. 次稳定型建造:以杂礁碳酸盐岩建造为主,是以珊瑚为主的混合造礁碳酸盐岩建造,由珊瑚礁灰岩及苔藓虫灰岩、藻类灰岩、生物碎屑灰岩、砾屑灰岩等组成,在空间上这些生物礁呈点礁或带状分布于碳酸盐岩台地的边缘,与同生断裂共存,是碳酸盐岩台地与盆地的边界。

D. 晚期活动型建造:主要为碳酸盐岩复理石组合体,分布于日干配错组上部,主要由生物碎屑泥晶灰岩、微晶灰岩、泥质灰岩以及少量硅质岩组成的类复理石韵律。生物碎屑多为杂乱排列,似集体,但自下而上有变细的正粒序结构,底部具冲刷构造。野外宏观露头表现为厚层状生物碎屑泥晶灰岩(单层厚达 2～6m 不等)、微晶灰岩(含少量的生物碎屑,多为细粒渣状,单层相对较薄,几厘米至十几厘米)、泥晶灰岩(一般不含生物碎屑,几乎由碳酸盐灰泥组成,见有水平纹层,层板薄)共同组成,此三类岩性在剖面上重复出现,组成典型的碳酸盐浊积岩。

E. 建造时空演化及其背景分析:从上面建造类型来看,晚三叠世盆地大体分为两个阶段:早期随着弧后盆地的向北消减,区内转化为压缩构造环境,造成其南缘一带冲断载荷,形成早期复理石前陆盆地。在此基础上,形成台型碳酸盐岩盆地边缘沉积。后期由于近东西向同生断裂的活动,或前陆盆地处于断裂状态下的持续发展,在盆地边缘形成杂礁建造,在盆地中心地带形成碳酸盐岩复理石,它们在空间上自北而南由稳定型→次稳定型→晚期活动型叠加在早期活动型沉积的排列特征,在构造上则表现早期形成复理石前陆盆地及残余海盆,晚期前陆盆地再次伸展裂陷,形成稳定台地→断裂斜坡带→裂陷海盆的阶梯状展布样式(见改则幅)。结合该地区所处的大地构造位置,该晚三叠世盆地表现为在羌南地区残余盆地基础上挠曲形成新前陆盆地以及前陆盆地的亚裂体系。两者分别对应羌南弧后盆地的消减与班公错-怒江洋盆的形成。

3. 构造改造特征

区内地处羌塘造山带的中心地带(只跨了少部分)及其南部,长期的研究成果得到的众多认识,反映了其复杂性。表层所见构造形迹均以近东西向或北西西-南东东向的纬心构造为主。

通过构造解析,从宏观上至少提供三期构造变形及相应的构造组合,即早古生代—前奥陶系构造和发育在晚古生代—三叠系中的褶皱、逆冲断裂及叠加在它们之上的正断层系列。显然最前者的构造对应更老的构造层,而正断层系列是中新生代伸展断陷的叠加构造。故在此只对晚古生代—三叠系中的褶皱、断裂的构造组合作进行研究分析。

本区构造变形以走滑、剪切拉张断陷、陆壳聚敛推覆、斜列或褶皱短缩等形式为主,主变形期为印支-燕山早期。

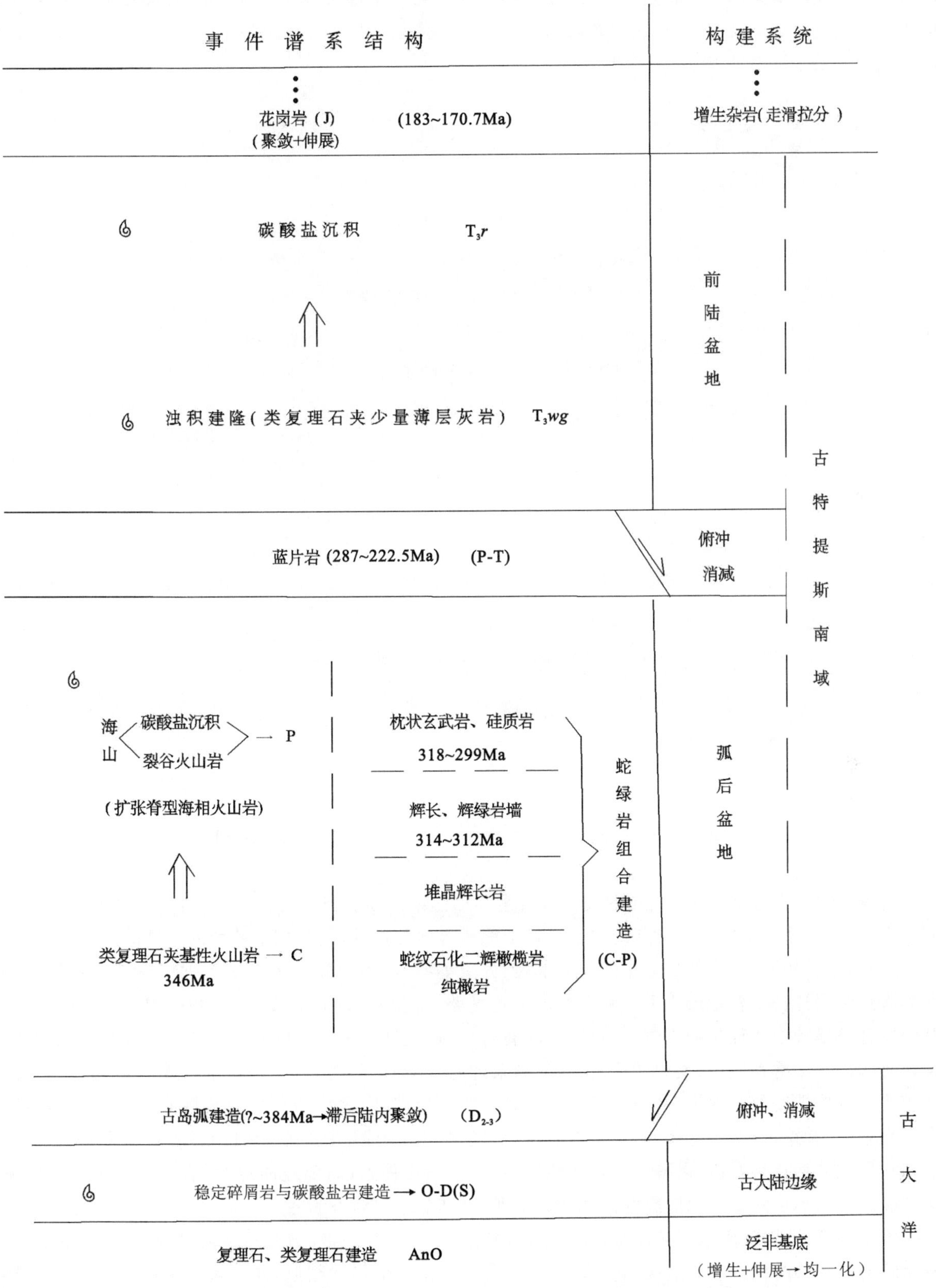

图 7 - 17　羌塘造山带事件谱系结构与构建系统

(1)近东西向区域断裂系(F_1、F_7、F_8、F_9)。区内近东西向断裂系较为发育,显著有三条分别称旧所南断裂 F_7、土米积桑断裂 F_8、长梁山断裂 F_9、依布茶卡南断裂 F_1(图 7-18),该断裂系是与班公错-怒江带的发展有成因联系的一套构造组合,表现为同生断裂与走滑断裂双重性质。同生断裂在羌南晚三叠世地层中通过,以日干配错组中沉积角砾岩和生物杂礁为显著特征。走滑特征表现为山脉的弯曲、变形带内雁褶皱及平面上的 S-C 组构等。

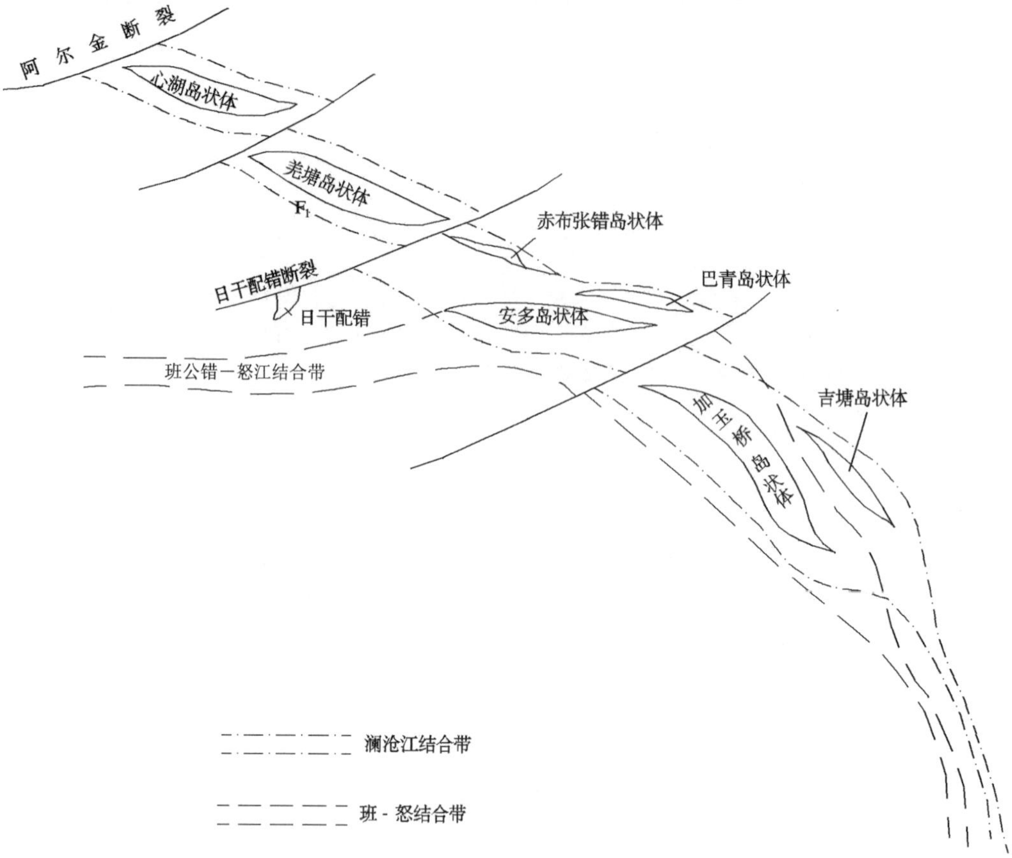

图 7-18　澜沧江结合带与班公错-怒江结合带斜切关系示意图

A. 依布茶卡南缘断裂(F_1):该断裂构成古生界岛链南缘断裂,近东西向或北西西向延伸,表现为北侧的石炭-二叠系地层向南侧毗邻的中生界日干配错组地层逆冲,是北侧逆冲系的逆推前缘。从前缘往北,还有若干次级断裂,次级断裂之间具有汇聚、分散等特点,因而卷入了石炭-二叠纪不同地层并造成前奥陶纪杂岩逆冲于新地层之上。整个断层带宽度跨羌南地区的杂岩隆起带,测区内 5~20km 不等。其中发育挤压碎裂片理化构造岩和断层泥(碎屑岩)、强硬岩层(灰岩、火山岩、石英岩等)的断块、构造透镜体化(石炭、二叠系地层、奥陶系地层、前奥陶系吉塘岩群)和软弱岩层(以石炭系碎屑岩为主)的复杂揉皱等。从构造变形层次来看,至少可以分出以下构造地层柱:表构造层次的脆性断层系列,主要发育在石炭系、二叠系、奥陶系底部和之间,以弱变形岩块为主;中浅层次的脆-韧性断层系列,主要表现为一系列片理化的构造杂岩体(以整个古生代地层为主,片理化强烈,局部还能定时代,是经历了挤压消减,又伸展剥离后形成的);中深层次的韧性断裂系列,以结晶基底岩系为主。

值得注意的是,该南缘断裂体系有两个显著特点:一是断层呈波状弯曲,区内呈"Z"型,是由于其南侧受到向左迁移的构造应力造成,它与南侧的三叠系的山系的形状相似,并一起构成雁列式展布,显然,与班公错-怒江带的左行转换拉伸有关;二是该断裂系在北西西延伸方向上被一系列北东向断裂所切(图 7-18),虽破坏了其边界连续性,但各段相互之间具有规律性的延展,即呈右行雁列式展布,反映了其南部边界向左移动,由此形成了岛链体之间右行串珠状的格局,暗示了其伸展剥离也与班公错-怒江带有密切关系。而岛状体的展布对于某一个北东向断裂来说，也呈右行滑移格局，显然与挽近的北东向断裂具左行走滑特点正好相反。这其中原因不能简单地理解为断裂的多期活动，早期的右行格局形成的断裂与整个岛链斜交，可能是一种古转换断层。该断层与班公错-怒江带汇而不交，且只有在其与班公错-怒江带隐形交汇处才形成了班公错-怒江带的蛇绿岩。更进一步探讨的是，只有这样的交汇处，才形成了班公错-怒江带上的丰富矿产处，这应该不是巧合，是值得深入研究的。要引起重视的是，这种北东向断裂附近还有一些北东向的山链，如西亚尔岗岩山脉、木嘎岗日山脉、安多岛链东南侧的念青唐古拉山脉，且这种山脉中包括了基底隆起与古生界盖层褶皱，这种构造形迹在特提斯结合带之间往往呈截而不切、汇而不交的“截段”出现，说明两者之间不单纯是后期断层切割关系，而是反映了特提斯海发育过程中所具有的转换运动性质。也就是说，古特提斯在闭合过程中的横向转换断层同这种古构造形迹有关。

上述岛链的格局，在西北缘心湖地区更偏东，实际上是晚期右行走滑所致。

B. 长梁山断裂(F_9)：该断层是日干配错组中内部断裂，向西延伸与拉嘎拉断裂连接。断面呈直线状，地貌上为负地形或线型鞍部。断层北侧是砂板岩和滩相鲕粒灰岩碎石块，南侧为生物杂礁相，后者往往与同生断裂共存。断层产状 180°～200°∠40°左右。在断层附近表现为牵引褶皱与层面上的擦痕，总体显示早期正断层特点。

C. 土米积桑北断裂(F_8)：与前述断层特点几乎相同，向西与热那错北断裂连接。断层向南倾，倾角50°左右。只是断层两侧岩相差异较大，断层北侧为生物杂礁灰岩，断层南侧为碳酸盐岩沉积岩。除此之外，同沉积断层角砾岩发育(图版Ⅰ-1)。砾岩宽度 1～2m，角砾成分白云岩化灰岩，棱角状，砾径从几厘米至几十厘米，甚至几米不等，分选性极差，钙质胶结，普遍遭受碳酸盐化和硅化。砾石无定向，上下层面均显示凹凸不平状，具沉积砾岩或崩塌砾石特点。碳酸盐浊积岩则为厚层块状灰岩与板薄层或书页状或水平纹层灰岩韵律特点，产状由北向南显示由陡倾变缓。断层向西延伸，是山脉与盆地接触界线，呈直线展布。

D. 旧所断裂(F_7)：该断裂是日干配错组的南缘内部断裂，向西与热那错南断裂汇合。部分地段与色哇组碎屑岩断层接触，地貌上是山地平原与山地倾向面交汇处，形成线型陡坎。断层北缘是日干配错灰岩形成的尖棱状及锯齿状山峰，南缘地势低平或缓倾，或宽缓平滑的小山体。早期显示正断层特点，晚期表现向北冲，碎屑岩超覆其上。

上述断裂系显示了连锁断层等，类似于伸展构造的拆离带，产状几乎一致，均向南倾斜，早期根据沉积相分析，显示同沉积断裂体系。后期则向北缘山体逆冲，表现为叠瓦逆冲断带。挽近特点均显示由北向南逆冲(图版Ⅰ-2)。

该断裂系的另一个特点是具走滑性质。与班公错-怒江带形成关系密切，是在晚三叠世至早侏罗纪时，班公错-怒江带转换拉开过程中，北侧大陆即羌南地体伸展裂陷并向西移动，伴随日干配错组地层也向西移，由此形成一系列走滑断层系统，即测区的 F_8、F_9。该断裂系在区域上由数条规模较大的右行走滑断裂呈雁列式组合而成，除测区 F_8、F_9 外，还有测区内的 F_1、F_2 以及区外的羌塘隆起带的南北两侧断层系。区内相邻的断裂之间重叠汇聚和间距较明显，控制其内部岩相沉积、岩层走向、倾向、褶曲、山体的走势等。

(2)晚古生界地层间次级断裂与褶皱。在晚古生代出露的地质体间，由于其露头均以孤立的零星露头出现，周围大多数被第四系覆盖，呈透镜体状。结合下面两个构造剖面简述如下。

A. 坡劳则尕拉地区构造特征：位于测区西北角，向西被第四系覆盖，向东为串珠状的小山头，周围也是第四系。南北宽约 4～5km 不等。其沿伸方向在平面呈舒缓波状。在地貌上，除山头外，均为负地形，如果将山头连接起来，组成近东西方向上的右行扭动，且有清晰的线性影像特征。出露地层均为石炭、二叠系地层。各地层间的接触关系大部分被第四系覆盖，综合分析表明，其构造样式为图 7-19 所示。

在图 7-19 中，南部为二叠系地层，以吞龙共巴组碎屑岩和龙格组灰岩为主，均呈岩片产出。北部为前奥陶系吉塘岩群，上覆吞龙共巴组碎屑岩。

发育于晚古生代地层与前奥陶系之间的断层 F_{16}、F_{17}、F_{18} 在区域上具分支、复合现象，分支处为前奥陶系构造透镜体。这些断层面应为早期的主断面，断层面与透入性面理一致，显示伸展性质。实际上这些构造透镜体正是断层发育的证据之一。其长轴定向，与区域构造线一致。构造透镜体内部揉皱较为发育，其特点是在较软的泥质岩（非能干层）与较硬的砂岩（能干层）互层岩系中，由于剪切置换构造变形变质作用，使得较软的泥质岩形成片岩，较硬的砂岩形成不连续的揉皱构造，进一步发育形成无根褶皱，其区域透入性剪切方向，恢复后反映上层系相对下层系正滑特点。

发育于晚古生代地层内部的断层系则表现为脆性逆冲推覆构造特点，特别是龙格组 P_2l 灰岩中发育的褶叠层构造，呈逆冲推覆叠瓦状展布。地貌上显示大套具层状灰岩，仔细观察发现内部有较多的断层破碎带，该破碎带顺层展布，其内部发育构造角砾岩及挤压破碎构造透镜体，透镜体呈迭瓦状排列，指向向南逆冲。同时沿破碎带北缘还发现有牵引褶皱（图 7－19）。

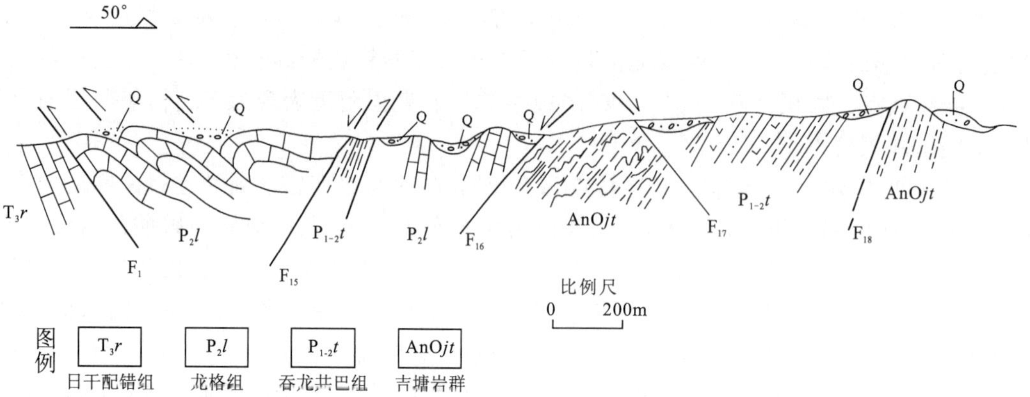

图 7－19　坡旁则尕拉北侧构造剖面图

B. 拉嘎拉地区构造特征：该区的构造特征以陆壳聚敛推覆和褶皱短缩为特征，具体表现形式是石炭、二叠系地层之间的推覆及其内部的褶皱（图 7－20）。

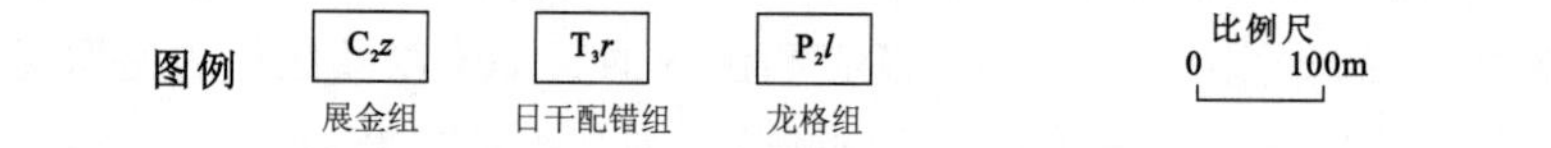

图 7－20　拉嘎拉地区构造剖面图

龙格组中的褶皱：分布于改则县北部的拉嘎拉山口，其轴面近于直立，略向北倾，枢纽北西-西东向近于水平，略微北西倾伏。该复式褶皱被后期构造破坏，中部或被花岗岩侵入体破坏，或被更老地层逆冲推覆其上。地层产状 20°～50°∠40°～65°，200°～205°∠65°～72°不等，属直立倾伏褶皱，总体显示向南逆冲造成。

断裂特点：从图 7－20 可知，F_{30}、F_{31}、F_{32} 共同组成了该地区的一个逆冲岩席，上盘为龙格组 P_2l 灰岩，下盘为展金组。前者属外表地层系统，F_6 者为准原地地层系统，二者之间有清晰的破碎带。其特征表现为，上下盘之间特别是 F_{32} 和 F_{30} 附近为切层现象，即为断坡特征，或者被侵入体贯入。剖面上破碎带呈波状起伏；平面上破碎带沿龙格组灰岩底界出露，呈面状结构。破碎带宽约几米不等，由构造角砾岩和小的牵引褶皱构成。角砾岩表现为灰岩底部破碎强烈，呈碎裂状，向上呈块状。碎裂状灰岩表现斜列式，根据斜列方向与岩层面夹角判断，显示向南的逆冲，断层产状相对稳定，一般为30°∠65°。

由此看出，测区的构造活动是班公错-怒江带受区域应力的影响，晚三叠世晚期北侧地体向西移动，南侧地体向东迁移，使北侧北部地体南缘形成了左行动力，导致边界右行走滑，并使岩层发生雁列褶皱，顺走向形成"Z"型弯曲。至燕山期，区域构造应力场沿东西向古断裂面产生左行剪动力，使早期古断裂复活产生左行走滑，成为该地区区域构造格架形成的主导机制之一；另一种机制则突现挽近逆冲的特点，即显示了由北向南的逆冲性质。

4. 结论

(1)晚三叠世沉积盆地明显地分为两个阶段：早期是由弧后盆地向前陆盆地演替；晚期是前陆盆地的伸展裂陷。

(2)印支晚期同生断裂发育，燕山期走滑剪切运动明显表现为印支晚期—燕山早期在区内起着主导和桥梁作用的班公错-怒江带由于左行走滑拉分形成，位于该带南北两侧的块体发生左行相对运动，由此导致了北侧地区同生断裂发育，南北两侧一系列的走滑剪切构造产生。在北侧一是造成古岛山链呈右行雁列展布格局，二是近东西向主干断裂呈"Z"型弯曲，表现右行走滑性质，从而形成了在主干断裂附近及之间的雁列式褶皱构造，这些褶皱轴面走向延伸与主干断裂锐角斜交，枢纽近于直立。这种空间组合形式明确反映了它们的形成与沿近东西断裂的右行走滑有关。

(3)燕山晚期：该地区的主构造应力场的主压力方向为北东-南西向，在这种构造体制下，带内总体上呈现向西的滑移，导致近东西向断裂发生左行走滑剪切，并形成相应褶皱痕迹。

(4)燕山晚期至喜山期，整体表现为向南逆冲推覆体。

四、泛非期——早古生代构造层

羌塘中部造山带(羌中隆起)的外貌基本上是古生代以后的作用所形成的现象。现阶段的工作表明，其内部具有复杂的构建信息：早古生代地层体、前奥陶系吉塘岩群以及中晚泥盆世的花岗岩等，它们或呈岩块、岩片等形式产生，区内分布零星，故无法按构造层及其相应的构造变形特征进行构造筛分。若剔除晚古生代以来的构造建造、改造格局的话，其构造面貌主要表现为：奥陶纪(至志留纪)地层呈小岩片产出，并被北侧的另一岩片前奥陶系地层所逆掩。

奥陶纪地层建立塔石山组，岩性为变质砂岩与钙质板岩偶夹紫红色灰岩，其上被新近系康托组不整合覆盖。前奥陶系地层为吉塘岩群，岩面组合为石英岩、石英片岩、钙质片岩、绿泥钠长片岩等。露头极为零星，依布茶卡北侧则是以石英岩、石英片岩为主的一些孤立的山头，且大多为滚石、碎石堆积体。吉塘岩群组成中深层次的构造糜棱岩带，局部揉皱强烈，并见有长英质脉体，呈复杂小褶皱产出。奥陶纪地层已强烈劈理化，呈书页状脆-韧性变形。其他现象不易观察。

总之，该区段的构造面貌应该是前石炭纪加里东期和印支-燕山期不同时期构造作用的综合结果。

第四节 地壳深层次构造特征

一、区域重力场分布特征

根据吉隆-措勤-洞错-康托-鲁谷重力测线剖面(图7-21)证实，吉隆一带有很高的重力异常值，达到$-440\times10^3\mathrm{cm/s^2}$；到萨嘎附近减至$-480\times10^3\mathrm{cm/s^2}$；冈底斯山南侧地区，重力异常值再骤减至$-520\times10^3\mathrm{cm/s^2}$。在此地段形成了一个重力异常高梯度带，梯度值高达$1.6\sim1.8\mathrm{cm\cdot s^{-2}\cdot km^{-1}}$，这一重力场特征与西藏东部的亚-康马段的高重力梯度值($1.8\sim2.0\mathrm{cm\cdot s^{-2}\cdot km^{-1}}$)可以较好地对应，都是具有很高的重力异常梯度的地质构造区块。进入冈底斯山地，重力异常值变低，变化幅度也较缓，在-520

$\sim 540\times 10^3 cm/s^2$ 间变动。在昌务场一带，重力异常值又迅速上升到 $-490\times 10^3 cm/s^2$ 左右。此段重力梯度为 $1.3cm\cdot s^{-2}\cdot km^{-1}$ 左右。措勤附近地区，重力异常值较高，但变化较平缓，在 $-490\sim 500\times 10^3 cm/s^2$ 之间。在达雄以北的山地，重力异常值减低至 $-530\times 10^3 cm/s^2$，此段的重力梯度为 $0.7\sim 0.8cm\cdot s^{-2}\cdot km^{-1}$，洞错、改则谷地重力异常值上升至 $-460\times 10^3 cm/s^2$，此段的重力异常梯度也达到 $0.8cm\cdot s^{-2}\cdot km^{-1}$ 左右。与南段的重力异常梯度带呈对应的形态。进入羌塘地区后，重力异常值较高，其变化幅度小，一般在 $-470\sim 490\times 10^3 cm/s^2$ 之间。这样，剖面的布格重力异常分布格局是“高—低—高—低—高”的形式，在高值与低值区之间为重力梯度带。

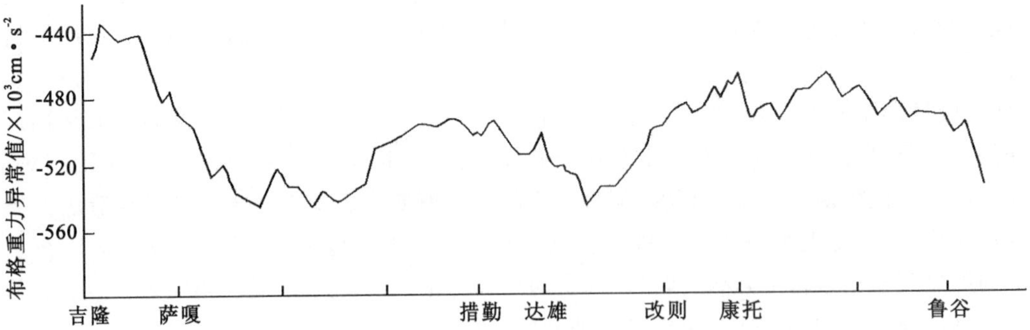

图 7-21　吉隆-鲁谷剖面重力测线的布格重力异常值

根据应用重力异常解释地下构造的物性分布与形态的理论和方法知道，地表重力场中的重力异常梯度带，一般是反映地下构造由于断裂带存在而产生横向的岩层厚度与岩层密度的突变，在断裂带两侧，呈不连续变化，由此引起重力异常的不连续变化或突变，而形成重力梯度变化带。因此，重力异常高梯度带对应地下有断裂构造带存在，且断裂带两侧有地壳厚度或物质密度的变化。

依此规律，经与地面地质研究结果对照分析，重力异常梯度带分别与雅鲁藏布江结合带、30.5°N 构造断裂带、噶尔(狮泉河镇)-申扎断裂带和班公错-怒江断裂带基本上相应。

结合其他相关关系，可建立如下地体单元，见表 7-2 所示。

表 7-2　应用相关统计关系划分的地体单元

剖面区段	块体名称		块体边界构造带	备　注
吉隆-萨嘎	喜马拉雅山(HMLYB)			在本剖面从喜马拉雅山北麓至雅鲁藏布江的距离很短，合为一个地体
			雅鲁藏布江结合带	
萨嘎-昌务场	拉萨地体GB	南冈底斯块体(SGB)		
			30.5°N 断裂构造带	
昌务场-达雄	拉萨地体GB	措勤块体(CB)		拉萨地体可分为 3 个次一级块体
			森格藏布(狮泉河)-申扎断裂带	
达雄-改则	拉萨地体GB	北冈底斯块体(NGB)		
			班公错-怒江断裂带	
改则-鲁谷北	羌塘地体(QTB)			

二、测区及邻区磁结构分析

1. 班公错-怒江结合带磁场标志

班公错-怒江结合带高磁异常反映也很明显，洞错-改则北东西向高值异常可以证实这一点。与雅鲁藏布江结合带相比，该带总体规模要小些，宽度也不及雅鲁藏布江的宽；若从东、西两段比较，也存在磁场差异，西段两者相当，而东段班公错-怒江结合带要比雅鲁藏布江带弱得多。班公错-怒江结合带与雅鲁藏布江结合带的磁场差异可能起因于班公错-怒江结合带上没有完整而连续剖面层序的蛇绿岩套。而班公错-怒江结合带本身东、西两段的磁场差异，可能与班公错-怒江构造带上各段蛇绿岩套的规模及蛇绿岩套各成员的磁性有关(中国地质科学院成都地质研究所，1988)。

2. 磁结构与热结构关系

以班公错-怒江结合带为界，实测热流出现南北剧变：南部喜马拉雅山和拉萨地体的热流以大幅度变化为主，这显示了明显的年轻活动热地体的特征；北部羌塘、巴颜喀拉、昆仑地体以稳定而极低的热流为主，显示出前中生代完全固化的冷地体特征，这与该结合带两侧磁异常显示较大差异也是吻合的。反之，从高原西部的磁异常特征推断拉萨西部处于热结构状态。同样可以从雅鲁藏布江以南，喜马拉雅东、西两段区域性的磁场差异，推断喜马拉雅东段也处于热结构状态。

3. 测区内磁场特征

(1)羌塘盆地的磁场特征。羌塘、巴颜喀拉热流值低于地壳平均值及磁性体上界面变深等，说明羌塘、巴颜喀拉不但沉积层厚度较大，又处于冷结构状态，加之构造运动微弱，岩浆活动也相应减弱，所以又处于相对稳定阶段。羌塘与巴颜喀拉磁场反演结果虽有相似之处，但羌塘又具有独特的磁结构。羌塘部分地区不但具有磁性体上界面凹陷的沉积盆地特征，又具有弱正异常背景，推断这个地区磁结构与独特的深部构造有关，它可能具备“无花岗岩型”盆地的特殊条件。

(2)洞错、措勤盆地的磁场特征。从区域(平面)磁异常中圈闭的洞错、措勤负异常，及剖面磁性上界面凹陷和低磁性的反演结果不难看出，洞错与措勤盆地有可能是一个处于热状态下的统一盆地。

三、其他地球物理特征

测区地球物理资料显示，羌塘地区内部具有明显的地壳和地幔结构特殊性，其内部结构构造不均一性特点较鲜明。

国家重点基础研究发展规划项目和中国油气集团公司青藏“九五”科技工程项目对该地区深部作了比较详细的工作，其总体结论如下。

(1)表 7－3 列出了测区由南向北典型地质地球物理特征。

表 7－3 西部综合剖面典型地质地球物理特征

构造单元	南羌塘断陷	西部隆起区	中部隆起带	北羌塘坳陷区
出露地层岩性	T_3r 碳酸盐岩；J_2 灰岩	AnD*jt* 变质岩①；P_1l 灰岩、火山岩	$T_{1-2}l$ 碎屑岩	T_3r 灰岩；J_2-J_3 灰岩、碎屑岩
构造类型	褶皱＋断裂	褶皱＋断裂＋变质＋岩体	断裂＋褶皱	褶皱＋断裂＋隐伏岩体
MT194 线点位②	23～36	36～65	65～87	87～115
视电阻率	中部低，两端高	南倾低阻带	低阻＋高阻	高阻＋低阻
电性分层	8 层：Q，N－Q，J_2，T_3r，P－T，拆离带，高阻块，壳内低阻	7 层：Q，N－Q，P_1l，AnD*JT*，拆离带，基底，壳内低阻层，	5 层：Q，N－Q，P－T，AnD，壳内低阻层	7 层：N－Q，J_3s，J_{1-2}，T，AnT 壳内低阻层
侏罗系底界面埋深	＜1km	0(缺失)	＜0.5km	1.5～4km
上三叠统底界面埋深	＜3km	0(缺失)	＜3km	1.8～5km
壳内低阻层分布和顶界埋深	有两层：第一层 6～12km，第二层 40～45km	20～50km	20～35km	20～45km
深部作用信息	浅中部结构与西部隆起区相似	浅中部与深部结构有差别	存在有壳内热异常柱	深部有垂向极低的电阻率值区，构成低阻异常柱

注：970204－02 项目研究汇总；①李才认为主体是晚石炭世地层；②主要按 MT194 线点位并参考 MT148 线划分各单元并统计其电性特征。

(2)南羌塘坳陷区下伏层出现两个壳内低阻层(图 7-22),第一层电阻率仅 10～60Ω·m,在剖面中南段均有分布,为一深度 6～12km 南倾拆离构造带(图 7-22)。下部第二层低阻层顶界面埋深 40～45km,比北羌塘坳陷区埋深大(图 7-22)。

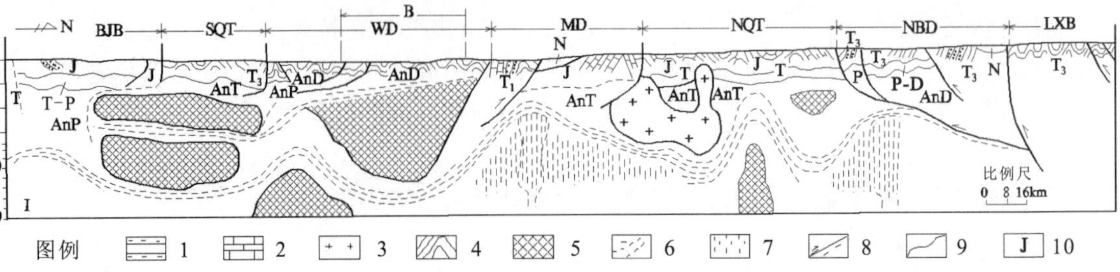

图 7-22　羌塘地区综合剖面各单元地壳结构对比和综合解释图

1.砂页岩;2.灰岩;3.花岗岩;4.沉积地层及褶皱;5.基底高阻块体;6.壳内低阻层;7.壳内低阻异常柱;8.断裂与运动方向推测断裂;9.地质界线;10.地质地层代号;BJB.班公错-丁青带;SQT 现羌塘坳陷;WD.西部隆起区;MD.中部隆起区;NQT.北羌塘坳陷;NBD.北缘盆地隆起带;LXB.拉竹龙-西金乌兰带

(3)隆起区前人研究称为中央隆起带,近年来部分研究者认为,其存在古老基底或元古宙地层系统(黄断钧,2001a,2001b;王国芝等,2001;Wang G Z *et al.*,2001;李永铁等,2001;叶和飞等,2001)。目前大多认为主要出露前泥盆系吉塘岩群变质岩和下二叠统龙格组灰岩、砂页岩及火山岩。但李才(2003)对此提出质疑,根据野外产状和同位素测年认为其主体时代为晚石炭世。该区 MT 等最新资料显示,依布茶卡之下存在一明显的极低阻带,电阻率仅 2～20Ω·m(图 7-23、图 7-24 中 LR1),推断为基底破碎含水的拆离构造带。深部相对高阻基底块体电性层(>1 100Ω·m)之下,为第二层壳内低阻层(LR2),更深部,除壳幔混合层(过渡带 CMB)外,可能存在有规模不大的壳内拆沉块体(图 7-24 中的 DB)。壳内低阻层的发育及双层(或多层)低阻层的出现,表明该地段存在多层次壳内拆离、滑脱(或推覆)构造。

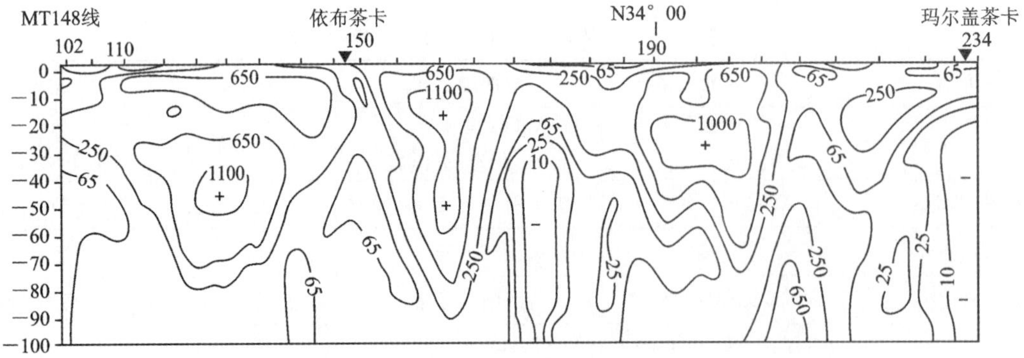

图 7-23　羌塘地区 MT 一维连续介质反演剖面图(100km)

综上所述,结构不均一表现在垂向上分层块,但又明显表现出各层块顶界面深浅不一,纵横向不连续,尤其是在北羌塘中下地壳和上地幔内发现有电阻率极低的垂向高导异常柱,显示出该区深部可能存在一类范围较大的热异常柱。上升热异常柱与壳下拆沉块体组成的壳幔混合层(过渡带)很可能是羌塘沿莫霍面传播的地震折射横波(Sn)缺失(Barazangi *et al.*,1982;史大年等,1996)的重要原因。

MT 测量提示北羌塘深部可能存在较明显的地下构造-热异常活动,存在一定规模的壳下拆沉和上升热地幔柱构成的壳幔混合层,此为地幔热柱活动的上部显示,同时表现出该段岩石圈厚度较薄,现今热流值较高,地震波速度低,新生代火山岩发育,且存在新生代同碰撞花岗岩侵位活动等,这些现象无疑蕴涵着丰富的深部热动力构造信息。

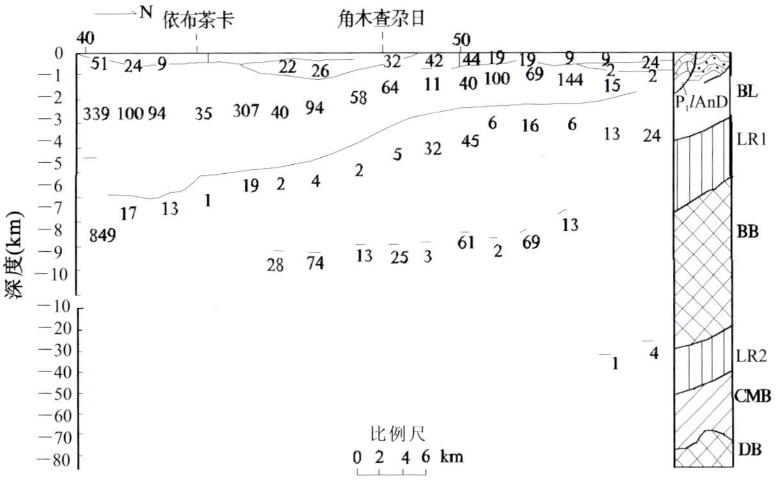

图 7-24 羌塘地区西部隆起区壳内低阻层电阻率值和结构分析综合解释图

四、班公错-怒江地区地球物理特征

TNDEPH-3 阶段 MT 提供的电性剖面见图 7-25。剖面上显示了上地壳为一高阻层，下地壳为低阻的电性层，高、低电性层界线分明。在班公错-怒江缝合带两侧，即相当于伦坡拉盆地处也出现一低阻体，上宽约 100km，下窄为几十千米，延深也达 20～25km，与广角地震得到的低速体基本一致。高阻电性层和下部低阻电性层之间应存在有断裂。在深部低阻电性层内出现一相对导电层，从德庆南向北缓倾斜延伸出去直达龙尾错，总长度达到 400km。这一电性层以 BNS 为界分成南北两段：南带由德庆以下的 15km 深，延伸到班戈花岗岩体下面为 30km 深，倾角较陡，并与其下面更深处一近直立的高导层相连；北带则是在班公错—怒江结合带下面 30km 深，双湖下面 40km 深，并向北俯冲下去，倾角较缓；在班公错-怒江缝合带南所作的深反射地震剖面上的反射同相轴也呈现北倾。高导层与哪一地质层相当还需要进一步研究。南北两带水平向有一些错动。

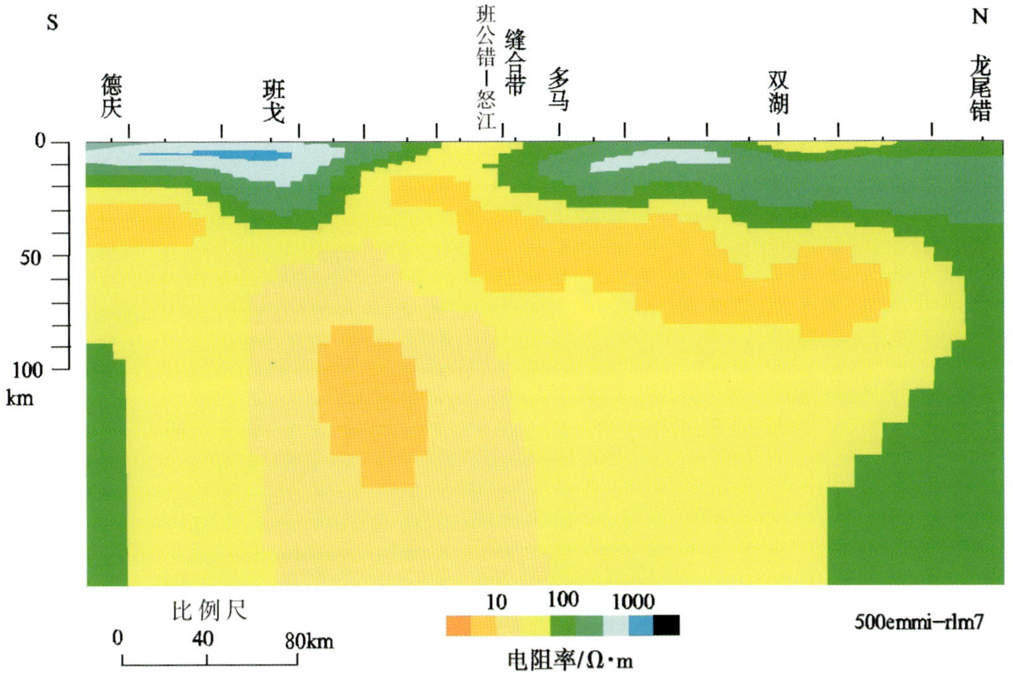

图 7-25 LIMS 数据——反演电性结构图

这一结构可能表明了班公错-怒江洋是向南俯冲的，蛇绿岩向南仰冲，班戈岩带的出现（年龄为100～60Ma）是其派生的产物。怒江洋闭合后，拉萨地块与羌塘地块碰撞，并进一步发生陆内俯冲，拉萨地块的下地壳则反而向羌塘地块下俯冲，形成更新的岩浆岩火山岩弧，即尹安所指出的羌中火山岩浆带，时间为40～20Ma或29～20Ma。这一结论得到了地球物理反演结果的证明：在藏南及雅鲁藏布江结合带附近均没有出现莫霍面台阶，而在班公错-怒江结合带两侧莫霍面存在一个10km的台阶，表现为南边深，北边浅。这个事实说明，在高原西部印度地壳挤入青藏高原后，没有在雅鲁藏布江结合带南侧形成巨厚地壳而堆积起来，而是沿滑脱层继续挤入拉萨地体，一直到班公错-怒江结合带，受阻于该结合带和北边羌塘地体冷而厚的岩石圈。在这个受阻过程中，一部分物质堆积在班公错-怒江结合带南侧形成巨厚地壳，另一部分沿结合带向东、西两侧运移，还有一部分俯冲入羌塘地体的上地幔参与深部物质循环。

第五节　主要构造事件及其特征

依据区内及邻区地表地质长期演化、多期叠加改造的现今综合地质面貌，按照构造层、沉积建造的特征，残余构造的由新到老筛分，同构造期变形变质定年和岩浆活动定年的综合分析，可建立本区主要构造事件。

一、泛非事件

该事件发生于罗迪尼亚超大陆的裂解至冈瓦纳大陆的形成，是前奥陶系古陆块伸展、裂解、增生的重要事件。虽因后期出现多期不同方式构造作用的改造仍保存伸展构造形迹，可从陆壳基底及其活动增生带所形成的沉积建造、岩浆作用的综合分析来确定。

该事件控制了测区北缘古大洋的形成，与之相关的陆缘沉积体系的发育，而地层中记录的奥陶系至泥盆系早期的稳定沉积，即是其古大洋边缘沉积的表现，其中奥陶系可能是大洋化最发育时期。

二、加里东期挤压事件

它发生于早古生代晚期（500～384Ma），是古大洋盆俯冲、消减，华夏与冈瓦纳古陆块汇聚碰撞的挤压构造事件，造成碰撞型深成岩浆侵入作用（384Ma）和中深层的变形变质作用，造成了早古生代（O－D）大部分地层的缺失或消减（掩覆或被剥蚀）。随之，在其南部产生了另一个伸展事件。

三、海西期伸展事件

该事件发生于晚古生代：突出表现为石炭纪、二叠纪的大规模暗色岩活动，导致整个冈瓦纳北侧大陆边缘的大规模破裂与扩张作用，形成了一系列离散地体，即晚古生代的碎片或岛状体，包括喜马拉雅带上的仲巴岛状体、冈底斯带上拉萨地体、申扎地体、羌南地体。而在靠近前俯冲带边缘，形成了羌南的弧后盆地，弧后盆地南缘（后缘）则是离散的晚古生代多岛洋。其沉积体系均为类复理石-基性火山岩-碳酸盐岩建造，局部为蛇绿岩组合建造。

四、印支期挤压事件

该事件发生于晚二叠世至三叠世期间，以挤压作用为突出特征，但区域构造作用因受不同构造域控制，东西部表现出一些差异特征。

西部印支期早期构造作用主要以羌南有限洋盆（弧后盆地）的闭合作用为特色，主要表现为：①发育以晚三叠世类复理石前陆盆地和残余海盆，以巫嘎组、确哈拉群、嘎加组、阿雄组和瓦浦组为代表；②以晚古生代地层向南逆冲推覆为主的冲断和次级断层发育及与之相伴的褶皱作用。

东部印支期早期构造作用则主要表现加玉桥以南的碧土一带，属岛海特点，并具板块结合带性质，具双向俯冲，北边向北消减形成竹卡火山弧，南边向南消减，形成沟-弧-盆体系，对应谢巴组（火山弧）、弧前盆地（日本组）以及消减混杂岩瓦浦组。

五、印支-燕山早期的左行走滑事件和班公错-怒江洋的扩张

古地磁和地质学的证据认为，侏罗纪时地壳发生了逆时针的转动，这种转动导致了地壳间的滑移作用。这种左行走滑作用在班公错-怒江带一线有明显的标志，并显示从晚三叠世开始，持续到中侏罗世，同时在班公错-怒江一线在侏罗纪伸展背景下扩张成洋。

证据之一：该结合带两侧残留有左行走滑韧性剪切带，同时造成两侧的古生界及晚三叠世地层的变形变质，北侧地层变形（前文已分析）显示向左迁移，南侧地层显示向右滑移，而且其地层展布格架显示左行拉分斜列式。

证据之二：班公错-怒江带加玉桥段，其南北两侧展布的斜列式蛇绿岩地体，两者大致构成右行斜列关系，不难发现也是短期的拉分伸展所致。

证据之三：加玉桥地段的主期变形矿物的$^{40}Ar-^{19}Ar$年龄为166.27Ma，此数值显示与杂岩沉积盖层时代（T_3-J_2）及班公错-怒江洋盆扩张时代（T_3-J_2）大体相当。

证据之四：班公错-怒江洋盆蛇绿岩形成时代为早侏罗世，辉长岩同位素年龄为191Ma，而且木嘎岗日岩群呈菱形格子状展布。

证据之五：羌南地体基底及中间层次的伸展剥露及其右行斜列展布格局与班公错-怒江洋的扩张大体同时，且相互呼应。

六、燕山中晚期的挤压与伸展事件

该时期的构造作用主要由于班公错-怒江带向北消减，造成了羌南地区展布的岩浆作用、结合带内的残余盆地沉积（沙木罗组）及去申拉组火山岩的形成。与此同时，在其后（南）缘产生次级扩张，形成了拉果错有限洋盆。该有限洋盆形成的另一动力来自雅鲁藏布江，此时也向北消减，形成了以则弄群为代表的岛弧及弧后裂谷沉积体系。

七、燕山晚期-古近记的挤压与侧向走滑作用

该时期的挤压与侧向走滑构造作用，造成了晚白垩世竞柱山组与古近纪美苏组的形成，并沿造山带边缘地带侧向斜列分布，形成右行走滑格局。

正是上述不同时期、不同方式的区域构造作用，构成了测区及邻区现今的综合地质面貌。

第八章　区域地质发展历史

以板块构造理论和大陆动力学研究的新认识为指导，在广泛学习、深入理解测区及邻区现有成果基础上，对区内板块运动学、逆冲、走滑所产生的地质效应作理性思考的基础上，作如下分析探讨。

一、泛非历史

就目前所知，西藏高原大部陆壳基底是在奥陶纪以前形成的，即是泛非事件的产物。羌南地区的吉塘岩群变形-变质杂岩也不例外。从元古代晚期至奥陶纪初期，Rodinia 超大陆解体，开始创建了羌塘南北两侧一种持续很久的被动陆缘历史，北侧大陆相当于昌都-开心岭地体、北喀喇昆仑地体；南侧大陆大致为南喀喇昆仑、羌南地体、安多地体、他念他翁山地体、昌宁-孟连地体。在这种背景下，由于冈瓦纳大陆通过泛非事件的汇聚，导致了南侧大陆沿线的增生，形成了前奥陶系结晶基底岩系。

二、早古生代古洋盆及两侧大陆边缘形成(奥陶纪—泥盆纪)

由于构造变形的叠加置换，此阶段的构造变形证据甚少。从区域构造分析方面可知：早古生代古洋盆是 Rodinia 超大陆解体的产物，并在奥陶纪是大洋化最大发育时期。北缘早古生代扬子古陆已增生成范围更大的扬子-华南古陆块，昌都、甜水海一带下古生界沉积可能代表新生的大陆边缘。与此同时，南缘冈瓦纳大陆北缘地壳也得到显著增加，形成较广阔的陆棚浅海区，即在羌南地体、他念他翁山地体之上继续增生，地层中所记录的奥陶纪至泥盆纪早期的沉积(塔石山组至未分泥盆纪)即是其增生的载体。

三、弧后盆地到前陆盆地的转换(石炭纪—晚三叠世)

发展时期为石炭纪至晚三叠世，相当于晚古生代至印支期，按目前对现今残留地质体及其构造环境分析，不同的研究者对区内的地质现象与特点有显著的不同理解，按照新的资料和新的思考，有必要在合理分析现今残留地质体的地质意义之后，再来恢复其过程构造和特点。

羌南残留地质体是多期复杂构造作用的构造岩片、岩块组合带，不仅以构造关系包裹了早古生代和晚古生代的沉积岩块、岩片，而且卷入了由超基性岩、堆晶辉长岩、枕状玄武岩，不同类型的火山岩和花岗岩、硅质岩组成的构造岩块、岩片。

据晚古生代石炭系、二叠系比较研究表明，北至羌南，南至冈底斯、喜马拉雅，其生物组合和建造特点基本一致，石炭系均表现为成熟度较低的碎屑岩类、基性火山岩特点。碎屑岩具活动型沉积的巨厚类复理石建造，且其沉积中夹有多层冰海杂砾岩。基性火山岩的地球化学具有大陆裂谷型特点。二叠系总体以碳酸盐岩建造为主，局部表现为基性火山岩(枕状、块状玄武岩)与复理石的特征。总之，晚古生代地层以产冷水型生物和夹有冰海杂砾岩、基性火山岩为其显著特点。显然不能视为早古生代稳定地块上的台型盖层，而是代表了一个扩张裂陷活动的构造阶段，并导致了羌南地体、冈底斯地体从南侧喜马拉雅大陆边缘的撕裂、分离出去，呈多岛洋格局，即晚古生代宽阔的边缘海。

羌南地区的超基性岩(变质辉橄岩)、堆晶辉长岩、枕状玄武岩和岩墙群单元均显示 MORB 的地球化学特征，具蛇绿混杂岩性质。其中岩墙群同位素年龄为 314～299Ma(Sm-Nd、U-Pb)，由此表明，在羌南地区于早二叠世发展为有限洋盆。

羌南变质岩是由高变质的复理石沉积，镁铁质和超镁铁质火山岩体和含蓝片岩的变质岩组成，是低级到高级变质相的混杂体，与上面的晚古生代—晚三叠世沉积之间的接触不是沉积的，而是拆离断层，其运动时代限制在晚三叠世和早侏罗世之间。在拆离断裂作用带上来的过程中，必定伸展剥露出一系列不同层次的杂岩：表层次的是石炭-二叠系，甚至早古生代一些具层序的岩块岩片；中层次的也是这些时代的集合体，构成片理化，局部片岩中还能确定时代；而深层次的则可能伸展剥离出基底。

改则县都古尔主峰地区的花岗质片麻岩则获得了 U－Pb 混合线法 384Ma 的年龄，显示了中泥盆世的一次构造事件。

晚三叠世巫嘎组、日干配错组、确哈拉群、瓦浦组显示了复理石相浊流沉积，物源成分特点为中酸性火山熔岩、安山质、火山角砾岩、岩屑晶屑凝灰岩、硅质岩岩屑、变质岩岩屑（石英岩、片岩、变砂岩）、微晶、泥晶灰岩、黏土岩等，暗示活动造山带提供物源。

上述表明，羌南地区是一个岛弧、边缘盆地和洋底高原序列，它暗示了两个大陆之间宽阔的碰撞带。现今尽管出露残缺不全，但仍可依据残留结构构造恢复如下。

1. 对接碰撞构造事件

由于早古生代古洋盆于泥盆纪末期的向南消减，或滞后的碰撞，形成都古尔地区的花岗岩。

2. 弧后增生形成弧后盆地

在北侧大陆向南消减的背景下，南侧冈瓦纳大陆北缘产生大面积的扩张，或是由于大火山成岩省与地幔柱共同作用，使晚古生代形成多岛洋格局，而在靠近消减带附近（羌南地区）则形成弧后盆地（由同时代蛇绿岩与浊积岩盆地组成）（图 8－1）。值得说明的是，目前这种弧与盆地的格局已被后期构造完成熔合。

3. 弧后盆地向前陆盆地转换——蓝片岩、前陆盆地与岛弧火山岩

从空间上看，晚三叠世巫嘎组、日干配错组、确哈拉群、孟阿雄组、瓦浦组均分布在羌塘-他念他翁链南侧前缘地带，其物源均来自北侧山链，沉积发育典型的复理石相浊流沉积（含碳酸盐岩建造）-浅海相碎屑岩、碳酸盐岩沉积，局部见磨拉石砾岩沉积。反映了弧后盆地的向北消减，其南缘冲断载荷，地壳挠曲凹陷形成山链前缘盆地，即前陆盆地（图 8－1）。新的资料证实，羌南地区沿线发现了大量的蓝片岩，蓝片岩$^{40}Ar-^{39}Ar$同位素年龄分别为 287～275Ma，222.5Ma，其时代为 P－T，介于弧后盆地消减与前陆盆地形成之间，正好验证了弧后盆地向前陆盆地转换的持续过程并非瞬时完成。值得说明的是，所发现蓝片岩并非线型展布，与山链一样呈斜列式，实际上是后期改造的结果。

在这个转换过程中，北侧大陆形成了与之相应的岛弧火山岩带，竹卡-开心岭火山岩带（P－T）。

综上所述，羌南地区经历了 Rodinia 超大陆裂解至奥陶纪大洋盆地、活动大陆边缘盆地（石炭-二叠纪）、前陆盆地（三叠纪）的演化历程，形成了从大陆边缘裂陷—大洋盆地—活动大陆边缘—前陆盆地的威尔逊旋回和构造转换过程（图 8－1）。

四、班公错-怒江带复式演替（晚三叠世—晚白垩世）

西藏中部班公错-怒江沿线的地质发展是在晚三叠世背景上发生的，经历了北侧的班公错-怒江有限洋盆与南侧拉果错-阿索有限洋盆的形成→俯冲→消失的复合过程，两者具前后相继的复式叠加演替。

（一）班公错-怒江带的形成发展

1. 洋盆的扩张（T_3-J_2）

基于古地磁和地质学的证据认为，中国大陆在侏罗纪时期发生显著的逆时针转动，这种逆时针转动的地质效应表现在测区则造就了班公错-怒江一线的有限洋盆。

（1）蛇绿岩证据。在该结合带圈出了大量的蛇绿岩体，不同地段蛇绿岩的共同特征是缺少完整的蛇绿岩组合，多数出露的是蛇绿岩组合的下部单元呈构造岩片产出。在区内洞错地区，蛇绿岩套各单元组分能在不同地段找到。地球化学特征显示，地幔橄榄岩代表了具较高熔融程度的地幔熔融产物，是产于消减带之上的 SSZ 型蛇绿岩。测区内舍马拉沟蛇绿岩中“层状”辉长岩是岩浆房堆晶体，其时代（191±22）Ma 可代表岩石圈伸展、洋壳形成的岩浆活动时间。同时，蛇绿岩中硅质岩的放射虫时代为侏罗纪。因此，该结合带形成时间应是早侏罗纪。

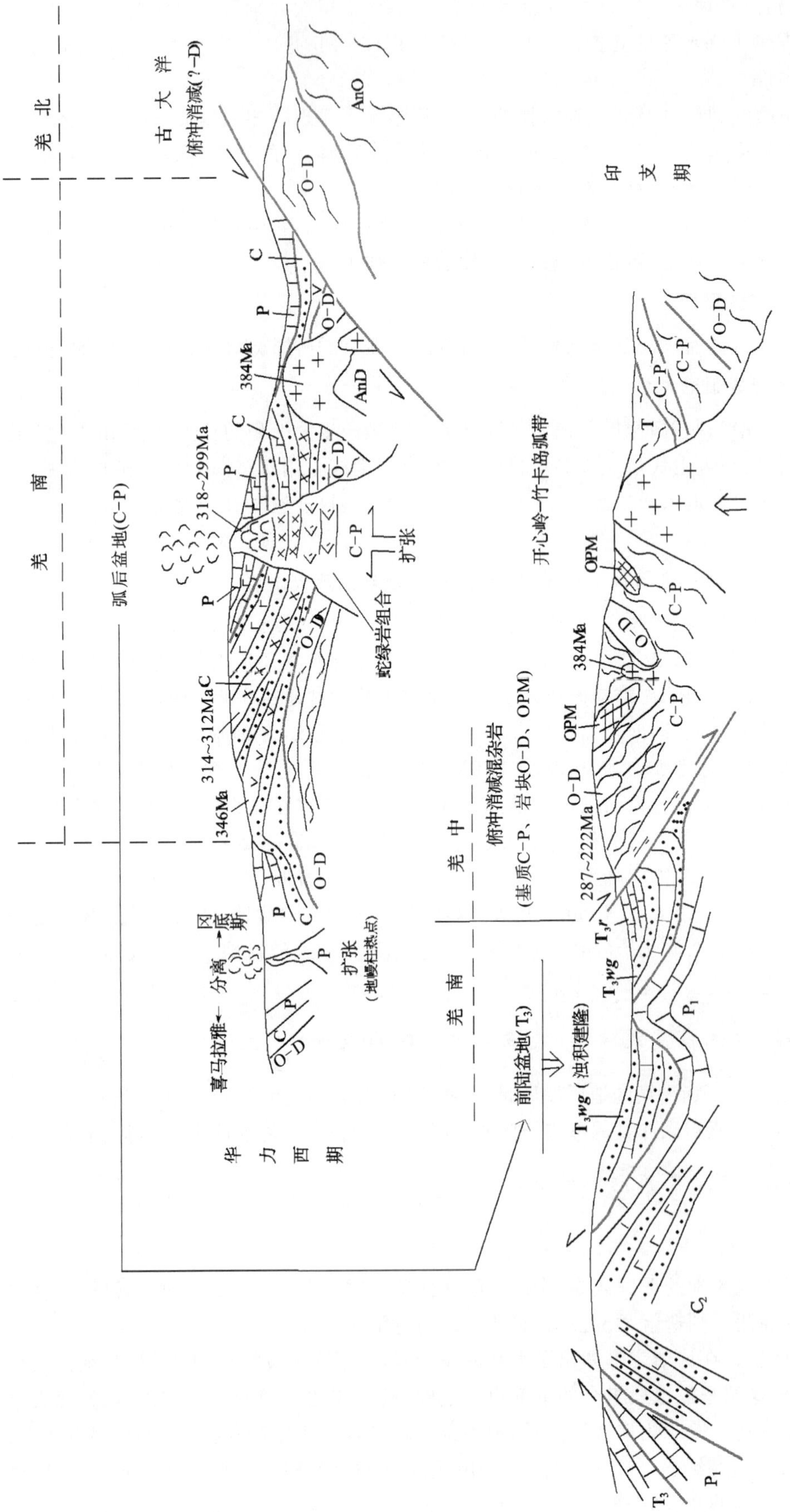

图8-1　羌塘古特提斯南域沉积盆地与构造演化示意图

(2)结合带南北两侧地质体的变形与发展证据。该结合带在测区表现左行走滑拉分特点。班公错-怒江洋盆扩张的顶盛时期为早侏罗世，由于洋盆的扩张，洋盆北侧羌南地体表现向北西方向裂离的斜向运动，造成其发生了具一定规模的右行平移走滑造山，产生了强烈变形，形成以走滑剪切带为主干断裂和弱应变带的褶皱系列组成的构造组合。前文所述的羌南地区晚古生代南缘边界断裂呈"Z"型展布，整个岛链呈右行斜列展布，绒马拆离断层发生在中羌塘区域性早中生代伸展等均与班公错-怒江洋盆扩张事件有关(Kapp 等，2003；Kapp，2001)；弱应变带的褶皱系列则表现在日干配错组底部，其灰岩褶皱轴与剪切面北西向斜交，枢纽近于直立，也反映了其右行剪切走滑所致。结合带南侧松多群早期变形也显示向右滑移所形成的区域性剪切面理。

在日干配错组上部则形成了由于其右行走滑产生的陆内伸展、断陷盆地的发育和相应同沉积断层控制的滑塌(大量块状角砾岩)、重力流沉积(碳酸盐浊积岩)，并造成了日干配错组沉积在区域统一伸展背景下，形成该盆地南北分带、东西成盆的宏观格局。其内部褶皱变形也与日干配错组所形成的方位不同(前述)。有鉴于此，将结合带伸展扩张时限推至晚三叠世。

(3)来自木嘎岗日岩组的证据。木嘎岗日岩组指结合带中复理石浊积相沉积，虽然在结合带中普遍存在，但从几个较好的露头来看，它们在空间上呈菱形格子状分布，显示其受左行走滑断裂控制。同时，沿断裂边部形成以粗砾岩为主的重力流沉积，其沉积体呈左行斜列式延伸。

(4)来自羌南侏罗纪沉积体系证据。结合带北侧的 T_3-J_2 沉积体系是从 T_3 晚期的扩张裂陷沉积演化转入侏罗纪被动陆缘沉积，从 J_1-J_2 显示了从半深水细碎屑岩至灰岩沉积特点，自北而南加深的侏罗纪沉积，表现出典型的被动大陆边缘沉积体系的特征，暗(指)示其南侧存在洋盆。

2.洋盆俯冲消减(J_3-K_1)

洋壳通过俯冲作用消失，蛇绿岩与火成岩组合显示成对分布是确认俯冲作用存在的重要地质学标志，其空间的配制又可显示出俯冲极性。从区域来看，该结合带的俯冲极性不甚明显，但从一些宏观地质证据及同位素年龄还是可以判断出其俯冲方向。在洞错、东巧地区，地幔橄榄岩底部的变质角闪岩，具有区域性向南倾的面理，且角闪石 179Ma(K－Ar 年龄)代表蛇绿岩的一次构造侵位，说明其早期向南的俯冲。

测区分布的去申拉组火山岩(K－Ar 年龄 141～167Ma)，舍马拉沟辉长岩 K－Ar 年龄(140±4.07)Ma 和(152.3±3.6)Ma，尕苍见安山岩 141Ma(K－Ar)均大体相当，并分布在蛇绿岩北侧，暗示其晚期向北俯冲，南缘局部形成前陆盆地，如多尼组 K_1d，两者俯冲消减，形成班公错-怒江带 SSZ 型蛇绿岩与大洋俯冲/碰撞有关的火成岩组合。

在该带还大量展布残余洋盆沉积组合，以沙木罗组浅海碎屑岩与碳酸盐岩组合，时代为 J_3-K_1。

由此看来，班公错-怒江洋盆的发育时间是短暂的，从晚三叠世初始拉张，到早、中侏罗世扩张形成洋壳并很快发生推覆侵位，晚侏罗世至早白垩世发育浅海沉积，反映其消减、碰撞基本结束，与羌南地体成为一个整体。

(二) 拉果错-阿索带的形成发展

1. 有限洋盆的扩张(J_3-K_1)(弧后盆地形成)

新的资料证实，拉果错地区存在比较完整的蛇绿岩组合，其中堆晶辉长岩出露宽近 200m，偶见枕状玄武岩，大量出露的斜长花岗岩，以英云闪长岩为主。目前已知其放射虫硅质岩的时代为 J_3，斜长花岗岩 K－Ar 年龄为 124Ma，暗示其洋盆扩张形成时代为 J_3-K_1。

关于它的扩张原因可能来自两个方面：一是北侧班公错-怒江洋盆向北消减过程中，在其后缘产生次级扩张造成；二是在 J_3-K_1 期间，南缘的雅鲁藏布江结合带是此时(J_3-K_1)的主俯冲事件(班公错-怒江洋盆此时接受残余盆地沉积)，并形成北缘的桑日群、则弄群弧火山岩，两者时代一致，在西部汇合。在弧后缘产生裂谷，形成岛弧上裂谷火山岩，即则弄群双峰式火山岩及大量火山角砾岩、火山碎屑岩，由此形成了拉果错有限洋盆，或弧后盆地。

2. 洋盆的消减(K_1 - K_2)

早白垩世晚期,小洋盆封闭后,区内保留残余海盆,其中郎山组为台地相灰岩。晚白垩世,在弧陆碰撞后续的陆内俯冲挤压构造环境下,残余海盆消失,进入陆内造山阶段,竞柱山组磨拉石沉积建造不整合于早白垩世地层之上,即是陆内造山运动的沉积效应。造山运动伴随一系列构造变形组合:逆冲断层、叠加褶皱、剪切褶皱十分发育,并出现局部混杂岩,如石炭、二叠纪外来岩块(片)的混入。同时,伴有造山后期S型花岗岩侵位,主要是一些小型岩株。

五、陆缘火山岩浆弧及陆-陆碰撞阶段(K_2 - E)

晚白垩纪末至古近纪受雅鲁藏布江向北继续俯冲和可能拉果错一线陆内继续消减的影响,本区演化为陆缘火山岩浆弧大面积产生,以美苏组 E*m* 火山岩为典型,岩石为安山岩-英安岩-流纹岩组合,除不整合于郎山组灰岩之上外,还广泛分布于班公错-怒江结合带内,并不整合其上。同期还有一些小型石英闪长斑岩、花岗岩等小型侵入体。

此后,本区地壳组成一个相对封闭的板内变形系统,开始了陆内汇聚构造变形和高原均衡隆升的阶段。其空间剖面展布格局见图8-2,其演化过程及模式见图8-3。

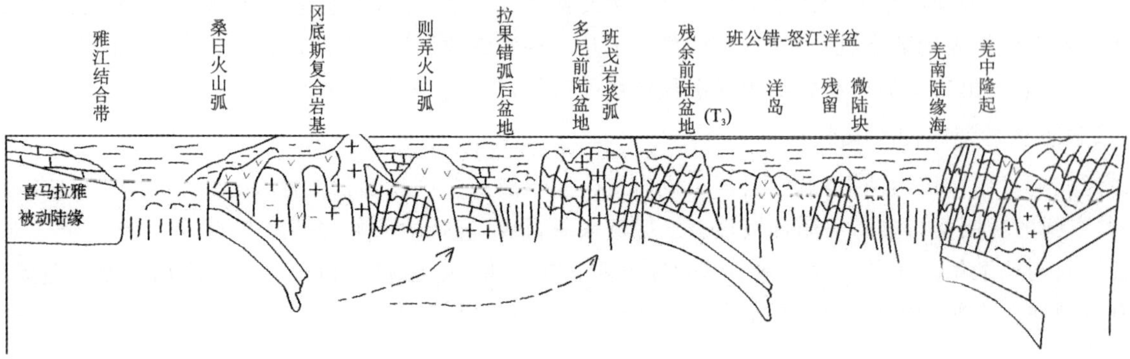

图8-2 测区及邻区演化模式剖面示意图

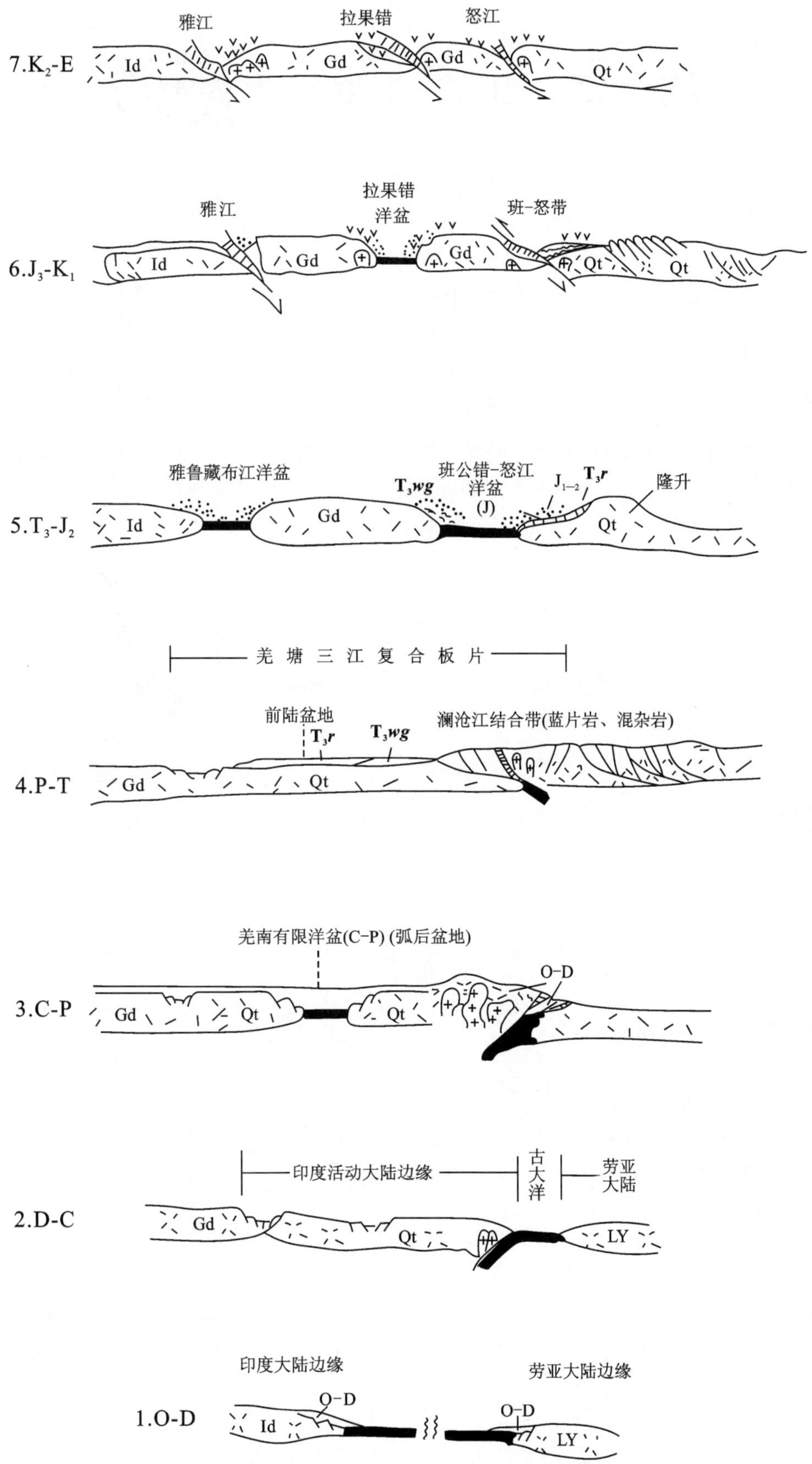

图 8-3　测区及邻区演化过程及模式图

第九章　矿产资源及生态环境

第一节　矿产资源

一、矿产地

测区在成矿背景上属于班公错-怒江结合带及南羌塘坳陷带成矿区，但由于在测区内针对矿产资源工作的投入较少，也未进行过大面积的矿产调查工作，到目前为止已发现的矿(化)点共5处，其中金属赤铁矿化点1处，非金属矿点4处，硼砂、石(食)盐、芒硝、锂矿各1处，见图9-1，这些矿化点的基本特征见表9-1。

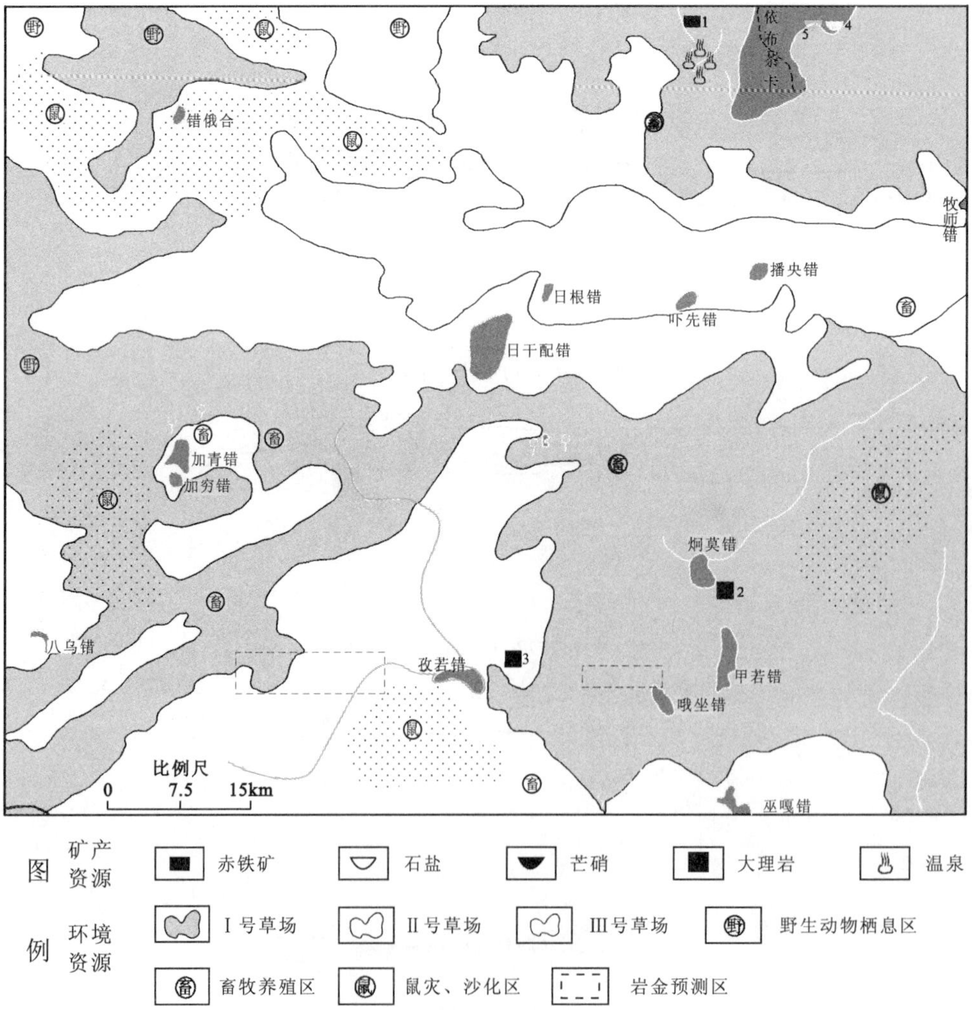

图9-1　矿产与环境资源分布图

表 9-1 日干配错测区矿(化)点基本特征表

编号	矿(化)点名称	矿种	位　置	地　质　概　况	成因类型	规模	开采情况	工作程度
1	清水河赤铁矿化点	赤铁矿	E:86°35′52″ N:32°58′00″	产于塔石山组($O_{2-3}t$)的浅色粉砂岩中,矿化主要分布于破碎带中,其破碎带出露宽约 40m,具赤铁矿化和孔雀石化(即铜化)现象,经初步对样品的分析,品位较低。	沉积型	矿(化)点	未开采	区调踏勘
2	尼玛县甲若错大理岩矿	大理岩	尼玛县 292°,126km	产于班公错-怒江混杂岩带中的外来灰岩岩块与岩浆岩的接触部位	接触交代型	矿点	未开采	区调踏勘
3	尼玛县直若错大理岩矿		尼玛县 283°,155km	产于班公错-怒江混杂岩带中外来灰岩岩块与岩浆岩的接触部位	接触交代型	矿点	未开采	区调踏勘
4	尼玛县依布茶卡石盐矿	石盐	尼玛县 321°,159km,E:86°56′,N:33°00′	湖面积 76km²,为硫酸钠亚型盐湖。湖相化学沉积物以石盐、芒硝为主,分布面积 58km²,其中石盐分布面积 48.5km²。石盐层厚 0~0.4m,平均厚度 0.186m,矿石呈灰白色,粗粒,有时可见立方晶体。矿石储量 1443.4×10^4t	盐湖型	小型	正在开采利用	普查
5	尼玛县依布茶卡芒硝矿	芒硝	尼玛县 321°,159km,E:86°48′,N:33°00′	为硫酸钠亚型盐湖。芒硝矿层厚 1.32~5.38m。芒硝呈灰白色,粒状。矿层内灰黑色淤泥含量 25%~45%。估算储量有数亿吨	盐湖型	矿点	未开采	区调踏勘

二、典型矿点及其成因描述

由于测区内矿点少,已发现的矿点中大部分目前尚无开采经济价值。以下就相对有价值,并曾经被老百姓开采利用过的湖泊沉积矿产进行简单的描述。

本次区调矿产工作中,我们主要对依布茶卡和日干配错的湖泊沉积进行了较详细的工作,对其成因通过藏北湖泊的形成和发展研究得出以下认识。

(一)依布茶卡、日干配错

在依布茶卡和日干配错的湖泊边上所沉积的固体矿产主要有硼砂、石(食)盐(图版Ⅱ-15)、芒硝及锂矿,尤其在依布茶卡极为明显。

总体来看,矿产形成主要包括三个阶段:

第一阶段碳酸盐形成期。这一阶段湖泊沉积以黑色碳酸盐淤泥为主。这时在湖边沼泽地带的腐殖泥往往被后期地表水冲刷,搬入湖中,原来湖底生长的水草类也因湖水矿化度的增多而陆续死亡。它们也在湖底长期堆积分解腐烂形成淤泥。有些地方矿化度进一步增高,当硫酸盐类达到饱和浓度时开始析出芒硝,与淤泥一起沉积,形成现在的含芒硝淤泥层。在某些短暂时期,由于湖水中氯化物达到饱和,也有成层的石(食)盐析出,同时还有零星的硼砂结晶出来。这种痕迹现在湖积层中也有存在。

第二阶段以芒硝沉积为主并经常夹有薄层淤泥,即芒硝形成期。此阶段整个藏北气候变得干燥而寒冷,成为典型的高原大陆性干燥气候。由于湖水的蒸发量增加,补给水相对较少而湖水矿化度增高,同时湖水中的水草类全部死亡沉积成淤泥,此时湖边的温泉水仍然很发育,这在日干配错边的泉华及现代仍在发育的泉水能说明。如现在仍然发育的依布茶卡西北边的清水河温泉水也在源源不断地流入湖中。这些泉水和附近的河水不断携带盐类及硼元素进入湖中,使湖水的矿化度进一步增高。从而当其达到饱和时就开始有大量的硼砂和芒硝一起沉积下来,形成现代的硼砂芒硝层矿(化)点。

第三阶段主要为一种氯化物沉积过程。这一阶段是从硫酸盐阶段转为氯化物沉积阶段、石(食)盐沉积阶段,这种沉积阶段完全可以与现在气候条件下的自然地理位置联系起来。对于依布茶卡显然湖水比 20 世纪 70 年代水位和面积有所增加。但从长远来看,它只是暂时的,根据周围融雪及气候变化情况看,它们必将会退缩。这样就由于补给水的不足而蒸发量的增加,将导致更多的石(食)盐和硼砂、芒硝等矿物质从湖中析出并沉积成矿。

如依布茶卡在 20 世纪 60～70 年代是当地和周围老百姓的食盐的主要来源,这也是由于处于这阶段所致,从长远看我们推测依布茶卡将来是一个不小规模的矿源之地,有待我们合理地去开发和利用,对日干配错虽比不上依布茶卡,但也是将来的一个很重要的矿点,只要合理地开发利用,将带给我们无限的财富。

当然,这三个阶段不是单一过程,它们是在重复进行、重复沉积。

(二) 找矿标志和找矿方向

通过野外工作体会及与前人工作经验相结合。我们认为在以下一些情况下,对于寻找盐湖芒硝、硼砂、石(食)盐矿床是比较有利的,故可以作为我们今后找矿的一些标志和方向。

(1)盐根湖。这和盐湖的芒硝矿、硼矿、食(石)盐矿沉积有着非常密切的关系,故对于这类湖泊进行比较详细的工作,并深入了解,才可能发现此类矿体,特别是对此类湖泊中含有芒硝碳酸质黏土沉积者,多属此类型。

(2)湖水含盐量。凡是湖水中含盐度较多的,基本上有利于这三种矿的富集,特别是与湖水中硼矿含量更为密切相关。事实上,湖水含 B_2O_3 在 1 000mg/t 以上的,其本身既可作为液体的硼矿床了,只是目前尚未利用而已,有待于我们将来利用。

(3)硼镁系数。根据前人资料证实,凡有硼矿类沉积的碳酸类型湖泊,其 B_2O_3 与 MgO 比值在 10 000 以上,故可以作为寻找碳酸盐型盐湖硼矿床的有利地球化学标志。

(4)大湖四周的派生小盐湖(特别大湖含盐度较高者),很可能有硼矿沉积,这也是比较直观方便的找矿方法(标志)。

(5)在湖四周有温泉和泉华堆积,特别具有较老的泉华堆积于湖中,应仔细进行对硼矿、芒硝等矿的寻找,这也是很多盐湖的共性,但不是绝对的。如依布茶卡和日干配错盐湖矿。

总之,以上这些标志都不是孤立的,它们有着紧密联系,我们在实践中,只有综合利用它们,才能达到良好的找矿效果。

三、区域成矿地质背景分析及找矿预测

(一) 成矿地质背景

1. 成矿地质构造背景

地质构造背景是最重要的主导宏观控矿因素,不同的地质构造背景决定了不同的岩石建造。测区地处冈底斯北缘、班公错-怒江结合带,羌塘三江复合板片南部,是大陆边缘和板块之间的活动构造带,经历了多期次的构造叠加以及区内有丰富的来自地幔的陆缘火山活动,造就了有利的成矿背景。

2. 地球化学及背景

根据以往对该地区的水系沉积物,巫嘎组地层类复理石建造地球化学分析测试,金的地球化学显示

了较高的背景值，并呈现出多个异常浓集中心，具有良好的地球化学背景。

3. 地球物理场及背景

根据第七章第四节地壳深层次构造特征的一些事实，区内在班公错-怒江带存在明显的重力异常梯度带。它反映了地下构造由于断裂带存在而产生横向的岩层厚度与密度的突变。同时，地球物理特征揭示了该带两侧莫霍面存在的一个 10km 台阶，反映了其结构的不均匀性，由此导致矿床的形成。

（二）构造因素分析

区内构造因素主要表现为断层。

首先是结合带南北两侧的深断裂，控制了区域构造和成岩成矿，成为地幔或地壳深部物质上升的通道。

其次，断裂存在不同时期的多期活动，早期的伸展，班-怒洋的形成，中期的逆冲、推覆，晚期的走滑等。每次构造活动都产生了构造-岩浆热液事件。因此提供了通道，活化了物质的流动。

第三，深断裂南侧，脆-韧性剪切带发育，表现为巫嘎组中糜棱岩带、构造片岩带规模变化很大，现已知成矿多富集在稍晚脆性叠加部位。

第四，罗布日俄么分布在区域断裂的弯曲地段，也是次级断裂与主断裂交接处。

（三）岩浆活动因素分析

各类岩浆活动是成矿物质运移分配的重要因素，岩浆作用之后往往伴随着成矿作用。

区内岩浆活动频繁，有串珠状展布、分布数十公里的超基性岩；还有火山岩、中酸性侵入岩分布于断裂的南北两侧及巫嘎组地层内部，如玄武岩、闪长玢岩、安山玢岩、花岗斑岩小岩珠。

（四）其他因素分析

由于构造活动频繁，使区内地层、岩石受到浅变质，这种浅变质造成岩石破碎蚀变，形成蚀变岩及低温热液活动，同时还形成一些变质分泌的石英脉等。

（五）找矿预测

通过对测区罗布日俄么岩金矿深入研究，总结出了成矿规律，找矿标志(见改则幅)。那么根据预测原理，采用类比分析法，将已有矿区的成矿规律——等距及找矿标志——“三位一体”(构造、岩浆、石英脉)以及成矿模型用于区带分析，可以圈出测区内两个岩金矿的分布范围，见矿产资源分布图。

第二节　环境资源

测区位于羌塘南侧的广阔的半无人区，地处青藏高原，平均海拔 4 500m 以上，这里空气稀薄，气候寒冷，植物贫乏，人口稀少，生态环境基本保持原始状态，但也由于 20 世纪 80～90 年代人类对这里野生动物进行了大量的屠杀，从而使比较珍贵的藏羚羊和野牦牛几乎在此区域内面临灭绝。由于近几年国家对这些动物的保护，数量上得以一定程度的恢复，现在区域内只要有草原的地方基本能见到这些一级保护动物，特别是图幅最北端可以看到成群的藏羚羊和野驴。为了保护藏北，保护这片净土，更为了保护地球和人类自身，我们对生态环境的地质工作应该更加重视，加强对其研究和调查。

一、水资源的调查

测区内的水资源包括湖泊、河流和泉水，对其开发利用的现状、污染状况等综述如下。

（一）湖泊

测区属高原湖盆区，区内大小不等的湖泊多达19处，有依布茶卡、日干配错、甲若错、垌莫错、孜若错、加青错、八乌错、错哦合、吓先错、哦坐错、巫嘎错、播央错等，其中以日干配错和依布茶卡为大型湖泊，面积分别达32km²±和80km²±，基本上所有湖泊分布于山间凹地和地势较底的沼泽地带，且多属咸水湖，湖泊水位也具有较强季节性，由于湖水的补给主要靠冰雪融水和雨水，因而夏季（6～8月）天气热时补水量最为充足，并在其周围形成分叉不均的河道。但河水因受季节控制，除了夏季外，大部分河道变成干河道。通过1970年地形图和2002年卫星图上的湖泊总面积、水位相对比，大部分湖泊面积、水位在降低或基本保持不变，而依布茶卡水位不仅加深，且面积也有较明显的扩宽，其原因可能是由于其地处比较高，在其周围雪山多，冰雪融水和降雨量的补给远远超过蒸发量。但是，因目前未对其进行实质性研究，具体原因尚不清楚，有待于相关工作者进一步探讨和研究。

测区内湖泊绝大多数是新构造运动相对沉陷的产物，其主要形成时期是在古近纪-新近纪，当时湖水分布面积广，所以不少湖相连而成，如日干配错和日根错，现在其中间是个沼泽地，加青错和加穷错二者之间也只有几十米宽的小山丘，这也是古气候和现代气候的变化过程的一个佐证，也是值得我们研究的一个课题。

（二）河流

测区内的河流较缺乏，且大部分河水具有很强的季节性，一般夏季（6～9月）河水充足，而其他季节属于干河道和半干河道。区内比较大的且无季节性的河有清水河、甲雅曲、曲使卞等，其主要的共同点是：由于它们以泉水为源头，基本上一年四季都有水流，但它们的水流量也具有季节性，夏季流量大于其他季节，但总体流量还是较小，一般人和牲畜都能过河，区内大部分河水属季节性河水，均属内流域河流，以湖盆为中心，从湖周流入湖中，并形成向心水系，夏季河道里河流量较大，而冬季属于半干河道，即使是夏季有些河道上游有水，在下游河道由于蒸发渗透而断流。

（三）泉水

测区内泉水主要分为冷泉和热泉，冷泉的流水量一般比较小，基本上只够当地百姓和牲畜饮用，区内冷泉也是很多河流的源头，它们以地下水的形式喷出，也有一定的季节性，夏季喷出量大，其他季节相对较小，有泉水的地方基本上居住有老百姓，有老百姓的地方基本上有泉，这也是藏北的一大特点。

热泉即温泉在区内早已发现了不少，但最为著名的属绒马温泉。其位于绒马区西侧，离绒马乡只有2km左右，地理坐标北纬32°58′00″，东经86°34′18″，海拔高度4 900m，泉水总长达680m，平均宽100m，总面积8 000m²。各种热泉主要分布于清水河的两侧，计有大小泉眼百余处。最高水温72℃，水温30～40℃的有30处，45℃以上的有30处。其中泉水最活跃的显示有3处，出口水温最高72℃，最低69℃。热水塘是温泉区最显著的热显示类型，面积约500m²，最高水温53℃。清水河是由热泉、温泉汇成热水河，流量达1m³/s，总体天然热流量4 600 J/s左右。

整个温泉区放热总量为51 241.6J/s，动能开发为16 800kW，相当于年燃烧标准煤50 000t所释放的热量，推算其基础温度为315℃。热水区发育和形成二级明显的泉华阶地，由于温泉集中区位于东西向、北西-南东向断裂交叉部位，为泉水（热水）提供了良好的流体运移通道及活动中心，而其所处依布茶卡盆地，以古生界塔石山组（$O_{2-3}t$）灰岩、碎屑岩、板岩层为盖层，提供了良好的储热及赋水构造条件等。以上这些因素为绒马水热泉点的形成和泄露提供了优越的地热水文地质条件，从而形成了一个具有开发远景的地热区。

二、动植物资源

（一）植物资源

测区属藏北高原，区内主要是草地，主要植被资源有草甸、草原和小型零散分布的高原小型灌木植被。

其中分布最为广泛的为草原。其他的具有组成贫乏、生长低矮、覆盖稀疏不均等特征。测区内自南向北，最南边草的分布面积和草的覆盖密度属中等，中间面积大而草被覆盖密度呈稀疏特征，北边草场面积小而草被覆盖密度大。由于高山草原具有耐低温、耐干旱等特点，这里生长有白草、固沙草、青藏苔草、冻原的白蒿等常见植物。

其次为草甸。其适于生长中-低温的多土层中，草木植被为主要组成，以莎草科嵩草占优势，分小嵩草和大嵩草。植株低矮(一般高在 5～20 cm之间)，密集丛生，一般生长在潮湿的沼泽地里和湖边。草甸是影响藏北气候的主要因素，它在空气湿度调节上起着极其重要的作用。由于草甸根茎茂密，不易被透水，干后易燃烧等特点，以前藏北人民在交通不便、信息封闭时代，用整块整块的草甸来围羊圈和房子，有时也当燃料，从而在一定程度上破坏了草场资源。近几年由于信息通畅和交通便利等原因，基本上控制了乱拔草甸的现象，从而有效地保护了环境。

分布最少的为高原植被(灌木)。由于地处平均海拔 4 500m 以上的高原严酷环境，这里基本上见不到高于 1m 的植被，只有在相对封密的山沟和山腰上能见到零散的、生长低矮呈垫状型、半莲座型，根系发达的红景天、簇生桑子草、扁芒南等植被。曾经有人试图种树，但即使在人有能力的极力保护下也无法生成，说明这里的自然条件决定了它的生态，也就决定了藏北只能适应生长藏北高原的植被，我们应该更好地保护和利用这些有限的资源。

(二) 动物资源

青藏高原上生活着各种不同的动物，而在藏北更是生活着比较珍贵而稀少的野生动物，在这片无人、半无人区内，野生动物的种类繁多，它们给这片土地带来了生机。常见的动物有：国家级保护动物藏羚羊、野牦牛、野驴、狗熊及其他草狐狸、黄羊、岩羊、猞猁、秃鹫、水鸭、天鹅、旱獭、鼠、兔等。

区域上，自南向北野生动物的种类越来越多，数量上也增加了上百倍，一般在南边很难、很少见到成群的藏羚羊和黄羊等，而在北边，特别是最北边可以见到几百头成群的野驴，几十只甚至上百只藏羚羊，有些人说藏羚羊不成群生活，其实不然，这也是藏羚羊被大量屠杀的原因。像其他草狐狸、秃鹫等也随处可见，惟独珍贵而稀少的野牦牛极为少见，它们基本上生活在更高雪山角和无人区内。天鹅、黑顶鹤、黄鸭、水鸭等都在湖边和河边生活，可以常见，藏北的一般淡水河里有高原无鳞鱼类，数量很多。

总之，这些动物不仅在高原上形成了他们独特的生物链，也为(当地)高原环境的保护起着不可磨灭的作用。

三、旅游资源

由于测区位于藏北高原，又是野生动物的乐园和湖泊分布的集中地带。这里是探险者的理想去处、湖泊研究者的必经之路和地质科考人员的向往之地。这里没有太多的人文景观，但这里有洁白的雪山、宽阔的草原、清澈的湖水、蔚蓝的天空、珍贵的野生动物、纯朴善良的藏族牧民，还有尼玛县内较大的温泉——绒马温泉。目前交通便利，它将成为今后旅游业最具有潜力的旅游资源。

其中旅游点分为两个部分：

其一，最为壮观的、最佳的旅游点是绒马区北西沿山梁公路，即使在夏天也可以见到和走近雪山，且并不危险。沿着公路直往西行就会见到宽阔的高原盆地，在这里生活着成群结队的野驴，当我们驾车行驶在草原上，那些热爱奔跑的野驴与我们共进，直到跑过我们，它们才会停止脚步，昂起头与我们告别；当成百上千头野驴在你周围奔跑时，那是多么壮观而美丽的情景；还可以看到在其他地方少见的成群结队的藏羚羊，有时可达上百只，这些珍贵的动物，它们成群地生活在这片无人区内，这里有赖以生存的草场、清澈的河水；此时去过这片地方的人就不难想象，在以前几十年、几百年，甚至上千年前藏北其他地方也是如此之美，不由地会想到："我们一定要保护和爱护地球，让它更加美丽"。

其二，两个较大的湖泊：依布茶卡和日干配错。蓝天、湖泊，成为天水一色，湖水清澈，更为壮观的是藏北 90%以上的湖泊在萎缩，而依布茶卡在扩大、变深，1974 年的地形图和 2000 年的卫片相比，将近扩大了 25%，这也是一个值得研究的问题。还有在湖上可以看到成群的野鸭和天鹅及喝水的黄羊和牦牛。两湖之间交通也便利，顺便可以到绒马温泉去观赏美丽、奇形怪状的泉华岩柱，高低不一的喷泉，大小不一的喷口，同时在周围可以看到藏族特有的经幡飘起，还可以在温暖的温水中泡温泉，它会使你精神放松，身体舒适，经常泡温泉可以治疗多种疾病。

四、其他资源

测区除了上述资源，还有取之不尽、用之不竭的太阳能和风力资源。

1. 太阳能

由于测区位于藏北高原，空气又未受到污染，气候比较干燥，加之是地球上离太阳最近的西藏，这里的太阳能资源相当丰富，年平均日照时在 1 500 小时左右，这也是对当地能源的有效补充，太阳能将是西藏不可估量的无污染能源。

2. 风能

测区位于西藏北纬 32°～33°范围内，而北纬 32°又是有名的季风线，具有风力强、持续时间长等特点，因而为我们有效利用风能提供了自然条件。若充分利用自然而无污染的风能，除可以解决当地居民的照明外，还可以直接起到节约能源和防止污染环境等作用。

第三节　灾害地质调查

一、土地沙漠化

测区内土地沙化主要分为两种：自然沙化和人为沙化，其中前者在本区内较为严重。由于地处高原内、气候干燥、寒冷缺氧等原因，在区内无法生长茂盛的草甸和高原植被类，因而在某种程度上造成了测区的半沙化。加之鼠类的灾害和野驴等动物的破坏，有些比较好的草地也开始退化变成沙地，这种现象基本上在整个测区内都存在；其次这几年的全球气候变暖引起大面积雪山融化，夏季发洪水，各个雪山山沟附近的草场也受到一定的破坏，导致了草场退缩而开始沙化。另一个原因是不科学的人为放牧而引起局部地区的沙化，局部草场，特别是冬季草场，畜牧超载，有限的草场供不应求，已开始退化，有些地方以前是冬季草场，现在已退化到没人放牧，这在测区南边比较严重。因此我们应该及时采取措施，杜绝人为和鼠灾等因素引起的自然生态的破坏。

二、人为灾害

测区内人为灾害目前不是特别严重，完全可以采取相应的措施得以补救，相对较突出的是由于畜牧制度的不健全和机械化管理的不严引起大面积草场破坏，导致草场退化，大部分的野生动物的死亡和迁移，从而也就破坏了自然生态系统。测区内草原区的交通极为发达，可以说条条道路通罗马，这本是好事，但由于人们的不自觉，加之藏北地势宽阔，本可以走一条道的，一旦到宽阔的地方，就会很明显地看到，出现几条甚至是几十条道路，其实当宽阔地带一过也就汇在一条道上，可以不难想象这多出的几条甚至几十条道那将是对草原草场多少面积的损失、破坏。草原植被，特别是高原草，一旦破坏，再生能力弱，从而也就无法人为恢复，于是就使大面积草场严重地退化了。因此我们每个人都要对这片草原多加珍惜和增强保护意识。

三、鼠灾

测区内鼠害比较普遍，草场上鼠洞星云密布，极其严重地破坏着草场，有些鼠洞多的草场上，平均每平方米有 5～6 个洞，平均每五平方米的面积只有 1 个洞的极少。我们经对测区草场面积和鼠洞的比例估算，平均每平方米就有 0.5 个洞，鼠害不仅影响牧民的生活，也影响整个高原的生态系统，建议有关部门加强对鼠害的控制。我们人类应共同努力保护我们的家园,不让它成为沙地。

四、雪害

雪害在测区不是特别严重,曾经在历史上发生过好几次冬季雪灾,但未曾严重危及和伤害人类和野生动物。相对严重的是,由于全球气候的变暖,7～8 年以前一年四季冰雪覆盖的那些雪山,现在由于融雪严重而在夏季 7～8 月份海拔 4 000～5 000m 之间的大雪山已不再是雪山,虽然暂时给当地百姓和野生动物带来比较丰富的水源,也滋润了草场,但从长远来看,将是不可想象的损失。

第四节　环境保护措施

上述这些灾害,就目前状况,除了自然(气候)灾害,我们都可以采取措施,本书将提出以下意见:

(1)人为开采砂金而导致的沙化,可以通过政府干预,进行有计划的开采,通过回填种草方式得以恢复。

(2)鼠害方面,通过保护鹰类和增加其数量的方法来控制鼠类的增加,或通过人工抓捕方式加以控制。

(3)自然沙化区通过人工降雨或充分合理利用地下水的方法获得恢复。

第五节　环境质量评价

由于近几年,国内外对环境质量方面引起了很大重视,也给环境质量提出了更高的要求。当然也给环境质量评价规定了一些具有可比性内容作为衡量环境质量的指标。本次野外区调工作和室内整理工作的条件方面有限,收集的资料较少,因而对本次工作区的环境质量不能进行定量的比较和评价,只能在有限的工作期间对环境质量进行概率性评价。

一、环境质量现状评价

1. 大气质量评价

测区位于平均海拔 4 800m 以上的藏北高原无人-半无人区,素有生命禁区之称。由于经济条件较落后,除了镇和乡村里有比较原始的手工业外,缺乏轻、重工业,属于无污染区,大气质量属于优级。

2. 水质量评价

测区内水质量较好,污染极小,主要由于这里无轻、重工业,因此就不存在化学污染,只有少量牛、羊、人及野生动物的粪便及沼泽腐殖污染,区内各地的水质因地而异,当然其用途也各不相同。这里的河流、泉水、雨水、融雪水可以作为饮用水,其他湖水(咸湖)大部分只能作为当地气候调节的循环库,而相对含盐度低的湖水不仅可作为气候调节循环库,也可以作为生畜和野生动物的主要饮用水,但不能用于人类饮用。因此,水质量较好,应属良级。

3. 土壤质量评价

由于测区内人烟稀少,无轻、重工业等化学污染,土壤多为富含有机质的褐土类,土地比较肥沃。由于气候干燥和寒冷,多为常年冻土或半常年冻土。土壤目前极少发现如汞、镉、砷、氰等有毒重金属和酚、DDT、六六六、三氯乙醛、多氯联苯等有毒物。土壤质量总体较好,应属良级。

4. 生物质量评价

测区内生物种群多样,地属国家级自然保护区,野生动物有藏羚羊、野牦牛、野驴、熊、獐子、黑颈鹤、岩羊、秃鹫等,其中藏羚羊、野牦牛、黑颈鹤等属国家一类保护动物。由于人类自身的努力和保护意识的增强，这些十几年前面临灭绝的野生动物，在一定数量上和种群上得以恢复，特别是现在可以经常看到藏羚羊和黑颈鹤等野生动物和家畜一起生活的情景，而且常与人类保持较近的距离，从而也体现出动物与人类和谐统一的一面。由于受气候条件的限制，植被除了高原草甸以外，很少见有灌木和森林，即使有些灌木，那也是零星分布，高山草甸也只有在 6～8 月相对茂盛，其余时间均为枯萎期。到目前为止，这里的生物质量属相对差。

二、可持续发展与资源开发

由于未对该区进行过大面积的矿调工作，目前测区内可供人类开发的资源比较缺乏，只有盐湖矿产进行过矿产普查工作。以前当地老百姓也对盐湖进行过开发，但现在已全部停止。从矿产的形成（演化）形式看，今后具有开发的远景。若进行开发，不得不提出如何开发和保护资源的问题，本书对此提出以下几点措施：

(1)要充分利用有限的资源，不仅要对有经济价值的（盐湖）矿产进行开发，同时也要保护好周围环境及盐湖的环境，不能因为发展经济而破坏生态环境；

(2)充分利用藏北独特的旅游资源来发展当地旅游经济，同时也可以起到宣传保护环境的作用；

(3)科学利用草场资源，发展畜牧业，科学养殖，为当地经济发展带来更多利益。

第十章　主要成果和存在的问题

通过三年的野外调查、观测、测试分析和综合研究，本项目按计划高质量地完成了 1∶25 万改则县幅、日干配错幅区域地质调查任务。项目执行期间，始终在中国地质调查局、成都地质矿产研究所、西藏自治区地质调查院及一分院（西藏区调队）的直接领导和关怀下，项目组成员团结奋战、栉风沐雨，克服重重困难，全面完成了项目任务书规定的各项要求，获得了丰富的地质资料，并在区域地层、蛇绿岩、侵入岩、火山岩、区域构造等诸多方面取得了实质性进展。

第一节　主要调查成果

一、地层古生物调查研究取得重要进展

1. 测区新的岩石地层序列的建立

对测区岩石地层或构造地层分别实测了剖面，并进行了详细的研究工作；查明了其地质界线、地层厚度、岩石及其组合、变形-变质特征、古生物特征；建立并完善了测区各分区的地层系统，统一了全区地层划分与对比。区内新填绘出 11 个填图单位：塔石山组 $O_{2-3}t$、拉嘎组 C_2lg、下拉组 P_1x、巫嘎组 T_3w、色哇组 $J_{1-2}s$、莎巧木组 J_2sq、捷布曲组 J_2j、则弄群 J_3-K_1Z、沙木罗组 J_3-K_1s、去申拉组 K_1q、美苏组 Em。

2.重要的早古生代地层的发现

新发现奥陶纪地层，采集大量角石类化石，时代鉴定为中-晚奥陶世，引用“塔石山组”。化学分析结果揭示其物源来源于被动大陆边缘与大洋岛弧，构造环境显示为安第斯大陆边缘，说明了泛非运动在羌南地区的影响或存在，揭示了羌南地体早期古大陆边缘特征。

3. 三叠系地层研究的新进展

（1）巫嘎组的建立及意义。在班公错-怒江带中新发现三叠纪地层，恢复使用“巫嘎组 T_3w”，并系统识别沉积记录中岩相变化、物源特点及沉积转化界面。沉积相表现为浊积建隆，以类复理石建造为主，夹薄层灰岩，仅见一层。从岩石组合来看，有来源于稳定区的石英砂，更多来源于活动区的岩屑及钾长石。其物源复杂，主要来源于再循环造山带物源区、火山弧物源区、碰撞缝合线及褶皱-逆掩带物源区，部分来源于稳定克拉通，少数为裂谷和断陷盆地区。该地层的精细研究，提供了印支运动在西藏高原存在的重要线索，也为探讨班公错-怒江带的时空演化提供了重要的基础资料。

（2）日干配错新进展。日干配错组，前人称为日干配错群。现特指羌南地区晚三叠纪一套碳酸盐岩地层体。通过精细的剖面测制与区域填图对比研究，揭示出其复杂性：由下至上，可划分为稳定建造、次稳定建造和活动型建造。对应沉积为滨-浅海台地相碳酸盐岩、杂礁碳酸盐岩和碳酸盐浊积岩。空间上由北向南显示出稳定台地-断裂斜坡带-裂陷海盆的阶梯状展布样式，表现出明显的南北分带、东西成盆的特点。

4. 羌南侏罗纪沉积体系新认识

该沉积体系从下至上分别称色哇组、莎巧木组、捷布曲组，时代集中于早中侏罗世。色哇组为半深

海碎屑岩，主要分布于靠近结合带北侧，另外与晚三叠世日干配错组中浊积碳酸盐岩伴生。莎巧木组为碎屑岩与碳酸盐岩组合，下部碎屑岩大于碳酸盐岩，上部以碳酸盐岩为主夹碎屑岩。捷布曲组为厚层灰岩，稳定延伸，地貌上为近东西或北东-东西向灰岩山脉，特征明显。因此，该盆地显示了从下至上、从南至北由深变浅的准稳定建造。通过对该建造体系微观成分分析，结果显示了由活动造山带提供物源的特点，物源成分大多为石英片岩、火山岩、玄武岩、辉长石、安山岩、硅质岩等，暗示了物源来自北侧大陆边缘。且该盆地发育时间大致与班公错-怒江带扩张同步。鉴于此，可以这样解译：由于班公错-怒江结合带的扩张，羌塘-三江复合板片则成为活动的陆缘区，其南缘则发育班公错-怒江洋盆，由此构成由南至北对应的大洋至大陆的特殊背景，即加青错陆缘海。从侏罗纪沉积体系来看，也显示了与扩张活动有关的陆缘沉降盆地沉积建造。

5. 重新厘定班公错-怒江带中的地层体系

班公错-怒江带中表现为复杂的沉积体系：重新划分为木嘎岗日岩组、仲岗洋岛岩组、洞错蛇绿混杂岩组，统称为改则岩群。综合前人成果及测区实际，木嘎岗日岩组其实是指一套浊积岩，整体无序、局部有序的构造岩片。通过沉积学分析，表现为初始裂陷粗砾屑快速堆积（碎屑流）→冲积扇系→扇三角洲（深水浊积岩）→深水盆地相（硅质岩、枕状玄武岩、蛇绿岩组合）等。仲岗洋岛岩组表现为洋岛玄武岩（角砾状、杏仁状、块状等）组成山体及在山体上部形成的灰岩及山体周围形成裙裾沉积物——共同构成“海山”。洞错蛇绿岩组表现为蛇绿岩组合、硅质岩和木嘎岗日岩组的岩片。根据上述三个岩组的形成时代，厘定改则岩群为侏罗纪—早白垩世。除此之外，证实沙木罗组的形成时代为 J_3-K_1s，并不整合于木嘎岗日岩组之上。

6. 去申拉组与美苏组的建立

恢复使用去申拉组 K_1q，修正其原始位置与定义。在去申拉垭口所在地，并非去申拉组，实为仲岗洋岛岩组。而在其南部的一套火山岩组合，拟定为去申拉组，是一套钙碱性岛弧火山岩，其中含较多凝灰岩。

美苏组在测区大面积展布，大量同位素测年结果显示为古近纪。主要为一套基性—中性—酸性的火山岩系，喷发不整合于早白垩世郎山组灰岩之上。地球化学特征显示为陆缘火山弧特点。

7. 则弄群与纳丁错组新成果

则弄群主要为一套基性—中基性—酸性的火山岩岩石组合。缺乏中性成分，表现为裂谷双峰式火山岩。岩石组合为玄武岩与英安岩、流纹岩。岩石化学特征表明，玄武岩为幔源物质部分熔融而成。英安岩的源岩来源于壳源物质。玄武岩的构造环境属于岛弧玄武岩。结合区域分布特点，则弄群具双重性质：一是与大洋俯冲有关形成的岛弧火山岩；二是在岛弧背景上形成的裂谷-初始洋盆组合，局部成为弧后盆地。其形成时代为 J_3-K_1。

纳丁错组时代为古近纪，主要为一套基性—中性—酸性岩并偏碱性的火山岩系，喷发不整合于老地层之上，大多数火山韵律具红顶绿底的特点。地球化学特征揭示出具造山带钙碱性火山岩。其中，中酸性岩类岩石具有较高的 Sr/Y 比值，在埃达克岩判别图解中，绝大部分样品落入埃达克质岩区，表明其具有埃达克质岩的特征。

二、岩石与构造研究新进展

（一）蛇绿岩方面

（1）测区的洞错蛇绿岩带与拉果错蛇绿岩带表现出不同性质、不同时空的两个构造带，存在明显的构造序次关系，分别代表了不同洋盆的残片，并各自拟建为洞错蛇绿岩组与拉果错蛇绿岩组。

（2）对两个蛇绿岩带进行了较大比例尺的填图，分别绘制出两地的蛇绿岩地质草图。精细的填图表明：两地都具有较完整的蛇绿岩套。其中，拉果错地区新发现了宽约 300m 的堆晶岩（具层状辉长岩和均质辉长岩）及密集展布的岩墙群（23 条）和大量斜长花岗岩。

(3)大量的地球化学测试结果表明：洞错玄武岩的岩浆源来自于富集地幔，并具有板内碱性玄武岩的特点。在 Hf - Th - Ta 图解中，为 P—MORB 构造环境；在 TiO_2 - MnO×10 - P_2O_5×10 图解中，几乎全部落入 MORB 区，属洋中脊玄武岩区。

拉果错蛇绿岩中玄武岩地球化学特征揭示出非大洋中脊玄武岩和洋岛玄武岩，而显示出具有岛弧玄武岩特征。在不同构造环境判别图中，均显示岛弧拉斑玄武岩。而且，其中斜长花岗岩也属火山弧花岗岩，从而揭示出蛇绿岩形成于岛弧环境。

(4)洞错蛇绿岩带中辉长岩的锆石 U - Pb 年龄为 221 ～173Ma，拉果错地区的辉长岩及斜长花岗岩的锆石 U - Pb 年龄为 183～155Ma。洞错地区放射虫硅质岩年龄为 J，而拉果错地区放射虫硅质岩的年龄为 J_3。

(5)拉果错地区蛇绿岩的形成与发展，实际上是班公错-怒江带发展的延续，也是雅鲁藏布江俯冲消减形成的弧后扩张体系对班公错-怒江带的改造与叠加。

（二）火山岩方面

(1)对测区不同时代火山岩进行了岩石学、岩相学、岩石化学与地球化学分析，划分了火山喷发韵律及旋回，确定了火山喷发方式，厘定了火山机构。

(2)对不同时期火山岩系列与火山活动环境进行了系统分析，阐述了其成因与演化，讨论了演化过程与板块构造关系。

(3)火山岩的时空系统分析。①晚古生代火山岩主要赋存于石炭、二叠纪，分布于羌南与冈底斯北缘，显示裂谷沉积组合至初始洋盆组合，与澜沧江-羌南结合带发展及西藏高原大面积地幔柱活动有关。②侏罗纪火山岩主要是与班公错-怒江带形成有关的洞错蛇绿岩组合中的玄武岩。③晚侏罗世-早白垩世火山岩：一是位于班公错-怒江带南侧与拉果错-阿索构造岩带有关的玄武岩(拉果错蛇绿岩组)；二是与雅鲁藏布江俯冲消减形成的则弄群弧火山岩；三是班公错-怒江消减带形成的岛弧火山岩(去申拉组)。④古近纪火山岩分别称美苏组和纳丁错组，都是陆缘弧火山岩，前者叠加班公错-怒江带及冈底斯北缘，后者叠加在羌南地区，分别代表拉果错-阿索消减带和班公错-怒江滞后消减带形成的岛弧火山岩。

（三）侵入岩方面

(1)根据侵入岩的空间分布特征、构造背景及与大地构造的关系，划分出三个构造岩浆岩带，并对各构造岩浆岩带内的不同岩石类型进行了岩石学、岩石化学、地球化学特征的研究。

(2)新发现羌南地区的早白垩世花岗岩、班-怒带内部晚白垩世-古新世花岗岩，并初步论证了它们分别与班公错-怒江带、拉果错-阿索带的匹配关系。

(3)新发现拉果错地区的斜长花岗岩，并通过地球化学特征论证了其属大洋斜长花岗岩，其形成时代 U - Pb 锆石年龄为 155Ma。

（四）构造变形、变质方面

(1)将测区划分为“一带二区”的三分构造格局。

(2)厘定了羌塘造山带事件谱系结构与构造系统：泛非基底增生、古洋盆的大陆边缘增生(O - D)以及弧后盆地到前陆盆地转换等。

(3)确定了测区班公错-怒江带南北界线，论证了其发生、发展、形成的地质效应，并结合区域资料，对班公错-怒江带的时空结构与构造属性进行了系统分析，拟定出基本时空格架、不同层次的时空格架(包括①改造：班公错-怒江带对澜沧江-羌南结合带的改造与叠加，导致班公错-怒江带中包容了古特提斯遗迹。②被改造：拉果错-阿索带对班公错-怒江带的改造与叠加，导致了班公错-怒江带中前陆盆地 K_2j 和陆缘火山弧 Em 的叠加)。

(4)分析了浅层地壳结构的变形特征，厘定了测区及邻区区域构造事件与构造层次。

(5)针对构造变形、变质事件,分析区域变质相序及其他变质作用。

三、其他方面

(1)发现了新矿点和新的找矿线索。

(2)分析了典型矿床的地质特征。

(3)对旅游资源、草场资源及各种灾害进行了调查与评价。

(4)充分应用遥感技术,建立了区内的各种(类)解译标志,并在野外调研过程中,进行了补充与完善,提高了工作效率,达到了预期目的。

第二节　存在的主要问题

一、覆盖严重问题

测区中部位于班公错-怒江带北缘,羌塘南部,大部分地段被第四系覆盖,对晚三叠世地层与侏罗纪早期地层之间接触关系的研究带来了严重影响。

二、时代问题

(1)仲岗洋岛形成的年龄依据不足。

(2)拉嘎拉一带细碎屑岩的形成时代及其与上覆、下伏灰岩之间的接触关系争论较大。

三、其他问题

测区内涉及很多国内外学者十分关注的重大科学问题,而项目工作时间短、任务重,虽发现了一些重要的地质现象并进行了探索性研究工作,但研究深度有待提高。

参考文献

布拉特 H,未德顿 G C,穆雷 R C.沉积岩成因[M].北京:科学出版社.1978
陈克强,汤加富.构造地层单位研究[M].武汉:中国地质大学出版社.1995
成都地质学院沉积岩研究室.沉积专辑[R].1981
崔军文,李朋武,李莉.青藏高原的隆升:青藏高原的岩石圈结构和构造地貌[J].地质论评.2001,47(2)
单文琅等.构造变形分析的理论方法和实践[M].武汉:中国地质大学出版社.1991
邓万明.青藏高原北部新生代板内火山岩[M].北京:地质出版社.1998
地质矿产部青藏高原地质文集编委会.青藏高原地质文集(1～17册)[M].北京:地质出版社.1983～1985
房立民."七五"地矿部重点科技攻关项目研究成果报告,变质岩石1:5万区域地质填图方法指南[M].武汉:中国地质大学出版社.1991
傅昭仁,蔡学林.变质岩区构造地质学[M].北京:地质出版社.1996
高秉璋,洪大卫,郑基俭,廖庆康,古宗斌等.花岗岩类1:5万区域地质填图方法指南[M].武汉:中国地质大学出版社.1991
顾知微,杨遵义等.中国标准化石(1～5分册)[M].北京:地质出版社.1957
韩同林.青藏活动构造[M].北京:地质出版社,1996
何绍勋,段嘉瑞等.韧性剪切带与成矿[M].北京:地质出版社.1996
贺同兴,卢良,李树勋,兰玉琦编.变质岩石学[M].北京:地质出版社.1980
侯增谦,曲晓明等.三江地区义敦岛弧碰撞造山过程花岗岩记录[J].地质学报.2001,75(4)
科尔曼 R G.蛇绿岩[M].北京:地质出版社.1977
昆明地质学校.构造地质及地质力学[M].北京:地质出版社.1978
李才等.西藏龙木错-双湖古特提斯缝合带研究[M].北京:地质出版社.1995
李昌年.火成岩微量元素岩石学[M].武汉:中国地质大学出版社.1992
刘宝珺,李思田.第30届国际地质大会论文集(第8卷)[M].北京:地质出版社.1999
刘宝珺,李文汉.层序地层学研究与应用[M].成都:四川科学技术出版社.1994
刘宝珺,曾允孚.岩相古地理基础和工作方法[M].北京:地质出版社.1985
刘宝珺.沉积岩石学[M].北京:地质出版社.1980
刘宝珺等.盆地分析、全球沉积地质学、沉积学[M].北京:地质出版社.1999
刘德民,李德威.造山带与沉积盆地的耦合[J].西北地质.2002,35(1)
刘和甫.盆地-山岭耦合体系与地球动力学机制[J].地球科学.2001,26(6)
刘和甫.伸展构造及其反转作用[J].地学前缘.1995,2(1)
刘南威.自然地理学[M].北京:科学出版社.2000
刘培桐.环境学概论[M].北京:高等教育出版社.1985
刘增乾,李兴振等.三江地区构造岩浆带的划分与矿产分布规律[M].北京:地质出版社.1993
刘占.遥感地质模型:资源与环境[M].长春:吉林科学技术出版社.1995
孟祥化等.沉积盆地与建造层序[M].北京:地质出版社.1993
穆元皋,陈玉禄.班公错-怒江结合带中段早白垩世火山岩的时代确定及意义[J].西藏地质.2001,(1)
潘桂棠,王立全等.青藏高原区域构造格局及其多岛盆系的空间配置[J].沉积与特提斯地质.2001,21(3)
潘桂棠,王培生等.青藏高原新生代构造演化[M].北京:地质出版社.1990
邱家骧.岩浆岩岩石学[M].北京:地质出版社.1885
沈启明等.青藏高原大地构造特征及盆地演化[M].北京:科学出版社.2001
王成善,李祥辉等.沉积盆地分析原理与方法[M].北京:高等教育出版社.2003
王成善,伊海生等.西藏羌塘盆地地质演化与油气远景评价[M].武汉:中国地质大学出版社.2001
王根厚,周详等.西藏他念他翁山链构造变形及其演化[M].武汉:中国地质大学出版社.1996
王涛.花岗岩研究与大陆动力学[J].地学前缘.2000,7
王希斌,鲍佩声等.西藏蛇绿岩[M].北京:地质出版社.1987

魏家庸,卢重明等.沉积岩区1∶5万区域地质填图方法指南[M].武汉:中国地质大学出版社.1991
吴根耀.造山带地质学[M].成都:四川科技出版社,乌鲁木齐:新疆科技卫生出版社.2000
吴珍汉,江万,吴中海等.青藏高原腹地典型盆-山构造形成时代[J].地球学报.2002,23(4):289～294
吴珍汉,江万等.青藏高原腹地典型岩体热历史与构造-地貌演化过程的热年代学分析[J].地质学报.2001,75(4)
西藏自治区地质矿产局.西藏自治区区域地质志[M].北京:地质出版社.1993
西藏自治区地质矿产局.西藏自治区岩石地层[M].武汉:中国地质大学出版社.1997
喜马拉雅地质文集编辑委员会.喜马拉雅地质(Ⅱ)[M].北京:地质出版社.1984
夏斌.喜马拉雅及邻区蛇绿岩和地体构造图说明书[M].兰州:甘肃科学技术出版社.1993
肖庆辉,邓晋福等著.花岗岩研究思维与方法[M].北京:地质出版社.2001
熊家镛,蓝朝华,曾祥文.沉积岩区1∶5万区域地质填图方法研究[M].武汉:中国地质大学出版.1998
熊家镛,张志斌等.陆内造山带1∶5万区域地质填图方法研究[M].武汉:中国地质大学出版社.1998
许效松等.中国西部大型盆地分析及地球动力学[M].北京:地质出版社.1997
杨德明,李才,王天武.西藏冈底斯东段南北向构造特征与成因[J].中国区域地质.2001,20(4)
尹安.喜马拉雅-青藏高原造山带地质演化[J].地球学报.2001,22(3)
张克信,殷鸿福,朱云海等.造山带混杂区地质填图理论、方法与实践[M].武汉:中国地质大学出版社,2001
张旗等.蛇绿岩与地球动力学研究[M].北京:地质出版社.1996
赵希涛,朱大岗,吴中海等.西藏纳木湖晚更新世以来的湖泊发育[J].地球学报.2002,23(4):329～334
赵政璋,李永铁等.青藏高原地层[M].北京:科学出版社.2001
赵政璋,李永铁等.青藏高原中生界沉积相层、油气储盖层特征[M].北京:科学出版社.2001
赵政璋等.青藏高原大地构造特征及盆地演化[M].北京:科学出版社.2001
中科院高原综合队.西藏第四纪地质[M].北京:科学出版社.1983
周详,曹佑功等.西藏板块构造-建造图说明书[M].北京:地质出版社.1986
朱志澄,宋鸿林.构造地质学[M].武汉:中国地质大学出版社.1990
Allegre G J,Hirn A 等.喜马拉雅山深部地质与构造地质[M].北京:地质出版社.1987
William R D.板块构造与沉积作用[M].北京:地质出版社.1982

图版Ⅰ

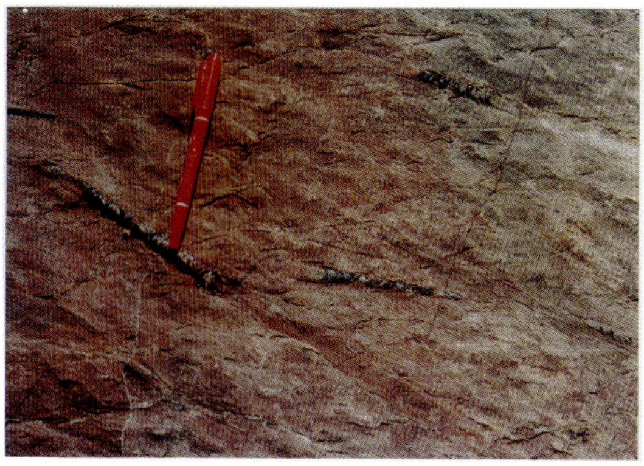

图 1　塔石山组化石宏观特征

图 2　塔石山组化石显微照片

图 3　吞龙共巴组基本层序

图 4　龙格组宏观特征

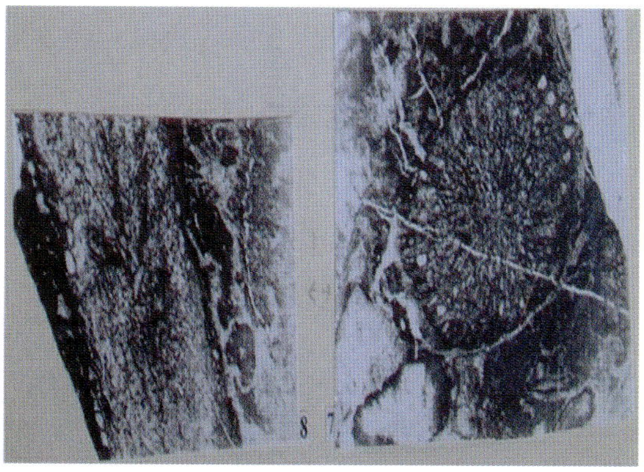

图 5　巫嘎组化石显微照片

图 6　木嘎岗日岩组宏观特征

图 7　莎巧木组宏观岩石组合特征

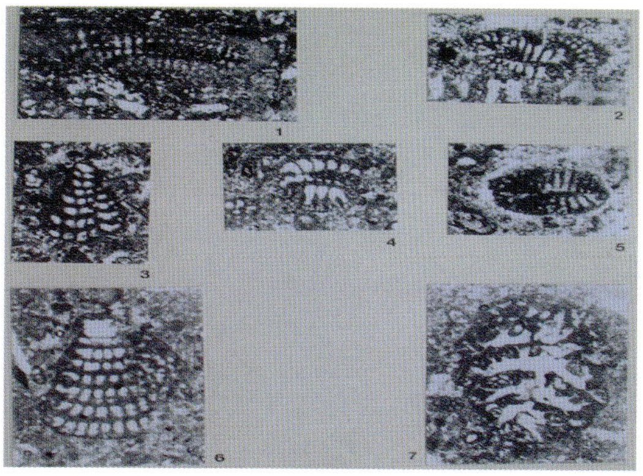

图 8　郎山组化石显微照片

图版Ⅱ

图 9　纳丁错组火山岩宏观特征

图 10　美苏组火山岩宏观特征

图 11　康托组宏观特征及火山岩夹层

图 12　依布茶卡湖积剖面

图 13　哦居买玛枕状玄武岩

图 14　结合带北界宏观特征

图 15　依布茶卡盐矿带

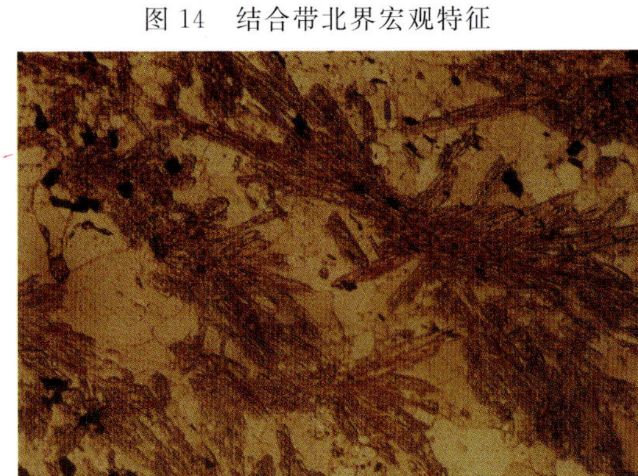

图 16　白沙岗蓝片岩